U0404068

高等职业教育“十三五”规划教材

高等数学

（上册）

主　编　郑凯源

副主编　林志锋　李　硕

北京理工大学出版社

BEIJING INSTITUTE OF TECHNOLOGY PRESS

图书在版编目（CIP）数据

高等数学：含习题集．上册／郑凯源主编．—北京：北京理工大学出版社，2017.7（2019.8重印）

ISBN 978－7－5682－4468－8

Ⅰ．①高…　Ⅱ．①郑…　Ⅲ．①高等数学－高等学校－教材　Ⅳ．①O13

中国版本图书馆 CIP 数据核字（2017）第 181862 号

出版发行／北京理工大学出版社有限责任公司
社　　址／北京市海淀区中关村南大街 5 号
邮　　编／100081
电　　话／（010）68914775（总编室）
　　　　　（010）82562903（教材售后服务热线）
　　　　　（010）68948351（其他图书服务热线）
网　　址／http：//www. bitpress. com. cn
经　　销／全国各地新华书店
印　　刷／唐山富达印务有限公司
开　　本／710 毫米×1000 毫米　1/16
印　　张／16. 5
字　　数／307 千字
版　　次／2017 年 7 月第 1 版　2019 年 8 月第 2 次印刷
总 定 价／49. 80 元

责任编辑／江　立
文案编辑／江　立
责任校对／周瑞红
责任印制／施胜娟

图书出现印装质量问题，请拨打售后服务热线，本社负责调换

序 1　对数学教育的新认识

1. 为什么要重视学习数学

为什么从小学开始直到大学要一直学习数学？主要的原因有以下几个.

1）文化基础

数学与语文两大学科代表着人类的两大文化：科学文化与人文文化. 数学是一门特殊的科学，数学精神、数学思想、数学方法中充分显示着一般科学精神、科学思想、科学方法.

2）大脑开发

数学、语文及科学文化、人文文化又大体对应着人脑左、右半脑，见下表.

人脑结构	知识特性	思维方式	学科	文化类型
左脑	分析性、逻辑性	逻辑思维	数学	科学文化
右脑	综合性、直观性	形象思维	语文	人文文化

数学学习对人脑发育有直接作用，对左右脑发展有全面作用.

3）知识基础

数学知识已渗透于各种自然科学及许多社会科学之中，数学知识是学习各门科学的基础，语言、符号、图像、计算、估计、推理、建模等基本内容已渗透到人们的日常生活与工作之中，数学成了人们的基本技能.

4）智慧开发

数学又是最富智慧的科学，数学学习最显著的价值是培养人的思维能力，数学知识学习与解题训练中都能有效地训练培养人们的逻辑思维与抽象思维、形象思维与直觉思维、辩证思维与系统思维. 数学知识是智慧的结晶，有一般智慧内涵，会给人们以智慧的启迪(举个简单的例子，请思考“乘法的智慧”：同样两个数如 7 与 9，$7+9=16$，$7\times9=63$，为什么作乘法比作加法大许多？想过没有，数学算法实际上等同于做事情一般方法；类似于“记数法的智慧”、“坐标系的智慧”、“对数方法的智慧”、“函数的智慧”……)；非智力因素方面，数学学习是困难的、富于竞争的，可培养人们的主动性、责任感、自信心以及顽强的毅力、一丝不苟的精神、良好的学习习惯等个性品质.

2. 应该如何学习数学

1）新的数学观

数学是一门特殊的科学，数学充分显示着一般科学的精神、思想和方法；数学是一种文化,它属于甚至代表科学文化;数学是最富创新性的科学,数学的研究被视为人类智力的前锋;数学是推动人类进步的最重要的思维学科之一.

2) 新的数学教育观

在现代社会,数学的技术作用日益突出,学校教育随之强调数学的技术作用,多数数学教师也认为数学教育就是数学知识、数学方法的教育.但许多学生却认为学大量复杂的数学以后没有用,因而对学习数学兴趣不大、动力不足.对于大多数学生,现实情况确如日本著名数学教育家米山国藏所指出的:学生进入社会后,几乎没有机会应用他们在学校所学到的数学知识,因而这种作为知识的数学,通常在学生出校门不到一两年就忘掉了.他认为学数学的意义在于:不管人们从事什么业务工作,那种铭刻于头脑中的数学精神和数学思想方法,却长期地在他们的生活和工作中发挥着重要作用.笔者则进一步认为,由新的数学观有新的教育观:数学教育的意义、价值不仅在于数学知识和方法的教育,还在于通过数学知识、方法的教育促进人脑发育,培养人的科学文化素质,发展包括人的思维能力、创新能力在内的人的聪明智慧,正因为数学学习培养了人的这些素质,所以它能为人一生的可持续发展提供动力.

3) 新的数学素质教育观

新的数学素质教育观,即数学课程的素质教育应有“数学素质”与“一般素质”的双重含义.数学素质即数学观念、数学思维、数学语言、数学技能及应用能力等数学学科素质;一般素质包括思想素质、文化素质、思维素质、创新素质、审美素质等人的综合素质的各个重要方面.新的数学素质观,是重视数学(学科)素质教育并努力使其扩展为人的一般素质、全面素质.在重视数学知识、方法学习的同时,应当重视探讨这些知识、方法背后的一般意义,在数学学习中主动感受其科学文化,进行思维开发和智慧发展,即:

数学知识 → 科学知识、一般知识
数学方法 → 科学方法、一般方法
数学思维 → 科学思维、一般思维
数学精神 → 科学精神、一般精神
数学创造 → 科学创造、一般创新
数学之美 → 科学之美、世界之美
数学解题 → 一般解题、做事做人
……

4) 高职高专高等数学教育观

高职高专培养的是生产、服务一线的技术工人,这些岗位对高等数学的要求不高,而能否胜任工作、能否有发展能力,主要在于人的素质.相应地,高职高专高等数学教材(以及教学法)不应是大学高等数学的“压缩版”,要有自己的特色,即:高等数学的学科性、理论性可以适当减弱,而应突出数学思想方法的应用、探究式学习以及重点突出素质教育.

编者

[课堂探究]

(1) 高中毕业生学了十多年的数学,为什么还要学数学?

(2) 学数学究竟有什么用处?

(3) 高中已经学了一些微积分,与现在学习的微积分有什么不同?

(4) 试具体对学数学、学语文、学外语,比较其意义与作用?(请参考一个观点:"数学课可以有效地培养学生的口才".见本书附录)

序 2　本教材的创新与特色

本教材是笔者总结自己多年高等数学教学、研究的实践与经验，参考国内外多种优秀教材，并融入上述数学教育理念的结果，有以下尝试与特点.

1. 新理念

由前述的新数学观、新数学教育观及新数学素质教育观可知，高等数学课程对于高职学生，除了在高中学习的基础上进一步加强数学计算、图形认识、逻辑分析等数学知识能力外，更主要的目的和意义在于科学思想教育、方法智慧启迪、探究式学习和全面素质教育.

2. 新结构

突出导数与积分等微积分主干与关键概念，使学生容易有微积分整体认识；弱化极限、连续等枝叶，减少学生学习难度；对导数、微分、积分等概念，编写有数学的、哲学的、工程技术的、生活实际的各方面的分析，以加深学生的认识.

3. 新内容

根据高职学生的特点，本教材对导数、微分、积分等难点内容均采取由具体到一般的叙述方式展开，并适当弱化理论严密性，体现“低起点”；对求导、求积分的方法技巧有明确的总结，这些都便于学生的学习；将数学基础知识与数学实验、数学建模尽量融合为一体(数学实验中除用计算机求极限、导数、积分作数学计算实验外，笔者提出“数学认识实验”，即由计算机计算、作图等功能，让学生在计算机上将所学过的数学知识再展现、再直观认识)；将数学教学与素质教育有机结合起来；习题设计为 4 层：A(基础题)、B(提高题)、C(应用题)、D(探究题).

4. 重素质

根据数学教育新理念，在本教材中注意总结微积分的发展史、科学精神、科学思想、科学方法、包括创新精神与方法；微积分的哲学、马克思恩格斯对微积分的研究及其启示；微积分中的人文精神及对人生的一些启迪；以及微积分的工程技术应用等，密切结合微积分内容的素质教育材料，作为素质教育的基础. 如此，素质教育真正进教材、进课堂，使教书育人、课程素质教育获得突破.

5. 重探究

对于基础较好的同学，为满足他们不局限于学习高等数学一般知识的较高要求，本教材结合微积分各重点内容，编写了课堂讨论题和练习中的探究题，包括适当的数学建模题. 设计合适的问题是探究式学习的重要基础.

6. 重应用

高职高等数学教育的另一个特点是重视数学应用，培养学生有数学应用的思想和一定的经验. 为此本教材搜集、设计了工程技术、经济管理、社会生活、自然现象等广泛领域的数学应用题，作为例题和习题C，并介绍了数学建模基础知识和技巧，总结了高等数学在工程技术中的应用.

因而本教材具有以下特点.

(1) **因材施教分层教学、各有收获；**

(2) **数学建模全面平移、探究式学习；**

(3) **数学文化广泛渗透、素质教育.**

对于本书的疏漏及不当之处，敬请读者指正.

编者

[课堂探究]

下面是对教师提出的思考题.

(1) 高职高等数学课程如何改革(存在哪些问题及其如何改革)?

(2) 高职高等数学课程如何突出职教特色(区别于高中数学教学和大学数学教学)?

(3) 高职高等数学教学如何培养高技能高素质人才?

(请参考我们的研究与实践：①高职数学课程教学改革与高素质人才培养；②“以人为本”的职教特色教材探讨：中美职教教材比较；③高等数学探究式教学案例设计及类型分析；④数学教学与学生应用能力的培养；⑤数学教学如何教书育人. 见本书附录.)

序 3　成功职教的基础:重视高中生到高职生思维方式的转变

高等职业技术教育如何将高中生培养成合格的高职生？需要研究高中生的思维特点,重视高中生到高职生思维价值观、思维模式、思维特点的转变,这是职业教育的重要任务和基础工作,也是素质教育的重要方面. 可以形象地说从高中生到高职生需要“洗脑筋”.

1. 高中生思维的一些缺陷

我国高考有公平公正选拔人才及促进高中生有较扎实的知识基础等积极作用,但高考应试教育也对高中生的思维有负面作用. 如“文不能文,武不能武”,对于社会需要的人才,高中生还是“半成品”;“眼高手低”,一些高中生,尤其是进入高职学院的高中生,不能正确看待自己,基础较差却“自视较高”;“主动性差”,从小学到中学往往受家庭和学校的许多包办,学习上又常常是“灌输式”和“题海战术”,使高中生学习主动性、思维主动性、人生主动性等较差;其他还如发现问题的能力、提出问题的能力、表达能力、交往能力、创新能力等也较差,似乎“只会做题”.

2. 高中生到高职生需要思维转变

与中学的培养方向、目标不同,高职教育是针对社会工作岗位的实际需要,培养生产、服务一线的技术工人. 但根据上述分析,由于高中生思维的弱点,他们与社会实际工作岗位的要求有较大差距. 许多高中生的思维不利于他们在校职业技术学习,不利于他们今后的工作及发展.

由此说明,需要重视高中生的思维问题,成功的职业教育首先要转变高中生的思维价值观和思维模式、思维特点,即需要“洗脑筋”.

3. 高中生思维价值观的改变

1) 大学文凭与技术水平的讨论

高中生进入高职学院,从第一堂课开始,我们就与同学一起讨论:对于各位同学是“获取大学文凭重要还是学习掌握一门技术重要”？考上大学成为大学生是人们传统的价值取向,但中国社会发展到今天,这种情况与价值正在发生着变化. 一方面是大学扩招、大学已成为大众化教育,大学生越来越多,大学毕业生就业较难;另一方面中国正在成为世界制造大国,需要大量的技术工人、技术人才,并且社会对一般大学生与技术工人、技术人才的价值评价(社会地位、经济待遇等)正在发生变化.因此在大学文凭与技术水平不可兼得的情况下,对于进入高职学院的同学而言,要“心安理得”地认识到学习掌握一门技术更现实、同样重要.

2)蓝领技术工人与白领的比较

高中生、大学生向往白领工作,有些看不起工人的工作.但随着中国社会的发展,尤其是中国科学技术的发展,许多生产与服务的岗位其科技含量逐步提高(如数控、电子、通信、软件、物流、电子商务等).这些一线工作岗位已不是传统工人的概念,出现了所谓“银领”,而高职教育正是培养这些生产服务一线的关键岗位人才.

3)“动手”与“动脑”的比较

与上述“蓝领”“白领”的差异相联系,中国社会有“劳心者治人,劳力者治于人”的传统观念,中学教育也使高中生习惯动脑,并且有不习惯动手或看不起“动手”的潜意识.而成功的职业技术教育,必须首先使学生改变这些传统思维观念.

合格的高职学生,首先要有正确的职业价值观和态度[1].

4. 高中生思维模式的转变

思维模式,这里主要指思维习惯、思维特点等.

1)“理论思维”到“实际思维”

由于中学教育及高考的原因,高中生有一个显著的思维习惯和思维特点是“理论思维”,即面对一个问题,习惯性地首先(或只知)从理论出发、从书本知识上去考虑、解决问题.举一个典型例子,据说一次中西方同学在一起,老师问:一天24小时,秒针与时针重合多少次?我们的同学大多是拿出纸和笔计算一小时60分,秒针与时针重合多少次,而外国同学则从手表上实际动手试验看一小时秒针与时针重合多少次.“理论思维”是从理论到理论、“纸上谈兵”;“实际思维”是首先从实际出发、动手做试验解决问题.当然不能一概地说哪种思维模式更好,但问题在于许多高中生习惯于或只知道“理论思维”,不知道、不习惯动手、实践、试验、身体力行,或自以为自己不擅长“动手”而限制自己,这是思维的缺陷.例如高职学生参加每年全国大学生数学建模竞赛,感到难度太大,甚至不知如何下手.重要原因是习惯“理论思维”,而这种竞赛题都是复杂的实际问题,其基本思维原则是“从实际出发”:从实际情况、实际条件去了解问题、分析问题并动手实验.[2,3]又如,常见一些同学在专业实习时,重视与投入不足,甚至下不了手,都与其思维习惯有关.这种“理论思维”习惯还常常带着“理想化”、“想当然”、“不切实际”等弱点.

高职学生具有的思维特点应该首先是“实际思维”,这也就是职业教育与其他教育的一个显著区别.因而培养合格的高职学生需要高中生转变思维模式,理论联系实际且更加重视实际、实践、试验、动手.

2)“思维依赖性”到“思维主动性”

高中生从中学进入高职学院,是开始新的学习,并且很快将进入工作岗位和社会实际，都要求他们从思维依赖性、被动性转变为主动性、积极性. 首先要有积极的态度，态度决定一切（不能以为自己高考没考好而有所放弃、放松）；主动自我设计、主动思考、主动学习、主动实践；进而敢想、敢猜、敢干、敢试，思维从主动性到灵活性、创造性.

3）从“会做题”到“会做人”、“会做事”

高中生一个特点是“会做题”，这与社会、实际、工作对高职生的要求显然差得很远. 高中生应看到这种不足，提高自身的素质，在“会做人”、“会做事”上多努力. “会做人”如积极的人生态度、正确的价值观与荣辱观、正常的心理素质、正常的人际关系等. 而中学多年培养的“会做题”的思维与能力可以有意识地转化为“会做事”的思维与能力. 如将中学“解题”的分析问题、解决问题的能力，扩展为分析解决一般问题（工作问题、生活问题等）的能力.

编者

[课堂探究]

（1）对一般高中同学，争取一张大学文凭与学一门技术，你认为哪个更重要？

（2）对于知识、文凭、技术、素质，哪个最重要？为什么？

（3）大学学习与中学学习有什么不同？应该有什么不同？

目　　录

第1章　函　　数

微积分是现代数学和许多科学技术的基础和工具.微积分的研究对象是函数,因为函数是数学最基本的概念和模型——万事万物都可以用函数来刻画表示,然后用微积分研究其规律.

本章将复习函数知识,为微积分的学习打下基础.

1.1　基本初等函数

1.1.1　函数基础知识

[先行问题]

什么是函数?如:每平方米的价格确定后,一套房子总购置费与其面积就有确定的关系.复杂一点的问题是,气温随着时间的变化而变化,一个城市每天(t)与其最高气温(h)之间的关系怎样?

这些问题的一般性是:事物总是相互联系、相互影响的,反映在数学上就是变量与变量之间的关系.即函数是一种反映变量之间相依关系的数学模型.如果变量x的每一个值都有变量y的唯一一个值与之对应,称y是自变量x的函数,记为$y=f(x)$,其中f为对应法则,也称函数名.x的变化范围为f的定义域(D),相应地,y的变化范围为f的值域(R).也可以说x是输入量,y是输出量.

函数$y=f(x)$的表示有表格法、图像法及公式法,这3种表示都同样适用.如经济生活中有许多数量关系表格就是用函数的表格法表示的,而如雷达散点图、人的心电图等为函数的图像表示法表示.

值得注意的是,函数表现事物相互关系的规律,也表达了这样一种思想:通过某一事实的信息去推知另一事实.例如,已知一个圆的半径则可推知它的面积,由一物体的运动性质和运动规律可得知它的运动路程.又例如,历史上是伽利略意识到流体受热会膨胀,他首先把温度看成是流体体积的函数,制作了温度计.

函数有单调性、奇偶性、周期性和有界性等性质.

1.1.2　基本初等函数

已学过的幂函数、指数函数、对数函数、三角函数和反三角函数统称为基本初等函数,现将其总结如下.

1. 幂函数

幂函数$y=x^{\mu}$(μ为常数)如图1.1所示.

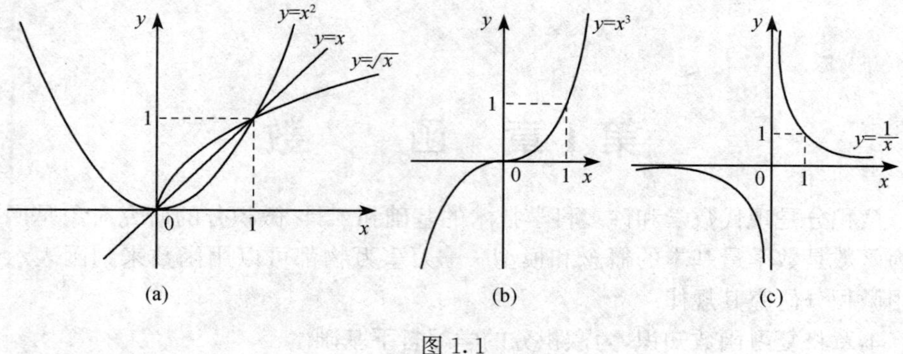

图 1.1

2. 指数函数

指数函数 $y=a^x$（a 为常数，$a>0,a\neq1$），$x\in(-\infty,+\infty)$，$y\in(0,+\infty)$，如图 1.2 所示.

3. 对数函数

对数函数 $y=\log_a x$（a 为常数，$a>0,a\neq1$），$x\in(0,+\infty)$，$y\in(-\infty,+\infty)$，如图 1.3 所示.

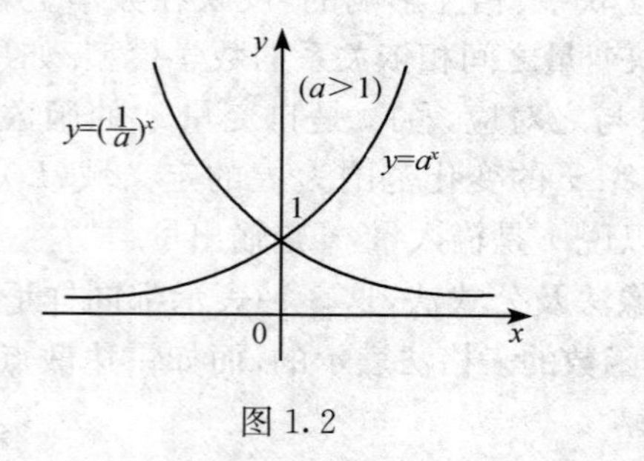

图 1.2

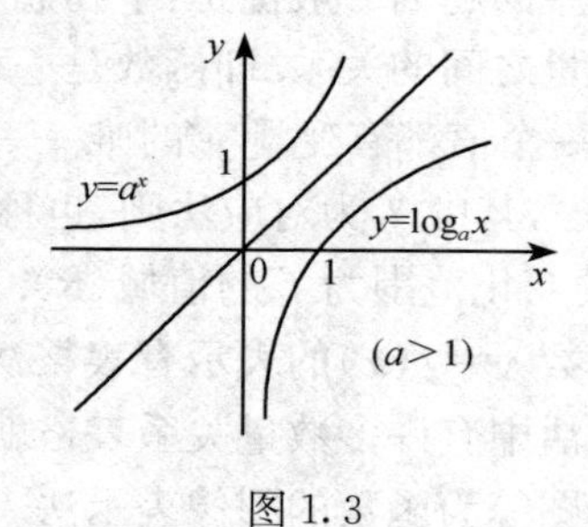

图 1.3

4. 三角函数

正弦函数　$y=\sin x$，$x\in(-\infty,+\infty)$，$y\in[-1,1]$；

余弦函数　$y=\cos x$，$x\in(-\infty,+\infty)$，$y\in[-1,1]$；

正切函数　$y=\tan x$，$x\in\left(k\pi-\frac{\pi}{2},k\pi+\frac{\pi}{2}\right)$，$k\in\mathbf{Z}$，$y\in(-\infty,+\infty)$；

余切函数　$y=\cot x$，$x\in(k\pi,(k+1)\pi)$，$k\in\mathbf{Z}$，$y\in(-\infty,+\infty)$.

三角函数如图 1.4 所示.

5. 反三角函数

反正弦函数　$y=\arcsin x$，$x\in[-1,1]$，$y\in\left[-\frac{\pi}{2},\frac{\pi}{2}\right]$；

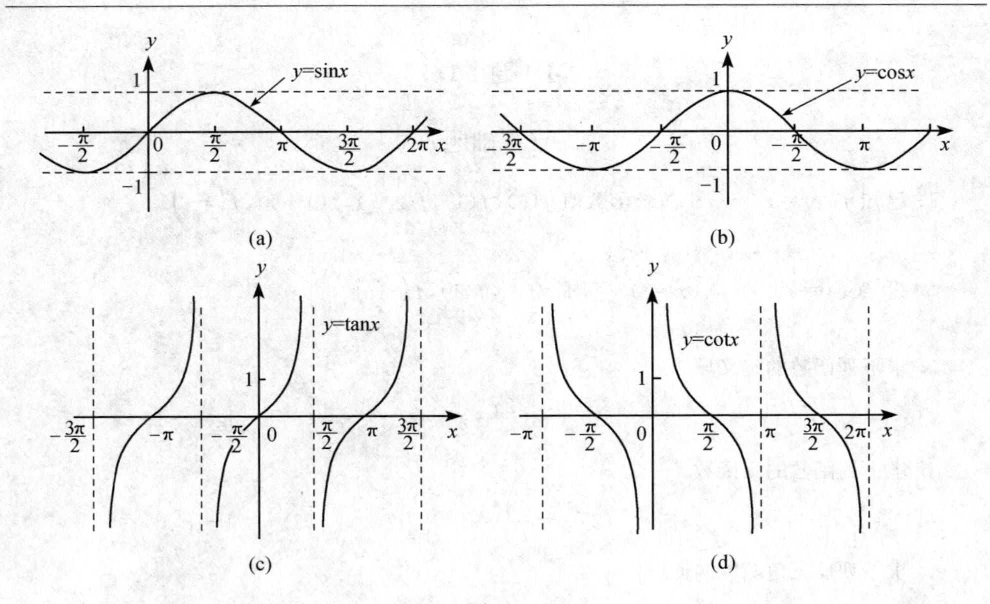

图 1.4

反余弦函数　$y=\arccos x, x\in[-1,1], y\in[0,\pi]$;

反正切函数　$y=\arctan x, x\in(-\infty,+\infty), y\in\left(-\frac{\pi}{2},\frac{\pi}{2}\right)$;

反余切函数　$y=\operatorname{arccot} x, x\in(-\infty,+\infty), y\in(0,\pi)$.

反三角函数如图 1.5 所示.

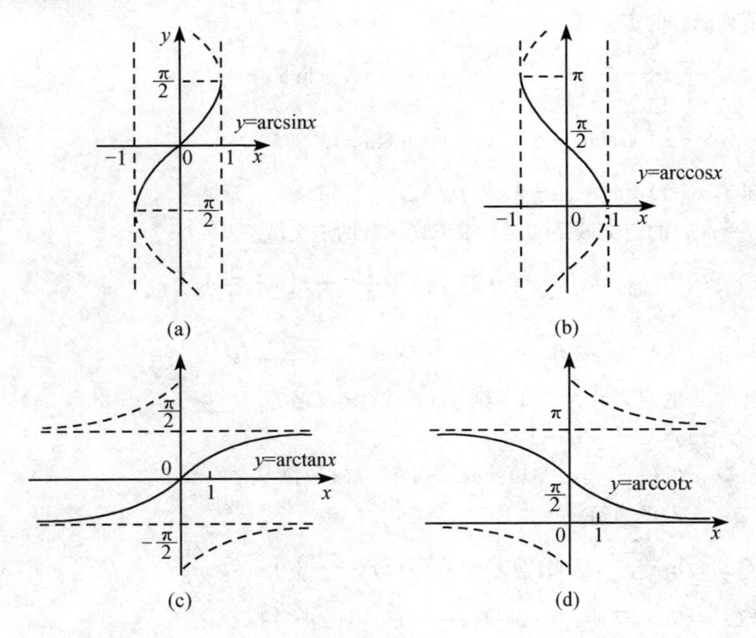

图 1.5

习 题 1.1

A(基础题)

1. 已知 $f(x)=x^2-3x+2$,求函数值 $f(0)$,$f(1)$,$f(-x)$,$f(x+1)$,$f\left(\frac{1}{x}\right)$.

2. 设 $f(x)=\begin{cases}x^2+1 & (0\leqslant x<1)\\ 0 & (x=1)\\ 1-x & (1<x<2)\end{cases}$,求 $f(0)$,$f(1)$,$f\left(\frac{5}{4}\right)$.

3. 求下列函数的定义域.

(1) $y=\sqrt{2x+1}$; (2) $y=\dfrac{2x}{x^2-1}$; (3) $y=\lg(x-1)$.

4. 求下列函数的反函数.

(1) $y=2x-1$; (2) $y=\dfrac{1}{x+1}$; (3) $y=1-x^3$.

5. 求下列反三角函数的值.

(1) $\arcsin 1$; (2) $\arccos\dfrac{\sqrt{3}}{2}$; (3) $\arctan 1$.

B(提高题)

1. 下列 $f(x)$ 和 $g(x)$ 是否表示同一个函数?为什么?

(1) $f(x)=\dfrac{x}{x}$,$g(x)=1$; (2) $f(x)=\lg x^2$,$g(x)=2\lg x$;

(3) $f(x)=x$,$g(x)=\sqrt{x^2}$.

2. 求下列函数的定义域.

(1) $y=\sqrt{x+2}+\dfrac{1}{x^2-1}$; (2) $y=\sqrt{2-x}+\lg x$;

(3) $y=\sqrt{3-x}+\arctan\dfrac{1}{x}$; (4) $y=\ln(\ln x)$.

3. 已知 $f(x+1)=x^2-3x+2$,求 $f(x)$.

4. 设 $y=f(x)$ 的定义域是 $[0,1]$,求下列函数的定义域.

(1) $f(x^2)$; (2) $f\left(x+\frac{1}{4}\right)+f\left(x-\frac{1}{4}\right)$.

5. 设 $f\left(\frac{1}{x}\right)=x+\sqrt{1+x^2}\ (x>0)$,则 $f(x)=$________.

6. 函数 $f(x)$ 的定义域为 $[0,1]$,则 $f(\ln x)$ 的定义域为________.

7. 设 $g(x-1)=2x^2-3x-1$,

(1) 求 a,b,c 的值,使 $g(x-1)=a(x-1)^2+b(x-1)+c$;

(2) 求 $g(x+2)$ 的表达式.

8. 设 $f(x)=\ln\dfrac{1-x}{1+x}$,证明:$f(x)+f(y)=f\left(\dfrac{x+y}{1+xy}\right)$.

9. 设 $f(x)=\ln x$,证明:$f(x)+f(x+1)=f[x(x+1)]$.

10. 判定下列函数的奇偶性.

(1) $f(x)=\frac{a^x-1}{a^x+1}(a>1)$；　　(2) $y=\frac{a^x+a^{-x}}{2}(a>1)$；

(3) $y=\lg(x+\sqrt{x^2+1})$.

11. 设函数 $f(x)=\begin{cases}1, & e^{-1}<x<1\\ x, & 1\leqslant x<e\end{cases}$，$g(x)=e^x$，求 $f[g(x)]$.

C、D(应用题、探究题)

1. (超重收费问题)乘客乘火车，可免费随身携带不超过 20kg 的物品，超过 20kg 部分，收费 5.00 元/kg，超过 30kg 部分再加收 50%. 试写出物品重量与收费的函数关系式.

2. 图 1.6 中哪一个是需求曲线，哪一个是供应曲线，为什么？

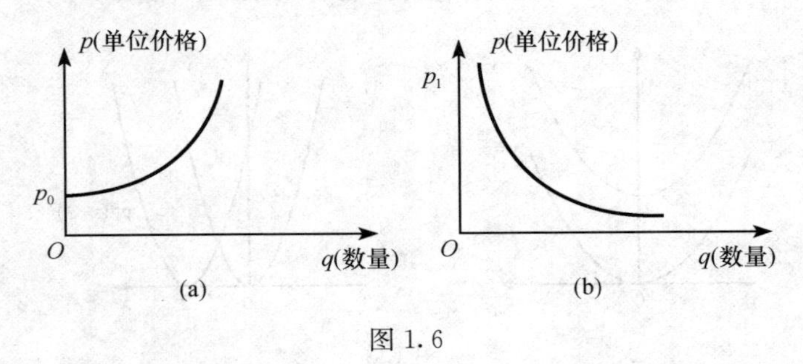

图 1.6

3. 一般地，施用的肥料越多，谷物的产量就越高. 但如果肥料施用得太多，谷物也会受到毒害，而使产量急剧下降. 画出一个可能的图像以表明作为肥料施用量函数的谷物产量.

4. 图 1.7 中哪几个图像与下述三件事分别吻合得最好？为剩下的那个图像写出一件事.

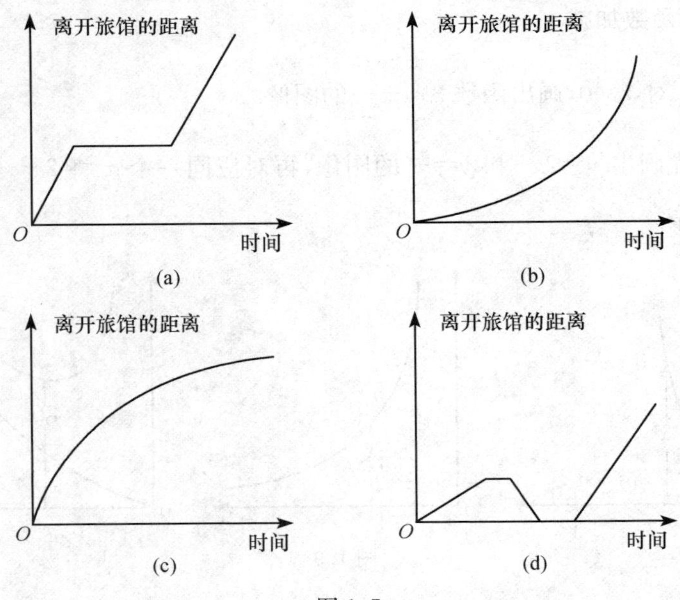

图 1.7

(1) 我离开旅馆不久，发现自己把公文夹忘在房间里，于是立刻返回旅馆取了公文夹再上路.

(2) 我驾车一路以常速行驶，只是在途中遇到一次交通堵塞，耽搁了一些时间.

(3) 我出发以后,心情轻松,边驾车,边欣赏四周景色,后来为了赶路便开始加速.

1.2 来自原来函数的新函数

由基本初等函数可以构造得到许多新函数.

1.2.1 平移与伸缩

通过平移图像可以产生新函数. 例如 $y=x^2+4$ 是把 $y=x^2$ 的图像向上移动 4,而 $y=(x-2)^2$ 是把 $y=x^2$ 的图像向右移动 2,如图 1.8 所示.

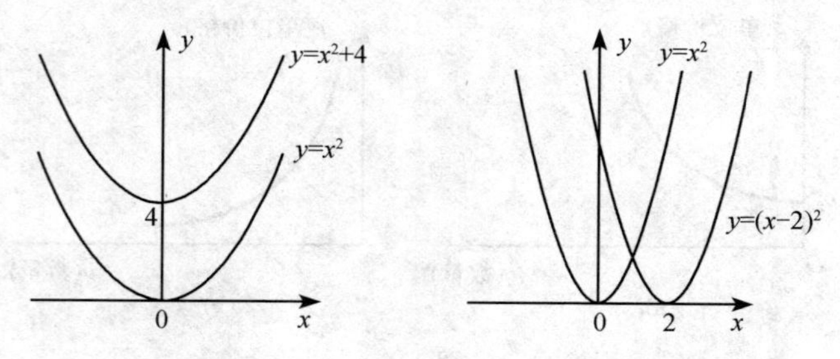

图 1.8

容易想象,$y=-f(x)$是将 $y=f(x)$关于 x 轴反射(翻折);$y=3f(x)$是每个 y 值都扩大 3 倍.

1.2.2 函数加减

例 1.1 对 $x>0$,画出函数 $2x^2+\dfrac{1}{x}$的图像.

解 可先画出 $y=2x^2$ 和 $y=\dfrac{1}{x}$的图像,再对应同一个 x 将 $2x^2$ 与$\dfrac{1}{x}$相叠加,如图 1.9 所示.

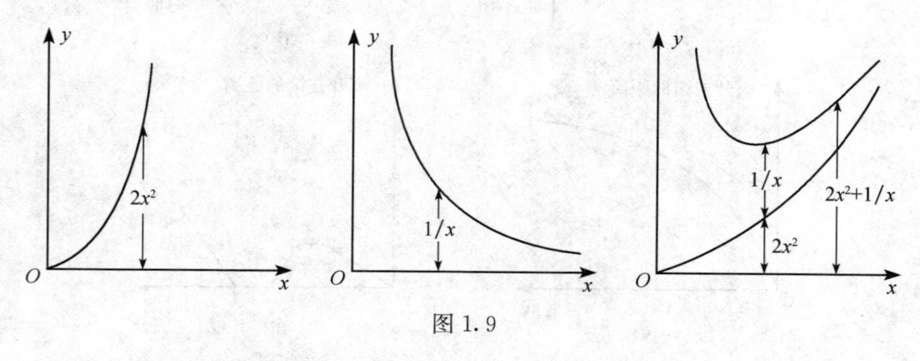

图 1.9

1.2.3 复合函数

函数与函数的加减乘除可以得到新函数. 此外,将一个 $u=u(t)$替换另一个函

数 $y=f(x)$ 的自变量 x 则得到新函数 $y=f[u(t)]$，就说 y 是一个**复合函数**，或是一个“函数的函数”，记作

$$y=f(g(x)),$$

g 是内层函数，f 是外层函数.

例如 $y=\sqrt{\cos x}$ 是 $y=\sqrt{u}$ 和 $u=\cos x$ 复合而成的复合函数.

例 1.2　如果石油从一艘油轮中泄出，那么泄出石油表面积 s 将随时间 t 的增加而不断扩大，探讨油表面积随时间的大致变化规律.

解　此题条件不够充分，因而有一定的开放性，可通过提出假设来解决此问题. 为了明确与简化问题，假设油面始终呈圆形，再假设圆的半径为 r，随时间 t 的变化规律为：$r=g(t)=1+t$，则由 $s=\pi r^2$ 得复合函数

$$s=\pi r^2=\pi(1+t)^2.$$

例 1.3　将下列各函数表示成 x 的复合函数.

(1) $y=\sqrt{u}, u=1+\sin x$；　　(2) $y=\ln u, u=1+v^2, v=\mathrm{e}^x$.

解　(1) $y=\sqrt{u}=\sqrt{1+\sin x}$，即 $y=\sqrt{1+\sin x}$.

(2) $y=\ln u=\ln(1+v^2)=\ln(1+(\mathrm{e}^x)^2)$，即 $y=\ln(1+\mathrm{e}^{2x})$.

例 1.4　指出下列函数的复合过程.

(1) $y=\cos\sqrt{1-x^2}$；　　(2) $y=\mathrm{e}^{\tan^2 x}$.

解　(1) $y=\cos u, u=\sqrt{v}, v=1-x^2$.

(2) $y=\mathrm{e}^u, u=v^2, v=\tan x$.

例 1.5　对于下列给定的函数 f 和 g，写出 g 和 f 的复合函数 $f(g(x))$ 以及 f 和 g 的复合函数 $g(f(x))$.

(1) $f(x)=\sqrt{x}, g(x)=1+\sin x$；

(2) $f(x)=\ln x, g(x)=1+x^2$.

解　(1) $f(g(x))=\sqrt{1+\sin x}$；$g(f(x))=1+\sin\sqrt{x}$.

(2) $f(g(x))=\ln(1+x^2)$；$g(f(x))=1+(\ln x)^2$.

注意

(1) 复合不是加减乘除，复合是一种新运算；

(2) 复合函数的分解，通常从最外层向内逐层分解，所得的每个函数大都是基本初等函数.

习　题　1.2

A(基础题)

1. 写出由下列函数构成的复合函数.

(1) $y=\sqrt{u}, u=\sin x$；　　(2) $y=u^2, u=\cos v, v=2x$；

(3) $y=\ln u, u=3+x^2$； (4) $y=e^u, u=x^2$.

2. 指出下列复合函数的复合过程.

(1) $y=\sqrt{5x-1}$； (2) $y=\sin^3 x$；

(3) $y=\tan\sqrt{2x-1}$； (4) $y=e^{\cos x}$；

(5) $y=\arcsin\sqrt{2x+1}$； (6) $y=\sin^2(\sqrt{x^2+1})$；

(7) $y=\ln(\arcsin\sqrt{x})$； (8) $y=\tan(\sqrt{1+x})$.

B(提高题)

1. 指出下列函数的复合过程.

(1) $y=\sqrt[3]{\lg\cos 2x}$； (2) $y=\sqrt{\arctan(x^2+1)}$.

2. 将函数 $f(x)=2-|x-2|$ 表示成分段函数.

3. $f(x)=\begin{cases} x+2, & 0<x \\ 1, & x=0 \\ x-1, & x<0 \end{cases}$，求 $f\{f[f(-1)]\}$.

4. 若 $f(x)=10^x, g(x)=\lg x$,求

(1) $f(g(100))$； (2) $g(f(3))$；

(3) $f(g(x))$； (4) $g(f(x))$.

5. 求下列函数的反函数.

(1) $y=\sqrt[3]{x^2+1}, x\geqslant 0$； (2) $y=\cos 3x, 0\leqslant x\leqslant \frac{\pi}{3}$； (3) $y=1+\sin\frac{\pi}{2}x, -1\leqslant x\leqslant 1$；

(4) $y=\frac{e^x-e^{-x}}{2}$； (5) $y=\ln(x+3)$.

6. 设 $f(\sin x)=1+\cos 2x$,求 $f(\cos x)$.

7. 设 $f(x)=ax+b$,满足 $f[f(x)]=x$ 且 $f(2)=-1$,求 $f(x)$.

8. 设函数 $f(x)$ 的定义域为$[0,1]$,求(1) $f(x^2)$；(2) $f(\sin x)$；(3) $f(x+a)(a>0)$的定义域.

C、D(应用题、探究题)

1. 如果你在 6 年后需要在你的银行账户里存有 20 000 元,现在应存进多少钱?(假定年利率为 5%的连续复利)

2. 假设 f 和 g 由图 1.10 给出,计算下面的(1)～(6)题.

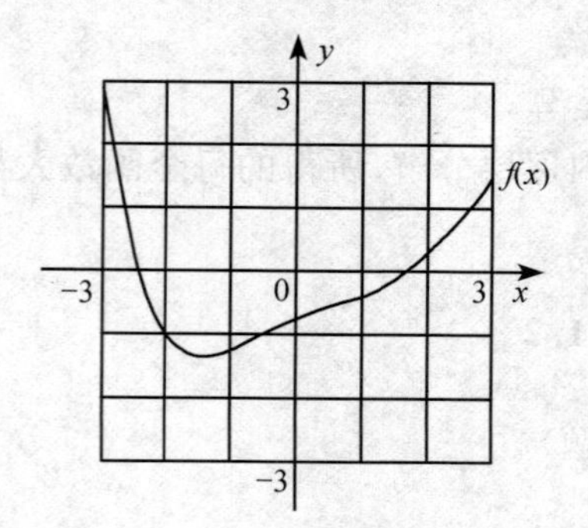

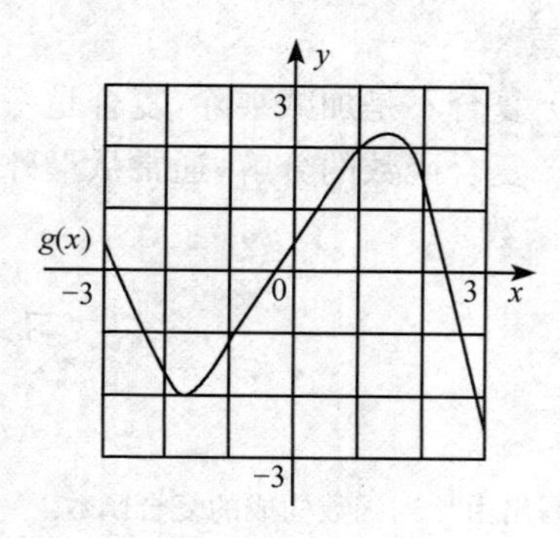

图 1.10

(1) 求 $f(g(1))$；　(2) 求 $g(f(2))$；　(3) 求 $f(f(1))$；

(4) 求 $f(f(x))$；　(5) 求 $g(f(x))$；　(6) 求 $f(g(x))$.

1.3　初等函数

由基本初等函数和常数经过有限次四则运算和有限次的复合所构成的函数，称为**初等函数**.

例如：$y=(1+x+2x^3)^3$、$y=\dfrac{x^2}{1+x}$、$y=\ln(1+\sin\sqrt{x})$等都是初等函数. 常见的函数都是初等函数，微积分主要研究初等函数.

但绝对值函数（如 $y=|x-1|$）、分段函数不是初等函数.

1.4　数学模型：函数的应用

1.4.1　基本初等函数的应用

1. 幂函数

用一个正方形的面积 S 来给出其边长 a 的函数关系，即为分数指数幂

$$a=\sqrt{S}=S^{\frac{1}{2}}.$$

类似地，表示在一个岛上所发现的物种的平均数与该岛的面积的关系也会有分数指数幂，即若 N 是物种数量，A 是岛的面积，有

$$N=k\sqrt[3]{A}=kA^{\frac{1}{3}},$$

式中，k 为与岛所处的地域有关的常数.

注意：现实中的正比例与反比例关系，都可以用幂函数表示.

幂函数可以表示实际中各种类型的数量关系，反映在它的图像上就有各种曲线类型，如图 1.11 和图 1.12 所示.

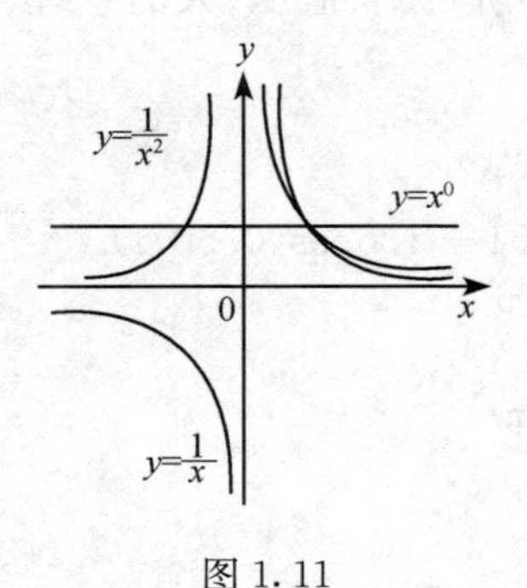

图 1.11

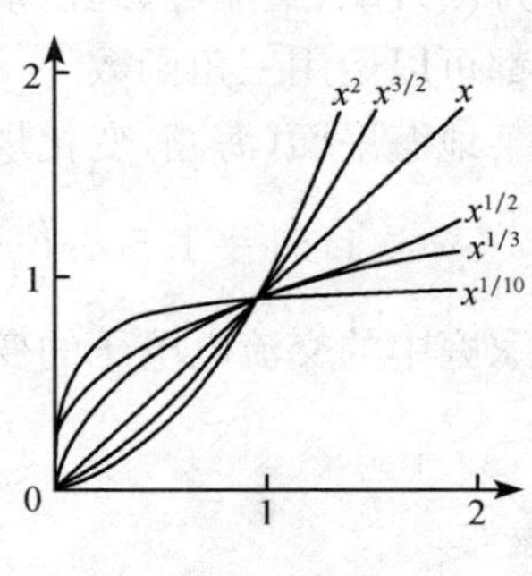

图 1.12

2. 指数函数

指数函数则只有两种类型：指数增长 $y=a^x(a>1)$ 和指数衰减 $y=a^x(0<a<1)$. 许多事物的变化规律是服从指数变化规律的，因而指数函数是理解真实世界事物发展过程的基础.

例如，人口按指数增长. 经研究发现，每一种指数增长型人口总数都有一个固定的倍增期，当前世界人口的倍增期约为 38 年. 如果你活到 76 岁，则在你一生中，世界人口预计会增长四倍. “知识爆炸”也按指数增长，有科学家提出的增长模型为 $y=Ae^{kt}$. 例如科学家每 50 年增长 10 倍，论文数量 10～15 年增长一倍等.

又如，放射性是按指数衰变的. 一般如果一种物质具有一个 h 年(或分或秒)的半衰期(该物质衰减一半所用的时间)，那么在 t 个时间单位后，该物质所剩余的量 Q 为

$$Q=Q_0\left(\frac{1}{2}\right)^{\frac{t}{h}},$$

式中，Q_0 为该物质原来的质量.

[课堂讨论]

1. 你能体会到指数增长是怎样的情形吗？例如，将随便一张纸进行对折，问对折 50 次后(仅是理想实验，不考虑技术细节)折出的纸的厚度是多少？

2. 指数函数和幂函数，谁占支配地位？事实上，每个指数增长最终将超过任何一个幂函数增长，如 x^3 比起 2^x 简直是微不足道，你相信这样的事实吗？

此外，指数函数增长快，对数函数增长慢；甚至将对数函数与幂函数比较，结论是，对大的 x，无论 $p(p>0)$ 和 $A(A>0)$ 的值是多少，x^p 将超过 $A\lg x$；一般有

$$2^x \gg x^2 \gg \log_2 x \quad (\text{当 } x \text{ 较大时}).$$

3. 三角函数

三角函数的显著特征是周期性，具有周期性的事物，可考虑用适当的三角函数来刻画. 如月圆月缺、交流电、经济规律、人的心脏跳动、血压、人的生理、情绪等都有周期性，都可以运用三角函数.

例如，某地海平面(海潮)变化规律为

$$y=1.51+1.5\cos\left(\frac{2\pi}{12.4}t\right)=1.51+1.5\cos(0.507t).$$

又如，家庭中的交流电电压的变化规律为

$$V=V_0\cos(100\pi t).$$

4. 函数簇

含有任意常数的函数称为函数簇，此常数又称为参数. 例如：$f(x)=mx$ 或

$f(x)=b+mx$ 为线性函数簇，m 和 b 为参数，其图像如图 1.13 和图 1.14 所示.

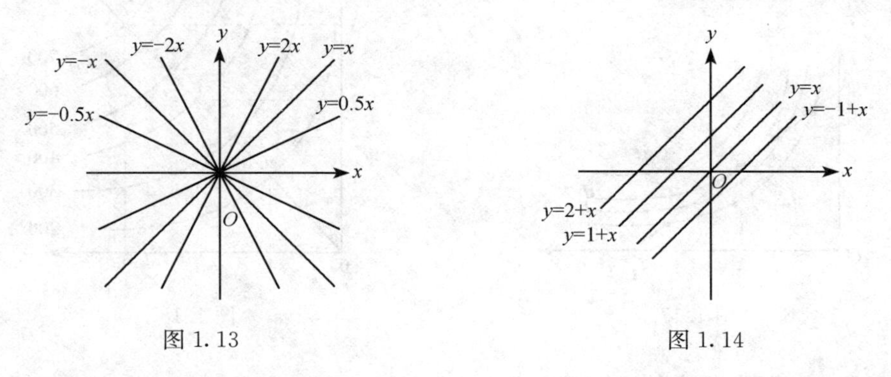

图 1.13　　图 1.14

又如公式 $P=P_0a^t$ 给出了一个具有参数 P_0（初始量）和 a（底或增长因子）的指数函数簇，如图 1.15 和图 1.16 所示.

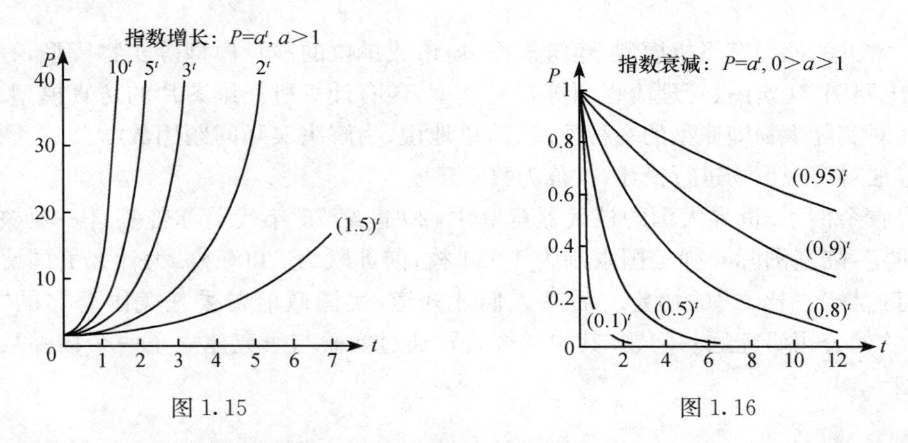

图 1.15　　图 1.16

函数簇的每条曲线都有周期性，数学应用中，常常是先选择一个函数簇来表示一种已知的理论上的基本情形，再用数据确定出参数的特殊值.

另外，函数学习与应用中不能只重视自变量 x 与函数 y 而忽略函数中的常数和参数. 事物的基本特性和基本形态是由函数关系确定的，但具体特性和具体形态则又是由参数确定的. 如，直线簇 $f(x)=b+mx$ 中参数 m（斜率）确定直线的倾斜方向；指数函数簇 $P=P_0a^t$ 中的参数 a 确定指数增长还是衰减，以及 a 的值越大指数增长越快，a 的值越接近 0 则函数衰减越快.

晶体三极管工作特性曲线簇类似于图 1.16.

经济学中同样有许多曲线簇，如图 1.17 所示. 其中 X,Y 是两种商品，$I_i(i=1,2,3,4)$ 为消费者无差异曲线簇，反映购买的商品组合给消费者带来的满意程度.

曲线簇的分析中还需要考虑（引入）其他因素.

如图 1.18 所示，其中 L,K 表示投入的劳动力与资本，曲线簇为劳动力与资本要素的边际替代率，R 为收益.

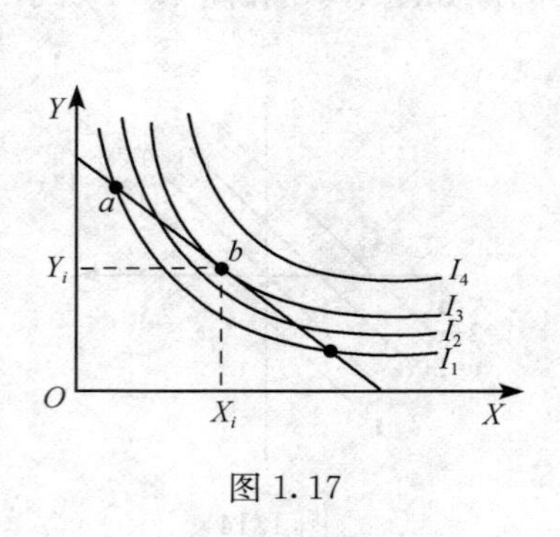

图 1.17

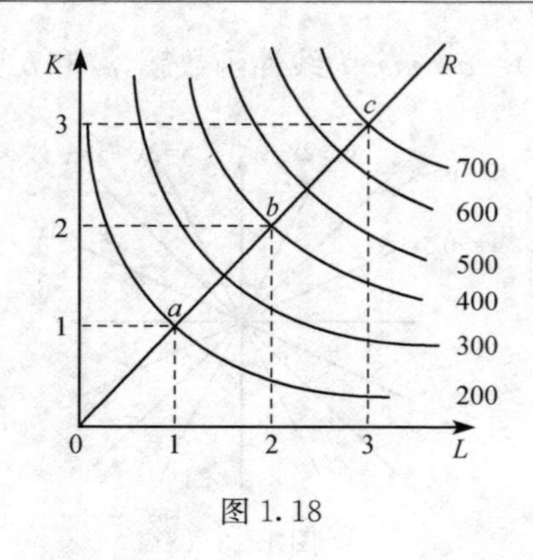

图 1.18

1.4.2 数学建模基础知识

1. 什么是数学建模

常见的模型有飞机模型、建筑模型、城市或单位的沙盘模型等实物模型，有地图、电路图、建筑图、管理流程图等符号模型，还有计算机三维图片的仿真模型. 模型是对实际事物即原型的一种反映. 简单地说，为解决实际问题用数学公式、图形或算法对客观事物进行描述，就称为数学建模.

看个例子. 世界大国的核武器竞赛中，20 世纪 70 年代美苏曾签订一项核武器协定：陆基洲际导弹美国限制为 1 054 枚，前苏联为 2 000 枚. 为什么美国愿意签订这样"一比二"的协定？后来人们才知道，美国政府曾委托美国著名的"智囊"兰德公司研究这一问题. 其中兰德公司通过实验与研究建立了一个核弹数学模型

$$K=\frac{y^{\frac{2}{3}}}{c^2},$$

式中，K 为核武器的伤毁值；y 为威力（TNT 当量）；c 为精度（与目标的距离）.

这是一个初等数学模型，反映出了核弹主要因素之间的比例关系与指数关系. 即当威力增加 8 倍时，伤毁值增加 4 倍；当精度增加 8 倍时，伤毁值增加 64 倍. 结论是：核武器的发展方向是精度更重要. 此后美国核武器发展的战略为：数量较少但精度较高.

2. 数学建模及其方法意义

这里有一个科学常识：科学研究与解决问题的主要方法是建立模型. 如哥白尼太阳中心说模型、牛顿力学模型、爱因斯坦相对论模型、量子力学原子模型、DNA 双螺旋模型等. 其方法过程与原理如图 1.19 所示.

同样，通过数学建模以解决实际问题也是如此，如图 1.20 所示.

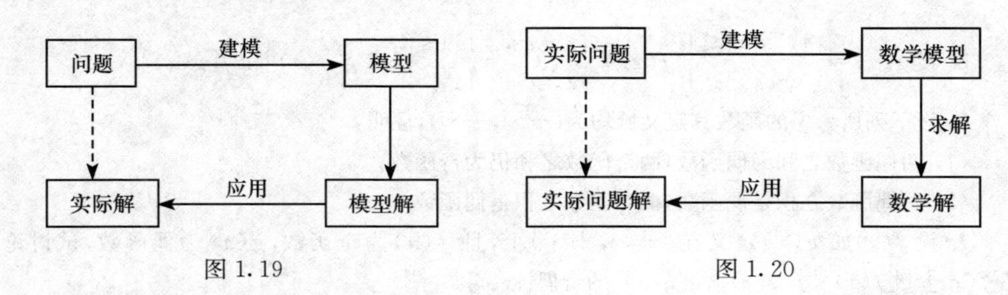

图 1.19　　图 1.20

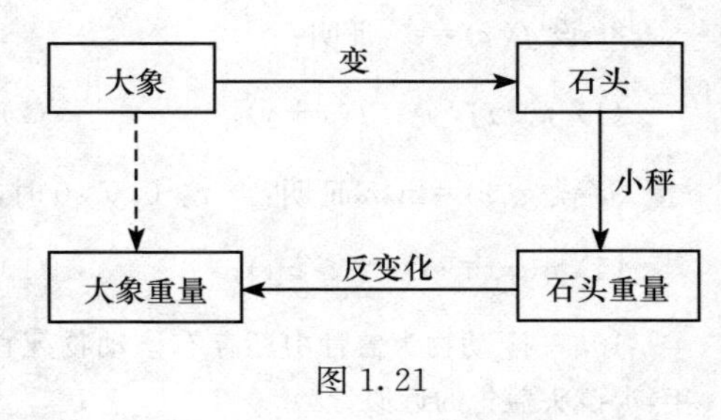

图 1.21

为什么要建立模型来解决问题呢?其奥妙笔者认为可用“曹冲称象”的例子来说明,如图 1.21 所示.

直接去研究、解决问题(图中沿虚线路径)往往很困难,有许多局限性.例如人们没有办法看见原子,于是先建立“原子模型”.建立模型是变“直接”为“间接”,能克服局限性,富于智慧.例如没有大秤,不能直接称大象,将大象变成石头,对于大象重量而言,这些石头就是大象的模型,问题简化了,就可以用小秤来称大象了.奥妙之二是同一问题,模型可以多种,充满灵活性,如大象“变成”木头也可以.奥妙之三是建立模型解决问题如“大象”变“石头”说明模型不是死板地“照相”,而是能充分发挥人的能动性,如可以简化问题、突出重点,又如可以猜想、创造等.

第 1 章复习题

1. 一辆汽车出发时较慢,然后越开越快,直到轮胎爆胎.画出汽车行驶的距离作为时间函数的可能图像.

2. 考虑如图 1.22 所示的图像.

(1) 此函数有多少个零点?求零点的近似位置.

(2) 算 $f(2)$和 $f(4)$的近似值.

(3) 函数在 $x=-1$ 附近是递增的还是递减的? $x=3$ 附近情况又如何?

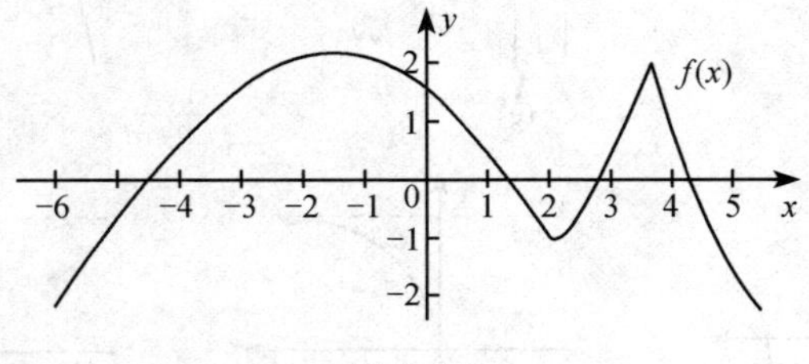

图 1.22

3. 求 $f(x)=\ln(x+2)+\dfrac{1}{\sqrt{25-x^2}}$的定义域,并求 $f(x+1)$的定义域.

4. 设 $f(x)=3x+5$,求 $f[f(x)-1]$.

5. 设 $g(x)=\begin{cases}1, & |x|\leqslant 1\\ 0, & |x|>1\end{cases}$，$f(x)=\begin{cases}2-x^2, & |x|\leqslant 2\\ 2, & |x|>2\end{cases}$，求 $g[f(x)]$ 和 $f[g(x)]$.

6. 设下列所考虑的函数其定义域均为 $(-\infty,+\infty)$，证明：

(1) 两偶函数之和为偶函数，两奇函数之和仍为奇函数；

(2) 两偶函数之积是偶函数，两奇函数之积是偶函数.

7. 设 $f(x)$ 如 $g(x)$ 定义在 $(-\infty,+\infty)$ 上，且 $f(x)$ 为奇函数，$g(x)$ 为偶函数，试讨论 $f[f(x)]$、$g[f(x)]$、$f[g(x)]$、$g[g(x)]$ 的奇偶性.

8. 设 $f(x)=\mathrm{e}^x$，证明：

(1) $f(x)f(y)=f(x+y)$；　　(2) $\dfrac{f(x)}{f(y)}=f(x-y)$.

9. 设 $g(x)=\ln x$，证明：当 $x>0$，$y>0$ 时，有

(1) $g(x)+g(y)=g(xy)$；　　(2) $g(x)-g(y)=g\left(\dfrac{x}{y}\right)$.

10. 一个动物头盖骨中还存有该动物死亡时所含炭-14 的 20%，炭-14 的半衰期为 5 730 年，求该头盖骨的近似骨龄.

11. 某一储水池中水的深度在水的平均深度 7m 上下每隔 6 小时完成一次正弦振荡，如果最小深度为 5.5m，最大深度为 8.5m，求出以小时为单位的时间所表示的水的深度表达式.

12. 将下列函数表达式与图 1.23 中(a～i)的图像做适当搭配.

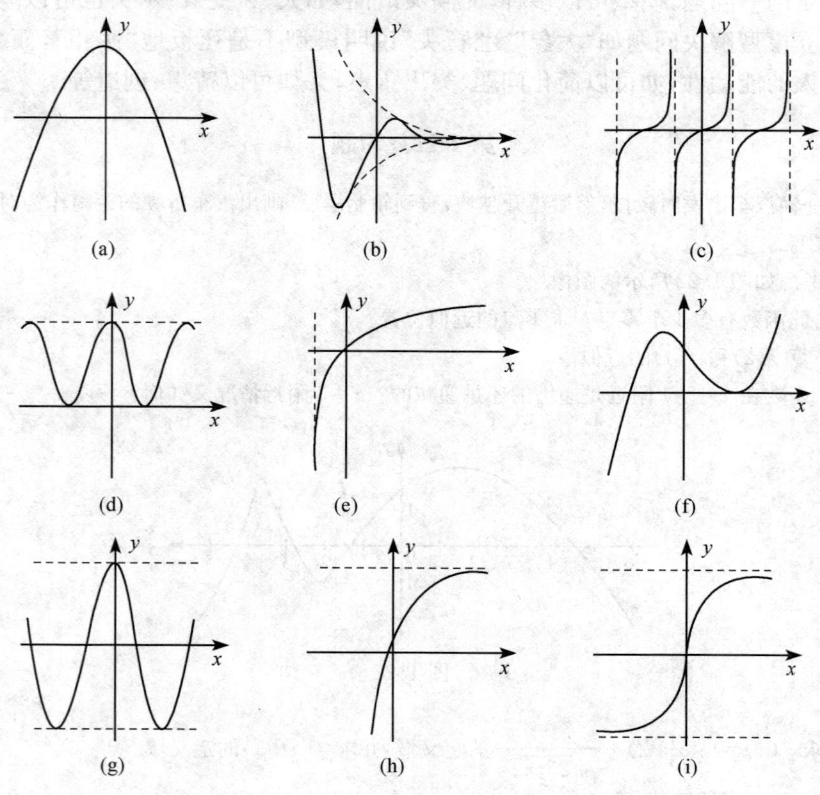

图 1.23

(1) $y=1-2^{-x}$； (4) $y=1-x^2$； (7) $y=2^{-x}\sin x$；

(2) $y=\lg(x+1)$； (5) $y=\tan x$； (8) $y=1+\cos x$；

(3) $y=2\cos x$； (6) $y=x^3-x^2-x+1$； (9) $y=\arctan x$.

13. (1) 考虑如图 1.24(a)所示的函数，求 C 的坐标.

(2) 考虑如图 1.24(b)所示的函数，求用 b 表示的 C 的坐标.

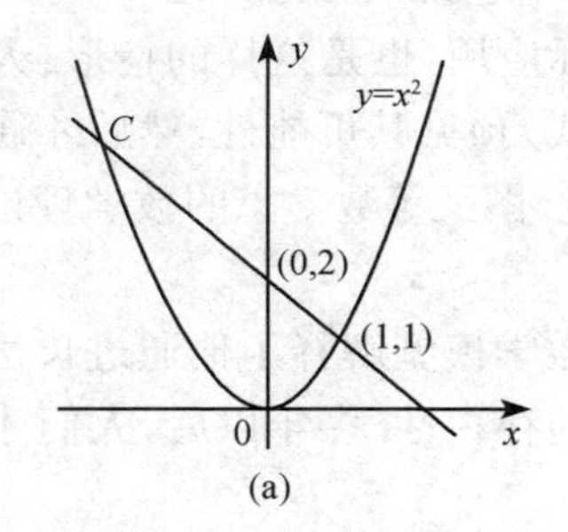

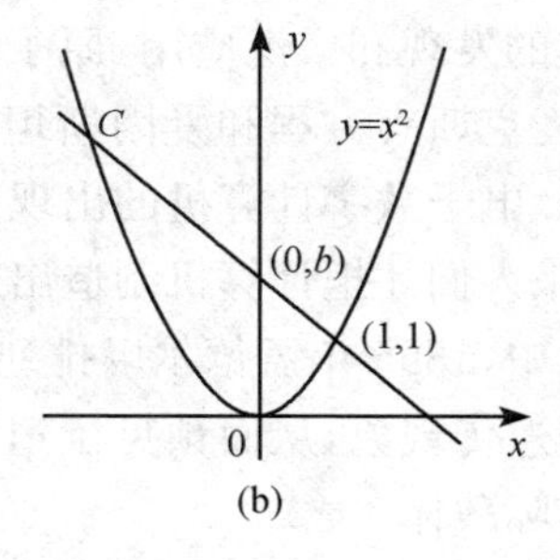

图 1.24

【相关阅读】 数学的神奇力量

我国著名的数学家华罗庚曾就数学的应用概括说："宇宙之大、粒子之微、火箭之速、化工之巧、生物之谜、日用之繁，无处不用数学."随着计算机的诞生、社会信息化，数学更为显著地成为现代社会的基础知识、基本技术. 诸如齿轮设计、冷轧钢板的焊接、大坝安全高度的计算、密码设计、自动生产线设计、化工厂中定常态的决定、连续铸造的控制、发动机中汽轮机构件的排列、电化学绘图、石油勘探、飞机制造、生产过程的优化与运筹、工业产品质量的提高、国家经济数学模型的建立、天气预报、大量商业数据的信息处理等，无不运用数学工具. 而当今"高技术"本质上是一种数学技术，乃至重大军事决策也必须用数学. 例如 1990 年的海湾战争，伊拉克点燃了科威特数百口油井，浓烟遮天蔽日. 美国在采取"沙漠风暴"行动前，就通过数学家作了模拟计算，其结论是：大火烟雾可能招致重大污染，但不会失去控制，不会造成全球性气候变化等. 这样才使美国下定决心. 所以有人说第一次世界大战是化学战(火药)，第二次世界大战是物理战(原子弹)，海湾战争就是数学战.

下面是数学应用的几个神奇例子.

1781 年，天文学家发现了天王星，但按照牛顿定律推算的轨道与实际观测有较大出入. 坚信牛顿定律的人们猜测这些误差是由另一颗尚未发现的行星的引力造成的. 茫茫宇宙中探索一颗未知的行星，有如大海捞针. 数学家大显神威，1846 年，通过数学计算，精确地推定了未知行星的位置，天文学家立即在指定地点捕捉到了后来命名为海王星的新行星. 1930 年，人们又按同样的"故事"发现了太阳系的第九颗行星——冥王星.

航天时代开始于 20 世纪中叶，现在人们能够坐在家里欣赏人造卫星转播的电视节目了,这当然是了不起的成就.但更加了不起的是,早在300年前,牛顿已经通过数学计算预见了发射人造天体的可能性.他指出以相当于8×10^3m/s速度抛出的物体,将进入环绕地球的椭圆轨道运行.

类似的例子有许多,都说明数学与人类重大科技进步的关系往往是这样的:人们先算出它,然后才能找到它;或者人们先算出它,然后才造出它.

电磁波的发现和广泛应用,原子能的实际应用,也是这样的情形:人们先通过数学公式(麦克斯韦方程和爱因斯坦质能公式)预见其可能性,然后才通过技术手段将其实现.电子数字计算机的出现更是如此,图灵等数学家的数学理论先证明其可能性,后来人们才把计算机制造出来.

生物学中,1865年孟德尔以排列组合的数学模型解释了他通过长达8年的实验观察到的遗传现象,从而预见了遗传基因的存在性.多年以后,人们才发现了遗传基因的实际载体.

马克思曾经说过:"蜂巢的构造使最高明的建筑师赞叹不已,蛛网的精细使最灵巧的织工自叹不如.然而,即使最差劲的建筑师和织工也远远胜过最灵巧的蜜蜂和蜘蛛,因为人们在实际做出一件物品之前已经先在自己头脑中将其构造出来了."这就是知识的力量、理论的作用,而数学为人类科技发展开辟着道路.

第 2 章　极限和导数

事物都处于运动变化之中，有着广泛意义的问题是需要研究事物变化的快慢程度，即函数的变化率问题.

本章重点在于认识微积分的关键概念——导数，包括认识和体会导数的一般定义、符号表示、几何意义、物理意义、经济意义；此外本章还将学习与之相关的极限与连续.

2.1　基础知识：极限

定义瞬时速度需要极限，先来看一看数学上极限的概念.

例如一个皮球离地 1 米落下，它弹起来又落下去不断往复，假设高度的变化规律为 $h_n=\frac{1}{2^n}$（n 为往复运动次数），那么当 n 趋于无穷（$n\to\infty$）时，则此高度 h_n 有确定的趋势：趋于 0（见表 2.1），即极限值为 0，记为 $\lim\limits_{n\to\infty}\frac{1}{2^n}=0$.

表 2.1

n	1	2	3	4	5	6	$\cdots\to\infty$
h_n	$\frac{1}{2}$	$\frac{1}{4}$	$\frac{1}{8}$	$\frac{1}{16}$	$\frac{1}{32}$	$\frac{1}{64}$	$\cdots\to 0$

一般定义 $\lim\limits_{x\to a}f(x)=A$，其含义是只要可通过取足够接近于 a 的 x 使得 $f(x)$ 任意地接近 A.

说明

(1) lim 是极限运算符号（如同对数 log 运算符号是取英语极限“limit”前 3 个字母）.

(2) $x\to a$ 的方式是任意的，既可小于 a 趋于 a 又可大于 a 趋于 a，更多的是从 a 的两边趋于 a.

(3) 极限既是无限的过程又是确定的结果，下面的例子说明有的极限值 A 等于函数值 $f(a)$，有的不等于 $f(a)$，两者都是无限趋近.

(4) 中国古人早有极限的概念，如两千年前庄子提出“一尺之棰，日取其半，万世不竭”，即其长度趋于 0. 后来在约 263 年中国著名数学家刘徽提出“割圆术”，用圆的内接或外切正多边形无限接近圆，求圆的面积和周长.

例 2.1　$\lim\limits_{n\to\infty}\frac{2n^2+n-1}{n^2+3n+2}$.

解　原式$=\lim\limits_{n\to\infty}\dfrac{2\dfrac{n^2}{n^2}+\dfrac{n}{n^2}-\dfrac{1}{n^2}}{\dfrac{n^2}{n^2}+\dfrac{3n}{n^2}+\dfrac{2}{n^2}}=2.$

简单的极限可以用观察法求出来，或先化简再求极限.

例 2.2　$\lim\limits_{x\to 1}\dfrac{x}{x+1}.$

解　原式$=\dfrac{1}{1+1}=\dfrac{1}{2}.$

例 2.3　考察下列函数当 x 接近于 1 时函数值的变化情况.

(1) $f(x)=x+1$；　(2) $g(x)=\dfrac{x^2-1}{x-1}$；　(3) $h(x)=\begin{cases}x+1 & x<1\\ x-1 & x\geqslant 1\end{cases}.$

解　(1) $\lim\limits_{x\to 1}f(x)=2$；

(2) $\lim\limits_{x\to 1}g(x)=\lim\limits_{x\to 1}\dfrac{(x+1)(x-1)}{x-1}=\lim\limits_{x\to 1}(x+1)=2$；

(3) $\lim\limits_{x\to 1}h(x)$不存在.

作比较，$\lim\limits_{x\to\infty}\sin x$ 没有极限，事实上 $\sin x$ 随着 x 趋于∞而无限振荡. $\lim\limits_{n\to\infty}2n$、$\lim\limits_{n\to\infty}(-1)^n$ 等也没有极限. $\lim\limits_{x\to a}f(x)$有极限，则极限值唯一.

讨论　请画出$\lim\limits_{x\to 1}\dfrac{x^2-1}{x-1}=2$ 的图像，并以此图像直观体会极限. 如思考极限与函数的区别、求极限值与求函数值的区别，等等.

例 2.4　$\lim\limits_{x\to 0}\dfrac{\sin x}{x}.$

解　用数值方法求极限，如表 2.2 所示，观察随着 $x\to 0$，$\dfrac{\sin x}{x}$的变化趋势.

表 2.2

x	$\pm\frac{\pi}{4}$	$\pm\frac{\pi}{8}$	$\pm\frac{\pi}{16}$	$\pm\frac{\pi}{64}$	$\pm\frac{\pi}{128}$	$\pm\frac{\pi}{256}$	$\pm\frac{\pi}{512}$	$\cdots\to 0$
$\frac{\sin x}{x}$	0.900 316	0.974 495	0.993 588 6	0.999 598	0.999 899	0.999 974	0.999 993	$\cdots\to 1$

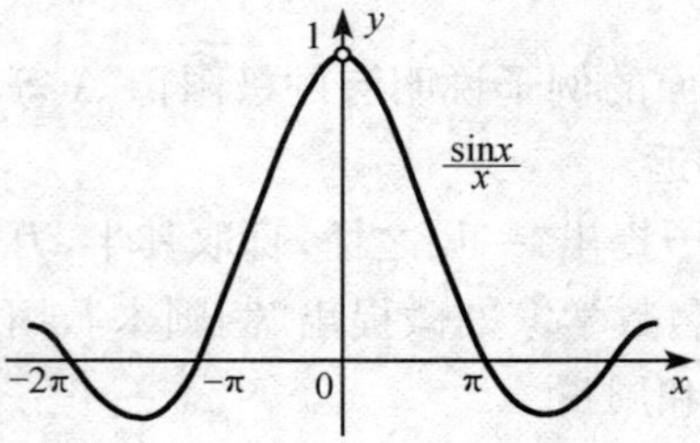

由表 2.2 可以看出，当$|x|\to 0$ 时，$\dfrac{\sin x}{x}\to 1$，图 2.1 可以证明$\lim\limits_{x\to 0}\dfrac{\sin x}{x}=1$.

图 2.1

例 2.5　求极限$\lim\limits_{x\to 0}\dfrac{1-\cos x}{x^2}.$

解　原式$=\lim\limits_{x\to 0}\dfrac{2\sin^2\dfrac{x}{2}}{x^2}=\dfrac{1}{2}\lim\limits_{x\to 0}\left(\dfrac{\sin\dfrac{x}{2}}{\dfrac{x}{2}}\right)^2=\dfrac{1}{2}.$

*例 2.6　$\lim\limits_{x\to\infty}\left(1+\frac{1}{x}\right)^{x}=\mathrm{e}$.

解　可以证明数列$\left\{\left(1+\frac{1}{n}\right)^{n}\right\}$单调增加且有界,从而有极限,其极限值为无理数,记为 e,其值 e=2.718 281 828 459 0…

此结果如图 2.2 所示.

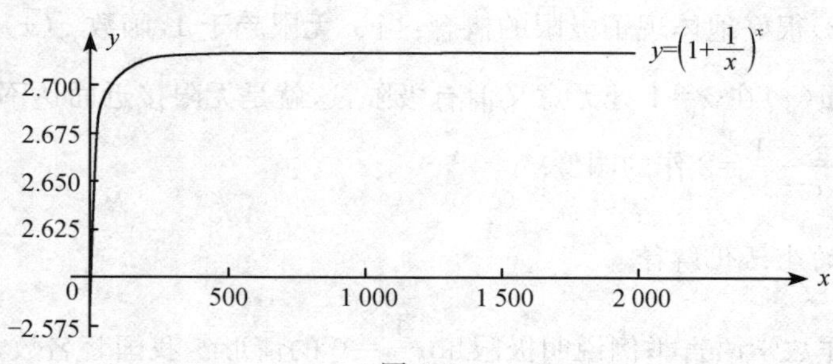

图 2.2

*例 2.7(连续复利问题)　设存款本金为 A_0,年利率为 r,以复利计息,试计算在下列情形下,n 年后的本利和:

(1) 每年结算一次;

(2) 每月结算一次;

(3) 结算周期无限缩短.

解　(1) 如果每年结算一次,则 $A_n=A_0(1+r)^n$,其中 n 为结算次数;

(2) 如果每月结算一次,则每次利率为 $r/12$,每年结算 12 次,n 年后共结算 $12n$ 次,则

$$A_n=A_0\left(1+\frac{r}{12}\right)^{12n};$$

(3) 设每年结算 m 次,则每次利率为 r/m,n 年后共结算 mn 次.结算周期无限缩短,即 $m\to\infty$,因此有

$$A_n=\lim_{m\to\infty}A_0\left(1+\frac{r}{m}\right)^{mn}=\lim_{m\to\infty}A_0\left(1+\frac{r}{m}\right)^{\frac{m}{r}\cdot nr}=A_0\mathrm{e}^{nr}.$$

[课堂练习]

求下列极限.

(1) $\lim\limits_{x\to1}\frac{2x^2+1}{2x-1}$;　　(2) $\lim\limits_{n\to\infty}\frac{3n^2-2n+1}{2n^2+3n-1}$;

(3) $\lim\limits_{x\to1}\frac{x^2-3x+2}{x-1}$;　　(4) $\lim\limits_{x\to0}\frac{\sin 3x}{2x}$.

【深度探究】　如何深入理解与认识极限

1. 极限的数学解释

极限可分为“简单极限”与“复杂极限”,如例 2.2,$x\to1$,可以直接代入函数

$f(x)=\frac{x}{x+1}$得极限值$\frac{1}{2}$，这里极限值等于函数值，“无限趋近”就“达到”了. 例 2.3(2)，同样 $x\to1$，但不能把 $x=1$ 代入 $g(x)=\frac{x^2-1}{x-1}$，这是$\frac{0}{0}$型极限，例 2.4 也是$\frac{0}{0}$型，例 2.6 是 1^∞ 型. 复杂极限还有$\frac{\infty}{\infty}$，0^∞，∞^0，$\infty-\infty$等不定型.

例 2.3(2)很好地体现了极限的概念：当 x 无限趋于 1，函数 $g(x)=\frac{x^2-1}{x-1}$无限趋于 2，函数 $g(x)$ 在 $x=1$ 处无意义但有极限，这就是无限接近而达不到. 直观可参考对极限$\lim\limits_{x\to1}\frac{x^2-1}{x-1}=2$ 作的图像.

2. 极限的生活化解释

如何用非数学语言举例说明极限$\lim\limits_{n\to\infty}\frac{1}{n}=0$ 的情形？我国著名数学家徐利治举例引用李白的唐诗名句“孤帆远影碧空尽，唯见长江天际流”来比喻极限的动态过程. 其中“帆影”是一个随时间变化而趋于零的变量.（作为参考与启发，对此极限有同学曾举例说：对于一件难事，做的次数多了($n\to\infty$)，难度逐渐降低最后会趋于 0.）

3. 极限的工程例子

一个电容放电，随着时间的推移，电容中的电量趋于 0(手机的电量用完是类似的例子)，又如，按刘徽的“割圆术”，将正方形板材，不断去角，最后无限接近于圆.

4. 极限的哲学解释

极限可视为初等数学与高等数学的一个分界，极限概念不好理解，就是因为它本质上区别于过去学的初等数学. 极限概念涉及运动变化、有限与无限、过程与结果，充满哲学辩证法，因而需要以哲学原理帮助认识.

还是以$\lim\limits_{x\to1}\frac{x^2-1}{x-1}=2$ 为例，当 $x\to1$ 时，$f(x)$无限趋于 2，这既是结果又是过程，是过程与结果的辩证统一.（相比较：初等数学，当 $x=1$ 时，$f(x)=x+1=2$，是静态的、绝对的、有限的、只有结果.）

微积分发明了“极限法”，极限是由有限认识无限的工具、桥梁，微积分是定量地刻画运动变化，极限成了定义导数、积分、连续等的基础.

习　题　2.1

A(基础题)

1. 计算下列极限.

(1) $\lim\limits_{x\to0}x^2-2x+1$；　　(2) $\lim\limits_{x\to1}\frac{x^2-3}{x+1}$；

(3) $\lim\limits_{x\to\infty}\dfrac{2x^2+x}{x^2-2x+1}$;　　(4) $\lim\limits_{x\to1}\dfrac{x-1}{x^2-1}$;

(5) $\lim\limits_{x\to0}\dfrac{\sin 2x}{x}$;　　(6) $\lim\limits_{n\to\infty}\dfrac{(n-1)^2}{n+1}$;

(7) $\lim\limits_{x\to0}\dfrac{x^2}{\sin x}$;　　(8) $\lim\limits_{x\to0}\dfrac{\tan 2x}{x}$.

2. 填空.

(1) $\lim\limits_{x\to\infty}\dfrac{2x^2+5}{x^3+x}(2+\sin x)=$________;

(2) $\lim\limits_{x\to0}\dfrac{\sin\alpha x}{\beta}=$________;

(3) $\lim\limits_{x\to\infty}\left(1+\dfrac{a}{x}\right)^{bx+c}=$________;

(4) $\lim\limits_{n\to\infty}2^n\sin\dfrac{1}{2^n}=$________;

(5) 当 $x\to0$ 时,$e^{-x^2}-1$ 是 x^2 的________阶无穷小;

(6) 如果 $\lim\limits_{x\to\infty}\dfrac{3x^2+4x-1}{ax^m+x+\sqrt{2}}=\dfrac{3}{5}$,那么 $m=$________,$a=$________;

(7) 当 $x\to\infty$ 时,$f(x)$ 与 $\dfrac{3}{x}$ 为等价无穷小,则 $\lim\limits_{x\to\infty}2xf(x)=$________;

(8) 设 $f'(2)=8$,则 $\lim\limits_{h\to0}\dfrac{f(2+h)-f(2-h)}{2h}=$________;

(9) 设 $f(x_0)=0,f'(x_0)=9$,则 $\lim\limits_{h\to0}\dfrac{f(x_0-h)}{h}=$________;

(10) 设 $f(x)$ 在 x_0 处可导,则 $[f(x_0)]'=$________;

(11) 设 $f(x)=(x-1)(x-2)\cdots(x-100)$,则 $f'(1)=$________.

B(提高题)

1. 计算下列极限.

(1) $\lim\limits_{x\to1}\dfrac{x^2-2x+1}{x^2-1}$;　　(2) $\lim\limits_{x\to0}\dfrac{x^2}{1-\sqrt{1+x^2}}$;

(3) $\lim\limits_{h\to0}\dfrac{(x+h)^2-x^2}{h}$;　　(4) $\lim\limits_{x\to0}\dfrac{\sin 3x}{\sin 2x}$;

(5) $\lim\limits_{x\to\infty}\left(1+\dfrac{1}{x}\right)^{2x}$;　　(6) $\lim\limits_{x\to\infty}\left(1+\dfrac{1}{2x}\right)^{x}$;

(7) $\lim\limits_{x\to0}x\sin\dfrac{1}{x}$;　　(8) $\lim\limits_{x\to\infty}\dfrac{\cos 2x}{x^2}$.

2. 求下列极限.

(1) $\lim\limits_{n\to\infty}\dfrac{2\cdot3^n+3\cdot(-2)^n}{3^n}$;　　(2) $\lim\limits_{n\to\infty}\dfrac{1+2+3+\cdots+n}{n^2}$;

(3) $\lim\limits_{n\to\infty}3^{\frac{1}{2}+\frac{1}{4}+\cdots+\frac{1}{2^n}}$;　　(4) $\lim\limits_{n\to\infty}\sqrt{n}\sin\left(\dfrac{1}{\sqrt{n}}\right)$;

(5) $\lim\limits_{n\to\infty}\left(1+\dfrac{1}{3n}\right)^{4n-5}$;　　(6) $\lim\limits_{x\to-2}\dfrac{x^3+3x^2+2x}{x^2-x-6}$;

(7) $\lim\limits_{x\to1}\left(\dfrac{1}{1-x}-\dfrac{3}{1-x^3}\right)$;　　(8) $\lim\limits_{x\to\pi}\dfrac{\sin x}{\pi-x}$;

(9) $\lim\limits_{x\to 1}\dfrac{\sqrt{3-x}-\sqrt{1+x}}{x^2-1}$； (10) $\lim\limits_{x\to\infty}\left(\dfrac{2x+10}{2x+8}\right)^{x+9}$；

(11) $\lim\limits_{x\to\frac{\pi}{2}}(1+\cos x)^{3\sec x}$； (12) $\lim\limits_{x\to 0}\dfrac{\ln(1+ax)}{x}(a\neq 0)$；

(13) $\lim\limits_{x\to 0}\dfrac{3-\sqrt{9-x^2}}{\sin^2 x}$； (14) $\lim\limits_{n\to\infty}n[\ln(n+1)-\ln n]$.

3. 当 $x\to 0$ 时，$\sqrt{1+ax^2}-1$ 与 $\sin^2 x$ 是等价无穷小，求 a 的值.

4. 若 $\lim\limits_{x\to -1}\dfrac{x^3-ax^2-x+4}{x+1}=b$，求常数 a,b 的值.

2.2 关键概念：导数

2.2.1 如何求瞬时速度

[先行问题]

人们对平均速度有直观认识，也会计算平均速度 $\bar{v}=\dfrac{s}{t}$. 那么什么是瞬时速度、如何计算瞬时速度呢？例如一辆汽车在加速行驶，某一瞬间它的速度如何确定？此问题的一般性在于：事物都在运动变化，都有瞬时速度、瞬时变化率问题，诸如河水流速、电量变化率、生物生长率、气体扩散率等.

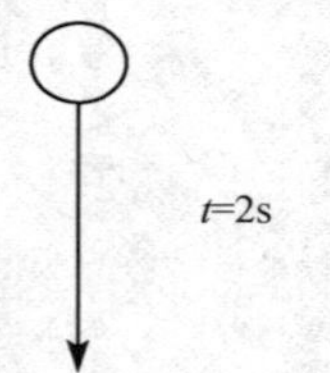

图 2.3

一个思想实验：平均速度和瞬时速度. 观察一个小球作自由落体运动（如图 2.3 所示），已知 $s=\dfrac{1}{2}gt^2$，观察小球在 $t=2$（单位：s）这一瞬间的速度. 如果拍出这一瞬间的照片显示小球是不动的，因此不能解决问题，考虑用其他实际测量方法也是十分困难的.

初等数学的方法可算出平均速度 $\bar{v}=\dfrac{s}{t}$，如 2s 内小球运动的平均速度 $\bar{v}=9.8\text{m/s}$.

平均速度只能反映整个运动的平均状况，而不能反映小球在 $t=2\text{s}$ 这一瞬时状况. 必须更细致地观察 $t=2\text{s}$ 附近发生的情况. 由于自由落体运动是开始慢、越来越快，直观告诉人们此平均速度 $\bar{v}=9.8\text{m/s}$，比 $t=2\text{s}$ 的瞬时速度小很多. 于是可考虑将前面较慢速度的时间段丢掉，如考虑[1,2]时间段的平均速度，$\bar{v}=\dfrac{s(2)-s(1)}{2-1}=15\text{m/s}$；类似地，考虑与时刻 $t=2\text{s}$ 更接近的时间段[1.9,2]、[1.99,2]、[1.999,2]…，速度分别是

$$\bar{v}=\frac{s(2)-s(1.9)}{2-1.9}=19.5\text{m/s},$$

$$\bar{v}=\frac{s(2)-s(1.99)}{2-1.99}=19.551\text{m/s},$$

$$\bar{v}=\frac{s(2)-s(1.999)}{2-1.999}=19.600\text{m/s}\cdots$$

即在 $t=2\text{s}$ 附近,取很小的时间段 Δt,小球在 Δt 这段时间运动的路程为

$$\begin{aligned}\Delta s&=s(t_0+\Delta t)-s(t_0)\\&=\frac{1}{2}g(t_0+\Delta t)^2-\frac{1}{2}g(t_0)^2=gt_0\Delta t+\frac{1}{2}g\Delta t^2,\end{aligned}$$

即 $t_0=2\text{s}$ 时,$\Delta s=2g\Delta t+\frac{1}{2}g\Delta t^2$,平均速度 $\bar{v}=\frac{\Delta s}{\Delta t}=2g+\frac{1}{2}g\Delta t$. 如取 $\Delta t=0.1$, $0.01, 0.001, 0.0001, \cdots$,使在 $t=2\text{s}$ 附近的观察越加细致精确(见表 2.3).

表 2.3

Δt	0.1	0.01	0.001	0.000 1	…
$\bar{v}=\frac{\Delta s}{\Delta t}$	20.09	19.649	19.600 49	19.600 049	…

上述实验中,Δt 越小即观察时间秒数越小,获得的平均速度 $\bar{v}$ 越接近小球在 $t=2\text{s}$ 时的运动状态. 运动是无限的变化过程,相应 Δt 无限地趋近于 0 时,平均速度 $\bar{v}=2g+\frac{1}{2}g\Delta t$ 无限地趋于一定值 $2g$(约为 19.6m/s),即为小球在下落到 2s 这一瞬间的速度.

结论:物体在时间 t 时的**瞬时速度**是当包含 t 的时间段不断缩小时,由取该时间段上的平均速度无限趋于一定值得到的.

上面的讨论适合于求一般运动的瞬时速度. 设 $s=s(t)$,求 t_0 时刻瞬时速度 $v(t_0)$.

$$\Delta s=s(t_0+\Delta t)-s(t_0),$$

$$\bar{v}=\frac{\Delta s}{\Delta t}=\frac{s(t_0+\Delta t)-s(t_0)}{\Delta t}.$$

即

$$\textbf{平均速度}=\text{位置改变量}/\text{时间改变量}=\frac{s(t_0+\Delta t)-s(t_0)}{\Delta t},$$

$$\textbf{瞬时速度}=\text{当 }\Delta t\text{ 趋于 0 时的平均速度}\frac{s(t_0+\Delta t)-s(t_0)}{\Delta t}\text{的极限.}$$

2.2.2　导数的定义

用极限运算符号可表示瞬时变化,如上述例子,$s=\frac{1}{2}gt^2$,在 $t=2$ 的瞬时速度为

$$v=\lim_{\Delta t\to 0}\frac{\Delta s}{\Delta t}=\lim_{\Delta t\to 0}\left(2g+\frac{1}{2}g\Delta t\right)=2g.$$

瞬时速度可用极限运算符号表示为

$$\lim_{\Delta t\to 0}\frac{\Delta s}{\Delta t}=\lim_{\Delta t\to 0}\frac{s(t_0+t)-s(t)}{\Delta t}.$$

类似于瞬时速度的有温度变化率、气压变化率、电流变化率、股价变化率、人口增长变化率等.求变化率都可用求瞬时速度的方法,考虑越来越小区间上的平均变化率的极限.

定义 2.1 设函数以 $y=f(x)$在点 x_0 及其附近有定义,当在点 x_0 处的 Δy 与 Δx 之比的极限存在,即

$$\lim_{\Delta x\to 0}\frac{\Delta y}{\Delta x}=\lim_{\Delta x\to 0}\frac{f(x_0+\Delta x)-f(x_0)}{\Delta x} \tag{2.1}$$

存在,则称此极限值为函数 $f(x)$在点 x_0 处的导数.记作

$$f'(x_0),y'|_{x=x_0}\quad 或\quad \left.\frac{\mathrm{d}y}{\mathrm{d}x}\right|_{x=x_0}.$$

如果极限(2.1)存在,那么称函数 $f(x)$在点 x_0处可导,否则称函数 $f(x)$在点 x_0处不可导.

导数是一种高等数学运算,导数的一般意义为变化率,即需要记住:函数在某一点的导数就是它在该点的变化率.(具体如,Q 是电量,则 $Q'=\lim\limits_{\Delta t\to 0}\frac{\Delta Q}{\Delta t}$为电量变化率,即电流;$T$ 为温度,对 T 求导 $T'=\frac{\mathrm{d}T}{\mathrm{d}t}$为温度变化率;$S$ 为正在膨胀的圆的面积,则 $S'=\frac{\mathrm{d}S}{\mathrm{d}t}$为这个圆随时间变化的变化率(速度),而$\frac{\mathrm{d}S}{\mathrm{d}r}$则是这个圆面积 S 随着其半径 r 的变化率;Q 为资金,则 $Q'=\frac{\mathrm{d}Q}{\mathrm{d}t}$为资金变化率.)

如上例,函数 $s=\frac{1}{2}gt^2$ 在 $t=2$ 的导数为 $s'|_{t=2}=2g$.

例 2.8 求函数 $y=x^2$ 在 $x=5$ 的导数.

解 $\Delta y=f(5+\Delta x)-f(5)=(5+\Delta x)^2-5^2=10\Delta x+\Delta x^2$,

$$\lim_{\Delta x\to 0}\frac{\Delta y}{\Delta x}=\lim_{\Delta x\to 0}(10+\Delta x)=10,$$

即 $y'|_{x=5}=10$.

[课堂练习]

求函数 $y=3x$ 在 $x=2$ 处的导数.

如果函数 $y=f(x)$在区间(a,b)内的每一点都可导,就称函数在区间(a,b)内可导.这时,函数 $y=f(x)$对于(a,b)内的每一个确定的 x 值,都有唯一确定的一个导数值 $f'(x)$与之对应,因此,$f'(x)$与 x 的对应构成一个新函数,将这个函数称为函数 $f(x)$的**导函数**,记作

$$f'(x),y',\frac{\mathrm{d}y}{\mathrm{d}x}\quad 或\quad \frac{\mathrm{d}}{\mathrm{d}x}f(x).$$

例 2.9　求函数 $y=x^2$ 的导函数.

解　$\Delta y=f(x+\Delta x)-f(x)=(x+\Delta x)^2-x^2=2x\Delta x+\Delta x^2$,

$$\lim_{\Delta x\to 0}\frac{\Delta y}{\Delta x}=\lim_{\Delta x\to 0}(2x+\Delta x)=2x,$$

即 $(x^2)'=2x$.

[课堂练习]

求函数 $y=3x$ 的导函数.

显然,导数 $f'(x_0)$ 就是导函数 $f'(x)$ 在 x_0 处的函数值. 在不发生混淆的情况下,导函数简称为导数.

2.2.3　对符号 $\frac{\mathrm{d}y}{\mathrm{d}x}$ 的直观理解

导数符号 y' 简洁明了,$\frac{\mathrm{d}y}{\mathrm{d}x}$ 也具有启发性,尤其是当你把 $\frac{\mathrm{d}y}{\mathrm{d}x}$ 中的字母 d 看做是表示"…的微小改变量". 直观地可以把 $\frac{\mathrm{d}y}{\mathrm{d}x}$ 看成是 y 的微小改变量除以 x 的微小改变量.

例 2.10　求常数函数 $y=C$ 的导数.

解　$f'(x)=\lim\limits_{\Delta x\to 0}\frac{\Delta y}{\Delta x}=\lim\limits_{\Delta x\to 0}\frac{f(x+\Delta x)-f(x)}{\Delta x}=\lim\limits_{\Delta x\to 0}\frac{C-C}{\Delta x}=0.$

2.2.4　由导数的单位理解导数

下面的例子可以说明,想用实际的语言来解释导数的意义,那么考虑函数的实际单位通常是有帮助的.

例 2.11　一块凉的甘薯被放进热烤箱,其温度 T(℃)由函数 $T=f(t)$ 给出,其中 t(单位:s)从甘薯放进烤箱开始计时. 考虑下面问题:

(1) $f'(t)$ 的符号是什么? 为什么?

(2) $f'(20)$ 的单位是什么? $f'(20)=2$ 有什么实际意义?

解　(1) $f'(t)=\frac{\mathrm{d}T}{\mathrm{d}t}$ 是温度变化率,这里是甘薯温度变化率,因为 $f'(x)=\frac{\mathrm{d}y}{\mathrm{d}x}$ 就是 y 关于 x 的变化率,而这里 $T=f(t)$ 为温度.

(2) T 的单位为摄氏度(℃),t 的单位是 s,那么 $\frac{\mathrm{d}T}{\mathrm{d}t}$ 的单位就是℃/s,这里,$f'(20)=2$ 表示当这块甘薯烤到 20s 时,其温度的变化率为 2℃/s,即表示当时间 $t=20$s 时,甘薯正以 2℃/s 的速度升温.

[课堂讨论]

(1) 导数 $f'(x_0)$ 可不可以是负值? 能否举出实际例子?

(2) 已知水管中流水的速度为 $0.5\mathrm{m}^3/\mathrm{s}$,请把这个速度解释为某函数的导数.

2.2.5　导数概念的直观表示

导数定量刻画了事物变化的瞬间变化率，即瞬间的快慢情形. 对平均速度好理解一些，对瞬间速度理解困难. 为了帮助理解，可以找到一个导数概念的直观表示：汽车车速表可以称为“导数显示计”. 如果 $f(t)$是汽车的位置函数，那么导数 $f'(x)$就是该位置的变化率，正好就是速率. 开车的瞬间，车子未动，车速为 0km/h；然后车子启动、加速，直到 110km/h 等，车速表反映汽车每个瞬间的速度变化率：瞬间速度.

如此，可以明白导数的概念：函数 $y=f(x)$的导数 $f'(x)$，度量了该函数的变化率. 如果导数是一个很大的正值，表示该函数正在急速递增；如果导数是一个较小的正值，表示函数也在递增，只是递增得较缓慢；若导数是负值，表示函数在递减(减速).

那么在工程技术中车速表又是如何设计、如何反映车速的呢？是用传感器将转轴转动通过电子感应变成波形进行计算，最后也是在很小的时间段“计算”出平均速度——导数的近似计算. 也说明，工程技术中不可能完全理论化，如完全反映瞬间速度的精确值，而是“近似计算”，根据需要满足一定的误差限即可.（进一步可见【相关阅读】微积分在工程技术中的具体应用.）

[课堂探究]

现今网球比赛，运动员一发球，电子屏上马上显示出球的速度.

请上网查资料，网球发球速度为什么能即时显示出来，与导数(概念或计算)有关吗？这种显示与汽车速度计显示汽车即时速度的原理一样吗？

习　题　2.2

A(基础题)

1. 利用导数定义，求 $y=2x$ 在 $x=1$ 处的导数值 $y'|_{x=1}$.
2. 设 $f(x)=2x^2$，试用导数定义求 $f'(2)$.
3. 求下列函数的导数.

(1) $y=\sqrt[3]{x^2}$；　(2) $y=x^{1.6}$；　(3) $y=x^3\sqrt[5]{x}$；　(4) $y=\dfrac{x^2\sqrt[3]{x^2}}{\sqrt{x^5}}$.

4. 已知物体的运动规律为 $s=t^5(m)$，求该物体在 $t=3(s)$时的速度.

B(提高题)

1. 利用导数的定义求 $y=\sqrt{x}$的导函数.
2. 物体作直线运动的方程为 $s=2t^2+1$，求物体在 $t=t_0$ 的速度.
3. 已知 $f'(3)=2$，求 $\lim\limits_{h\to 0}\dfrac{f(3-h)-f(3)}{2h}$.

C(应用题)

1. (细胞培养)已知在时刻 t(单位：min)容器中细菌个数 $y=10^4\times 2^{kt}$(k 为常数).

(1) 若经过 30min,细菌增加一倍,求 k 的值;

(2) 预测 $t\to+\infty$ 时容器中细菌的个数.

2. (放射物衰减)一放射性材料的衰减模型为 $N=100\mathrm{e}^{-0.026t}$(mg),求

(1) 最初有多少此种材料;

(2) 衰减 10%所需要的时间;

(3) 给出 $t\to+\infty$ 时的衰减规律.

3. (细胞增长率)一个正在成长的球形细胞,其体积与半径的关系为 $V=\frac{4}{3}\pi r^3$. 当半径为 $10\mu\mathrm{m}(1\mu\mathrm{m}=10^{-6}\mathrm{m})$ 时,求体积关于半径的增长率.

4. (人口增长率)《全球 2000 年报告》指出全世界人口在 1975 年为 41 亿,并以每年 2%的相对比率增长. 若用 S 表示 1975 年以来的人口数,求 $\frac{\mathrm{d}S}{\mathrm{d}t}$, $\left.\frac{\mathrm{d}S}{\mathrm{d}t}\right|_{t=0}$, $\left.\frac{\mathrm{d}S}{\mathrm{d}t}\right|_{t=15}$,它们的实际含义分别是什么?

5. (企业融资)某企业获投资 50 万元. 该企业将投资作为抵押品向银行贷款,得到相当于抵押品的价值 0.75 的贷款,该企业将此贷款再进行投资,并将再投资作为抵押品又向银行贷款,仍得到相当于抵押品价值的 0.75 的贷款,企业又将此贷款进行投资,如此贷款—投资—再贷款—再投资反复进行扩大再生产. 问该企业共计可获投资多少万元?

D(探究题)

1. 假设某质点沿一直线以变化的速度运动,且 $s=f(t)$ 作为时间 t 的函数表示质点距某一点的距离,如果质点在 $t=2$ 和 $t=6$ 之间的平均速度等于它在 $t=5$ 的瞬时速度,那么画出函数 f 的一个可能的图像.

2. 函数 $f(x)$ 的曲线类似于图 2.4,在图上标出下列值.

(1) $f(4)$; (2) $f(4)-f(2)$; (3) $\frac{f(4)-f(2)}{4-2}$.

3. 函数 $f(x)$ 的图像如图 2.4 所示,把下列数值按从小到大排列:0,1,$f'(2)$,$f'(3)$,$f(3)-f(2)$.

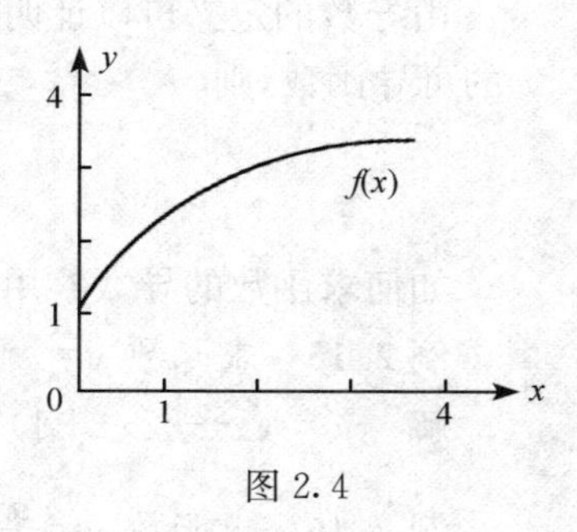

图 2.4

2.3　基本导数公式

前面由导数的定义得到 $C'=0$、$(x^2)'=2x$,请看下面的例子.

例 2.12　求 $f(x)=x^3$ 的导数.

解　$$f'(x)=\lim_{\Delta x\to0}\frac{(x+\Delta x)^3-x^3}{\Delta x}$$
$$=\lim_{\Delta x\to0}\frac{x^3+3x^2\Delta x+3x(\Delta x)^2+(\Delta x)^3-x^3}{\Delta x}$$
$$=\lim_{\Delta x\to0}(3x^2+3x\Delta x+(\Delta x)^2)=3x^2.$$

例 2.13　求 $f(x)=\frac{1}{x}$ 的导数.

解 $f'(x)=\lim\limits_{\Delta x\to 0}\dfrac{\dfrac{1}{x+\Delta x}-\dfrac{1}{x}}{\Delta x}=\lim\limits_{\Delta x\to 0}\dfrac{\dfrac{-\Delta x}{x(x+\Delta x)}}{\Delta x}$

$=\lim\limits_{\Delta x\to 0}\dfrac{-1}{x(x+\Delta x)}=-\dfrac{1}{x^2}$,

即$(x^{-1})'=-x^{-2}$.

类似的计算有$(x^4)'=4x^3$,$(\sqrt{x})'=\dfrac{1}{2}x^{-\frac{1}{2}}$等. 可证明有一般公式:对于幂函数 $y=x^n$,

$$(x^n)'=nx^{n-1}. \tag{2.2}$$

例 2.14 (导数作为变化率)利用导数公式计算$(x^2)'|_{x=1}$和$(\sqrt{x})'|_{x=1}$,并比较函数 x^2 和$\sqrt{x}$在点 $x=1$ 附近的变化情况.

解 $(x^2)'|_{x=1}=2x|_{x=1}=2$, $(\sqrt{x})'|_{x=1}=\dfrac{1}{2\sqrt{x}}\Big|_{x=1}=\dfrac{1}{2}$.

由此可知曲线 $y=x^2$ 和 $y=\sqrt{x}$在点(1,1)的斜率都大于 0,且前者大于后者,这表明函数 x^2 和$\sqrt{x}$在点 $x=1$ 附近都在增大,并且前者增大比后者快.

由导数的定义可以证明函数和的导数公式法则:假设 $u=u(x)$,$v=v(x)$都是 x 的可导函数,则

$$(ku)'=k(u)', \tag{2.3}$$

$$(u\pm v)'=u'\pm v'. \tag{2.4}$$

如何求函数的导数?用导数的定义求导很困难,通常由求导法则和公式求导.

例 2.15 求函数 $y=x^5-2x^2+1$ 的导数.

解 $y'=(x^5-2x^2+1)'=(x^5)'-(2x^2)'+(1)'=5x^4-4x$.

例 2.16 求函数 $y=\dfrac{x\sqrt{x}}{\sqrt[3]{x}}$的导数.

解 先化简,$y=x^{1+\frac{1}{2}-\frac{1}{3}}=x^{\frac{7}{6}}$,

$$y'=(x^{\frac{7}{6}})'=\frac{7}{6}x^{\frac{1}{6}}.$$

[课堂练习]

求下列函数的导数.

(1) $y=3x^3-6x^2+x-5$; (2) $y=\sqrt[3]{x}-\sqrt{x}$; (3) $y=\dfrac{\sqrt[3]{x}}{\sqrt{x}}$,求 $y'|_{x=1}$.

习 题 2.3

A(基础题)

1. 求下列函数的导数.

(1) $y=x^3-2x^2+1$;　　(2) $y=\dfrac{x^5+3x^2+1}{x}$;

(3) $y=1+\sqrt{x}$;　　(4) $y=\dfrac{1+x}{\sqrt{x}}$;

(5) $y=\dfrac{x^2}{2}-\dfrac{2}{x^2}$;　　(6) $y=(x+a)(b-x)$.

2.4　导数的几何意义与经济意义

导数是一个十分重要的数学模型. 它虽然由瞬时速度引入，但它的意义远远超出了数学的范围，而渗透到科学技术的各个领域(见表 2.4).

表 2.4

	均匀	不均匀
速度	$v=\frac{s}{t}$	$v=\frac{\mathrm{d}s}{\mathrm{d}t}$
角速度	$\tilde{\omega}=\frac{\theta}{t}$	$\tilde{\omega}=\frac{\mathrm{d}\theta}{\mathrm{d}t}$
加速度	$a=\frac{v}{t}$	$a=\frac{\mathrm{d}v}{\mathrm{d}t}$
电流强度	$i=\frac{q}{t}$	$i=\frac{\mathrm{d}q}{\mathrm{d}t}$
线密度	$\rho=\frac{m}{l}$	$\rho=\frac{\mathrm{d}m}{\mathrm{d}l}$

其他还有如放射性物质的衰变率、生物种群的生长率与死亡率、冷却过程的温度变化率、战争中物资和人员的损耗率、国家企业的财富增长率等，数学上都表示为函数的变化率，都可用导数模型来研究.

[课堂讨论]

$\dfrac{\Delta y}{\Delta x}$是平均变化率，$\dfrac{\mathrm{d}y}{\mathrm{d}x}$可看成是 y 的微小改变量除以 x 的微小改变量，结合表 2.4，可以认为导数$\dfrac{\mathrm{d}y}{\mathrm{d}x}$是“高等除法”. 沿此思路想下去再来看导数的其他意义.

2.4.1　导数的几何意义

先分析导数$(x^2)'|_{x=2}=4$ 的几何意义——图像上怎样看、有什么意义？由于 $(x^2)'|_{x=2}=\lim\limits_{\Delta x\to 0}\dfrac{(2+\Delta x)^2-2^2}{\Delta x}$，分别在坐标系中画出 $y=x^2$ 并确定 $x=2$、$x=2+\Delta x$、Δx 及作差、作比、求极限，分析各自的意义.

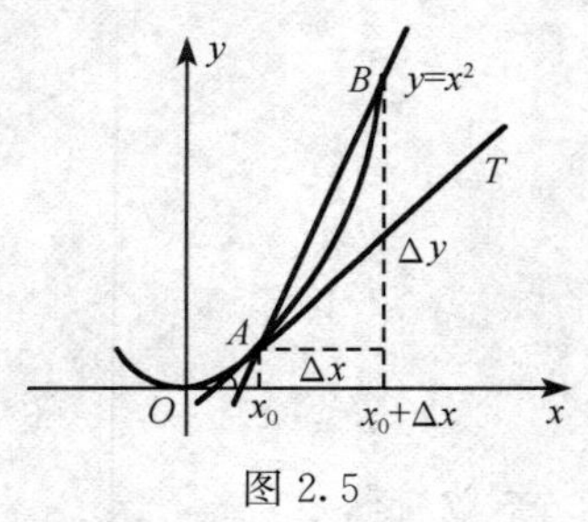

图 2.5

如图 2.5 所示，在 $x=2$ 时，x^2 的平均变化率 $=\dfrac{(2+\Delta x)^2-2^2}{\Delta x}$，割线 AB 的斜率为 $\tan\beta$. 当 $\Delta x\to 0$ 时，自变量 $2+\Delta x\to 2$，相应的 B 点沿曲线向 A 点运动并最终与 A 重合，割线成了切线(T).

因此在 x 点的导数 $f'(x)$ 的几何意义为曲线 $f(x)$ 在 x 点切线的斜率，即 $f'(x)=\tan\alpha$.

例 2.17 设 $y=f(x)=x^3+2x-4$，求在点$(1,-1)$处的切线方程.

解 $y'=(x^3+2x-4)'=3x^2+2$，

$$k=y'|_{x=1}=5.$$

切点为$(1,-1)$，根据直线的点斜式方程得切线方程 $y-(-1)=5(x-1)$，即

$$y=5x-6.$$

[课堂练习]

求曲线 $y=3x^2$ 在$(1,3)$处的切线方程.

*__例 2.18__ 求曲线 $y=x^{\frac{1}{3}}$ 在点$(0,0)$的切线方程.

解 因为$\lim\limits_{h\to 0}\dfrac{f(0+h)-f(0)}{h}=\lim\limits_{h\to 0}h^{-\frac{2}{3}}=+\infty$，

所以曲线 $y=x^{\frac{1}{3}}$ 在点$(0,0)$有一条垂直切线，方程为 $x=0$.

2.4.2 导数的经济意义

微积分是 17 世纪最重要的数学发明，1665—1676 年，牛顿、莱布尼兹等人研究创立了微积分，他们分别研究了导数的物理意义(如研究瞬时速度)与几何意义. 令人意料不到的是历史进入 20 世纪，人们又发现了导数的经济意义.

在经济问题中也常常考虑变化率问题. 如，设 $y=f(x)$ 为成本函数，生产 100 件产品的总成本为 $f(100)$，这时每件产品的成本即平均成本为$\dfrac{f(100)}{100}$，产量从 100 件增加到 110 件，成本随之发生变化，成本的平均变化率为$\dfrac{f(110)-f(100)}{110-100}$；现在的问题是，如何求产量在 100 件时成本的瞬时变化率？由导数的思想：平均变化率在 $\Delta x\to 0$ 时的极限即为瞬时变化率 $f'(100)$. 它表示产量在 100 件时，产量增加 1 件的成本增加值. 一般有如下定义.

定义 2.2 若函数 $f(x)$ 在 x 处可导，则称导数 $f'(x)$ 为 $f(x)$ 的边际函数；称 $f'(x_0)$ 为边际函数值.

经济生活中有边际成本、边际收益、边际利润等各种边际量.

[课堂讨论]

如何理解边际概念？为什么叫"边际"？(请先想一想)

将平均成本和边际成本与平均速度和瞬时速度比较，平均是反映整体的平均

变化情况，瞬时、边际是反映事物变化当前怎样. 很多时候了解事物当前状况更有实际意义. 如边际成本、边际利润分别表示在现有生产条件下，再多生产一件的实际成本、实际利润.

事物都有数量特征，而数量特征有总量(y)、改变量(Δx, Δy)、平均量$\left(\dfrac{\Delta y}{\Delta x}\right)$、边际量($y'$)等.

例 2.19　若生产某种产品 x 件时的成本函数为

$$C(x) = 0.001x^3 - 0.3x^2 + 200x + 1\,000(\text{元}),$$

求：(1) 生产 100 件产品时的平均成本，并说明其经济意义；

(2) 生产 100 件产品时的边际成本，并说明其经济意义；

(3) 在(1)、(2)的基础上，从降低单位成本角度看，可否继续生产？

解　(1) 总成本 $C(x)=0.001x^3-0.3x^2+200x+1\,000$，生产 100 件产品时的总成本为 $C(100)=0.001\times(100)^3-0.3\times(100)^2+200\times100+1\,000=19\,000$(元)，所以生产 100 件产品的平均成本为

$$\overline{C}(100) = \frac{C(100)}{100} = \frac{19\,000}{100} = 190(\text{元}).$$

这说明生产 100 件产品的平均成本是 190 元.

(2) 边际成本函数为

$$C'(x) = 0.003x^2 - 0.6x + 200,$$

所以生产 100 件产品时的边际成本为

$$C'(100) = 0.003\times(100)^2 - 0.6\times100 + 200 = 170(\text{元}).$$

这表示生产第 100 件或第 101 件产品时所花费的成本为 170 元.

(3) 由(1)、(2)知，在生产 100 个单位产品这一水平上，再增加生产一个单位产品时所增加的成本为 170 元，它低于同一生产水平的平均值 190 元，说明继续生产提高产量是会降低平均成本.

[课堂练习]

某厂生产某产品日产量 x 件时的利润 $L(x)=250x-5x^2$(元)，求日产量为 20 件、25 件、35 件时的边际利润，并与平均利润比较.

【导数概念小结】

导数是微积分的关键概念，是一个十分复杂且内容丰富的概念. 至此，对导数有下述基本认识.

1. 定义

$$y' = \lim_{\Delta x\to0}\frac{f(x+\Delta x)-f(x)}{\Delta x}.$$

2. 符号

$$y' = f'(x) = \frac{\mathrm{d}y}{\mathrm{d}x}.$$

$\left(\text{现在将}\frac{\mathrm{d}y}{\mathrm{d}x}\text{看做整体符号，以后学了微分就知道，导数是两个微分之比.}\right)$

3. 一般意义

导数是一个比值$\left(\frac{\Delta y}{\Delta x}\right)$的极限(当 $\Delta x \to 0$ 时)，其一般意义为函数的变化率(即导数是定量刻画函数变化的快慢程度).

4. 几何意义

$y' = \tan\alpha = k$，即曲线 $y = f(x)$ 在 x_0 点切线的斜率(倾斜程度).

5. 工程意义

当函数 y 是路程时，y'为速度；当 y 是速度时，则 y'是加速度；当 y 为电量时，则 y'是电量变化率，即电流；当 y 是温度时，则 y'为温度变化率；等等.

6. 经济意义

在经济上，当 y 是成本时，则 y'是边际成本；当 y 是收益时，则 y'是边际收益；当 y 是利润时，则 y'是边际利润；等等.

【深度探究】 导数概念的深化认识

1. 数学认识

导数都是$\frac{0}{0}$型的复杂极限，即当 $\Delta x \to 0$ 时，有 $\Delta y \to 0$. 如何理解这个$\frac{0}{0}$？若 Δx 很小而不趋于 0，则$\frac{\Delta y}{\Delta x}$仍为平均变化率(如平均速度)，仍为初等数学、一般的除法. 只有 $\Delta x \to 0$(即 $\Delta x = 0$)时，则$\frac{\Delta y}{\Delta x}$才是瞬时变化率，才是导数. 可理解为，当 $\Delta x \to 0$ 时，这时 Δx，Δy 的"数量"消失了，而 Δy 与 Δx 的比值显现了，这个"比值"为瞬时变化率.

2. 哲学分析

运动变化是无限的过程，"运动"是十分复杂的. 恩格斯曾指出："运动就是矛盾”,每一瞬间,“既在这里又不在这里”. 因而人们要定量刻画运动是十分困难的. “运动”充满辩证法,刻画运动的导数也就充满辩证法. 如随着 $\Delta x\to 0$ 的变化,Δy 变化,这是量变,而当 $\Delta x\to 0$,$\Delta y\to 0$,这时(结果)产生了质变,即产生了 $\lim\limits_{\Delta x\to 0}\dfrac{\Delta y}{\Delta x}$ 这个比值. 导数是典型的量变到质变的过程.

3. 由导数看世界的各种量

事物都是数量与质量的统一. 从小学到高中我们学了许多“量”,学了导数后,我们回过头来看世界上的各种量:①绝对量 x,y;②改变量 $\Delta x,\Delta y$;③相对量 $\dfrac{y}{x}$,$\dfrac{\Delta y}{\Delta x}$;④平均量 $\bar{x},\bar{y}$;⑤总量 $\sum x,\sum y$;⑥边际量 y'.(导数是“边际量”,它不是反映平均、不是总量,而是反映瞬时量、反映现在怎样、反映这点或这件怎样.)

习　题　2.4

A(基础题)

1. 设 $y=x^2+2x-1$,求在点(1,2)处的切线方程.

2. 设 $y=\sqrt{x}$,求在点(4,2)处的切线方程.

3. 某产品的总成本 C 是产量 x 的函数为 $C(x)=0.1x^2+5x+200$.

求(1) 平均成本函数;

(2) 生产 50 个单位产品时的边际成本.

4. 求曲线 $y=x-\dfrac{1}{x}$ 在点(1,0)处的切线和法线方程.

B(提高题)

1. 曲线 $y=4x^3+4x-3$ 上哪一点的切线与直线 $4x-y-1=0$ 平行? 求此切线方程.

2. 求过点(1,2)且与抛物线 $y=2x-x^2$ 相切的直线方程.

3. 证明:可导的偶函数的导函数是奇函数,可导的奇函数的导函数是偶函数.

4. 根据以下有关 $y=f(x)$ 的导数信息,画出函数 $f(x)$ 的大致图像.

(1) 对 $x<-1$,$f'(x)>0$;

(2) 对 $x>-1$,$f'(x)<0$;

(3) 当 $x=-1$,$f'(x)=0$.

5. 求曲线 $y=x-e^x$ 上的一点,使该点处的切线与 x 轴平行.

6. 设曲线 $y=f(x)$ 在点 (x_0,y_0) 处的切线平行于直线 $y=5x-1$,求 $f'(x_0)$.

7. 若 $f(x)$ 满足:$f(x+1)=6f(x)$ 且 $f'(0)=6$,求 $f'(1)$.

C(应用题、探究题)

1. 某产品的需求方程和总成本函数分别为 $P+0.1x=80$,$C(x)=5\,000+20x$,其中 x 为销售量,P 为价格. 求边际利润,并计算 $x=150$ 和 $x=400$ 时的边际利润,解释所得结果的经济意义.

2. (1) 画出一段光滑曲线，使得它的导数处处为正且逐渐递增；

(2) 画出一段光滑曲线，使得它的导数处处为正且逐渐递减；

(3) 画出一段光滑曲线，使得它的导数处处为负且逐渐递增(即导数为负，且绝对值逐渐变小).

3. 设 $f(x)=x(x-1)$，画出 $f(x)$ 的图像，并利用它来画出 $f'(x)$ 的图像.

4. 已知水管中的流水速度为 $0.5\mathrm{m}^3/\mathrm{s}$，请把这个速度解释为某函数的导数.

5. 将如图 2.6 所示曲线中用英文字母标出的点填入表 2.5 中，使得该点与其斜率相匹配.

表 2.5

斜率	点
−3	
−1	
0	
1/2	
1	
1	
2	

6. 对于如图 2.7 所示函数的曲线，其斜率在哪些标出的点为正？哪些为负？哪一个标出的点的斜率最大(即最大的正值斜率)？哪一点的斜率最小(即该点的斜率为负，且绝对值最大)？

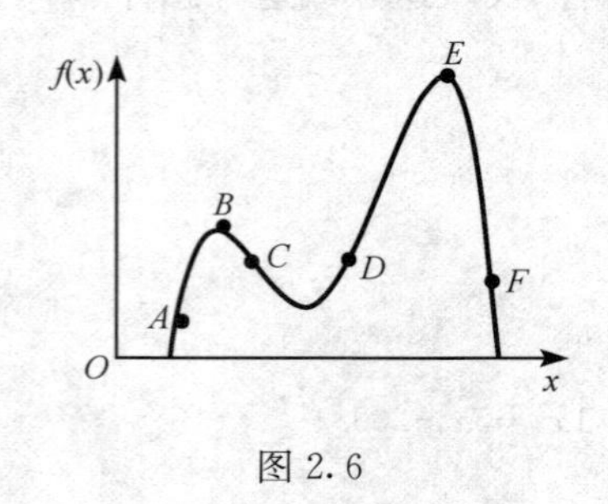

图 2.6

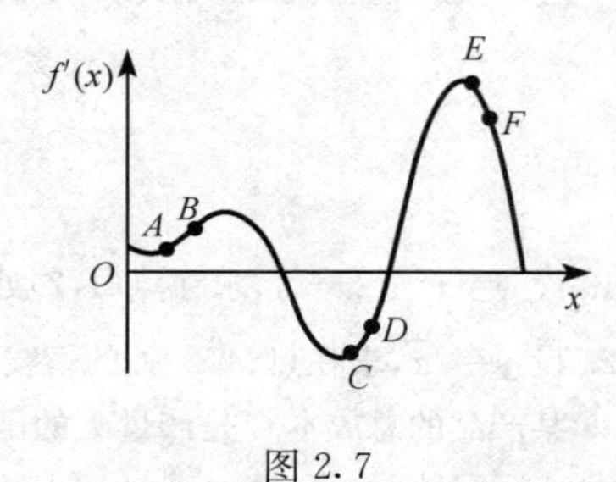

图 2.7

2.5 二阶导数

2.5.1 二阶导数的概念

对于导函数 $f'(x)$ 可以再求它的导数，称之为二阶导数，记作 f''(读作“f 两撇”)或记为$\dfrac{\mathrm{d}^2y}{\mathrm{d}x^2}$，意即$\dfrac{\mathrm{d}}{\mathrm{d}x}\left(\dfrac{\mathrm{d}y}{\mathrm{d}x}\right)$.

例如，加速度 $a(t)$ 是速度 $v(t)$ 关于时间的变化快慢程度，所以 $a=\dfrac{\mathrm{d}v}{\mathrm{d}t}$ 得 $a=\dfrac{\mathrm{d}v}{\mathrm{d}t}=\dfrac{\mathrm{d}^2s}{\mathrm{d}t^2}$. 类似地，如果函数 $y''=f''(x)$ 的导数存在，则称$[f''(x)]'$为 $y=f(x)$ 的三阶导数，如此直到有 n 阶导数 $y^{(n)}$、$f^{(n)}(x)$或$\dfrac{\mathrm{d}^ny}{\mathrm{d}x^n}$.

例 2.20 求 $y=3x^5-4x^3+2$ 的二阶导数.

解 $y'=15x^4-12x^2$，

$y''=(15x^4-12x^2)'=60x^3-24x$.

例 2.21　设某种汽车刹车后的运动规律为 $s=19.2t-0.4t^3$，假设汽车作直线运动，求汽车在 $t=4\mathrm{s}$ 时的速度和加速度.

解　刹车后的速度为 $v=\frac{\mathrm{d}s}{\mathrm{d}t}=(19.2t-0.4t^3)'=19.2-1.2t^2(\mathrm{m/s})$，

刹车后的加速度为 $a=\frac{\mathrm{d}^2 s}{\mathrm{d}t^2}=(19.2-1.2t^2)'=-2.4t(\mathrm{m/s^2})$，

当 $t=4\mathrm{s}$ 时汽车的速度为 $v=(19.2-1.2t^2)|_{t=4}=0(\mathrm{m/s})$，

加速度为 $a=-2.4t|_{t=4}=-9.4(\mathrm{m/s^2})$.

[课堂练习]

1. 求 $y=x^3-2x^2+1$ 的二阶导数.

2. 求 $y=\sqrt{x}$的二阶导数.

[课堂讨论]

(通货膨胀)设函数 $P(t)$表示某种产品在时刻 t 的价格，则在通货膨胀期间，$P(t)$将迅速增加，试用 $P(t)$的导数描述以下情形.

(1) 通货膨胀仍然存在；

(2) 通货膨胀率正在下降；

(3) 在不久的将来，物价将稳定下来.

2.5.2　二阶导数的意义

例 2.22　(国防预算的增长)1985 年美国国防部总抱怨国会和参议院削减了国防预算. 事实上，国会只是削减了国防预算增长的变化率. 即总费用 $f(x)$表示国防预算关于时间的函数，那么预算的导数 $f'(x)>0$，预算仍然在增加，只是 $f''(x)<0$，即预算的增长变缓了.

一阶导数的符号可以反映事物是增长还是减少；二阶导数的符号则说明增长或减少的快慢.

[课堂讨论]

分别列举函数满足下述条件.

(1) $f'(x)>0$ 而 $f''(x)<0$；　　(2) $f'(x)>0$ 而 $f''(x)>0$.

习　题　2.5

A(基础题)

1. 求下列函数的二阶导数.

(1) $y=1+x^2-3x^3$；　　(2) $y=\frac{1-x^2+x^3}{x}$.

2. 设物体作直线运动，其运动方程为 $s=t^3+3t+2$，求当 $t=2$ 时的速度和加速度.

B(提高题)

1. 已知 $y^{(n-2)}=1-2\sqrt[3]{x}$，求 $y^{(n)}$.

2. 设 $y=\dfrac{1}{x}$,求 $y^{(n)}$.

3. 设 $y=x\cos x$,求 y'',$y''(\pi)$.

4. 设 $y=e^{2x-1}$,求 y'',y''',并由此求出 $y^{(n)}$.

5. 设 $y=x^x$,求二阶导数$\dfrac{d^2y}{dx^2}$.

C(应用题)

(股票走势)设 $B(t)$代表某日某公司在时刻 t 的股票价格,试根据以下情形判定 $B(t)$的一阶、二阶导数的正、负号.

(1) 股票价格上升得越来越快;

(2) 股票价格接近最低点.

D(探究题)

1. 函数的 f'图像(不是 f)如图 2.8 所示,标记的所有点中,在哪一点有下列情况?

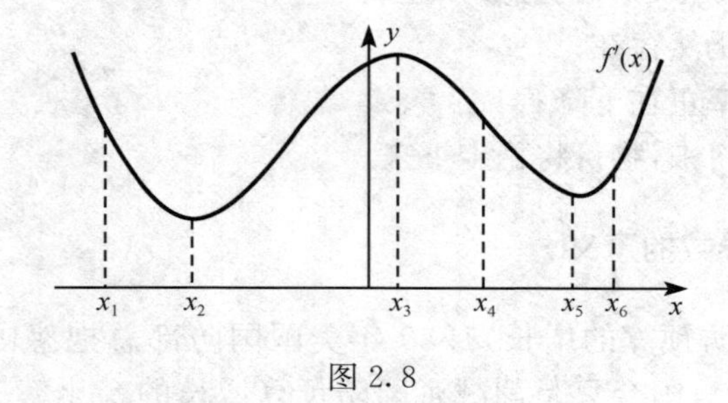

图 2.8

(1) $f(x)$取到最大值?

(2) $f(x)$取到最小值?

(3) $f'(x)$取到最大值?

(4) $f'(x)$取到最小值?

(5) $f''(x)$取到最大值?

(6) $f''(x)$取到最小值?

2. (1) 如果在某一区间 f''为正,那么 f'在此区间________,f 在此区间________.

(2) 如果在某一区间 f''为负,那么 f'在此区间________,f 在此区间________.

3. (1) 画出一条曲线,使得它的一阶和二阶导数处处为正;

(2) 画出一条曲线,使得它的二阶导数处处为负,但一阶导数处处为正.

2.6 连续、间断与导数

2.6.1 连续的定义

事物都是运动变化的,变化的事物都有变化率(导数),与之相关的还有变化的连续或间断问题.

直观上看,一个函数 $f(x)$ 在一个区间上是连续的,指曲线在这一区间没有间断、跳跃或洞. 一个连续函数,其图形可以笔不离纸面地画出来. 如图 2.9 所示,(a)函数为连续函数,(b)函数在 $x=0$ 点间断(其他点都连续),(c)函数在 x_0 点间断(有洞),(d)函数在 x_0 点间断. 数值上看,一个函数在一点 x_0 连续,意味着在这点自变量的小的误差导致关于函数值也是小的误差.

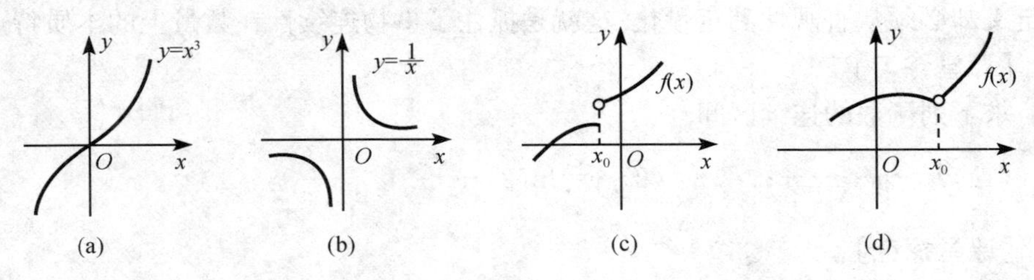

图 2.9

由此可定量刻画函数连续的概念.

定义 2.3　设函数 $y=f(x)$ 在 x_0 点及附近有定义,若在 x_0 处自变量的改变量 Δx 趋于 0 时,相应的 $f(x)$ 的改变量 Δy 也趋于 0,即若 $\lim\limits_{\Delta x\to 0}\Delta y=0$,则称函数 $y=f(x)$ 在 x_0 点连续.

比如,生活中人们的体重随时间连续地变化比较正常,但是如果一瞬间某人的体重发生了较大的变化,即发生了"间断",就会出现危险或伤害.

由定义 2.3 容易证明 $y=x^2$ 在 $x=1$ 点处连续,或在任一点 $x=x_0$ 处连续. 因为

$$\lim_{\Delta x\to 0}\Delta y=\lim_{\Delta x\to 0}(x_0+\Delta x)^2-x_0^2=\lim_{\Delta x\to 0}(2x_0\Delta x+\Delta^2 x)=0.$$

其实可以证明幂函数、指数函数、对数函数、三角与反三角函数等基本初等函数乃至初等函数在其定义区间内都是连续函数.

例 2.23　求 $y=\sqrt{1-x^2}$ 的连续区间.

解　(初等函数在定义区间连续,因而求连续区间在于求定义区间.)

令 $1-x^2\geqslant 0$,得 $y=\sqrt{1-x^2}$ 的连续区间为 $[-1,1]$.

例 2.24　求极限 $\lim\limits_{x\to 0}\sqrt{\ln(1-x^2+\tan^2 x)}$.

解　原式 $=\sqrt{\ln(1-0^2+\tan^2 0)}=0$.

* **例 2.25**　求极限 $\lim\limits_{h\to 0}\dfrac{\ln(x+h)-\ln x}{h}$.

解　原式 $=\lim\limits_{h\to 0}\dfrac{1}{h}\ln\left(\dfrac{x+h}{x}\right)=\lim\limits_{h\to 0}\ln\left(\dfrac{x+h}{x}\right)^{\frac{1}{h}}=\ln\left[\lim\limits_{h\to 0}\left(1+\dfrac{h}{x}\right)^{\frac{x}{h}}\right]^{\frac{1}{x}}=\ln \mathrm{e}^{\frac{1}{x}}=\dfrac{1}{x}$.

2.6.2　分析函数连续的定义

什么是科学的定义? 科学以其求实、求真为显著特点. 其真理性在于理论创立

的结构性:一个理论系统由定义、公理推出定理,这就有严密的逻辑关系保证;并且理论与实际之间的结构性:公理从实际中来,推出的结论再回到实践中去检验以及其中各个定义的严密性、定量化. 如在中学学过的平面几何系统、牛顿力学系统等. 微积分也是如此.(什么是“逻辑性”,形象地看正是如此一环紧扣一环,以及首尾相连.)

例如“连续”这个概念如何定义? 直观上看(如图 2.9 所示)似乎很清楚,科学的定义却必须从直观性到定量化. 这就是抓住了事物连续性在数量上的本质特点.

[课堂练习]

求下列函数的连续区间.

(1) $y=\dfrac{x}{\sqrt{x^2-1}}$; (2) $y=\ln(2x+1)$.

[课堂探究]

根据“连续”的数学定义,请列举生活中或自然、工程中连续或间断的例子.

2.6.3 可导的注释:可导与连续的关系

怎么知道一个函数是不是可导的? 由导数的几何意义可知,如果一个函数在一点有导数,那么此函数的曲线在该点必有一条切线. 所以能从函数的图像辨别它是否可导:如果把该点的图像放大,看到在该点附近曲线为一条非竖直直线,那么这个函数在该点是可导的(参见图 2.5).

偶尔会遇到一些在某些点上不存在导数的函数,例如,不连续的函数,曲线上发生断裂、跳跃或洞,这些地方就不存在导数.

是否存在某些点连续但不可导? 回答是肯定的,当把图像放大时,图像看起来不像是一条非竖直直线,这时不可导点就出现了. 如果函数在某一点上的图像有下列两种情况之一:在该点上有一尖“角”或有一条竖直切线,那么这个函数在该点不存在导数. 如图 2.10 所示,A 点是“尖点”,割线从两边分别趋向 A 点,切线的斜率一边为正值,一边为负值,极限趋于不同的值,说明不可导. B 点的切线为竖直线,竖直线没有斜率.

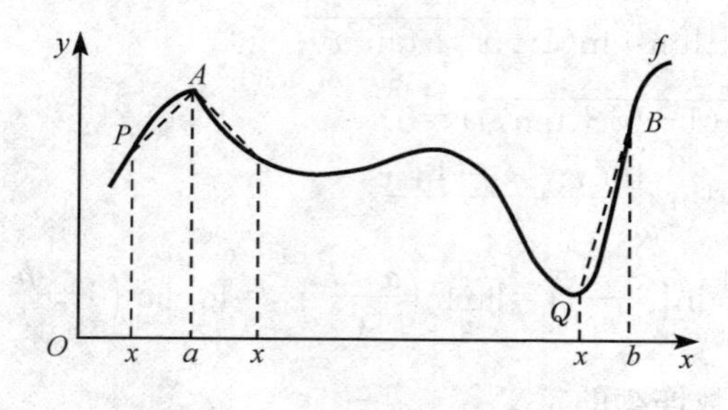

图 2.10

可以严格证明：

函数可导一定连续，连续不一点可导.

事实上若 $y=f(x)$ 在点 x_0 处可导，即 $\lim\limits_{\Delta x\to 0}\dfrac{\Delta y}{\Delta x}$ 存在，这时 $\lim\limits_{\Delta x\to 0}\Delta y=\lim\limits_{\Delta x\to 0}\dfrac{\Delta y}{\Delta x}\cdot\Delta x=\lim\limits_{\Delta x\to 0}\dfrac{\Delta y}{\Delta x}\cdot\lim\limits_{\Delta x\to 0}\Delta x=0$. 故 $y=f(x)$ 在点 x_0 处连续.

下面是函数在一点连续却不可导的例子.

例 2.26　函数 $y=|x|$ 在区间 $(-\infty,+\infty)$ 内处处连续，它在点 $x=0$ 处是否可导？

解　因为 $\lim\limits_{\Delta x\to 0}\dfrac{\Delta y}{\Delta x}=\lim\limits_{\Delta x\to 0}\dfrac{|0+\Delta x|-|0|}{\Delta x}=\lim\limits_{\Delta x\to 0}\dfrac{|\Delta x|}{\Delta x}$，其左极限为$-1$，右极限为 1，左右极限不相等，故极限不存在，$y=|x|$ 在 $x=0$ 点不可导，如图 2.11 所示.

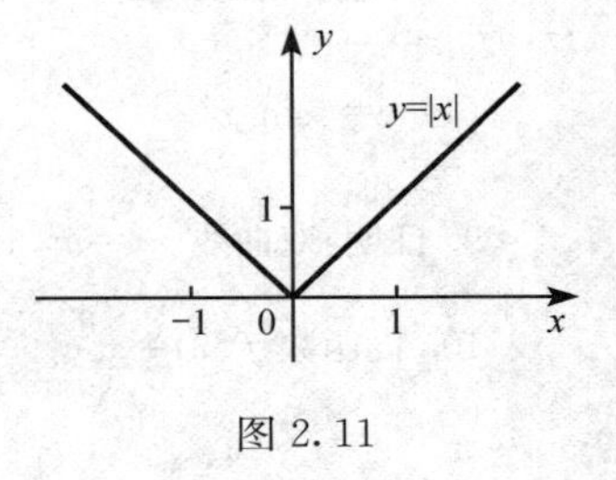

图 2.11

[课堂练习]

$y=|x|$ 在 $x\neq 0$ 处可导吗？在 $x=-2$ 或 $x=2$ 处呢？

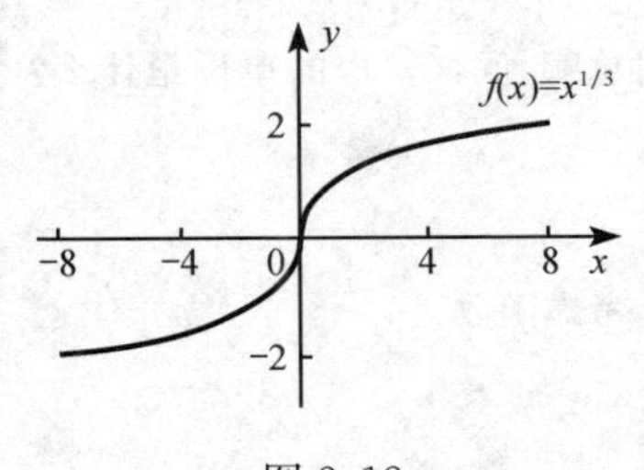

图 2.12

类似的例子如 $y=\sqrt[3]{x}$ 在 $x=0$ 处连续但不可导，如图 2.12 所示.

函数可导有着确定的物理意义与几何意义.

科学家对处处不可导的曲线也有浓厚的兴趣，尤其近年来发现许多自然现象，如一杯水中水分子的运动路径，尽管轨迹可能是光滑的，但它实际上可由一条处处非光滑的曲线来模拟.

下面是生活中的连续与间断的例子.

(1) 一个人跑过马路($\Delta t\to 0$)，若只是掉了些头屑或吓出一身冷汗，其体重的改变($\Delta y\to 0$)很小，这个人还是连续的；但出了交通事故，Δy 很大，就不连续了.

(2) 通常随着时间的变化，建筑物被风吹雨打，其 Δy 变化很小，这是连续；当遇到地震时，虽然时间 Δt 很小，但房子的 Δy 变化很大，就发生了间断.

[课堂讨论]

讨论函数不可导有哪些类型.

习　题　2.6

B(提高题)

1. 证明：函数 $y=x^2+1$ 是连续函数.

2. 求下列函数的连续区间.

(1) $y=\dfrac{x}{x^2-2x+1}$；　　(2) $y=\dfrac{1}{\ln(x^2-1)}$.

3. 讨论 $y=|\sin x|$ 在 $x=0$ 的连续性与可导性.

4. 讨论 $y=x^{\frac{1}{3}}$ 在 $x=0$ 的可导性.

5. 讨论函数 $f(x)=\dfrac{x^2-1}{x-1}$ 在 $x=0$ 及 $x=1$ 处的连续性与可导性.

6. 讨论函数 $f(x)=\dfrac{\sin x}{x}$ 在 $x=0$ 及 $x=\pi$ 处的连续性与可导性.

7. 设 $\varphi(x)=|(x-1)^2(x-2)|$,试用导数的定义讨论 $\varphi(x)$ 在 $x=1,x=2$ 的可导性.

8. 讨论下列函数在 $x=0$ 点的连续性与可导性.

(1) $y=|\sin^3 x|$;　　(2) $R(x)=\begin{cases} x^2\sin\dfrac{1}{x}, & x\neq 0 \\ 0, & x=0 \end{cases}$.

9. 证明:双曲线 $xy=a^2$ 上任一点的切线与两坐标轴构成的三角形的面积都等于 $2a^2$.

10. 设函数 $f(x)=\begin{cases} x^2, & x<1 \\ ax+b, & x\geqslant 1 \end{cases}$ 在 $x=1$ 点连续且可导,求 a,b 的值.

C(应用题)

1. (停车场收费)一个停车场第一个小时内收费 5 元,一小时后每小时收费 2 元,每天最多收费 20 元. 讨论此函数的间断点及其意义.

2. 假设 $C(r)$ 是偿还以年利率为 $r\%$ 购买汽车货款的费用总额. 问:$C'(r)$ 的单位是什么? $C'(r)$ 的实际意义是什么? 它的符号是正还是负?

D(探究题)

1. 有时,一些表面看起来非常普通的函数具有特殊的性质,考虑函数

$$f(x)=\begin{cases} 0, & (x<0) \\ x^2, & (x\geqslant 0) \end{cases}.$$

(1) 画出函数图像,它有竖直段或角吗? 它是否在每一点都可导? 如果是,画出导函数 f' 的图像.

(2) 导函数在每一点都可导吗? 如果不是,它在哪些点不可导? 在二阶导函数的定义域内画出它的图像. 二阶导函数可导吗? 它是连续的吗?

2.7 【自学部分】无穷小量及与微积分的关系

在实际问题中,常会遇到以零为极限的变量. 例如在电容器放电时,其电压随时间的增加而逐渐减小并趋于零;又如单摆离开平衡位置而摆动时,由于空气阻力和摩擦力的作用,它的摆动随时间的增加而逐渐减少并趋近于零. 对于这样的变量,可以定义为无穷小量.

1. 无穷小量

定义 2.4 以零为极限的变量称为无穷小量,简称无穷小,常用 α、β、γ 等表示.

例如,当 $x\to 0$ 时,变量 $2x$、x^2、x^3、$\sin x$、$\tan x$ 都是无穷小量;当 $x\to 1$ 时,$x-1$、

x^2-1 都是无穷小量.

定理 2.1　在自变量的某一变化过程中,函数 $y=f(x)$ 以 A 为极限的充分必要条件是因变量 y 可以表示成 A 与一个无穷小量之和. 即

$$\lim y = A \Leftrightarrow y = A + \alpha \quad (\lim \alpha = 0).$$

2. 无穷小量的性质

性质 2.1　在自变量的某一变化过程中,两个无穷小量的和差仍是无穷小量.

例如,当 $x\to+\infty$ 时,$\frac{1}{x}$、e^{-x} 都是无穷小量,则当 $x\to+\infty$ 时,$\frac{1}{x}\pm e^{-x}$ 仍是无穷小量.

性质 2.2　在自变量的某一变化过程中,两个无穷小量的乘积仍是无穷小量.

例如,当 $x\to0$ 时,x、$\sin x$ 都是无穷小量,因此 $x\sin x$ 仍是无穷小量.

性质 2.3　无穷小量与有界变量的乘积仍为无穷小量.

例如,当 $x\to0$ 时,x^2 是无穷小量,$\sin\frac{1}{x}$ 为有界量,故由性质 2.3 即得

$$\lim_{x\to0} x^2\sin\frac{1}{x} = 0.$$

函数 $y=x^2\sin\frac{1}{x}$ 的图像如图 2.13 所示.

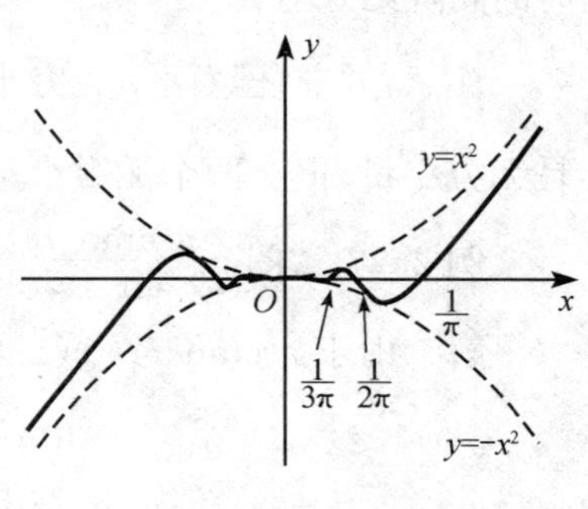

图 2.13

又如,$\lim_{x\to0} x\sin\frac{1}{x}=0$, $\lim_{x\to-\infty} e^x\cos x=0$.

3. 无穷小量的比较

由无穷小量的性质已经知道,两个无穷小量的和、差以及乘积仍然是无穷小量. 但是,两个无穷小量的商,却会出现不同的情况. 例如,当 $x\to0$ 时,$3x$、x^2、$x+2x^3$、$\sin x$ 都是无穷小量,也就是说它们都趋于 0. 显然,$3x$ 与 x^2 趋于 0 的快慢不同. 当 $x\to0$ 时,x^2 趋于 0 的速度比 $3x$ 趋于 0 的速度要快得多. 任意两个无穷小量如何描述它们趋于 0 的快慢呢? 下面引入无穷小的阶的概念.

定义 2.5　如果 $\lim\alpha=0$, $\lim\beta=0$,则有

(1) 当 $\lim\frac{\alpha}{\beta}=0$ 时,称 α 是比 β 高阶的无穷小.

(2) 当 $\lim\frac{\alpha}{\beta}=c(c\neq0)$ 时,称 α 与 β 是同阶的无穷小.

特别当 $c=1$ 时,则称 α 和 β 是等价无穷小量.

(3) 当 $\lim\frac{\alpha}{\beta}=\infty$ 时,称 α 是比 β 低阶的无穷小.

由定义 2.5 可知,当 $x\to1$ 时,$x-1$ 和 x^3-1 都是无穷小量,而

$$\lim_{x \to 1} \frac{x-1}{x^3-1} = \frac{1}{3},$$

所以当 $x \to 1$ 时，$x-1$ 和 x^3-1 是同阶无穷小量；当 $x \to 0$ 时，x^3+2x 与 $2x$ 都是无穷小量，而

$$\lim_{x \to 0} \frac{x^3+2x}{2x} = \lim_{x \to 0}\left(\frac{1}{2}x^2+1\right) = 1.$$

所以当 $x \to 0$ 时，x^3+2x 与 $2x$ 是等价无穷小量，即 $x^3+2x \sim 2x$.

通俗地说，在自变量的同一变化过程中，同阶无穷小量可以想象为它们趋向于 0 的快慢成一种"倍数"关系，等价无穷小量是指它们趋向于 0 的速度"相同"；若 α 是 β 的高阶无穷小，则意味着 α 比 β 趋向于 0 的速度要快得多. 例如，当 $x \to 0$ 时，$1-\cos x$ 与 x^2 皆为无穷小量. 由于 $\lim\limits_{x \to 0} \frac{1-\cos x}{x^2} = \frac{1}{2}$，所以 $1-\cos x$ 与 x^2 为当 $x \to 0$ 时的同阶无穷小量.

注意：并非任意两个无穷小都可以进行比较. 例如，当 $x \to 0$ 时，x 和 $x\sin\frac{1}{x}$ 都是无穷小量，但这两个无穷小量是不能比较的.

例 2.27 求 $\lim\limits_{x \to 0} \frac{\arctan x}{\sin 4x}$.

解 由于 $\arctan x \sim x(x \to 0)$，$\sin 4x \sim 4x(x \to 0)$. 故此可得

$$\lim_{x \to 0} \frac{\arctan x}{4x} = \lim_{x \to 0} \frac{x}{4x} = \frac{1}{4}.$$

例 2.28 利用等价无穷小量代换求极限 $\lim\limits_{x \to 0} \frac{\tan x - \sin x}{\sin x^3}$.

解 由于 $\tan x - \sin x = \frac{\sin x}{\cos x}(1-\cos x)$，而

$$\sin x \sim x(x \to 0), 1-\cos x \sim \frac{x^2}{2}(x \to 0), \sin x^3 \sim x^3(x \to 0),$$

故有

$$\lim_{x \to 0} \frac{\tan x - \sin x}{\sin x^3} = \lim_{x \to 0} \frac{1}{\cos x} \cdot \frac{x \cdot \frac{x^2}{2}}{x^3} = \frac{1}{2}.$$

在利用等价无穷小量代换求极限时，应注意：只有对所求极限式中相乘或相除的因式才能用等价无穷小量来替代，而对极限式中的相加或相减部分则不能随意替代. 如在例 2.28 中，若因有

$$\tan x \sim x(x \to 0), \sin x \sim x(x \to 0)$$

而推出

$$\lim_{x \to 0} \frac{\tan x - \sin x}{\sin x^3} = \lim_{x \to 0} \frac{x - x}{\sin x^3} = 0,$$

则得到的是错误的结果.

无穷小的概念其实贯穿于整个微积分中，如后面将学到的微分 dx，dy 就是无

穷小，导数$\frac{dy}{dx}$就是两个无穷小之比，称为“微商”，而积分$\int f(x)dx$是无穷多个无穷小之和，同样积分的“微元法”其微元$f(x)dx$也是无穷小. 无穷小量还表现出微积分的基本方法：无穷小方法，直观地说就是“无限细分、以直代曲”，如导数的定义、积分的定义等都要“无限细分、以直代曲”. 值得注意的是，微积分的“以直代曲”不同于初等数学中的近似计算——“以直近似曲”，而是对无穷小量的“以直代曲”. 对于无穷小，“曲”也就是“直”了，“曲”与“直”辩证统一，这也是高等数学与初等数学本质区别的一个地方.

习　题　2.7

A(基础题)

1. 判断题.

(1) 无穷小是比10^{-1000}更小的数.

(2) 当$x\to+\infty$时，e^{-x}是无穷小.

(3) $\lim\limits_{x\to0}x\cdot\sin\frac{1}{x}=\lim\limits_{x\to0}x\cdot\lim\limits_{x\to0}\sin\frac{1}{x}=0$.

(4) 当$x\to0$时，$\frac{1}{x}$是比$\frac{\sin x}{x}$较高阶的无穷小.

2. 选择题.

(1) 当$x\to0$时，$\sin\frac{1}{x}$是(　　).

A. 无穷小　　B. 无穷大　　C. 有界量　　D. 无界变量

(2) 当$x\to0$时，无穷小$1-\cos x$是(　　).

A. 比x较高阶　　B. 比x较低阶　　C. 与x同阶　　D. 与x等价

(3) 当$x\to1$时，为等价无穷小的是(　　).

A. $1-x$与$\frac{1}{2}(1-x^2)$　　B. $1-x$与$1-\sqrt[3]{x}$

C. $1-x$与$(1-x)^3$　　D. $1-x$与$1-x^3$

3. 求下列各极限.

(1) $\lim\limits_{x\to1}\left(\frac{1}{1-x}-\frac{1}{1-x^3}\right)$；　　(2) $\lim\limits_{x\to\infty}\frac{\sin 2x}{x^2}$；

(3) $\lim\limits_{x\to\frac{\pi}{2}}\left(\frac{\pi}{2}-x\right)\cos\left(\frac{\pi}{2}-x\right)$；　　(4) $\lim\limits_{x\to\infty}\frac{\arctan x}{x}$.

第 2 章复习题

1. 求下列极限.

(1) $\lim\limits_{x\to1}x^2-3x+1$；　　(2) $\lim\limits_{x\to0}\frac{\sin 3x}{2x}$；

(3) $\lim\limits_{x\to\infty}\frac{x^3+2x^2-1}{2x^2+3x+1}$；　　(4) $\lim\limits_{x\to0}\frac{\sin 3x}{\sin 5x}$.

2. 求下列函数的导数.

(1) $y=3x-\frac{1}{x}+x^3$；　　(2) $y=\frac{1+2x-x^2+\sqrt{x}}{x}$；

(3) $y=(1+x)(1-x)$；　　(4) $y=\frac{x^3}{3}-\frac{3}{x^3}$.

3. 求下列函数在给定点的导数值.

(1) $f(x)=1+x-2x^2$,求 $f'(0)$；

(2) $f(x)=2+\sqrt[3]{x^2}-x$,求 $f'(1)$.

4. 求曲线 $y=x^3+2x-1$ 在(1,2)点的切线方程.

5. 物体作直线运动的方程为 $s=t^3+2t-3$,求物体在 $t=3$ 的速度和加速度.

6. 求下列函数的二阶导数.

(1) $y=x^3-2x^2+x-1$；　　(2) $y=\frac{1}{1+x}$；

(3) $y=x\sqrt{x}$；　　(4) $y=\frac{\sqrt[3]{x}}{x}$.

7. 求 $y=\frac{1}{x}$ 在 $x=1$ 的二阶导数值.

*8. 如果 $\lim\limits_{x\to\infty}f(x)=50$,且 $f'(x)$ 对所有的 x 都是正数,那么 $\lim\limits_{x\to\infty}f'(x)$ 等于什么(假设极限存在)? 请用图像来解释你的答案.

9. 求下列极限.

(1) $\lim\limits_{n\to\infty}\left(1+\frac{1}{n}+\frac{1}{n^2}\right)^n$；　　(2) $\lim\limits_{x\to\infty}x(\mathrm{e}^{\frac{1}{x}}-1)$；

(3) $\lim\limits_{n\to\infty}\left(1-\frac{1}{2}\right)\left(1-\frac{1}{3}\right)\left(1-\frac{1}{4}\right)\cdots\left(1-\frac{1}{n}\right)$.

10. 已知 $\lim\limits_{x\to a}\frac{x^2+bx+3b}{x-a}=8$,求 a,b 的值.

11. 设 $f(x)$ 在 $[0,1]$ 上连续,且 $f(0)=1$, $f(1)=0$,证明:至少存在一点 $x_0\in(0,1)$,使 $f(x_0)=x_0$.

12. 设 $f(x)$ 二阶可导,$y=f(\cos x)+\cos f(x)$,求 y''.

13. 设 $f(x)=(x-a)\varphi(x)$,且 $\varphi(x)$ 在 $x=a$ 处连续,求 $f'(a)$.

14. 设曲线 $y=x^n$ 在点(1,1)处的切线与 x 轴的交点为 $(x_n,0)$,求 $\lim\limits_{n\to\infty}y(x_n)$.

15. 设 $f(x)$ 为偶函数,且 $f'(0)$ 存在,试证: $f'(0)=0$.

16. 设 $f(x)$ 在 $x=1$ 点连续,且 $\lim\limits_{x\to 1}\frac{f(x)}{x-1}=16$,求 $f'(1)$.

17. 设 $y=f\left(\frac{3x-2}{3x+2}\right)$, $f'(x)=\arctan x^2$,求 $\left.\frac{\mathrm{d}y}{\mathrm{d}x}\right|_{x=0}$.

18. 设 $f(x+3)=x^5$,求 $f'(x)$、$f'(x+3)$.

【相关阅读】 “无限”的故事

高等数学与初等数学有一些显著的区别,如有常量到变量、具体到抽象、有限到无限等的区别. 什么是“无限”呢? “无限”与“有限”有本质的不同.

看下面的例子.从初等数学的、有限的角度来看,图 2.14 中 a、b 两条线段当然不一样长.但以高等数学、无限的眼光来看,可以证明,a 与 b 一样长.如图 2.15 所示,将 a、b 端点相连得交点 O,那么对 a 上任一点 x,连接 Ox 延长到 x',说明 a 上每一点 x 都有 b 上一点 x' 与之对应;反之,b 上任一点,按同样的方法对应 a 上一点.这就证明了 a、b 两线段上的点一一对应,a 与 b 上的点一样多,a、b 一样长.用集合论的语言来说,无限集与有限集的区别在于,无限集的元素可以与自己一个子集的元素一一对应(一样多),如自然数包括偶数,但自然数与偶数一一对应:$n \leftrightarrow 2n$,它们元素一样多,而任何有限集却办不到.

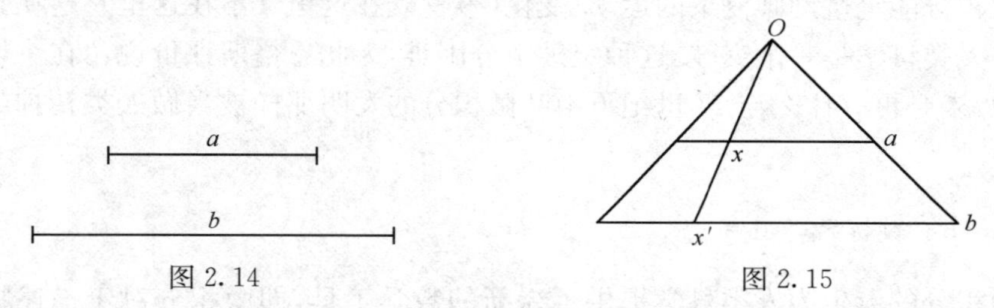

图 2.14　　图 2.15

著名数学家康托(1845—1918 年)进一步发现,同样是无限集,还有元素个数的巨大差别.如自然数集、实数集都是无限集,但数学家已证明自然数集是世界上最小的无限集;实数的无限个数比自然数的无限多得多;这两个无限集之间还有没有比自然数多、比实数少的集合呢?至今还是一个谜,这就是另一位大数学家希尔伯特(德国,1845—1918 年)在 20 世纪初提出的著名的"21 个数学问题"中的一个.用我们日常的话来说真是天外有天.那么,世界上有没有最大的无限集合呢?数学家已证明没有最大——你能想象吗?

关于无限,希尔伯特讲过一个有趣的故事:设想有家旅店,内设有限个房间,客满时,对于想订房间的新客人,店主只好说"对不起".再设想,另一家旅店,内设无限个房间,也客满了,这时有位客人来想订房间."不成问题!"店主说.他把 1 号房间里的客人移至 2 号房间,2 号房间的客人移至 3 号房间,3 号房间的客人移至 4 号房间,等等,这一来,新客人就住进了已被腾空的 1 号房间.

这时,来了个有 200 人的旅行团要求住宿.店主有办法:他请 1 号房的客人换到 201 号房,请 2 号房的客人换到 202 房间,……依次类推,即请各位房客都换到比现在房间号大 200 的房间.这样,200 位新客人住进 1～200 号房间,这说明旅行团人数再多也能住进来.

客满时如果来了有无限多个人的旅行团要求住进来,店主还有办法吗?"好的,先生们,请等一会."店主说.他把 1 号房的客人移至 2 号房间,2 号房间的客人移至 4 号房间,3 号房间的客人移至 6 号房间,……现在所有的单号房间都腾出来了(如图 2.16 所示),新来的无穷多位客人可以住进去了.

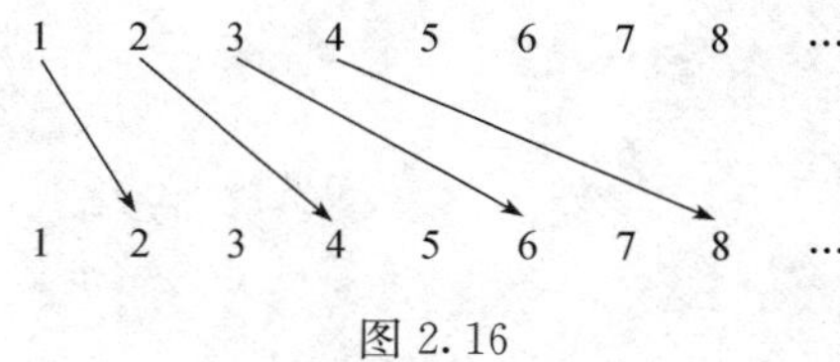

图 2.16

【相关阅读】 微积分诞生的伟大意义与作用

1. 数学革命

微积分的诞生,是数学发展长河中的一个里程碑:使数学从初等数学发展到高等数学,为数学发展打开了崭新的天地.

2. 人类思维的最高胜利

微积分能定量刻画复杂的运动、变化(事物既在这里又不在这里),这在数学乃至整个人类科学是一个突破.这种突破十分困难,为此恩格斯评价说:“在一切理论成就中,未必再有什么与17世纪下半叶微积分的发明那样被当做人类精神的最高胜利了.”

3. 科学的崭新工具

微积分的诞生为人类科学提供了崭新的数学工具,即微积分对于描述物质运动是绝妙的、不可或缺的工具.历史上,牛顿在发明微积分之后,立即将它应用于他的科学研究之中,如推导万有引力理论、对开普勒运动定律严格推导证明,并用微积分研究流体阻力、声、光、潮汐、彗星乃至整个宇宙体系,前所未有地显示了数学的巨大威力.进而引导像拉普拉斯的《天体力学》、拉格朗日的《解析几何》这样的研究,以及高斯、麦克斯韦等的电磁理论研究.后来爱因斯坦总结说,牛顿的微积分为后来的发展构成了第一个决定性的步骤.

2000年在国际数学教育大会上,日本数学会主席腾田宏教授认为,世界上出现过4个数学高峰,并成为人类文明的火车头.

(1) 古希腊文明:以欧氏《几何原本》为代表;

(2) 文艺复兴和17世纪的科学黄金时代:以牛顿的微积分为代表;

(3) 19世纪与20世纪上半叶科学文明:以非欧几何、希尔伯特、黎曼几何与相对论为代表;

(4) 信息时代文明:以信息论、控制论、冯·诺伊曼的计算机方案为代表.

第 3 章 求导数的方法

在第 2 章学习了导数的意义,如何求各种函数的导数呢?由导数的定义求导十分困难,本章将系统地学习求导数的公式、法则与方法.

3.1 求导公式与基本法则

在第 2 章由导数定义推出了

$$C' = 0.\text{(常数的导数等于 0)} \tag{3.1}$$

$$(x^{\alpha})' = \alpha x^{\alpha-1}.\text{(幂函数导数公式,}\alpha\text{ 可以是实数)} \tag{3.2}$$

$$(u+v)' = u' + v'.\text{(和的导数等于导数的和)} \tag{3.3}$$

$$(ku)' = k(u)'.\text{(常数因子可以提出去)} \tag{3.4}$$

可类似推导出其他求导基本公式

$$(\log_a x)' = \frac{1}{x\ln a}. \tag{3.5}$$

特别地

$$(\ln x)' = \frac{1}{x}. \tag{3.6}$$

$$(a^x)' = a^x \ln a. \tag{3.7}$$

$$(\mathrm{e}^x)' = \mathrm{e}^x. \tag{3.8}$$

$$(\sin x)' = \cos x. \tag{3.9}$$

$$(\cos x)' = -\sin x. \tag{3.10}$$

如关于公式 $(\sin x)' = \cos x$,

令 $\Delta y = \sin(x+\Delta x) - \sin x$

$= \sin x\cos \Delta x + \cos x\sin \Delta x - \sin x$

$= \cos x\sin \Delta x - \sin x(1-\cos \Delta x)$,

有 $(\sin x)' = \lim\limits_{\Delta x\to 0}\left(\cos x\dfrac{\sin \Delta x}{\Delta x} - \sin x\dfrac{1-\cos \Delta x}{\Delta x}\right)$

$$= \lim_{\Delta x\to 0}\frac{\sin \Delta x}{\Delta x}\cos x - \lim_{\Delta x\to 0}\frac{2\sin^2\dfrac{\Delta x}{2}}{\Delta x}\sin x$$

$= \cos x.$

例 3.1 求函数 $y=1-2\sin x+3e^x$ 的导数.

解 $y'=(1-2\sin x+3e^x)'$

$=1'-2(\sin x)'+3(e^x)'$

$=-2\cos x+3e^x.$

再看积和商的求导法则.

假定 $u=u(x)$,$v=v(x)$都是 x 的可导函数,同样由导数的定义易于推出

$$(uv)'=u'v+v'u, \tag{3.11}$$

$$\left(\frac{u}{v}\right)'=\frac{u'v-v'u}{v^2},(v\neq 0). \tag{3.12}$$

例 3.2 求 $y=x^2\ln x$ 的导数.

解 $y'=(x^2\ln x)'=(x^2)'\ln x+(\ln x)'x^2$

$=2x\ln x+\frac{1}{x}x^2=2x\ln x+x.$

例 3.3 求 $y=\tan x$ 的导数.

解 $y=\tan x=\frac{\sin x}{\cos x}$,

$$y'=\left(\frac{\sin x}{\cos x}\right)'=\frac{(\sin x)'\cos x-\sin x(\cos x)'}{\cos^2 x}$$

$$=\frac{\cos^2 x+\sin^2 x}{\cos^2 x}=\frac{1}{\cos^2 x}=\sec^2 x.$$

即

$$(\tan x)'=\sec^2 x. \tag{3.13}$$

类似有

$$(\cot x)'=-\csc^2 x, \tag{3.14}$$

$$(\sec x)'=\sec x\tan x, \tag{3.15}$$

$$(\csc x)'=-\csc x\cot x. \tag{3.16}$$

例 3.4 求 $y=\frac{x\sin x}{1+\cos x}$的导函数和在 $x=\frac{\pi}{2}$的导数值.

解 $y'=\left(\frac{x\sin x}{1+\cos x}\right)'=\frac{(x\sin x)'(1+\cos x)-x\sin x(1+\cos x)'}{(1+\cos x)^2}$

$$=\frac{(\sin x+x\cos x)(1+\cos x)+x\sin^2 x}{(1+\cos x)^2}$$

$$=\frac{(1+\cos x)(x+\sin x)}{(1+\cos x)^2}=\frac{x+\sin x}{1+\cos x},$$

当 $x=\frac{\pi}{2}$时,$y'=\frac{\frac{\pi}{2}+\sin\frac{\pi}{2}}{1+\cos\frac{\pi}{2}}=\frac{\pi}{2}+1.$

【提高阅读】

求导公式、法则的一些证明.

1. 证明：$(\ln x)'=\dfrac{1}{x}$.

证　$$(\ln x)'=\lim_{\Delta x\to 0}\frac{\ln(x+\Delta x)-\ln x}{\Delta x}=\lim_{\Delta x\to 0}\frac{1}{\Delta x}\ln\left(1+\frac{\Delta x}{x}\right)$$
$$=\lim_{\Delta x\to 0}\ln\left(1+\frac{\Delta x}{x}\right)^{\frac{x}{\Delta x}\cdot\frac{1}{x}}=\ln \mathrm{e}^{\frac{1}{x}}=\frac{1}{x}.$$

2. 证明：$(uv)'=u'v+uv'$.

证　设 $u=u(x)$，$v=v(x)$ 可导，则

$$\frac{\Delta(uv)}{\Delta x}=\frac{1}{\Delta x}[u(x+\Delta x)v(x+\Delta x)-u(x)v(x)]$$
$$=\frac{1}{\Delta x}[u(x+\Delta x)v(x+\Delta x)-u(x)v(x+\Delta x)+$$
$$u(x)v(x+\Delta x)-u(x)v(x)]$$
$$=\frac{1}{\Delta x}[u(x+\Delta x)-u(x)]v(x+\Delta x)+\frac{1}{\Delta x}[v(x+\Delta x)-v(x)]u(x),$$

令 $\Delta x\to 0$，于是，$(uv)'=u'v+uv'$，

其中，由于 u，v 可导，则连续，有 $\lim\limits_{\Delta x\to 0}v(x+\Delta x)=v(x)$.

习　题　3.1

A(基础题)

1. 求下列函数的导数.

(1) $y=2x^2-3x+5$；　(2) $y=x^2+2\mathrm{e}^x-1$；　(3) $y=x\sin x$；

(4) $y=\dfrac{2x}{1-x}$；　(5) $y=2x+\sqrt{x}-\ln x$；　(6) $y=x\ln x-\dfrac{1}{x}$；

(7) $y=\dfrac{3\sin x}{1+x}$；　(8) $y=\dfrac{\mathrm{e}^x}{1-x^2}$；　(9) $y=2^x+x^2+\tan x$.

2. 求下列函数在给定点的导数值.

(1) $f(x)=x\mathrm{e}^x$，求 $f'(2)$；

(2) $f(x)=\dfrac{x}{1+x}$，求 $f'(1)$.

3. 设 $y=\dfrac{1}{3}x^3+\dfrac{1}{2}x^2-2x+3$，求 x 为何值时，有(1) $y'=0$；(2) $y'=-2$.

4. 求下列函数的导数.

(1) $y=3x^2-\dfrac{2}{x^2}+\sqrt{x}$；　(2) $y=x^{0.6}-3\ln x$；

(3) $y=x\sin x\lg x$；　(4) $y=\log_2 x+\lg 2$.

5. 若 $y=\cos x\sin x$，求 $y'\left(-\dfrac{\pi}{3}\right)$、$y'\left(\dfrac{\pi}{4}\right)$.

6. 求曲线 $y=2\sin x+x^2$ 在横坐标为 $x=0$ 点的切线与法线方程.

B(提高题)

1. 求下列函数的导数.

(1) $y=x\tan x+\sec x$;　　(2) $y=\dfrac{x\cos x}{1+\sin x}$;

(3) $y=\dfrac{1+\sqrt{x}}{1-\sqrt{x}}$;　　(4) $y=\dfrac{xe^x}{\sin x-\cos x}$.

2. 设 $y=x\sin x$,求过点$(\pi,0)$处的切线方程.

3. 设电量函数 $Q=3t^2-4t+5$(C 库仑),求 $t=2$s 时的电流强度 I(安培).

4. 求 a 的值,使曲线 $y=ax^2$ 与 $y=\ln x$ 相切.

5. 直线 L 与 x 轴平行,且与曲线 $y=x-e^x$ 相切,求切点.

6. 在抛物线 $y=x^2$ 上取两点 $x_1=1,x_2=3$,过这两点作割线,问抛物线上哪点的切线平行于这条割线?

7. 物体的运动方程为 $s=7+8t-6t^3$,求物体在 $t=2$ 时的速度和加速度.

C(应用题)

1. (物价上涨速度)当通货膨胀率为 5%时,物价由下式给出:$P=P_0(1.05)^t$,其中 P_0 为 $t=0$ 时的物价,t 是以年计的时间,假定 $P_0=1$,在第 10 个年头,问物价上涨速度有多快?

2. (速度与油耗)设 $f(v)$表示汽车以速度 v(km/h)行驶时的耗油量(L/km),已知 $f(80)=0.05$、$f'(80)=0.0005$.

(1) 设 $g(v)$为汽车以速度 v 行驶时每升可行驶的距离,$f(v)$与 $g(v)$之间有何关联?求 $g(80)$、$g'(80)$.

(2) 设 $h(v)$为汽车以速度 v 行驶时每小时的耗油量,$h(v)$与 $f(v)$之间有何关联?求 $h(80)$、$h'(80)$.

D(探究题)

1. 若 $r(x)=f(x)+2g(x)+3$,并且 $f'(x)=g(x)$,$g'(x)=r(x)$,

(1) 用 $f(x)$和 $g(x)$表示 $r'(x)$,答案中不可出现 r、r'、f'、g'.

(2) 用 $f(x)$和 $r(x)$表示 $f'(x)$,答案中不可出现 r'、f'、g、g'.

2. 函数 $y=x^3-9x^2-16x+1$ 图像恰在两处的斜率为 5,求这两点的坐标.

3.2 复合函数求导

在第 1 章学习过复合函数 $y=f[u(x)]$,$y=f(u)$称为外函数,$u=u(x)$称为内函数,又称为中间变量.

例如,$y=(\sin x)^2$ 是由 $y=u^2$ 和 $u=\sin x$ 复合运算而成的.

注意:复合不是加减乘除.

复合函数求导法则为

$$\frac{dy}{dx}=\frac{dy}{du}\cdot\frac{du}{dx}\quad 或\quad y'_x=y'_u\cdot u'_x. \tag{3.17}$$

语言表述:复合函数的导数等于外函数的导数乘内函数的导数.

因为$\frac{\Delta y}{\Delta x}=\frac{\Delta y}{\Delta u}\frac{\Delta u}{\Delta x}$,当 $\Delta x\to 0$ 时,有 $\Delta u\to 0$,于是

$$\lim_{\Delta x\to 0}\frac{\Delta y}{\Delta x}=\lim_{\Delta u\to 0}\frac{\Delta y}{\Delta u}\lim_{\Delta x\to 0}\frac{\Delta u}{\Delta x}.$$

例 3.5　求 $y=\sin(1+x^2)$的导数.

解　$y=\sin u, u=1+x^2$,

$$\begin{aligned}y'&=(\sin u)'_u(1+x^2)'_x=(\cos u)(2x)\\&=2x\cos(1+x^2).\end{aligned}$$

此法则又称为"**链式法则**",如何理解这一求导法则？首先要明确"相对"概念,即 y'是函数 y 关于(相对于)x 求导(如速度都有相对性,否则你说地球在运动吗?),所以 $y'=y'_x$. 现在多一层中间变量 u,于是 y'_x即"y 关于 x 的导数"等于"y 关于 u 的导数乘以 u 关于 x 的导数". 这种链式关系如式(3.18)所示.

$$\begin{array}{ccccc} & & y'_x & & \\ y & \leftarrow & u & \leftarrow & x \\ & y'_u & & u'_x & \end{array} \tag{3.18}$$

例 3.6　求 $y=(1-x^2)^5$ 的导数.

解　$y=u^5, u=1-x^2$,

$$\begin{aligned}y'&=(u^5)'_u(1+x^2)'_x=5u^4(-2x)\\&=-10x(1-x^2)^4.\end{aligned}$$

例 3.7　求 $y=\frac{1}{x^2+x^4}$的导数.

解　将 y 看做复合函数 $y=(x^2+x^4)^{-1}$,有 $y=u^{-1}, u=x^2+x^4$, 则

$$y'=(-u^{-2})(2x+4x^3)=-\frac{2x+4x^3}{(x^2+x^4)^2}.$$

例 3.8　求 $y=2^{\sin^2 x}$的导数.

解　$y=2^u, u=v^2, v=\sin x$,这是三层复合(法则:$y'_x=y'_u u'_v v'_x$),则

$$\begin{aligned}y'&=(2^u)'_u(v^2)'_v(\sin x)'_x=(2^u\ln 2)(2v)(\cos x)\\&=(2^{\sin^2 x}\ln 2)(2\sin x)\cos x=2^{\sin^2 x}\ln 2\cdot\sin 2x.\end{aligned}$$

说明求复合函数的导数,要点在于看清复合层次,第一层、第二层、……,如果熟悉这种求导法则后,也可不必设中间变量,直接由外往里逐层求导.

例 3.9　求 $y=\sin\sqrt{x^2-1}$的导数.

解　$y'=(\sin\sqrt{x^2-1})'=\cos\sqrt{x^2-1}(\sqrt{x^2-1})'$

$$\begin{aligned}&=\cos\sqrt{x^2-1}\frac{1}{2\sqrt{x^2-1}}(x^2-1)'\\&=\cos\sqrt{x^2-1}\frac{1}{2\sqrt{x^2-1}}(2x)\\&=\frac{x}{\sqrt{x^2-1}}\cos\sqrt{x^2-1}.\end{aligned}$$

计算函数的导数，常常需要同时运用函数的四则运算求导法则和复合函数求导法则.

例 3.10 设 $y=\ln(x+\sqrt{1+x^2})$，求 y'.

解 $$y'=\frac{1}{x+\sqrt{1+x^2}}(x+\sqrt{1+x^2})'$$

$$=\frac{1}{x+\sqrt{1+x^2}}\left[1+\left(\frac{1}{2\sqrt{1+x^2}}\right)(1+x^2)'\right]$$

$$=\frac{1}{x+\sqrt{1+x^2}}\left(1+\frac{x}{\sqrt{1+x^2}}\right)$$

$$=\frac{1}{x+\sqrt{1+x^2}}\cdot\frac{\sqrt{1+x^2}+x}{\sqrt{1+x^2}}=\frac{1}{\sqrt{1+x^2}}.$$

例 3.11 设 $y=\ln\sqrt{\frac{1-x}{1+x}}$，求 y'.

解 $$y=\ln\sqrt{\frac{1-x}{1+x}}=\frac{1}{2}[\ln(1-x)-\ln(1+x)],$$

$$y'=\frac{1}{2}\left[\frac{1}{1-x}\cdot(1-x)'-\frac{1}{1+x}(1+x)'\right]=\frac{1}{2}\left(\frac{1}{1-x}-\frac{1}{1+x}\right).$$

【深度探究】 如何认识与掌握复合函数求导

问题 1. 如何认识复合函数求导？

问题 2. 同样是导数 y' 为什么有 y'_x 与 y'_u，它们的区别与联系是什么？

问题 3. 对于 y'_x，如何理解 y“关于”x 求导？

分析：从前面复合函数求导式(3.18)，已形象地反映出了复合函数求导法则，即 y 关于 x 求导(y'_x)等于“y 关于 u 的导数乘以 u 关于 x 的导数”；具体求导方法是，从 y 的最外层开始，第一层关于第二层求导、第二层关于第三层求导、……形象地说如同剥大白菜.

$y'_x=\frac{\mathrm{d}y}{\mathrm{d}x}$是 y 关于 x 求导，$y'_u=\frac{\mathrm{d}y}{\mathrm{d}u}$是 y 关于 u 求导，意义是不同的. 如何理解这个“关于”？数学上讲，导数 y' 是一个除法、一个比值，就有函数 y 比上谁的问题；从实际意义上看，导数 y' 是反映事物运动变化的速度，运动都有相对性——能绝对地说一个事物动与不动吗？不能. 事物都是相对的(请看【相关阅读】事物的相对性). 同一运动物体相对于(关于)不同的参考点其速度(导数)是不同的.

[课堂练习]

求下列函数的导数.

(1) $y=\mathrm{e}^{x^2}$； (2) $y=\sin(1-x^2)$； (3) $y=\ln(1+\sqrt{x})$； (4) $y=\cos^2 x$.

* **例 3.12**　求 $y=\mathrm{e}^{-x}\ln(x^2-\sqrt{\sin x})$的导数.

解　$y'=(\mathrm{e}^{-x})'\ln(x^2-\sqrt{\sin x})+\mathrm{e}^{-x}[\ln(x^2-\sqrt{\sin x})]'$（用乘积求导法则）

$$=-\mathrm{e}^{-x}\ln(x^2-\sqrt{\sin x})+\mathrm{e}^{-x}\left[\frac{1}{x^2-\sqrt{\sin x}}\left(2x-\frac{\cos x}{2\sqrt{\sin x}}\right)\right]$$

（用复合求导法则）.

注意

(1) 复合函数 e^{-x}的导数$(\mathrm{e}^{-x})'=-\mathrm{e}^{-x}$；

(2) 此题中$\sqrt{\sin x}$的内函数 $\sin x$ 的导数 $\cos x$ 是乘它的外函数$\sqrt{\sin x}$的导数,而不是乘 $\ln(x^2-\sqrt{\sin x})$的导数.

再由下列的实际情形理解链式法则.

例 3.13　假定某钢管的长度 Lcm 取决于气温 H℃,而气温又取决于时间 t(单位:h),如果气温每升高 1℃,长度增加 2cm,而每隔 1h,气温又上升 3℃,问钢管长度的增长有多快?

解　已知长度关于气温的变化率$\frac{\mathrm{d}L}{\mathrm{d}H}=2\text{cm/℃}$,

气温关于时间的变化率$\frac{\mathrm{d}H}{\mathrm{d}t}=3\text{℃/h}$,

要求长度关于时间的变化率,即$\frac{\mathrm{d}L}{\mathrm{d}t}$,将 L 看做 H 的函数,H 看做 t 的函数,由链式法则有

$$\frac{\mathrm{d}L}{\mathrm{d}t}=\frac{\mathrm{d}L}{\mathrm{d}H}\cdot\frac{\mathrm{d}H}{\mathrm{d}t}=\left(2\,\frac{\text{cm}}{\text{℃}}\right)\cdot\left(3\,\frac{\text{℃}}{\text{h}}\right)=6\text{cm/h}.$$

因而,长度以 6cm/h 的速度增长.

* **例 3.14**　一球的半径以 2cm/min 的速率增加. 试问半径达 6cm 时,球的体积以多大的速率增加?

解　设该球在 t min 时,其半径为 $r(t)$,体积为 $v(t)$,则

$$v(t)=\frac{4}{3}\pi[r(t)]^3.$$

上式两边对 t 求导,得$\frac{\mathrm{d}v}{\mathrm{d}t}=\frac{4}{3}\pi\cdot 3r^2\cdot\frac{\mathrm{d}r}{\mathrm{d}t}$,即$\frac{\mathrm{d}v}{\mathrm{d}t}=4\pi r^2\,\frac{\mathrm{d}r}{\mathrm{d}t}$.

已知$\frac{\mathrm{d}v}{\mathrm{d}r}=2\text{cm/min}$,于是当 $r=6$cm 时,有$\frac{\mathrm{d}v}{\mathrm{d}t}=4\pi\cdot 6^2\cdot 2=288\pi$,

即球的体积以 $288\pi\text{cm}^3/\text{min}$ 的速率增加.

* **例 3.15**　已知抛射物的运动轨迹方程为$\begin{cases}x=v_1 t\\ y=v_2 t-\frac{1}{2}gt^2\end{cases}$,求抛射物在任何时刻的运动速度的大小和方向.

解 抛射物速度 v 的水平分速度 v_x 和铅直分速度 v_y 的大小分别为

$$\frac{\mathrm{d}x}{\mathrm{d}t}=v_1,\quad \frac{\mathrm{d}y}{\mathrm{d}t}=v_2-gt.$$

合速度 v 的大小为 $v=\sqrt{\left(\frac{\mathrm{d}x}{\mathrm{d}t}\right)^2+\left(\frac{\mathrm{d}y}{\mathrm{d}t}\right)^2}=\sqrt{v_1^2+(v_2-gt)^2}$,

合速度 v 的方向,也就是轨道的切线方向,设轨道对应于时刻 t 的切线的倾斜角为 α,则由导数的几何意义,得 $\tan\alpha=\frac{\mathrm{d}y}{\mathrm{d}x}=\frac{\mathrm{d}y}{\mathrm{d}t}\Big/\frac{\mathrm{d}x}{\mathrm{d}t}=\frac{v_2-gt}{v_1}$.

习　题　3.2

A(基础题)

1. 求下列函数的导数.

(1) $y=(3x-1)^5$;　(2) $y=\sqrt{2-x^2}$;　(3) $y=\sin(x^2+1)$;

(4) $y=\mathrm{e}^{x^2-1}$;　(5) $y=x\cos(2x+1)$;　(6) $y=\frac{\mathrm{e}^{2x}}{1+x}$;

(7) $y=\sin^2 x+\sin 2x$;　(8) $y=\ln x^2+(\ln x)^2$;　(9) $y=\sqrt{1+\ln^2 x}$;

(10) $y=\tan\left(1+\frac{x^2}{2}\right)$;　(11) $y=\mathrm{e}^{\sin x}+\sin x^2$;　(12) $y=\cos\frac{x}{1+x}$.

2. 求 $f(x)=\ln\sin x$,在 $x=\frac{\pi}{6}$ 的导数值.

3. 已知物体运动方程为 $s=3\sin\left(2t+\frac{\pi}{3}\right)$,求 $t=\frac{\pi}{4}$ 时物体运动速度与加速度.

4. 已知 $y=f\{f[f(x)]\}$ 可导,求 y'.

B(提高题)

1. 求下列函数的导数.

(1) $y=\sin^n x+\sin nx$;　(2) $y=\ln\sqrt{x}-\sqrt{\ln x}$;

(3) $y=x\sin\frac{1}{x}$;　(4) $y=\frac{\sin^2 x}{\sin x^2}$;

(5) $y=(x^{10}+10^x)^2$;　(6) $y=\frac{\ln(1+\sqrt{1-x^2})}{\mathrm{e}^x}$;

(7) $y=\sqrt{x+\sqrt{x}}$;　(8) $y=(\ln\ln x)^3$.

2. 设 $f(x)$ 可导,求下列函数的导数.

(1) $y=f(\sqrt{x}+1)$;　(2) $y=f(\sin^2 x)+f(\cos^2 x)$;

(3) $y=\ln(1+f^2(x))$;　(4) $y=f(\mathrm{e}^x)\mathrm{e}^{f(x)}$.

3. 求曲线 $y=\mathrm{e}^{2x}+x^2$ 过点(0,1)的切线与法线方程.

C、D(应用题、探究题)

1. 一听汽水放入冰箱后,其摄氏温度 H(℃)由时间 t(h)以下式决定:$H=4+16\mathrm{e}^{-2t}$.

(1) 求汽水温度的变化率(单位:℃/h);

(2) $\frac{dH}{dt}$的符号如何？为什么？

(3) 对 $t \geqslant 0$，什么时候$\frac{dH}{dt}$量值最大？对于一听汽水为什么会是这样？

2. 相对论预言，一个静止时质量为 m_0 的物体，当以接近光速运动时，其质量将变得更大. 当运动速度为 v 时，其质量由下式给出：$m=\frac{m_0}{\sqrt{1-(v^2/C^2)}}$，其中 C 为光速.

(1) 求$\frac{dm}{dv}$.

(2) 从物理学的观点，$\frac{dm}{dv}$的意义是什么？

【相关阅读】　事物的相对性

牛顿力学对于宇宙的看法有绝对性，比如认为空间是绝对的，像一个筐；时间是绝对的，像水流. 绝对的时空为万物存在的“舞台”. 并认为运动是绝对的，如自古以来，地球被认为是静止不动的，作为一种绝对的标准来使用. 1543 年哥白尼改变了人们的观念：地球以 20 英里/s 绕其轴自转、以 1 000 英里/s 绕太阳公转；并且地球所在的太阳系整体以 13 英里/s 在恒星系中运动；这个恒星系又以 200 英里/秒的速度在银河系中运动；银河系又以 100km/s 在整个宇宙中运动. 因此地球的速度是多少？朝哪个方向运动？宇宙中不存在绝对运动，只有相对于另一体系的相对运动.

绝对时间也是错误的，如什么是“现在”？夜晚看到的星空是现在吗？其实是几千年甚至几百万年前的景象，因为这些星体离我们的距离太遥远了，它发出的光芒到地球也需要很久的时间.

现代科学革命，爱因斯坦相对论的诞生，使人们深刻认识到事物的相对性，如时间、空间、物质、能量等都是密切联系、相互影响而变化的.

对于人们日常工作、生活来讲，事物的相对性说明，我们看问题、做事情，应该因时、因地、因人而异.

*3.3　隐函数求导

在前面遇到的函数，如 $y=x^2-1$，$y=\sin x$ 等，x 与 y 的对应关系很明显，但在有些问题中，自变量 x 与函数 y 之间的对应关系隐含在二元方程 $F(x,y)=0$ 中，如：$e^{xy}=x+y$，$x^2+y^2=1$，像这样由含有变量 x 和 y 的二元方程 $F(x,y)=0$ 所确定的函数称为**隐函数**. 相应的形如 $y=f(x)$的函数称为**显函数**.

3.3.1　隐函数求导法

下面举例说明隐函数的求导方法.

例 3.16 已知方程 $xy^3+4x^2y-1=0$,求 y'_x.

解 将 y 看成 x 的隐函数,则 y^3 是 x 的复合函数,运用复合函数的求导法则,在方程的两边关于 x 求导

$$(xy^3+4x^2y-1)'_x=0'_x,$$

$$y^3+3xy^2y'+8xy+4x^2y'=0,$$

$$y'=-\frac{8xy+y^3}{3xy^2+4x^2}.$$

可见隐函数求导方法:方程 $F(x,y)=0$ 两边关于 x 求导. (3.19)

在例 3.16 中,为什么 $(y^3)'=3y^2y'$? 因为 y 是 x 的函数,y^3 就是 x 的复合函数,比如假设 $y=\sin x$,则 $(y^3)'=(\sin^3 x)'=3\sin^2 x(\sin x)'$.

类似 $(e^y)'=e^y y'$,$(\cos y)'=(-\sin y)y'$,$(\ln y)'=\frac{1}{y}y'$ 等.

例 3.17 由方程 $x\sin y=\cos(x+y)$,求 $y'\left(0,\frac{\pi}{2}\right)$.

解 $(x\sin y)'_x=(\cos(x+y))'_x$,

$$\sin y+x\cos y\cdot y'=-\sin(x+y)(1+y'),$$

代入 $x=0$ 和 $y=\frac{\pi}{2}$ 得 $y'=-2$.

例 3.18 求 $y=\arcsin x$ 的导数.

解 利用隐函数求导法则:

变形 $\sin y=x\left(-\frac{\pi}{2}<y<\frac{\pi}{2}\right)$ 得 $(\sin y)'=x'$,$y'\cos y=1$,即 $y'=\frac{1}{\cos y}$.

而 $\cos y=\sqrt{1-\sin^2 y}=\sqrt{1-x^2}$,所以 $y'=\frac{1}{\sqrt{1-x^2}}$,

即

$$(\arcsin x)'=\frac{1}{\sqrt{1-x^2}}. \tag{3.20}$$

类似,得

$$(\arccos x)'=-\frac{1}{\sqrt{1-x^2}}, \tag{3.21}$$

$$(\arctan x)'=\frac{1}{1+x^2}, \tag{3.22}$$

$$(\text{arccot } x)'=-\frac{1}{1+x^2}. \tag{3.23}$$

3.3.2 对数求导法

例 3.19 求 $y=x^x(x>0)$ 的导数.

解 注意 $y=x^x$ 既不是幂函数,也不是指数函数,所以不能直接用幂函数或指

数函数的求导公式. 求 $y=x^x$ 的导数在于想办法将其指数"x"变下来,可用对数的方法.

两边取对数 $\ln y=x\ln x$,

两边对 x 求导 $\frac{1}{y}y'=\ln x+1$,

即　$y'=y(\ln x+1)=x^x(\ln x+1)$.

例 3.20　求 $y=\sqrt{\frac{(x-1)(x-2)}{(x-3)(x-4)}}$ 的导数.

解　这种题直接求导困难,则可先取对数化简,再求导,这就是"对数求导法".

$$\ln y=\frac{1}{2}[\ln(x-1)+\ln(x-2)-\ln(x-3)-\ln(x-4)],$$

$$\frac{1}{y}y'=\frac{1}{2}\left(\frac{1}{x-1}+\frac{1}{x-2}-\frac{1}{x-3}-\frac{1}{x-4}\right),$$

$$y'=\frac{1}{2}\left(\frac{1}{x-1}+\frac{1}{x-2}-\frac{1}{x-3}-\frac{1}{x-4}\right)\sqrt{\frac{(x-1)(x-2)}{(x-3)(x-4)}}.$$

[课堂思考]

问题:对数求导法的智慧启示是什么?

对数求导法能化简函数,使求导变得可能容易,请分析"对数化简法"的奥妙.(参考答案见阅读材料.)

3.3.3　求参数方程的导数

例 3.21　求参数方程 $\begin{cases}x=1+t^2\\ y=t-t^3\end{cases}$ 确定的函数的导数.

解　参数方程隐含着 $y=f(x)$ 的函数,由复合函数的求导法则有

$$\frac{\mathrm{d}y}{\mathrm{d}x}=\frac{\mathrm{d}y}{\mathrm{d}t}\Big/\frac{\mathrm{d}x}{\mathrm{d}t}\tag{3.24}$$

故本题为　$\frac{\mathrm{d}y}{\mathrm{d}x}=\frac{y'_t}{x'_t}=\frac{1-3t^2}{2t}$.

至此,求导公式与法则都学习了. 这些公式和法则是求导数的基础,并且在各章后面的学习中包括微分、积分都将用到,因而必须熟练记住和掌握.

基本初等函数的导数公式如下。

1. $(C)'=0$;　　2. $(x^\alpha)'=\alpha x^{\alpha-1}$;

3. $(a^x)'=a^x\cdot\ln a$;　　4. $(\mathrm{e}^x)'=\mathrm{e}^x$;

5. $(\log_a x)'=\frac{1}{x\cdot\ln a}$;　　6. $(\ln x)'=\frac{1}{x}$;

7. $(\sin x)'=\cos x$;　　8. $(\cos x)'=-\sin x$;

9. $(\tan x)'=\sec^2 x$;　　10. $(\cot x)'=-\csc^2 x$;

11. $(\sec x)'=\sec x\tan x$;

12. $(\csc x)'=-\csc x\cot x$;

13. $(\arcsin x)'=\dfrac{1}{\sqrt{1-x^2}}$;

14. $(\arccos x)'=-\dfrac{1}{\sqrt{1-x^2}}$;

15. $(\arctan x)'=\dfrac{1}{1+x^2}$;

16. $(\text{arccot}\, x)'=-\dfrac{1}{1+x^2}$.

求导法则如下。

1. $(u\pm v)'=u'\pm v'$($u=u(x)$,$v=v(x)$,下同);

2. $(uv)'=u'v+uv'$;

3. $(Cu)'=Cu'$(C为常数);

4. $\left(\dfrac{u}{v}\right)'=\dfrac{u'v-uv'}{v^2}$($v\neq 0$);

5. 设$y=f(u)$,$u=\varphi(x)$,则复合函数$y=f[\varphi(x)]$求导法则为$y'_x=y'_u\cdot u'_x$或$\dfrac{\mathrm{d}y}{\mathrm{d}x}=\dfrac{\mathrm{d}y}{\mathrm{d}u}\cdot\dfrac{\mathrm{d}u}{\mathrm{d}x}$.

【趣味阅读】 人生的“显”与“隐”及人生三定律

函数有显函数$y=f(x)$与隐函数$F(x,y)=0$之分,即方程$F(x,y)=0$隐含着一个函数$y=f(x)$. 同样人生、社会也有“显”与“隐”之分(科学上有显物质与隐物质、显秩序与隐秩序). 广义地说,人体是显性的、健康是隐性的;知识是显性的、智慧是隐性的(请看阅读材料:数学知识背后的智慧);金钱是显性的、幸福是隐性的;婚姻是显性的、爱情则是隐性的,…….许多人只注意、只看到显性事物,而忽略甚至忘了显性事物背后的隐性事物了.

数学有许多原理、定理,人生也有一些规律,这是总结出“人生三定律”.

1. 不对称律

环视四周,树木、房屋、家电、动物、人体、……都有对称性,人们习惯认为世界是对称的. 其实,人生、世事大多不对称:

成功需100%的努力,失败只须1%的破绽;

千里之堤,成需处处牢固,毁则只须一穴;

人生,退步容易,进步难;

婚姻,离婚容易,结婚难;

身体,病来如山倒,病去如抽丝;

生活,由俭入奢易,由奢入俭难;

……

2. 守恒律

自然界有能量守恒、动量守恒等守恒律,人生世事也大体如此. 如经常见到一些残疾人,眼睛瞎了,耳朵灵;身体残了,脑精灵;反之人长得漂亮可能水平低. 有所得,必有所失;失败是成功之母;艰难困苦于汝玉成;能出国是幸运,不能出国是幸福;领导对你跋扈吗,他对自己的领导又会谄媚;……

常言道:天地之间一杆秤,世间得失、成败、荣辱、祸福等都有个守恒.或说世事像一副牌,无论怎么玩,总是 54 张.有所得,必有所失;有所失,会有所得.拥有之中便有失去,缺乏当中又有获取.

3. 递减律

“边际收益递减律”是西方经济学中重要的理论之一,意思是“人从多获得一单位物品中所得到的追加的满足,会随着所获得的物品的增多而减少”.干渴时,第一杯水给你带来满足和幸福,喝第二杯水这种感觉就减少了,第三杯、第四杯会依次递减.生活表面上好像是得到的越多会越满足、越幸福,递减律说其实不是如此.得的越多、玩得越多、吃得越多……往往越不满足、越不幸福.

相通于文学:第一个用鲜花形容女人的是天才,第二个则是庸才,第三个则是蠢才.

相通于科学:第一个是发明,第二个则是应用了.

相通于经济:任何一个行业,其利润都是从最大值趋于 0.

于是幸福之路如著名的莫比乌斯圈:人如在这个圈上爬行的蚂蚁,明明是在追求幸福,却不知不觉走向了反面.

(李以渝:思维与智慧,2006 年 7 期)

习　题　3.3

A(基础题)

1. 求下列函数的导数.

(1) $y=x\arcsin x$;　(2) $y=\arctan^2 x$;　(3) $y=\mathrm{e}^{\arccos x}$;

(4) $y=(1+xy)^2$;　(5) $y=\arctan f(x)$.

2. 已知下列方程,求 y'_x.

(1) $y+xy-x^3+1=0$;　(2) $y^2-2x=0$;　(3) $\mathrm{e}^x-\mathrm{e}^y=0$;

(4) $y=x+\ln y$;　(5) $y=x+\sin y$;　(6) $x^2+y^2-xy=0$;

(7) $xy=\mathrm{e}^{x+y}-2$;　(8) $y=1-x\mathrm{e}^y$;　(9) $\arcsin y+y\arctan x=0$.

3. 设 $f(x)=\arctan\dfrac{1-x^2}{1+x^2}$, $g(x)=\arctan(x^2)$.

(1)求 $f'(x)$、$g'(x)$?　(2)求出 $f(x)$与 $g(x)$的关系式?

4. 求方程 $\ln(x^2+y^2)=x+y-1$ 所确定的隐函数 $y=y(x)$的导数$\dfrac{\mathrm{d}y}{\mathrm{d}x}$.

5. 求曲线 $x^3+y^3-xy=7$ 在点(1,2)处的切线与法线方程.

6. 过曲线 $y=x^2+3x+1$ 上某点的切线为 $y=mx$,求 m 的值.

7. 设$\dfrac{2x\mathrm{e}^y}{1+x}=1$,求 $y'|_{x=1,y=0}$.

8. 已知 $x=\frac{t}{\ln t}$, $y=\frac{\ln t}{t}$,求 $\lim\limits_{t\to\infty}\frac{\mathrm{d}y}{\mathrm{d}x}$.

9. 设 $\begin{cases}x=f'(t)\\ y=tf'(t)-f(t)\end{cases}$,其中 $f''(t)$ 存在且不为 0,求 $\frac{\mathrm{d}y}{\mathrm{d}x}$, $\frac{\mathrm{d}^2y}{\mathrm{d}x^2}$.

B(提高题)

1. 求下列函数的导数.

(1) $y=x\arccos(\ln x)$; (2) $y=\mathrm{e}^{\arctan\sqrt{x}}$;

(3) $y=(1+x)^x$; (4) $y=(\cos x)^{\sin x}\left(x\in\left(0,\frac{\pi}{2}\right)\right)$.

2. 求曲线 $x+x^2y^2-y=1$ 在点(1,1)的切线方程.

3. 求 $\frac{\mathrm{d}y}{\mathrm{d}x}$.

(1) $\begin{cases}x=1+2t\\ y=t-t^3\end{cases}$; (2) $\begin{cases}x=t-\cos t\\ y=1+\sin t\end{cases}$; (3) $\begin{cases}x=\mathrm{e}^t\sin t\\ y=\mathrm{e}^{2t}\cos^2 t\end{cases}$.

4. 利用对数求导法,求 $y=\frac{x^2}{1-x}\sqrt{\frac{3-x}{(3+x)^2}}$ 的导数.

5. 设 $f(x)=\pi^x+x^\pi+x^x$,求 $f'(1)$.

6. 已知 $f(x)=x^2\varphi(x)$, $\varphi(x)$ 二阶连续可导,求 $f''(0)$.

7. 求由方程所确定函数在指定点的导数.

(1) 设 $\mathrm{e}^y-y\sin x=0$,求 $\left.\frac{\mathrm{d}y}{\mathrm{d}x}\right|_{(0,1)}$;

(2) 设 $\frac{y^2}{x+y}=y^2-x^2$,求 $\left.\frac{\mathrm{d}y}{\mathrm{d}x}\right|_{(0,1)}$;

(3) 求曲线 $\begin{cases}x=a(\theta-\sin\theta)\\ y=a(1-\cos\theta)\end{cases}$ 在 $\theta=\frac{\pi}{4}$ 处的切线方程;

(4) 求椭圆 $\frac{x^2}{4}+\frac{y^2}{9}=1$ 在 $A\left(\sqrt{2},\frac{3\sqrt{2}}{2}\right)$ 和 $B(2,0)$ 处的切线方程.

8. 求由方程所确定的隐函数 $y=y(x)$ 的二阶导数 $\frac{\mathrm{d}^2y}{\mathrm{d}x^2}$.

(1) $y=\tan(x+y)$; (2) $\ln(x^2+y^2)=\arctan\left(\frac{y}{x}\right)$.

第3章复习题

1. 求下列函数的导数.

(1) $y=x^3+2x^2-x+1$; (2) $y=x^2(1+x^3)$; (3) $y=\frac{\mathrm{e}^x}{1+x}$;

(4) $y=\sqrt{1+\sin x}$; (5) $y=x\arctan x$; (6) $y=\sqrt{x}+\sec^2 x$.

2. 求下列函数的二阶导数.

(1) $y=(1+2x)^3$; (2) $y=\sin(1+x^2)$.

3. 求 y'_x.

(1) $y+x\mathrm{e}^y-x^2=1$; (2) $y\sin x-x\sin y=0$;

(3) $\begin{cases} x=t+e^t \\ y=t\sin t \end{cases}$;　(4) $\begin{cases} x=2t \\ y=\dfrac{1}{1+t} \end{cases}$.

*4. 一球形细胞以速度 $400\mu m^3$/天增长体积($1\mu m=10^{-6}$ m)，当它的半径是 $10\mu m$ 时，它的半径增加速度是多少？

*5. 假定某种流行病流行 t 天后，感染的人数 N 由下式给出：$N=\dfrac{1\,000\,000}{1+5\,000e^{-0.1t}}$.

(1) 从长远考虑，将有多少人染上这种病？

(2) 有可能某天会有 100 多万人染上病吗？50 万人呢？25 万人呢？

(注：不必求出到底哪天发生这样的情形)

6. 求下列函数的导数.

(1) $y=\dfrac{1+\sin^2 x}{\cos x}$;　(2) $y=\dfrac{1}{x}+\dfrac{1}{x^2}+\dfrac{1}{\sqrt[3]{x^2}}$;　(3) $y=(x^2-x+2)e^x$;

(4) $y=\dfrac{\sqrt{x+2}-\sqrt{x+1}}{\sqrt{x+1}+\sqrt{x+2}}$;　(5) $y=x\arctan\dfrac{x}{a}-\dfrac{a^2}{2}\ln(x^2+a^2)$;

(6) $y=\dfrac{1}{2}\cot^2 x+\ln\sin x$;　(7) $y=a^{x^a}+a^{a^x}+x^{a^a}+a^{a^a}$;

(8) $y=\dfrac{x}{2}\sqrt{x^2+a^2}+\dfrac{a^2}{2}\ln(x+\sqrt{x^2+a^2})$.

7. 抛物线 $y=ax^2$ 与曲线 $y=\ln x$ 相切，求 a 的值.

8. 曲线 $y=xe^{-x}$ 上点 P 的切线平行于 x 轴，求 P 点坐标和 P 处的切线方程.

9. 已知 $y=2x$ 是抛物线 $y=x^2+ax+b$ 在点(2,4)处的切线，求 a,b 的值.

10. 已知 $f(x)$ 可导，且 $f'(0)=1$，又 $y=f(x^2+\sin^2 x)+f(\arctan x)$，求 $y'(0)$.

11. 设 $f(x)=\begin{cases} x^2-1, x>2 \\ ax+b, x\leqslant 2 \end{cases}$，若 $f'(2)$ 存在，求 a,b 的值.

12. 证明：曲线 $y=\dfrac{1}{x}$ 上任一点处的切线与 x 轴和 y 轴构成的三角形的面积为常数.

13. 求下列函数的 n 阶导数.

(1) $y=xe^x$;　(2) $y=x\ln x$;　(3) $y=\dfrac{1}{2x-1}$.

14. 已知 $f(x)$ 具有任意阶导数，且 $f'(x)=f^2(x)$，求 $f^{(n)}(x)$.

15. 设 $f(x)=x(x+1)\ln(x+2)$，求 $f'(0)$.

16. 证明：曲线 $\sqrt{x}+\sqrt{y}=1$ 上任一点的切线所截二坐标轴的截距之和等于 1.

【相关阅读】　微积分历史(1615—1882 年)

1615 年，德国的开普勒发表《酒桶的立体几何学》，研究了圆锥曲线旋转体的体积.

1635 年，意大利的卡瓦列里发表《不可分连续量的几何学》，书中避免无穷小量，用不可分量制定了一种简单形式的微积分.

1637 年，法国的笛卡尔出版《几何学》，提出了解析几何，把变量引进数学，成为“数学中的转折点”.

1638 年,法国的费马开始用微分法求极大、极小问题.

1638 年,意大利的伽利略发表《关于两种新科学的数学证明的论说》,研究距离、速度、加速度之间的关系,提出了无穷集合的概念,这本书被认为是伽利略重要的科学成就.

1665—1676 年,牛顿(1665—1666 年)先于莱布尼茨(1673—1676 年)制定了微积分,莱布尼茨(1684—1686 年)早于牛顿(1704—1736 年)发表了有关微积分的著作.

1684 年,德国的莱布尼茨发表了关于微分法的著作《关于极大极小以及切线的新方法》.

1686 年,德国的莱布尼茨发表了关于积分法的著作.

1691 年,瑞士的约·贝努利出版《微分学初步》,这促进了微积分在物理学和力学上的应用及研究.

1696 年,法国的洛比达发明求不定式极限的"洛比达法则".

1697 年,瑞士的约·贝努利解决了一些变分问题,发现最速下降线和测地线.

1704 年,英国的牛顿发表《三次曲线枚举》、《利用无穷级数求曲线的面积和长度》、《流数法》.

1711 年,英国的牛顿发表《使用级数、流数等的分析》.

1715 年,英国的布·泰勒发表《增量方法及其他》.

1731 年,法国的克雷洛出版《关于双重曲率的曲线的研究》,这是研究空间解析几何和微分几何的最初尝试.

1734 年,英国的贝克莱发表《分析学者》,副标题是《致不信神的数学家》,攻击牛顿的《流数法》,引起所谓第二次数学危机.

1736 年,英国的牛顿发表《流数法和无穷级数》.

1736 年,瑞士的欧拉出版《力学、或解析地叙述运动的理论》,这是用分析方法发展牛顿的质点动力学的第一本著作.

1742 年,英国的麦克劳林引进了函数的幂级数展开法.

1744 年,瑞士的欧拉导出了变分法的欧拉方程,发现某些极小曲面.

1747 年,法国的达朗贝尔等由弦振动的研究而开创偏微分方程论.

1748 年,瑞士的欧拉出版了系统研究分析数学的《无穷分析概要》,这是欧拉的主要著作之一.

1755—1774 年,瑞士的欧拉出版了《微分学》和《积分学》三卷. 书中包括微分方程论和一些特殊的函数.

1760—1761 年,法国的拉格朗日系统地研究了变分法及其在力学上的应用.

1788 年,法国的拉格朗日出版了《解析力学》,把新发展的解析法应用于质点、刚体力学.

1797 年,法国的拉格朗日发表《解析函数论》,不用极限的概念而用代数方法建立微分学.

1821 年,法国的柯西出版《分析教程》,用极限严格地定义了函数的连续、导数和积分,研究了无穷级数的收敛性等.

1822 年,法国的傅里叶研究了热传导问题,发明用傅里叶级数求解偏微分方程的边值问题,在理论和应用上都有重大影响.

1826 年,挪威的阿贝尔发现连续函数的级数之和并非连续函数.

1827—1829 年,德国的雅可比、挪威的阿贝尔和法国的勒阿德尔共同确立了椭圆积分与椭圆函数的理论,在物理、力学中都有应用.

1830 年,捷克的波尔查诺给出一个连续而没有导数的所谓"病态"函数的例子.

1831 年,法国的柯西发现解析函数的幂级数收敛定理.

1837 年,德国的狄利克莱第一次给出了三角级数的一个收敛性定理.

1840 年,德国的狄利克莱把解析函数用于数论,并且引入了"狄利克莱"级数.

1848 年,英国的斯托克斯发现函数极限的一个重要概念——一致收敛,但未能严格表述.

1850 年,德国的黎曼给出了"黎曼积分"的定义,提出函数可积的概念.

1856 年,德国的维尔斯特拉斯确立极限理论中的一致收敛性的概念.

1881—1884 年,美国的吉布斯制定了向量分析.

1881—1886 年,法国的彭加勒连续发表《微分方程所确定的积分曲线》的论文.

【相关阅读】 牛顿、微积分与中西方社会

1. 牛顿的时代

牛顿出生于 1643 年,那时欧洲黑暗的中世纪已经过去,15 世纪文艺复兴,自然科学获得了新的生命正蓬勃成长. 科学巨匠哥白尼(太阳中心说)、培根(知识就是力量)、开普勒(行星运动规律)、伽利略(自由落体运动、科学实验法)等先后驰骋于西欧. 时代需要新的数学方法,时代呼唤科学综合与科学革命.

2. 牛顿的故事

1643 年 1 月 4 日牛顿诞生于英格兰的一个小镇伍尔斯索普. 牛顿的父母都是农民,牛顿还未出生他的父亲已去世. 牛顿自幼沉默寡言,性格倔强,少年牛顿喜欢玩一些机械小技巧,中学成绩一般. 但牛顿的中学校长和他的一个叔叔别具慧眼,鼓励牛顿去上大学. 18 岁的牛顿于 1661 年考入剑桥大学,1665 年获学士学位.

由于牛顿在剑桥受到数学和自然科学的熏陶,对探索自然现象产生了浓厚的兴趣. 就在他 22～23 岁(1665—1666)两年内,他才华迸发,思考前人未曾思考的问

题，踏进前人没有涉及的领域，创建出前所未有的惊人业绩. 包括微积分等牛顿的许多成果都是在这一时期思考形成的.

3. 牛顿与西方社会

牛顿的力学为18世纪的工业革命及其之后的机器大生产准备了科学理论. 马克思曾经认为，在18世纪臻于完善的牛顿力学是“大工业的真正科学的基础”(《马克思恩格斯全集》第26卷第2册116页).

牛顿理论还是对神学、宗教信仰的巨大冲击，因为牛顿理论表明，宇宙是可以计算的(如牛顿用微积分算出了海王星). 人们认为正是包括牛顿理论在内的17世纪的科学成就还影响了18世纪法国的启蒙运动和资产阶级革命.

4. 牛顿与康熙及中西方社会

在牛顿时代，中国的社会怎样、中国的科学怎样呢？当时中国的康熙皇帝(1654—1722)与牛顿(1642—1727)是完全同时代的人. 说明牛顿所处的时代是中国的清朝初期. 以牛顿理论为基础的欧洲开始了资产阶级革命和大机器工业革命，而中国则从康熙“盛世”走向衰落. 康熙眼界开阔，爱好学习，学外语、学西医、学西方数学，如证平面几何题等，可惜这仅是他个人的行为. 欧氏几何翻译到中国已是康熙之后一百多年的事了，而微积分在中国的普及，更是在现代中国改革开放(1979)之后.

［课堂探究］

1. 从牛顿的故事说明为什么要尊重知识、尊重人才、尊重创新？以及为什么说“科学技术是第一生产力”？

2. 微积分在中国普及之时，正是中国改革开放之时，正是学习世界先进科学、先进文化，促进中国获得前所未有的大发展. 这只是巧合吗？

第 4 章　导数的应用

从导数的概念可知，导数可应用于求各种变化率，如求变速直线运动的速度、加速度、切线的斜率、经济的边际等问题. 本章进一步用导数来研究函数的特性，并由此解决一些实际问题. 用数学解决实际问题，也可称为数学建模.

4.1　理论基础：中值定理

用导数研究函数（单调性、极值、凹凸性、拐点等），需要将导数与函数联系起来，这就是中值定理.

定理 4.1（拉格朗日中值定理）　设函数由于 $y=f(x)$ 在闭区间 $[a,b]$ 上连续，在开区间 (a,b) 内可导，则必定在 (a,b) 内至少存在一点 x_0 使得

$$f'(x_0)=\frac{f(b)-f(a)}{b-a}. \tag{4.1}$$

这个定理从几何上看很明显，如图 4.1 所示. 曲线 $\overset{\frown}{AB}$ 在 $[a,b]$ 上连续、光滑，那么 $\overset{\frown}{AB}$ 上一定有切线与直线 AB 平行，如 C_1 和 C_2 都平行于 AB，因而它们的斜率 $\left(\frac{f(b)-f(a)}{b-a}\right.$ 与 $f'(x_1)$、$\left.f'(x_2)\right)$ 相等.（拉格朗日中值定理的严格证明略）

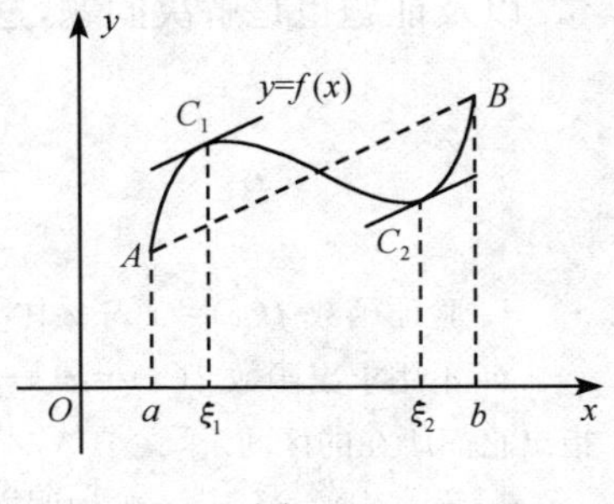

图 4.1

为了应用方便常作变形，令 $a=x$，$b=x+\Delta x$，则 $b-a=\Delta x$，则中值定理的结论为

$$f'(x_0)=\frac{f(x+\Delta x)-f(x)}{\Delta x}$$

即

$$f(x+\Delta x)-f(x)=f'(x_0)\Delta x. \tag{4.2}$$

例 4.1　试证当 $x>0$ 时，有 $\frac{x}{1+x}<\ln(1+x)<x$.

证　令 $f(x)=\ln(1+x)$，则 $f(x)$ 在 $[0,x]$ 上满足拉格朗日中值定理，则 $f(x)-f(0)=f'(x_0)(x-0)$，其中 $0<x_0<x$.

$$\ln(1+x)-\ln(1+0)=\frac{1}{1+x_0}(x-0),$$

即 $\ln(1+x)=\frac{x}{1+x_0}$.

因为 $\frac{x}{1+x}<\frac{x}{1+x_0}<\frac{x}{1+0}=x$,

所以 $\frac{x}{1+x}<\ln(1+x)<x$.

例 4.2 试证当 $x\in[a,b]$ 时有 $y'>0$,则 $y=f(x)$ 在 $[a,b]$ 是增函数.

证 任 $[x_1,x_2]\subset[a,b]$,由于 y' 在 $[a,b]$ 存在,说明可用中值定理.

有 $f(x_2)-f(x_1)=f'(x_0)(x_2-x_1)$,其中 $x_1<x_0<x_2$.

由已知 $f'(x_0)>0, x_2-x_1>0$,

故 $f(x_2)-f(x_1)>0, f(x_2)>f(x_1)$.

证得 $f(x)$ 在 $[a,b]$ 递增.

可见,拉格朗日中值定理是导数与函数联系的桥梁.应用此中值定理注意(构造)什么函数在什么区间上运用.

[课堂探究]

(1) 以拉格朗日中值定理为例,试比较高等数学定理与初等数学定理的异同(如内容、形式等方面).

(2) 从例 4.1、例 4.2 的证明,可使我们体会到,初等数学证题主要靠技巧,而高等数学证题主要靠导数的力量,那么这里的问题是,具体分析所谓的"导数的力量"以及证题也是解决问题,这种方法区别在我们日常生活中有吗? 试举例.

习 题 4.1

A

1. 验证函数 $f(x)=x^2+x$ 在 $[-1,0]$ 上满足罗尔定理,并求出 ξ.

2. 不用求出函数 $f(x)=x(x-1)(x-2)(x-3)$ 的导数,说明方程 $f'(x)=0$ 有几个实根,并指出它们所在的区间.

3. 设 $f(x)=x^3+x-1$,说明方程 $f(x)=0$ 在 $(0,1)$ 内不可能有两个不等的实数根.

4. 验证函数是否满足拉格朗日定理条件,如满足,求出定理的 ξ 值.

(1) $f(x)=x^3-5x^2+x-2, x\in[0,1]$;　　(2) $f(x)=\ln x, x\in[1,\mathrm{e}]$;

(3) $f(x)=\sqrt[3]{x^2}, x\in[-1,2]$.

5. 证明:函数 $y=ax^2+bx+c$ 满足拉格朗日定理的 ξ 总是位于区间的中点.

B(提高题)

1. 对函数 $y=x+\ln x$ 在区间 $[1,2]$ 上验证拉格朗日中值定理.

2. 利用拉格朗日中值定理证明不等式.

(1) 若 $x>0$,证 $\frac{x}{1+x^2}<\arctan x<x$;

(2) 若 $0<a\leqslant b$,证 $\frac{b-a}{b}\leqslant\ln\frac{b}{a}\leqslant\frac{b-a}{a}$.

3. 证明恒等式 $\arctan x+\operatorname{arccot} x=\frac{\pi}{2}$.

4. 证明恒等式$\frac{1}{2}\arcsin x+\arctan\sqrt{\frac{1-x}{1+x}}=\frac{\pi}{4}(|x|<1)$.

5. 试证：当$x<y$时，$\arctan y-\arctan x\leqslant y-x$.

6. 应用拉格朗日定理求曲线弧$y=x^2+2x-3,(x\in[-1,2])$上一点，使其切线平行于该曲线两端点的弦.

7. 设函数$f(x)$在$[0,1]$上连续，在$(0,1)$内可导，且$f(1)=0$. 证明：存在$\xi\in(0,1)$，使$f(\xi)+\xi f'(\xi)=0$.

4.2　一阶导数的应用

函数的单调性与极值是函数的主要性质、规律，用初等数学方法判定函数单调性与极值是比较困难的，而高等数学用导数这有力的工具来解决这些问题就很简单了.

4.2.1　函数单调性的判定

首先，直观上看如图4.2(a)所示的函数，$y=f(x)$在某区间上是递增函数，则曲线上每点切线向上倾斜，倾斜角α都是锐角，即斜率$\tan\alpha>0$，也就是$y'>0$；如图4.2(b)所示的函数递减，则曲线上每点向下倾斜，倾斜角都是钝角，即$\tan\alpha<0$，$y'<0$.（反之亦然）可观察有下列规律.

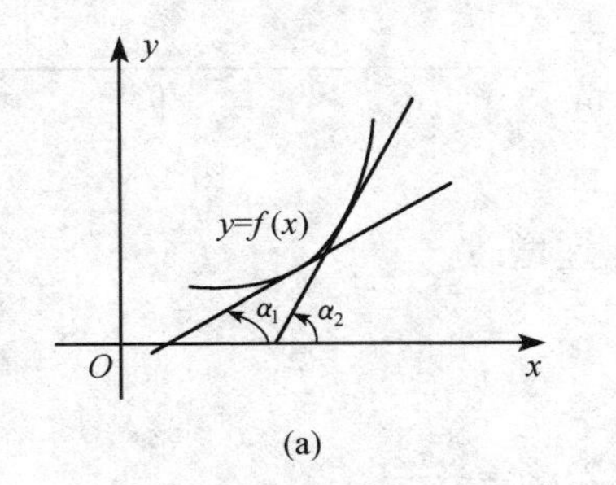

(a)

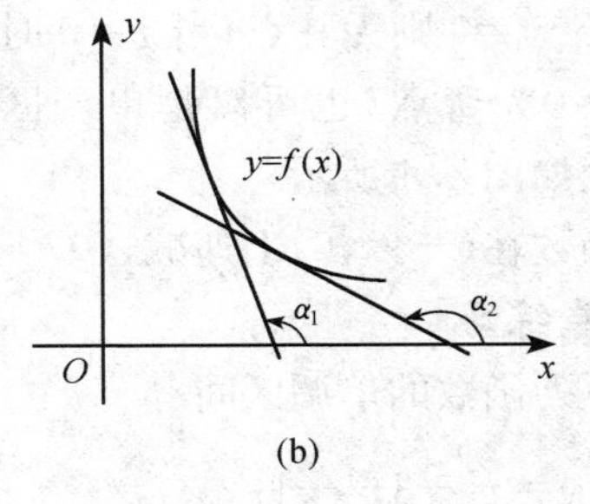

(b)

图4.2

定理4.2　设函数$y=f(x)$在$[a,b]$上连续，(a,b)内可导，那么

$$\begin{cases} y'>0,\text{则 } f(x) \text{ 在}(a,b)\text{ 内递增；} \\ y'<0,\text{则 } f(x) \text{ 在}(a,b)\text{ 内递减.} \end{cases} \tag{4.3}$$

运用中值定理可严格证明此定理，见例4.2.

例4.3　判别函数$y=e^{-x}$的单调性.

解　因$y'=-e^{-x}<0,x\in(-\infty,+\infty)$，
故$y=e^{-x}$在$(-\infty,+\infty)$递减.

例4.4　求函数$y=x^3-3x^2-9x+1$的单调区间.

解　函数的定义域为$(-\infty,+\infty)$，有

$$y'=3x^2-6x-9,$$

图 4.3

令 $y'=3x^2-6x-9=0$，得 $x_1=-1$，$x_2=3$.

数轴上讨论，如图 4.3 所示. 在 $(-\infty,-1)$ 区间取 $x=-2$ 代入 y' 得 $y'>0$；在 $(-1,3)$ 区间取 $x=0$ 代入 y' 得 $y'<0$；在 $(3,+\infty)$ 区间取 $x=4$ 代入 y' 得 $y'>0$.

最后得，函数在 $(-\infty,-1)$ 和 $(3,+\infty)$ 上递增；在 $(-1,3)$ 上递减.

说明

(1) 确定函数单调区间的依据为：$y'>0$，$y\uparrow$，$y'<0$，$y\downarrow$.

(2) 解题步骤：①求导 y'；②令 $y'=0$，求驻点 x_i（$y'=0$ 的点）和奇点 x_i（y 不可导的点，见例 4.5）；③数轴上以 x_i（驻点、奇点可统称为分界点）分区间讨论 y' 正负号，得结论.

(3) 首先求出函数的定义域，因为要把函数的定义域讨论完，以及定义域外不讨论单调性；关于讨论一个区间上 y' 的符号，技巧是只须取一好计算的点 x_0，这有“投石问路”的方法技巧.

例 4.5 确定 $y=\sqrt[3]{x^2}$ 的单调区间.

解 函数的定义域为 $(-\infty,+\infty)$，

$$y'=\frac{2}{3}x^{-\frac{1}{3}}=\frac{2}{3\sqrt[3]{x}}.$$

由于 $y'\neq 0$ 则无驻点；当 $x=0$ 时 y' 不存在，则 $x=0$ 为奇点（也可以是单调区间分界点）. 讨论如图 4.4 所示.

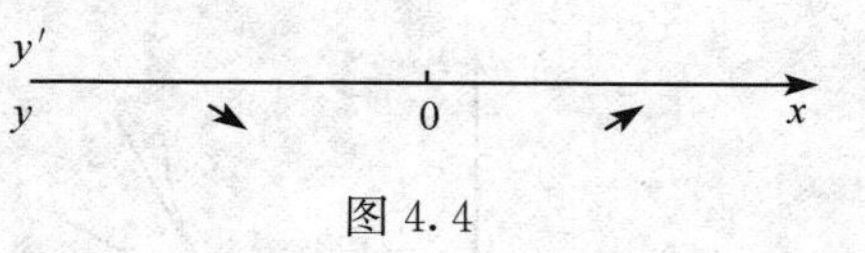

图 4.4

得函数在 $(-\infty,0)$ 上递减，$(0,+\infty)$ 上递增.

[课堂练习]

求下列函数的单调区间.

(1) $y=x^3-3x^2+1$； (2) $y=\dfrac{x}{1+x}$.

[课堂探究]

为什么分清函数在何处递增和递减是有用的?

4.2.2 函数的极大值和极小值

初等数学中学过函数的最大值、最小值的概念与求法，与之相关的有极大值、极小值的概念.

定义 4.1 设函数 $y=f(x)$ 在 (a,b) 内有意义，$x_0\in(a,b)$，若 x_0 附近的函数值都小于（或都大于）$f(x_0)$，则称 $f(x_0)$ 为函数 $f(x)$ 的一个极大值（或极小值），点 x_0 称为函数 $f(x)$ 的极大值点（或极小值点）.

函数的极大值和极小值统称为极值. 极大值点和极小值点统称为极值点. 如图 4.5 所示 .

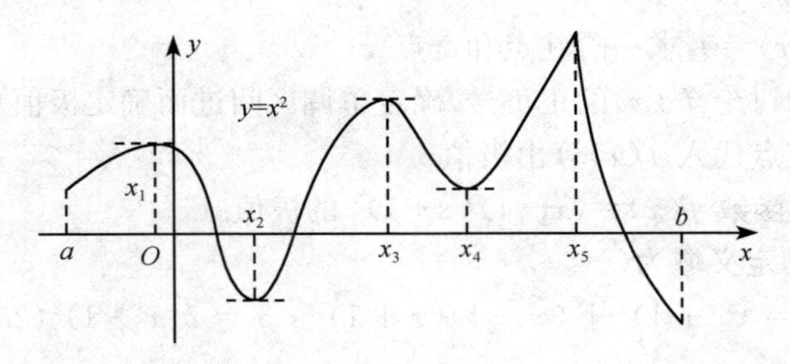

图 4.5

图 4.5 中，x_1, x_2, x_3, x_4, x_5 为极值可能点，其中 $f(x_1), f(x_3), f(x_5)$ 是 $f(x)$ 的极大值，$f(x_2), f(x_4)$ 为 $f(x)$ 的极小值，注意 x_5 为奇点(不可导点)，其他 x_i 为驻点. $f(b)$ 和 $f(x_3)$ 分别为函数 $f(x)$ 在 $[a,b]$ 上的最小值和最大值.

可见极值是局部概念——局部最大或最小；一个函数在一个区间内只可能有一个最大值、一个最小值，但可能有多个极大值和极小值.

[课堂探究]

(1) 极大值区别于最大值，对这种区间你能用一句成语或俗语来说明吗？(有趣的答案请在本章查找)

(2) 极大值一定大于极小值吗？

如何求函数的极值？如图 4.6 所示，极值与函数的单调性密切联系，极值就是函数单调区间的分界点. 因而可以通过求单调区间来求极值.

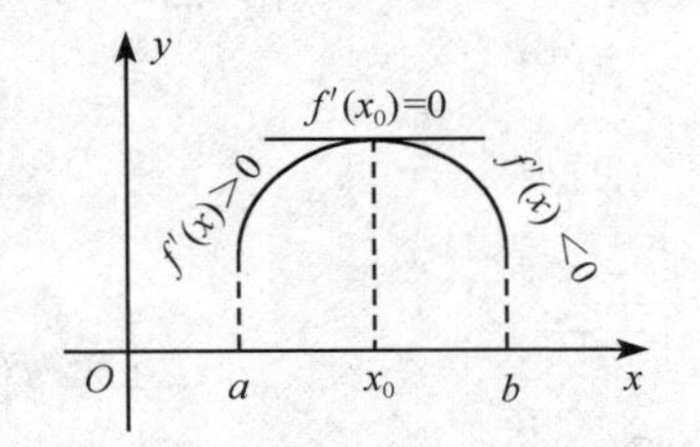

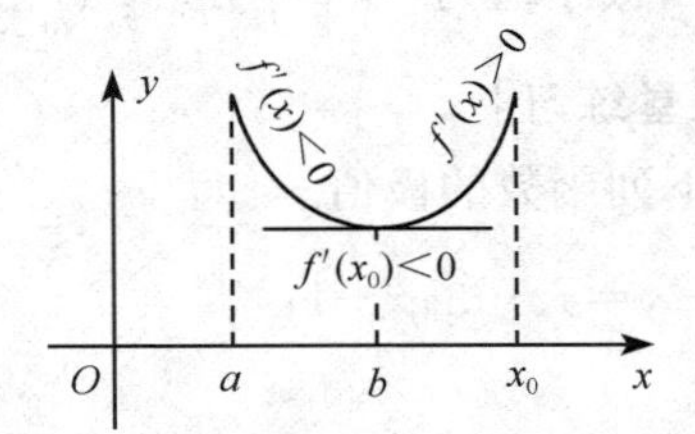

图 4.6

例 4.6　求函数 $y=2x^3-9x^2+12x-3$ 的极值.

解　$f(x)$ 的定义域为 $(-\infty, +\infty)$，

令 $y'=6x^2-18x+12=6(x-1)(x-2)=0$，

得驻点 $x_1=1, x_2=2$.

讨论如图 4.7 所示.

y'　+　　−　　+
y　↗　1　↘　2　↗　x

图 4.7

当 $x=1$ 时，函数有极大值 $f(1)=2$；当 $x=2$ 时，函数有极小值 $f(2)=1$.

说明

求函数极值的方法与步骤如下。

(1) 求 $f'(x)$；

(2) 令 $f'(x)=0$,求一阶驻点和奇点 x;

(3) 分区间讨论 $f'(x)$的正负号,确定单调区间进而确定极值点;

(4) 将极值点代入 $f(x)$算出极值.

例 4.7 求函数 $f(x)=(x-1)(x+1)^3$ 的极值.

解 函数的定义域为$(-\infty,+\infty)$,

$$f'(x)=(x+1)^3+(x-1)(x+1)^2\cdot 3=2(x+1)^2(2x-1).$$

令 $f'(x)=0$ 得 $x_1=-1, x_2=\frac{1}{2}$. 讨论如图 4.8 所示,得函数的极小值为 $f\left(\frac{1}{2}\right)=-\frac{27}{16}$,驻点 $x=-1$不是极值点.

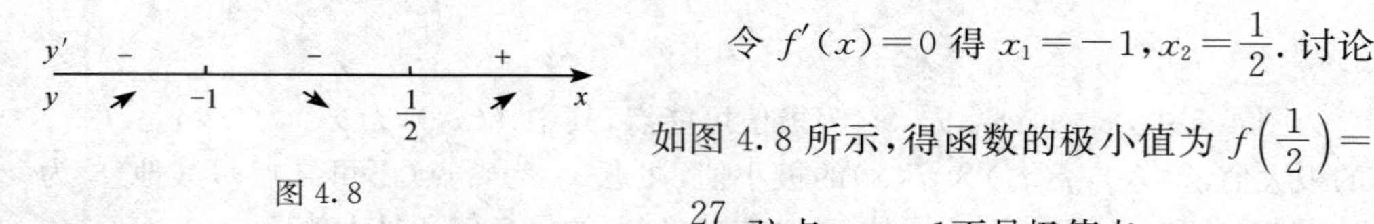

图 4.8

例 4.8 求函数 $f(x)=(x-1)\sqrt[3]{x^2}$的极值.

解 函数的定义域为$(-\infty,+\infty)$,

$$f'(x)=\frac{5x-2}{3\sqrt[3]{x}},$$

奇点 $x_1=0$,驻点 $x_2=\frac{2}{5}$.

讨论如图 4.9 所示,得函数的极大值为 $f(0)=0$,极小值为 $f\left(\frac{2}{5}\right)=-\frac{3}{5}\sqrt[3]{\frac{4}{25}}$.

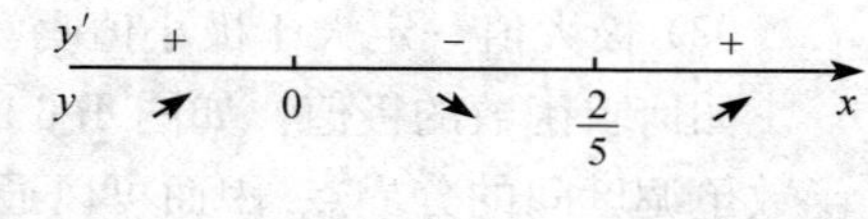

图 4.9

[课堂练习]

求下列函数的极值.

(1) $y=x^3-3x^2+1$; (2) $y=\frac{x}{1+x}$.

习 题 4.2

A(基础题)

1. 求下列函数的单调区间.

(1) $f(x)=3x-x^3$; (2) $f(x)=2x^3-3x^2-12x+1$;

(3) $f(x)=\ln(1+x)-x$; (4) $f(x)=e^{x^2}$;

(5) $f(x)=x-e^x$; (6) $f(x)=2x^2-\ln x$.

2. 求下列函数的极值点和极值.

(1) $f(x)=2x^3-6x^2-18x+7$; (2) $f(x)=x^4-8x^2+2$;

(3) $f(x)=x+\frac{1}{x}$; (4) $f(x)=\frac{x}{\ln x}$.

3. 求下列函数的极值.

(1) $y=\frac{x}{1+x^2}$; (2) $y=2x^3-3x^2$; (3) $y=x-\sin x$;

(4) $y=\sqrt[3]{(2x-x^2)^2}$；　　(5) $y=\ln(-x^2+x+2)$.

4. 设 $f(x)$满足 $3f(x)-f\left(\frac{1}{x}\right)=\frac{1}{x}$,求 $f(x)$的极值.

5. 用函数的单调性证明不等式.

(1) $2\sqrt{x}>3-\frac{1}{x}\ (x>1)$；　　(2) $\ln(1+x)\geqslant\frac{\arctan x}{1+x}\ (x\geqslant 0)$.

B(提高题)

1. 求下列函数的单调区间和极值.

(1) $f(x)=\sqrt{x}\ln x$；　　(2) $f(x)=x^2\mathrm{e}^{-x}$；

(3) $f(x)=\frac{x^3}{(x-1)^2}$；　　(4) $f(x)=x-\arctan x$.

2. 求证:如果函数 $f(x)=ax^3+bx^2+cx+d$ 满足条件 $b^2-3ac<0$(其中 $a>0$),那么,这个函数没有极值.

3. 证明下列不等式.

(1) 当 $x>0$ 时,$\arctan x+\frac{1}{x}>\frac{\pi}{2}$；

(2) 当 $x>0$ 时,$1+x\ln(x+\sqrt{1+x^2})>\sqrt{1+x^2}$；

(3) 当 $x>1$ 时,$\mathrm{e}^x>\mathrm{e}x$.

4. 设 $f(x)$,$g(x)$二阶可导,当 $x>0$ 时,$f''(x)>g''(x)$,且 $f(0)=g(0)$,$f'(0)=g'(0)$,证明:当 $x>0$ 时,$f(x)>g(x)$.

5. 证明:当 $x\neq 0$ 时,$\arctan x+\arctan\frac{1}{x}=\frac{\pi}{2}$.

C、D(应用题、探究题)

1. 在图 4.10 中导函数 $f'(x)$的图像上指出函数 f 本身的临界点的那些 x 值.在哪些临界点上 f 具有局部极大值、极小值或两者都没有?

2. 水以常速流入一个竖立的圆柱形容器中,画出水的深度关于时间的图像.

3. 在函数 $f(x)=ax\mathrm{e}^{bx}$ 中选择常数 a、b,使 $f\left(\frac{1}{3}\right)=$

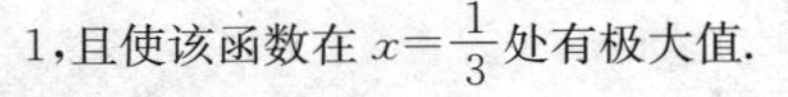
1,且使该函数在 $x=\frac{1}{3}$ 处有极大值.

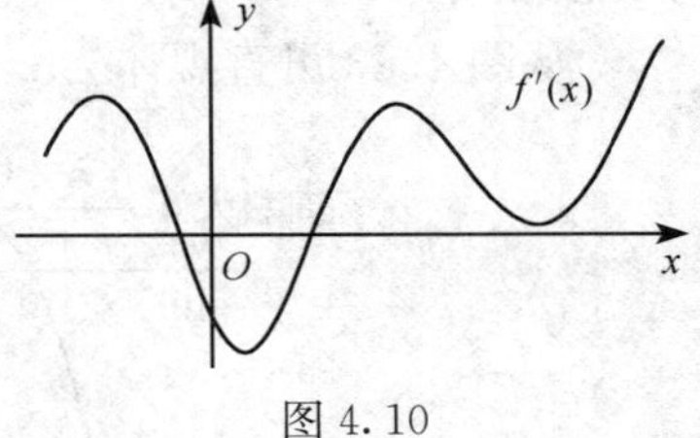

图 4.10

4.3　二阶导数的应用

4.3.1　曲线凹凸区间的判定

曲线的形态反映函数的规律,但只知道单调性与极值还不能准确地确定曲线的形态,例如同样是递增,还有曲线弯曲方向不同的问题.如图 4.11 所示,直观看曲线"往上弯"为凹,每点切线在曲线下方;曲线"往下弯"为凸,每点切线在曲线上方.

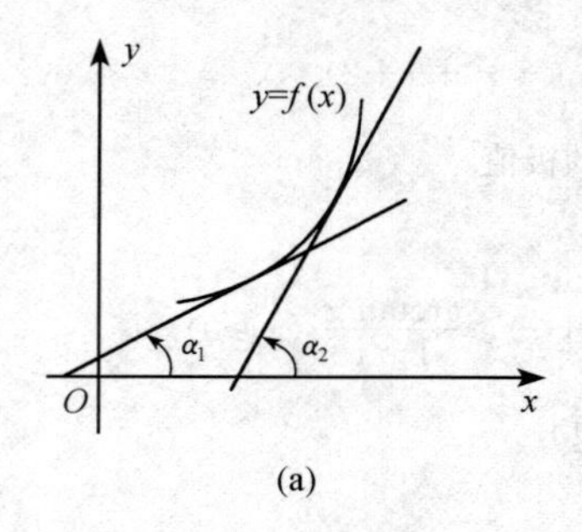

(a)

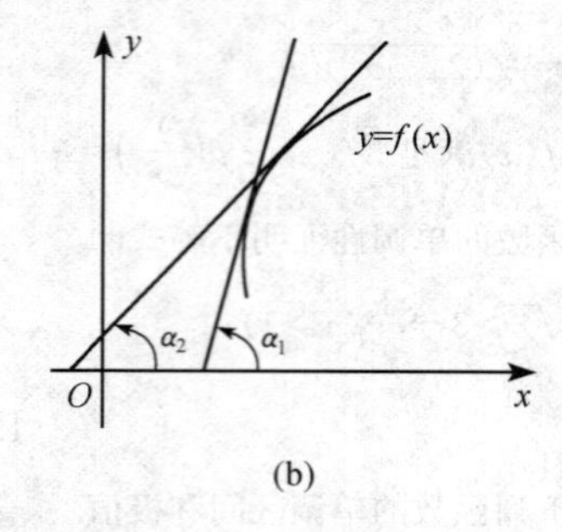

(b)

图 4.11

进一步观察曲线凹凸性与切线的关系，如图 4.11(a)所示的曲线是凹的，切线的倾斜角 α 为锐角，且由小变大，即 $\tan\alpha$ 是递增的，因为 $f'(x)>0$ 有 $f(x)$ 递增，则表明 $f''(x)>0$，有 $f'(x)=\tan\alpha$ 递增，反之亦然，这就得到 $f''(x)>0$ 有 $f(x)$ 凹；参考图 4.11(b)同理有 $f''(x)<0$，$f(x)$ 凸.

$$\begin{aligned}&f''(x)>0\ \text{的地方}, f(x)\ \text{凹};\\&f''(x)<0\ \text{的地方}, f(x)\ \text{凸}.\end{aligned}\tag{4.4}$$

曲线上凹凸的分界点称为曲线的拐点.

例 4.9 求 $y=x^3-9x^2-48x+52$ 的凹凸区间和拐点.

解 函数的定义域为$(-\infty,+\infty)$，

$$f'(x)=3x^2-18x-48, \text{令}\ f''(x)=6x-18=0,$$

y''	$-$		$+$	
y	∩	3	∪	x

图 4.12

$x_1=3$(为二阶驻点).

讨论如图 4.12 所示.

得曲线在$(-\infty,3)$上凸，在$(3,+\infty)$上凹，拐点为$(3,-146)$.

从图 4.13 可直观体会.

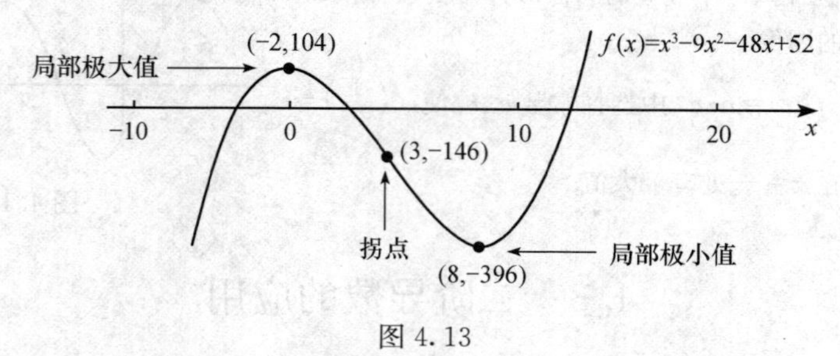

图 4.13

可见求曲线凹凸区间、拐点与单调区间、极值的步骤与要点类似.

(1) 求 $f'(x)$、$f''(x)$；

(2) 求二阶驻点和奇点 x_i；

(3) 由 x_i 分区间讨论 $f''(x)$ 符号确定凹凸区间；凹凸相接处，其分界点 x_i 代回函数 $f(x)$，并算出 $f(x_i)$，则有拐点.

例 4.10　求曲线 $y=\sqrt[3]{x}$ 的凹凸区间和拐点.

解　函数的定义域为$(-\infty,+\infty)$,

$$y'=\frac{1}{3\sqrt[3]{x^2}},\quad y''=\frac{-2}{9x\sqrt[3]{x^2}}.$$

有二阶奇点 $x=0$,讨论如图 4.14 所示.

得曲线在$(-\infty,0)$上凹,在$(0,+\infty)$上凸,拐点为$(0,0)$.

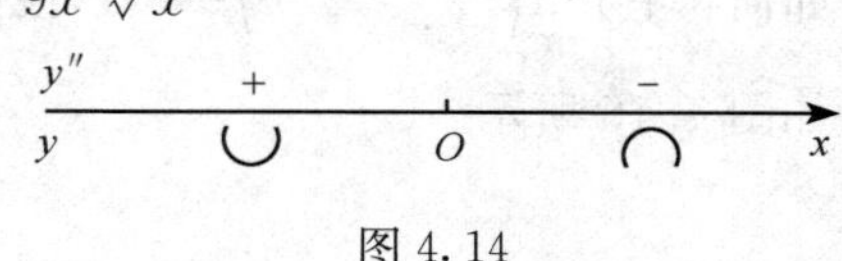

图 4.14

可见,二阶导数不存在的点也可能是曲线的拐点.

[课堂练习]

求下列函数的凹凸区间和拐点.

(1) $y=x^3-3x^2+1$;　　(2) $y=\dfrac{x}{1+x}$.

4.3.2　了解曲线的凹凸性的作用

结合前面 2.5.2 二阶导数的意义,知道确定了函数的凹凸性,可以知道函数增长或减少的快慢.如分析下述问题.

[课堂探究]

(广告效应)某公司用二阶导数来评价不同广告策略的相关业绩.假设所有的广告都能提高销量,如果在一次新的广告中,销量关于时间的曲线是凹的,这表明这家公司的经营情况如何?为什么?若曲线是凸的呢?

此外,确定曲线的凹凸区间与拐点还便于准确地作出函数的图像.

* **例 4.11**　作函数 $y=\dfrac{1-2x}{x^2}-1$ 的图像.

解　函数的定义域为$(-\infty,0)\cup(0,+\infty)$,

$$y'=\frac{2}{x^2}\left(1-\frac{1}{x}\right),令\ y'=0,驻点\ x_1=1,奇点\ x_2=0.$$

$$y''=\frac{2}{x^3}\left(\frac{3}{x}-2\right),令\ y''=0,x_3=\frac{3}{2}.$$

列表 4.1 讨论如下.

表 4.1

x	$(-\infty,0)$	$(0,1)$	1	$\left(1,\frac{3}{2}\right)$	$\frac{3}{2}$	$\left(\frac{3}{2},+\infty\right)$
y'	+	−	0	+	+	+
y''	+	+	+	+	0	−
y	↑∪	↓∪	极小	↑∪	拐点	↑∩

算出极值点、拐点及一些辅助点:$(1,-2)$,$\left(\frac{3}{2},-\frac{17}{9}\right)$,$\left(\frac{1}{2},-1\right)$,$\left(4,-\frac{23}{16}\right)$,

$(-1,2)$，$\left(-2,\frac{1}{4}\right)$，$\left(-4,-\frac{7}{16}\right)$；分析在 $x=0$ 附近，$\lim\limits_{x\to 0}\left(\frac{1-2x}{x^2}-1\right)=+\infty$，说明 $x=0$ 两边曲线以 y 轴（即 $x=0$）为渐近线；同样考虑曲线沿 x 轴向两端延伸规律如何？有 $\lim\limits_{x\to\infty}\left(\frac{1-2x}{x^2}-1\right)=-1$，说明曲线在这两端以 $y=-1$ 为渐近线；描点作图如图 4.15 所示.

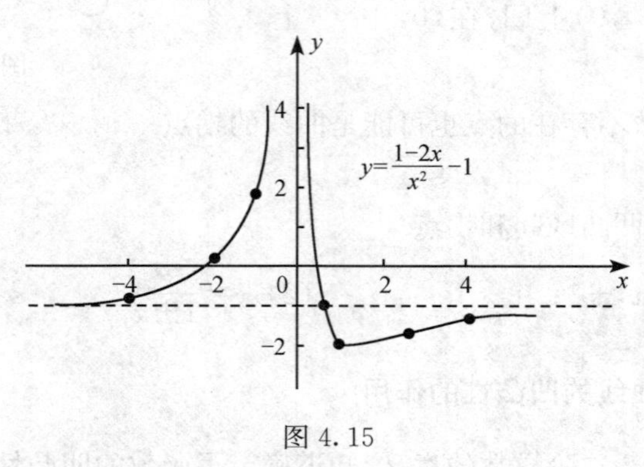

图 4.15

说明

(1) 作函数的图像要先运用导数讨论清楚曲线在各处的形态，并且把函数的定义域讨论完.

(2) 相比较初等数学的作图只能“描点作图”，形象地说只能“摸着石头过河”，高等数学则要把曲线形态研究清楚了才作图，这样就很理性.

[课堂探究]

(1) 以初等数学作图法与高等数学作图法为例子，一般地评价“摸着石头过河”这种思维方法的利弊.

(2) 您认为什么是“理性”？

了解函数的增减凹凸，一个更重要的应用是，根据函数 $y=f(x)$ 图像在不同区间上的增减凹凸，可以清楚地看到因变量 y 是如何根据自变量 x 的变化而变化的.

* **例 4.12** 画出 $f(x)=x+\sin x$ 的图像，探讨函数递增最快的点和递增最慢的点.

解 参照例 4.11 的作图方法，作出 $f(x)=x+\sin x$ 的图像，如图 4.16 所示.求出 $f'(x)=1+\cos x$，作 $f'(x)$ 的图像如图 4.17 所示.

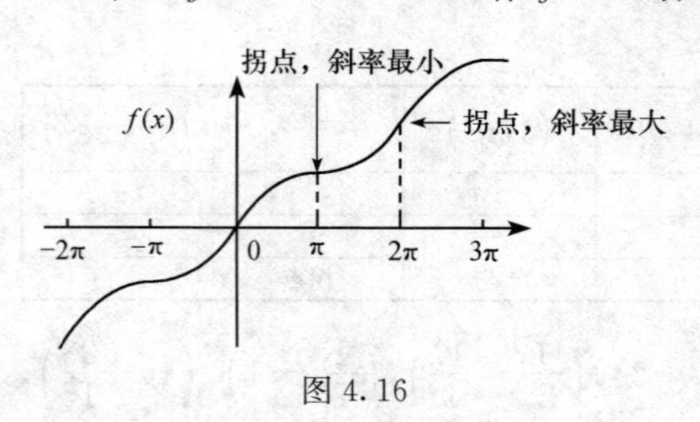

图 4.16

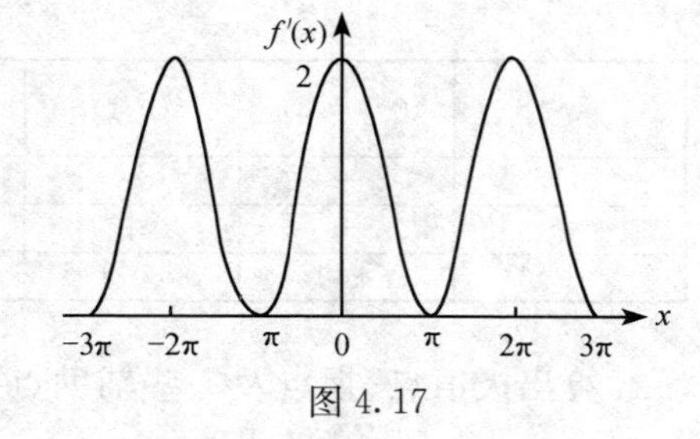

图 4.17

分析　$f'(x)>0$ 则 $f(x)$ 递增；但同样是递增还有递增快慢问题，从 $f'(x)$ 的图像可见，在 $x=\cdots,-2\pi,0,2\pi,\cdots$ 处，为 $f'(x)$ 的极大值点，即有 $f''(x)=0$，为 $f(x)$ 的拐点，说明在这些拐点处函数 $f(x)$ 递增最快；同样的递增在 $x=\cdots,-3\pi,-\pi,\pi,3\pi,\cdots$ 处，为 $f'(x)$ 的极小值点，也为 $f(x)$ 的拐点，在这些拐点处函数 $f(x)$ 递增最慢.

[课堂探究]

设水以常速流入图 4.18 所示的罐中，作出水的高度关于时间 t 的函数 $f(t)$ 的图像，阐明凹凸性，并指出拐点.

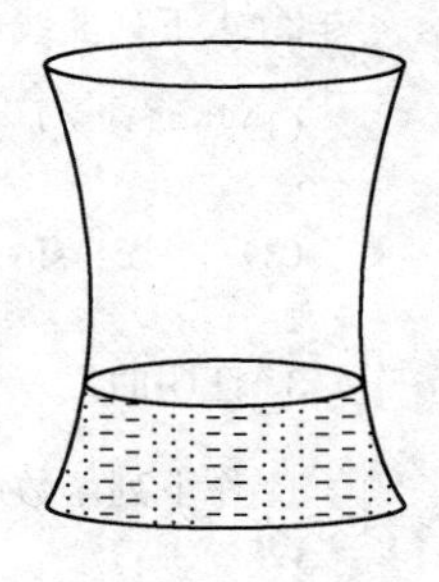

图 4.18

[进一步的探究]

(1) 由曲线的凹凸类型分析事物增长的不同类型，以及分析"增长的极限".（提示：以常见的指数曲线与对数曲线为例.）

(2) 分析曲线拐点的意义.（提示：可以以习题 4.3 中 C、D 部分 1～4 题为例.）

曲线形态判别方法小结

曲线增减、极值与凹凸、拐点这部分内容较多，解题步骤也较多，但它们之间有相似性，总结见表 4.2.

表 4.2

曲线增减与极值	曲线凹凸与拐点
1. $y'>0, y\uparrow$ $y'<0, y\downarrow$ 极值为增减区间分界点 2. 步骤 (1) 求 $f'(x)$； (2) 求一阶驻点、奇点 x_i； (3) 以 x_i 分区间讨论 y' 符号确定增减区间与极值.	1. $y''>0, y\cup$ $y''<0, y\cap$ 拐点为凹凸区间分界点 2. 步骤 (1) 求 $f'(x)$、$f''(x)$； (2) 求二阶驻点、奇点 x_i； (3) 以 x_i 分区间讨论 y'' 符号确定凹凸区间与拐点.

习　题　4.3

A(基础题)

1. 求下列曲线的凹凸区间与拐点.

(1) $y=x^3-3x^2+2x-1$；　　(2) $y=x^4+2x^2-3$；

(3) $y=xe^x$；　　(4) $y=\ln(x^2+1)$；

(5) $y=x+\dfrac{1}{x}(x>0)$；　　(6) $y=x\ln x$.

2. 求曲线 $y=3x^4-4x^3+1$ 的单调区间、凹凸区间、极值和拐点.

3. 求下列曲线的凹凸区间和拐点.

(1) $y=xe^{-x}$；　　(2) $y=a-\sqrt[3]{x-b}$；　　(3) $y=\dfrac{x^3}{x^2+3}$.

4. 已知曲线 $y=ax^3+bx^2+cx$ 上点(1,2)处有水平切线,原点为该曲线的拐点,求 a,b,c.

5. 函数 $f(x)=a\sin x+\frac{1}{3}\sin 3x$ 在 $x=\frac{\pi}{3}$ 处取得极值,求:(1) a 的值;(2)求 $f(x)$的极值.

B(提高题)

1. 已知点(1,2)为曲线 $y=ax^3-bx^2$ 的拐点,求 a、b 的值.

2. 求下列曲线的凹凸区间与拐点.

(1) $y=x\sqrt[3]{x^2}$; (2) $y=x^2-\frac{1}{x}$;

(3) $y=x-\sin x$; (4) $y=\frac{a^2}{x^2+a^2}(a>0)$.

3. 证明曲线 $y=\frac{x-1}{x^2+1}$有三个拐点,且这三个拐点在一条直线上.

4. 作下列函数的图形.

(1) $y=(x+1)(x-2)^2$; (2) $y=\frac{e^x}{1+x}$.

5. 已知曲线 $y=x^3+ax^2-9x+4$ 在 $x=1$ 处有拐点,求常数 a,并求曲线的拐点及凹凸区间.

6. 曲线 $y=(ax-b)^3$ 上点$(1,(a-b)^3)$为拐点,求 $a-b$ 的值.

C、D(应用题、探究题)

1. 据称这个月物价涨幅下降 3%,试说明这个月的物价是如何随时间变化的.

2. 在图 4.19 所示的导函数 f'的图像中指出函数 f 本身的拐点的 x 值.

3. 在图 4.20 所示的二阶导函数 f''的图像中指出函数 f 本身的拐点.

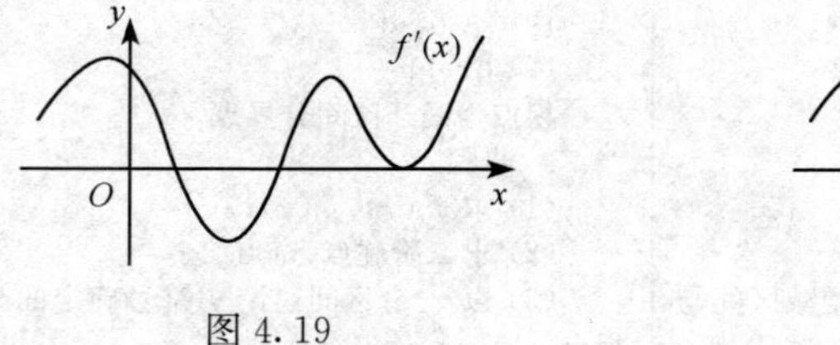

图 4.19

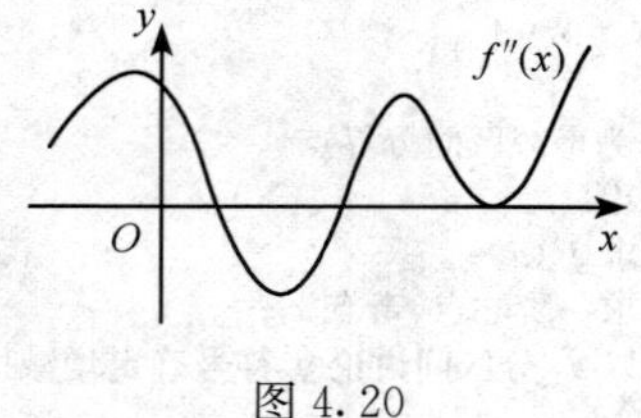

图 4.20

4. 设 $f(x)=x^{10}-10x,0\leqslant x\leqslant 2$,求 $f(x)$递增最快和递减最快的 x 值.

5. 画出 $0\leqslant x\leqslant 10$ 上的满足下列条件的光滑曲线 $f(x)$.

(1) 对一切 x,$|f''(x)|\leqslant 0.5$;

(2) $f'(x)$在某处取值-2,在某处取值$+2$;

(3) f''不是常数.

4.4 数学建模:最优化问题

求出某些量的最大值和最小值对于许多实际问题都显得十分重要. 例如求时间最短、利润最大、成本最低等. 相应地,大学生数学建模竞赛题几乎都是优化问题,或说必须用优化思想、方法去分析解决. 初等数学中用二次函数、三角函数、不等式等方法可以求函数最值，这里将看到，高等数学用导数如何提供一种更有效的方法来解决许多最优化问题.

例 4.13　求 $y=x^4-8x^2+1$ 在$[-3,3]$上的最大值和最小值.

解　参考图 4.5 可知，函数最值只可能在函数极值或区间端点处，于是求函数最值的方法是先求 $f(x)$的极值可能点 x_i，再求 $f(x_i)$和 $f(a)$、$f(b)$，从中比较出最大的为最大值，最小的为最小值.

$y'=4x^3-16x=4x(x+2)(x-2)$，令 $f'(x)=0$，得驻点 $x_1=-2,x_2=0,x_3=2$，计算得 $f(-2)=f(2)=-15,f(0)=1,f(-3)=f(3)=10$.

比较得函数在$[-3,3]$上的最大值为 $f(-3)=f(3)=10$，最小值为 $f(-2)=f(2)=-15$.

* **例 4.14**　某吊车的车身高为 1.5m，吊臂长 15m. 现在要把一个 6m 宽，2m 高的屋架，水平地吊到 6m 高的柱子上去 . 问能否吊得上去?

解　作示意图如图 4.21 所示，设吊臂对地面的倾角为 θ 时，屋架能够吊到的最大高度为 h，则

$$h=AB=DE\sin\theta-CD-BC+1.5$$

$$=15\sin\theta-3\tan\theta-2+1.5\left(0<\theta<\frac{\pi}{2}\right)$$

$$h'=15\cos\theta-3\sec^2\theta,h''=-15\sin\theta-6\sec^2\theta\cdot\tan\theta;$$

令 $h'=0$，得 $\theta_0=\arccos\dfrac{1}{\sqrt[3]{5}}\approx0.946,h''(\theta_0)\approx-36.5$.

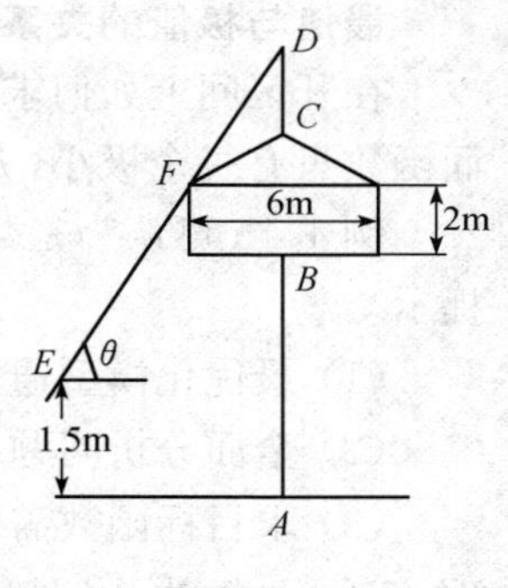

图 4.21

可见 $h(\theta)$在$(0,\pi/2)$内有唯一的极大值点 0.946 弧度，所以极大值 $h(0.946)=7.506\text{m}$ 就是 h 的最大值，即吊车最高能将屋架吊到 7.506m，而柱子只有 6m 高，所以能吊得上去.

* **例 4.15**　生产易拉罐饮料，其容积 V 一定时，希望制易拉罐的材料最省. 假设易拉罐侧面和底面的厚度相同，而顶部的厚度是底、侧面厚度的 3 倍，试求易拉罐的高和底面的直径. 市场上的易拉罐，其高和底面直径之比是否符合你得到的结论?

解　假定易拉罐是圆柱形，设其高为 h，底面圆半径为 r，再设底、侧面金属板的厚度为 l，则顶的厚度为 $3l$，故所需材料为

$$S=2\pi rhl+\pi r^2l+\pi r^2 3l=2\pi rl(h+2r)$$

再由已知条件消去一个变元，即 r、h 满足约束条件 $\pi r^2h=V$(定值).

将 $h=\dfrac{V}{\pi r^2}$代入上式，将

$$\begin{aligned}S&=f(r)=2\pi rl\left(\frac{V}{\pi r^2}+2r\right),r\in(0,+\infty)\\S'&=2\pi l\left(\frac{V}{\pi r}+2r^2\right)'=2\pi l\left(-\frac{V}{\pi r^2}+4r\right),\end{aligned}\tag{4.5}$$

令 $S'=0$,解得 $r=\sqrt[3]{\dfrac{V}{4\pi}}$.

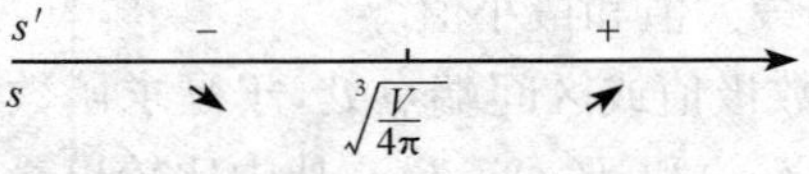

s'　　－　　＋

s　　↘　$\sqrt[3]{\dfrac{V}{4\pi}}$　↗

图 4.22

讨论如图 4.22 所示。

故 $r=\sqrt[3]{\dfrac{V}{4\pi}}$ 是 $f(r)$ 唯一的极小值,因而是最小值点.

此时,易拉罐的直径为 $d=2r=2\sqrt[3]{\dfrac{V}{4\pi}}$.

易拉罐的高为 $h=\dfrac{V}{\pi r^2}=\dfrac{V}{\pi}\sqrt[3]{\dfrac{(4\pi)^2}{V^2}}=4\sqrt[3]{\dfrac{V}{4\pi}}=4r=2d$.

即易拉罐的高是底面直径的一倍.市场上不少易拉罐,如可口可乐、椰汁等,与此结果近似.

最值与极值的关系

在开区间上如何求最值?有这样的结论,实际问题中:可知有最小(大)值存在而函数只有一个极小(大)值,则这个极小(大)就是最小(大)值.

例 4.15 可认为是数学建模的最简单问题,其中有些规律与技巧数学建模实用提示.

(1) 最优化模型通常是由目标函数与约束条件构成的;

(2) 全面分析问题,确认优化哪个量,则考虑求其函数(目标函数);

(3) 求目标函数需要依据(找)某些公式,如面积、体积公式、路程公式、勾股定理、三角公式、牛顿定律、浮力定律等;

(4) 题设中已知什么条件,将其表示出来(约束条件),将约束条件代入目标函数消元、化简;

(5) 用导数方法求极值进而求出最值.

探究:最优化问题的哲学解

例 4.15 为实际问题的最优化,有一般性,下面从哲学的角度来分析认识.

(1) 目标函数与事物的对立统一:如式(4.5)是事物矛盾统一体的数学模型,因为函数 $f(r)$ 内含"正"$(2r)$、"反"$\left(\dfrac{1}{r^2}\right)$两种因素、两种力量,有的式子则是一正一负两种因素与力量.如果只有一种因素,就不存在最优化(如 $f(x)$ 递增或递减),这也不符合实际了.还要注意,式(4.5)是目标函数与约束条件结合的结果.

(2) 最优化结果与事物的关节点:从例 4.15 可见 r 或 h 的最值范围中,什么值可能是最优点?根据哲学一般与特殊的辩证关系分析,应该是事物的特殊点才能是最优点,因为一般的点"太多".如例 4.15 是 $h=2d$ 这种特殊的比例关系上为最优,又如正方形(体)或圆(球)的周长(表面积)最小,等.特殊点又是事物量变到质变的关节点.

(3) 数学与哲学,高等数学无论概念、方法等都充满辩证法,这是因为高等数学更“似真”地反映客观实际. 因而恩格斯说:变量数学的诞生,数学日益成为“辩证的辅助工具和表现方式”. 马克思对微积分则有更多的研究,结果以专著《数学手稿》发表.

这里也反映了事物的统一性,科学被分为哲学、数学和物理、化学、生物学等自然科学以及政治学、文学、艺术、历史学等人文科学,是近代科学以来的事情,便于分别、深入研究,但几百年来这种“分”被极端化,使人们忘记了事物本来是一个整体. 相应地,学习也应该注意与重视知识的综合,如数学与物理、化学等自然科学,数学与语文,数学与哲学等综合. 综合有利学习,综合以致创新.

[课堂探究]

(1) 请查阅马克思对微积分的研究,查阅恩格斯对微积分的评述;马克思、恩格斯对微积分的研究对你有什么启示?

(2) 思考事物的整体性、知识的综合化以及创新需要综合,对此你有什么认识、体会?

*__例 4.16__　森林救火问题.

森林失火了,消防站接到报警后派多少消防队员去救火呢? 如果从经济的角度考虑问题,派的队员越多,森林的损失越小,但救援的开支会越大,请研究总费用的优化问题.

解　问题分析　作目标分析与因素分析:此问题的总费用涉及损失费与救援费,(定性地写出目标函数:总费用=损失费+救援费);于是涉及因素,森林损失费正比于森林烧毁的面积,而烧毁面积又与失火、灭火(指火被扑灭)的时间有关,灭火时间又取决于消防队员数目,队员越多灭火越快;救援费可以分为两部分,一部分是灭火器材的消耗及消防队员的补贴等,与队员人数及灭火所用时间均有关,另一部分是运送队员和器材等的一次性支出,只与队员有关.

问题假设　为了确定问题、便于研究,可合理简化问题,作出假设.

(1) 记失火时刻 $t=0$,开始救火时刻 $t=t_1$,灭火时刻 $t=t_2$,设时刻 t 森林烧毁面积为 $B(t)$,则森林烧毁面积 $B(t_2)$.

(2) 假设从失火到开始救火这段时间($0\leqslant t\leqslant t_1$)内,火势越来越大,火势蔓延程度$\dfrac{\mathrm{d}B}{\mathrm{d}t}$与时间成正比,比例系数 β 称为火势蔓延速度.

(3) 设派出消防队员 x 名,开始救火后($t\geqslant t_1$)火势越来越小,即$\dfrac{\mathrm{d}B}{\mathrm{d}t}$应减小,火势蔓延速度降为 $\beta-\lambda x$,其中 λ 可视为每个队员的平均灭火速度. 由假设有 $\beta<\lambda x$,当 $t=t_2$ 时有$\dfrac{\mathrm{d}B}{\mathrm{d}t}=0$.

第(2)和第(3)条假设的合理性在于,火势以失火点为中心,以均匀速度向四周呈圆形蔓延,其半径 r 与时间 t 成正比,烧毁面积 B 与 r^2 成正比,故 B 与 t^2 成正比，从而$\frac{\mathrm{d}B}{\mathrm{d}t}$与 t 成正比. 这些假设在风力不大的条件下是大致合理的.

(4) 假设每个消防队员单位时间的费用为 C_2，于是每个队员的救火费用 $C_2(t_2-t_1)$；每个队员的一次性支出为 C_3.

符号说明见表 4.3.

表 4.3

时　间	失火时刻 $t=0$，救火时刻 t_1，灭火时刻 t_2
参　数	火势蔓延速度 β，每个队员平均灭火速度 λ
费　用	烧毁单位面积损失费 C_1；每个队员单位时间费用 C_2；每个队员一次性支出费用 C_3
其　他	t 时刻森林烧毁的面积 $B(t)$，派出队员数 x

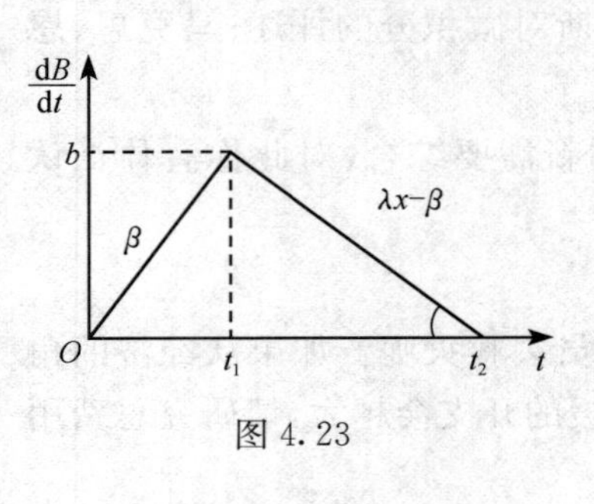

图 4.23

建立模型　根据假设(2)和(3)，火势蔓延程度$\frac{\mathrm{d}B}{\mathrm{d}t}$在 $0\leqslant t\leqslant t_1$ 线性地增加，在 $t_1\leqslant t\leqslant t_2$ 线性地减小，其关系如图 4.23 所示. 记 $t=t_1$ 时$\frac{\mathrm{d}B}{\mathrm{d}t}=b$，则烧毁面积 $B(t_2)=\int_0^{t_2}\frac{\mathrm{d}B}{\mathrm{d}t}\mathrm{d}t$ 是图中三角形的面积. 则有 $B(t_2)=\frac{1}{2}bt_2$，而 t_2 满足

$$t_2-t_1=\frac{b}{\lambda x-\beta} \tag{4.6}$$

(由切线的斜率$\frac{b-0}{t_1-t_2}=\beta-\lambda x_1$ 所得)

于是

$$B(t_2)=\frac{1}{2}bt_2=\frac{1}{2}bt_1+\frac{1}{2}\frac{b^2}{\lambda x-\beta} \tag{4.7}$$

同样由斜率 $\beta=\frac{b}{t_1}$有 $b=\beta t_1$，代入式(4.7)，有

$$B(t_2)=\frac{\beta t_1^2}{2}+\frac{\beta^2t_1^2}{2(\lambda x-\beta)} \tag{4.8}$$

由假设(2)和(4)，森林损失费为 $C_1B(t_2)$，救援费为 $C_2x(t_2-t_1)+C_3x$.

$$\begin{aligned}\text{救火总费用 } C(x)&=\text{森林损失费}+\text{救援费}\\&=C_1B(t_2)+C_2x(t_2-t_1)+C_3x\\&=\frac{C_1\beta t_1^2}{2}+\frac{C_1\beta^2t_1^2}{2(\lambda x-\beta)}+\frac{C_2\beta t_1x}{\lambda x-\beta}+C_3x\end{aligned} \tag{4.9}$$

$C(x)$即为这个优化模型的目标函数.

模型求解　对 $C(x)$求导，令$\frac{\mathrm{d}C}{\mathrm{d}x}=0$，求最小值，得到应派出队员人数为

$$x=\frac{\beta}{\lambda}+\beta\sqrt{\frac{C_1\lambda t_1^2+2C_1t_1}{2C_3\lambda^2}} \tag{4.10}$$

结果解释　实际应用这个模型时，C_1、C_2、C_3 是已知常数，β，λ 由森林类型、消防队员素质等因素决定，可以预先制成表格以备查用. 由失火到救火的时间可根据火场情况估计.

对结果式(4.10)的分析如下.

首先，应派出队员数由两部分构成，其中一部分 $\frac{\beta}{\lambda}$ 是为了把火扑灭必须的最少队员数，因为 β 是火势蔓延速度，而 λ 是每个队员的平均灭火速度，从图 4.23 也可看出，只有当 $x>\frac{\beta}{\lambda}$ 时，斜率为 $\lambda x-\beta$ 的直线才会与 t 轴有交点 t_2.

其次，派出队员数的另一部分，即在最低限度之上的队员数，与问题的各个参数有关. 当队员灭火速度 λ 和救援费用系数 C_3 增大时，队员数减少；当火势蔓延速度 β、开始救火时刻 t_1 及损失费用系数 C_1 增加时，队员数增加；当救援费用系数 C_2 增加时，队员数也增加.

习　题　4.4

A(基础题)

1. 求下列函数在给定区间上的最大值和最小值.

(1) $y=x^3-3x+2$，$[-2,2]$；　(2) $y=x^4-2x^2+5$，$[-2,3]$；

(3) $y=x-2\sqrt{x}$，$[0,4]$；　(4) $y=\frac{x}{1+x^2}$，$[-2,+\infty)$；

(5) $y=x+\sqrt{1-x}$，$[-5,1]$；　(6) $y=\frac{x^2}{1+x}$，$\left[-\frac{1}{2},1\right]$.

2. 设两数之和为 A，问两数各为多少时，其积最大？

3. 某厂生产某种产品 x 个单位的费用为 $C(x)=5x+200$，所得的收入为 $R(x)=10x-0.01x^2$ 元，问每批生产多少个单位产品才能使利润最大？

4. 有一矩形纸板的长、宽分别为 16cm 和 10cm，现从矩形的四角截去 4 个相同的正方形，作成一个无盖的盒子，问小正方形的边长多少时，盒子的容积最大？

B(提高题)

1. 求 $y=\frac{x+3}{x-1}(x\in[2,5])$ 的最大值和最小值.

2. 要做一个容积为 $16\pi dm^3$ 的圆柱形罐头筒，怎样设计其尺寸能使其用料最省？

3. 轮船甲位于轮船乙以东 75km 处，以 12km/h 的速率向西行驶，而轮船乙以 6km/h 的速率向北行驶，问经过多少时间，两船相距最近？

4. 将 10 分成两个正数，使其平方和最小.

5. 设 $y=ax^3-6ax^2+b$ 在 $[-1,2]$ 上最大值为 3，最小值为 -29，又 $a>0$，求 a，b 的值.

6. 在抛物线 $y=x^2$ 上求一点，使它到直线 $y=2x-4$ 的距离最短.

7. 做一圆柱体的体积为 V，使其表面积最小，求圆柱体的底面半径 r 和高 h.

8. 设有一段长为 l 的细丝，将其分为两段，分别构成圆和正方形，若记圆的面积为 s_1，正方

形的面积为 s_2. 证明:当 s_1+s_2 为最值小时,有$\frac{s_1}{s_2}=\frac{\pi}{4}$.

9. 有一均匀杠杆,其支点在它的一端,距支点 1m 处挂重 490kg 的物体,同时用力于杠杆的另一端,使杠杆保持水平. 若杠杆每米的重量为 5kg,问杠杆多长时,才最省力?

10. 做一个面积为 A 的圆柱形油桶,问油桶的直径是多少时,其容积最大? 此时油桶的高是多少?

C、D(应用题、探究题)

1. 设服某药时,病人体温的变化 T 和药量 d 的关系为:$T=\left(\frac{c}{2}-\frac{d}{3}\right)d^2$,其中 c 是一常数.

(1) 药量 d 多大时使体温 T 最大?

(2) 若 $T'(d)$表示身体对该药的敏感度,问药量 d 多大时,身体的敏感度 $T'(d)$最大?

2. 一个能装 500cm^3 的铝罐要使所用的材料最少,其尺寸应多大? 假设罐是圆柱形的,且上有顶、下有底.

3. 一条 1m 宽的通道与另一条 2m 宽的通道相交成直角,求可以水平绕过拐角的梯子的最大长度是多少?

4. 在例 4.16 森林救火问题中,如果考虑消防队员的灭火速度 λ 与开始救火时的火势 b 有关,试假设一个合理的函数关系,重新求解模型.

4.5 微分:导数的代数应用

如果说用导数判定确定函数的单调性、极值、曲线的凹凸性、拐点,是导数在几何上的应用,那么这里的"微分"则主要是导数在代数上的应用. 因为"微分"的主要问题是函数的近似计算——如何求一个函数的改变量 Δy? 如何求 $\sqrt[3]{8.1}$、$\sin 31°$等的数值?

4.5.1 微分的概念及思想

[先行问题]

如何求 Δy? 即对于复杂的函数 $y=f(x)$,初等数学求 Δy 十分困难,那么高等数学如何求 Δy?

设 $y=f(x)$的导数 $f'(x)$存在,即$\lim\limits_{\Delta x\to 0}\frac{\Delta y}{\Delta x}=f'(x)$,由极限概念有

$$\frac{\Delta y}{\Delta x}\approx f'(x),\text{得 }\Delta y\approx f'(x)\Delta x$$

这就得出了 Δy 与 y'的联系了.

现在令 $\mathrm{d}y=f'(x)\Delta x$,称它为函数 $y=f(x)$的**微分**. 并记 $\mathrm{d}x=\Delta x$,则

$$\mathrm{d}y = f'(x)\mathrm{d}x \tag{4.11}$$

例 4.17 求 $y=1+x^3$ 的微分.

解 $\mathrm{d}y=f'(x)\mathrm{d}x=(1+x^3)'\mathrm{d}x=3x^2\mathrm{d}x$.

注意

(1) 微分的意义.

由于 $dy=f'(x)dx\approx\Delta y$,说明可用微分求函数的改变量 Δy,即

$$\Delta y \approx dy \tag{4.12}$$

这里,Δx 越小,近似程度越好.对于复杂一点的函数,如 $y=\sin(1+x^2)$、$y=\sqrt[3]{1-x^3}$等,由 $\Delta y=f(x+\Delta x)-f(x)$初等数学的方法就很难(或不能)求 Δy,而使用高等数学方法运用微分来求 Δy 就简单多了.

(2) 微分的思想.

如图 4.24 所示,MT 是函数 $y=f(x)$在 M 点的切线,$f'(x)=\tan\alpha$,$|NP|=\Delta y$,$|NT|=f'(x)\Delta x=dy$,微分 $dy\approx\Delta y$,即当 Δx 很小时,可用直线 MT 来近似曲线 MP(或说用三角形 MTN 近似曲边三角形 MPN).可见,"以直代曲"是微分的一个基本思想.

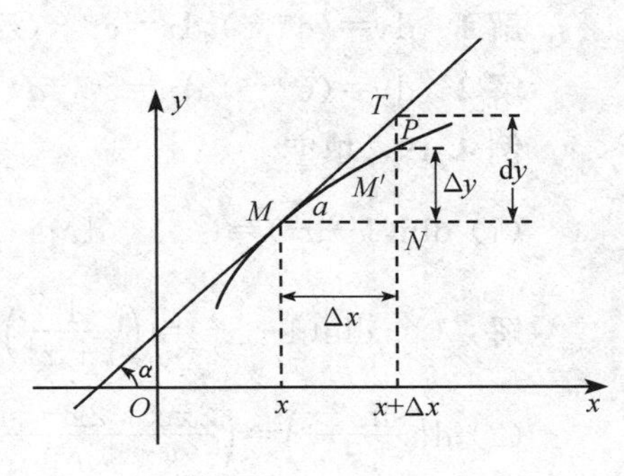

图 4.24

于是,可顾名思义,把"微分"看做动词,意思为"无限细分",而把"微分"看作名词,意思为"微小的一部分".

(3) 微分的计算.

由于 $dy=y'dx$,因此,"求微分就是求导数"(并且在存在的情况下,可微与可导等价),于是,由导数公式与法则可直接得到微分的公式与法则.

4.5.2　微分基本公式

(1) $d(C)=0$(C 为常数);　　(2) $d(x^\alpha)=\alpha x^{\alpha-1}dx$;

(3) $d(a^x)=a^x\ln a dx$;　　(4) $d(e^x)=e^x dx$;

(5) $d(\log_a x)=\dfrac{1}{x\ln a}dx$;　　(6) $d(\ln x)=\dfrac{1}{x}dx$;

(7) $d(\sin x)=\cos x dx$;　　(8) $d(\cos x)=-\sin x dx$;

(9) $d(\tan x)=\sec^2 x dx$;　　(10) $d(\cot x)=-\csc^2 x dx$;

(11) $d(\sec x)=\sec x\tan x dx$;　　(12) $d(\csc x)=-\csc x\cot x dx$;

(13) $d(\arcsin x)=\dfrac{1}{\sqrt{1-x^2}}dx$;　　(14) $d(\arccos x)=-\dfrac{1}{\sqrt{1-x^2}}dx$;

(15) $d(\arctan x)=\dfrac{1}{1+x^2}dx$;　　(16) $d(\text{arccot}\, x)=-\dfrac{1}{1+x^2}dx$.

(4.13)

4.5.3　微分四则运算法则

设 u、v 都是 x 的可微函数,则

$$
\begin{aligned}
&\mathrm{d}(u \pm v) = \mathrm{d}u \pm \mathrm{d}v,\\
&\mathrm{d}(uv) = v\mathrm{d}u + u\mathrm{d}v,\\
&\mathrm{d}\left(\frac{u}{v}\right) = \frac{v\mathrm{d}u - u\mathrm{d}v}{v^2}.
\end{aligned}
\tag{4.14}
$$

复合函数的微分

$$\mathrm{d}y = f'(u)\mathrm{d}u. \tag{4.15}$$

其中不论 u 是自变量还是中间变量.

例 4.18 求函数 $y=\mathrm{e}^{\sin 2x}$ 的微分.

解 1 $\mathrm{d}y=(\mathrm{e}^{\sin 2x})'\mathrm{d}x=\mathrm{e}^{\sin 2x}(\sin 2x)'\mathrm{d}x=2\cos 2x\mathrm{e}^{\sin 2x}\mathrm{d}x$.

解 2 $\mathrm{d}y=(\mathrm{e}^{\sin 2x})'\mathrm{d}x=\mathrm{e}^{\sin 2x}d(\sin 2x)=\cos 2x\mathrm{e}^{\sin 2x}\mathrm{d}(2x)=2\cos 2x\mathrm{e}^{\sin 2x}\mathrm{d}x$.

例 4.19 填空.

(1) $\mathrm{d}\ln(1+x^2)=(\quad)\mathrm{d}x$;　　(2) $\mathrm{d}\left(\frac{\sin 2x}{x}\right)=(\quad)\mathrm{d}x$.

解 (1) $\mathrm{d}\ln(1+x^2)=\left(\frac{1}{1+x^2}\right)\mathrm{d}(1+x^2)=\left(\frac{2x}{1+x^2}\right)\mathrm{d}x$;

(2) $\mathrm{d}\left(\frac{\sin 2x}{x}\right)=\left(\frac{2x\cos 2x-\sin 2x}{x^2}\right)\mathrm{d}x$.

例 4.20 在下面的括号中以适当的函数填空.

(1) $\mathrm{d}(\quad)=x\mathrm{d}x$;　　(2) $\mathrm{d}(\quad)=\sqrt{x}\mathrm{d}x$;

(3) $\mathrm{d}(\quad)=\mathrm{e}^{2x}\mathrm{d}x$;　　(4) $\mathrm{d}(\quad)=\sin x\mathrm{d}x$.

解 例 4.18 中,求微分是通过求 y' 求 $\mathrm{d}y$,即 $\mathrm{d}y=y'\mathrm{d}x$,这里对照 $\mathrm{d}y=y'\mathrm{d}x$,则是其逆运算,已知 y' 求原来的函数 y. 方法在于熟练掌握导数公式:首先找到类似的求导公式,然后猜测反推和多次试算.

(1) $\mathrm{d}\left(\frac{x^2}{2}\right)=x\mathrm{d}x$;　　(2) $\mathrm{d}\left(\frac{2}{3}x^{\frac{3}{2}}\right)=\sqrt{x}\mathrm{d}x$;

这样分析:先找到类似公式 $(x^\alpha)'=\alpha x^{\alpha-1}$,考虑 $(x^\alpha)'=\alpha x^{\alpha-1}=x^{\frac{1}{2}}$,反推有 $\alpha-1=\frac{1}{2}$,得 $\alpha=\frac{3}{2}$,即 $x^\alpha=x^{\frac{3}{2}}$,代入括号中,由导数 $(x^{\frac{3}{2}})'$ 得到系数 $\frac{2}{3}$.

(3) $\mathrm{d}\left(\frac{1}{2}\mathrm{e}^{2x}\right)=\mathrm{e}^{2x}\mathrm{d}x$;　　(4) $\mathrm{d}(-\cos x)=\sin x\mathrm{d}x$.

说明 由微分的逆运算求原函数是后面第 5 章讲的内容,通过求原函数可求定积分.

[课堂练习]

填空.

(1) $\mathrm{d}x^2=(\quad)\mathrm{d}x$;　(2) $\mathrm{d}\mathrm{e}^{x^2}=(\quad)\mathrm{d}x$;　(3) $\mathrm{d}\sqrt{x}=(\quad)\mathrm{d}x$;

(4) $\mathrm{d}(\quad)=x^2\mathrm{d}x$;　(5) $\mathrm{d}(\quad)=\cos x\mathrm{d}x$;　(6) $\mathrm{d}(\quad)=\frac{\mathrm{d}x}{1+x}$.

【深度探究】 如何深入理解认识微分

1. 微分的定义

注意,问题的提出是高等数学如何求函数的增量 Δy? 本来 y'是函数的导数,由于 $y'\cdot\Delta x\approx\Delta y$,这就找到了近似求 Δy 的一条途径,y'乘上 Δx(即 $y'\cdot\Delta x$)就是一个新的数学量,为此将 $y'\cdot\Delta x$ 称为函数 y 的微分,记为 $\mathrm{d}y=y'\cdot\mathrm{d}x$,为什么用 $\mathrm{d}y$ 这个符号呢? 因为"微分"的英文单词 differential 的第一个字母是 d.

2. 把 $y'\cdot\Delta x$ 称为微分的原因

由于一般 Δx 很小,则 $y'\cdot\Delta x$ 很小,称 $y'\cdot\Delta x$ 为微分.

3. 微分的意义与应用

$\mathrm{d}y=y'\cdot\mathrm{d}x$,其意义就是 $\mathrm{d}y\approx\Delta y$,即高等数学中可用 $\mathrm{d}y=y'\cdot\mathrm{d}x$ 来较简单地计算 Δy(以及 y),(见 4.5.4 微分在近似计算中的应用). 而微分的一般意义,有动词意义:"无限细分";有名词意义:"微小的一部分". 所以微分与导数、积分有密切联系,都涉及"无限细分""无穷小量".

4. 生活中的微分(探究题:请列举自然、生活、工作中的微分)

恩格斯曾举例说,水的蒸发是从上面一层一层蒸发,每蒸发一层就使水的高度(x)减少一层的高度($\mathrm{d}x$),因此,水蒸发的过程就是微分(恩格斯,自然辩证法,人民出版社,158). 类似地,人的消化、化学反应分子分解为原子、甚至"曹冲称象"大象变成小石头,以及我们看书学习等都是微分(请同学自己思考微分的例子).

从恩格斯举的例子,可以看出恩格斯思维很开阔,启发人们:①学数学不要囿于数学;②数学就在我们身边;③读书不能"死读书",应该是越学越会学,越学越聪明,越学越快乐.

5. 求微分的方法

由定义 $\mathrm{d}y=y'\cdot\mathrm{d}x$,对于 $y=f(x)$,只需求 y'就得到 $\mathrm{d}y$,只要记住乘上 $\mathrm{d}x$.

6. 由微分认识导数

有了微分的概念后,反过来看导数:$y'=\dfrac{\mathrm{d}y}{\mathrm{d}x}$(因为 $\mathrm{d}y=y'\mathrm{d}x$),即导数 y'是 y 与 x 的微分之比,因而导数 y'又称为"微商". 其代数意义是,过去将$\dfrac{\mathrm{d}y}{\mathrm{d}x}$看做整体符号,现在可看成 $\mathrm{d}y$ 与 $\mathrm{d}x$ 作除法,如$\dfrac{\mathrm{d}y}{\mathrm{d}x}=1\Big/\dfrac{\mathrm{d}x}{\mathrm{d}y}$等.

4.5.4 微分在近似计算中的应用

由$\Delta y\approx \mathrm{d}y$，即$f(x_0+\Delta x)-f(x_0)\approx f'(x_0)\Delta x$，得到近似计算公式

$$f(x_0+\Delta x)\approx f(x_0)+f'(x_0)\Delta x. \tag{4.16}$$

例 4.21 求$\sin 30°30'$的近似值.

解 设$f(x)=\sin x$，取$x_0=\frac{\pi}{6}$，$\Delta x=\frac{\pi}{360}$，$f(x_0)=\sin\frac{\pi}{6}$，$f'(x_0)=\cos\frac{\pi}{6}$，代入近似公式(4.16)得

$$\sin 30°30'=\sin\left(\frac{\pi}{6}+\frac{\pi}{360}\right)\approx\sin\frac{\pi}{6}+\cos\frac{\pi}{6}\cdot\frac{\pi}{360}=\frac{1}{2}+\frac{\sqrt{3}}{2}\cdot\frac{\pi}{360}$$

$$\approx 0.5+0.866\,2\times 0.008\,727\approx 0.507\,6.$$

例 4.22 证明近似公式$\mathrm{e}^x\approx 1+x$(当$|x|$很小时).

证明 令$f(x)=\mathrm{e}^x$，取$x_0=0$，$\Delta x=x$，则有

$$\mathrm{e}^x=f(0+x)\approx f(0)+f'(0)\Delta x=\mathrm{e}^0+\mathrm{e}^0\cdot x=1+x.$$

类似地，可以证明当$|x|$很小时，有如下近似公式.

(1) $\sqrt[n]{1+x}\approx 1+\frac{1}{n}x$； (2) $\sin x\approx x$；

(3) $\tan x\approx x$； (4) $\ln(1+x)\approx x$.

例 4.23 一个半径为 20mm 的球体，当半径增加 0.01mm 时，球体体积的改变量是多少？

解 令球体体积$V=\frac{4}{3}\pi r^3$，$r_0=20$，$\mathrm{d}r=\Delta r=0.01$，有

$$\mathrm{d}V=V'(r)\mathrm{d}r=4\pi r^2\mathrm{d}r,$$

球体体积的改变量为$\Delta V\approx \mathrm{d}V|_{r_0}=4\pi\times 400\times 0.01=16\pi$.

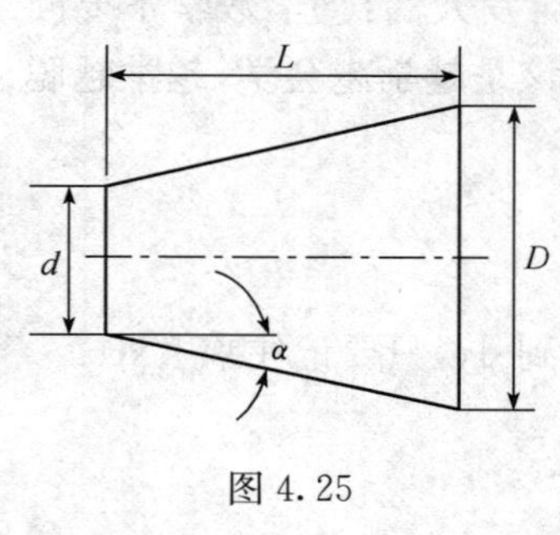

图 4.25

例 4.24 车工加工锥形工件(如图 4.25 所示)时，常用近似公式

$$\alpha\approx 28.6°\times\frac{D-d}{L}(0°<\alpha<5°)$$

来计算倾斜角α，其中D和d分别是工件大小头的直径，L是工件的长度，试推导此近似公式.

解 由图 4.25 可设$\tan\alpha=\dfrac{\frac{D-d}{2}}{L}=\dfrac{D-d}{2L}$，

由于角α较小，由近似公式$\tan x\approx x$得

$$\alpha=\frac{D-d}{2L}(\text{弧度}),$$

而 1 弧度$=\frac{180°}{\pi}=57.296°$，所以$\alpha\approx 57.296°\times\frac{D-d}{2L}=28.6°\times\frac{D-d}{L}$.

说明　由微分的近似计算公式(4.16)有

$$f(x) \approx f(x_0) + f'(x_0)(x - x_0),$$

左边是曲线 $f(x)$，右边是直线（$f(x_0)$，$f'(x_0)$是常数），这就是用直线来代替曲线，或说用直线来逼近曲线，x 越靠近 x_0，则逼近程度越好. 说明微分体现一种思想方法：无限细分、以直代曲. 前面的导数、积分的基本思想方法也是如此.（另外，上式用一阶导数来逼近 $f(x)$，其误差较大，还可用二阶导数、三阶导数……来逼近，以提高逼近精度，这就是高等数学中“级数”的内容.）

【深度探究】　微分近似计算中如何保证精度要求

由微分得函数值近似计算公式、方法：$f(x_0+\Delta x) \approx f(x_0) + f'(x_0)\Delta x$，一般 Δx 越小，近似误差越小，但从上述计算例子可见，仅从该公式，误差会较大，它没有“能力”满足计算的精度要求. 原因在于 $\Delta y = f'(x)\Delta x + o(\Delta x)$ 中微分 $f'(x)\Delta x$ 丢掉的高阶无穷小 $o(\Delta x)$ 还较大，因而要提高计算精确度，就要从丢掉的 $o(\Delta x)$ 中找回来相当的部分，经研究发现，$o(\Delta x)$ 中还有 $f(x)$ 的二阶导数部分、三阶导数部分，直到 n 阶导数部分. 形象地说，$o(\Delta x)$ 中还有丰富的内容，还可将 $o(\Delta x)$ 蕴藏的各阶导数“展开”. 例如，由微分有 $e^x \approx 1 + x$，再精确一点，有 $e^x \approx 1 + x + \frac{1}{2}x^2$，或 $e^x \approx 1 + x + \frac{1}{2}x^2 + \frac{1}{3!}x^3$，直至 $e^x \approx 1 + x + \frac{1}{2}x^2 + \frac{1}{3!}x^3 + \cdots + \frac{1}{n!}x^n$，对这部分内容有兴趣的同学可阅读高等数学“级数”部分内容.

【自学部分】　用导数求极限：洛必达法则

对于复杂的极限，通过求导数来“化简”，可很容易求出，这就是洛必达法则.

洛必达法则是：对于 $\frac{0}{0}$ 或 $\frac{\infty}{\infty}$ 型极限，可以对分子、分母分别求导，然后再求极限.

例 4.25　求 $\lim\limits_{x \to 0} \frac{e^x - 1}{x}$.

解　这是 $\frac{0}{0}$ 型极限，由洛必达法则，有

原式 $= \lim\limits_{x \to 0} \frac{e^x}{1} = 1$.

例 4.26　求 $\lim\limits_{x \to +\infty} \frac{\ln x}{x}$.

解　这是 $\frac{\infty}{\infty}$ 型极限，由洛必达法则，有

原式 $= \lim\limits_{x \to +\infty} \frac{\frac{1}{x}}{1} = \lim\limits_{x \to +\infty} \frac{1}{x} = 0$.

对于 0^∞、∞^0、1^∞、$\infty-\infty$、$0\cdot\infty$、0^0 等不定型极限，可先通过初等变换变成$\frac{0}{0}$或$\frac{\infty}{\infty}$型不定式，再用洛必达法则.

例 4.27 求 $\lim\limits_{x\to+0}x\ln x$.

解 这是 $0\cdot\infty$型极限，先变形，再用洛必达法则，有

$$原式=\lim_{x\to+0}\frac{\ln x}{\frac{1}{x}}=\lim_{x\to+0}\frac{\frac{1}{x}}{-\frac{1}{x^2}}=\lim_{x\to+0}(-x)=0.$$

洛必达法则可由微分中值定理进行证明，请参考大学本科的高等数学教材.

练习：(1) $\lim\limits_{x\to1}\frac{x^3-1}{x^2+x-2}$； (2) $\lim\limits_{x\to a}\frac{\sin x-\sin a}{x-a}$； (3) $\lim\limits_{x\to0}\left(\frac{1}{x}-\frac{1}{e^{-x}-1}\right)$.

习 题 4.5

A(基础题)

1. 求下列函数在给定条件下的改变量和微分.

(1) $y=3x-2$，x 由 0 变到 0.01；

(2) $y=x^2-3x+1$，x 由 1 变到 0.99.

2. 求下列函数在指定点的微分.

(1) $y=\frac{1}{x}$，$x=\frac{1}{2}$； (2) $y=\frac{x-1}{x+1}$，$x=1$；

(3) $y=\arcsin\sqrt{x}$，$x=\frac{a^2}{2}(a>0)$.

3. 求下列函数的微分.

(1) $y=x^2-3x+5$； (2) $y=\arccos\sqrt{x}$；

(3) $y=\sin x+\cos x$； (4) $y=xe^{-x}$.

4. 填空.

(1) $d(\quad)=e^{-x}dx$； (2) $d(\quad)=e^{x^3}d(x^3)$；

(3) $\frac{\ln x}{x}dx=d(\quad)$； (4) $d(e^{\sin 2x})=(\quad)d(2x)$.

5. 求下列函数的近似值.

(1) $\tan45°30'$； (2) $\sqrt[4]{1.002}$；

(3) $\arctan 0.98$； (4) $\ln 1.004$.

6. 利用导数填空，使下列等式成立.

(1) $2dx=d$ ________； (2) $3xdx=d$ ________；

(3) $\cos tdt=d$ ________； (4) $\cos wxdx=d$ ________；

(5) $\frac{1}{1+x}dx=d$ ________； (6) $e^{-2x}dx=d$ ________；

(7) $\frac{1}{\sqrt{x}}dx=d$ ________； (8) $\sec^2 xdx=d$ ________；

(9) $d(e^{\sin^2 x})=$__________ $d\sin^2 x=$__________ $d\sin x=$__________ dx；

(10) $\dfrac{\ln x}{x}dx=$__________ $d(\ln x)=d$__________.

B(提高题)

1. 一金属圆管，其半径为 r，厚度为 h，当 h 很小时，求圆管截面积的近似值.

2. 证明：当 $|x|$ 很小时，$\sqrt[n]{1+x}\approx 1+\dfrac{1}{n}x$.

3. 已知 $x^2+\sin y-ye^x=1$，$y=f(x)$，求 dy.

4. 求下列函数的微分.

(1) $y=\arctan\dfrac{1-x}{1+x}$；　(2) $y=\ln\cos x$；

(3) $y=x^2+(x+1)e^x$；　(4) $y=\arcsin\sqrt{1-x^2}$.

5. 求下列方程所确定的隐函数的微分.

(1) $xy=e^{x+y}$；　(2) $y=x+\arctan(xy)$；

(3) $xy=a^2$；　(4) $\ln\sqrt{x^2+y^2}=\arctan\dfrac{y}{x}$.

6. 若 $f'(x)<0$，$f''(x)<0$，$\Delta x>0$，$\Delta y=f(x+\Delta x)-f(x)$，$dy=f'(x)\Delta x$，试将 0，Δy，dy 从小到大排列.

C(应用题)

1. (金属受热)一块正方形金属体的边长为 2cm，当金属受热边长增加 0.01cm 时，体积的微分是多少？体积的改变量又是多少？

2. (放大电路)某一反馈放大电路，设其开环电路的放大倍数为 A，闭环电路的放大倍数为 A_f，它们二者的函数关系为：$A_f=\dfrac{A}{1+0.01A}$，当 $A=10^4$ 时，由于受环境温度变化的影响，A 变化了 10%，求 A_f 的变化是多少？A_f 的相对变化量又是多少？

第 4 章复习题

1. 求下列函数的单调区间与极值.

(1) $y=2+x-x^2$；　(2) $y=x^4-2x^2$；

(3) $y=2x^2-\ln x$；　(4) $y=x\ln x$；

(5) $y=\dfrac{x^2}{1+x}$；　(6) $y=x(x-2)^3$.

2. 求下列曲线的凹凸区间与拐点.

(1) $y=x^3-3x^2-x+2$；　(2) $y=x^4-6x^2$；

(3) $y=2x^2+\ln x$；　(4) $y=xe^{-2x}$；

(5) $y=\ln(1+x^2)$；　(6) $y=\sqrt[3]{x}$.

3. 求下列函数在给定区间上的最大值和最小值.

(1) $y=2x^3-15x^2+24x+1$，$(x\in[0,5])$；

(2) $y=\dfrac{x+3}{x-1}$，$(x\in[1,5])$；

(3) $y=\frac{x}{e^x}$,($x\in[0,2]$).

4. 要做一个圆锥形漏斗,其母线长 20cm,要使其体积最大,问高应为多少?

*5. 抛物线 $y^2=x$ 上哪一点最靠近(1,0)?

*6. $f'(x)$的图像如图 4.26 所示,判断:

(1) $f(x)$在什么区间上递增,什么区间上递减?

(2) $f(x)$是否有极大值或极小值,如果有,分别是哪个值,在何处取到?

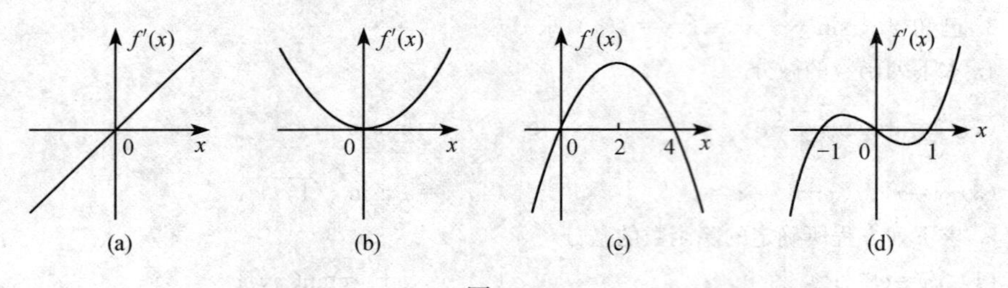

图 4.26

7. 求下列函数的单调区间和极值.

(1) $y=2(x-1)^{\frac{2}{3}}+7$;　　(2) $y=x^2e^{-x}$;

(3) $y=x^2+\frac{1}{x^2}$;　　(4) $y=(x-2)^2(x+1)^{\frac{2}{3}}$.

8. 求函数 $f(x)=(x^2-1)^3+1$ 的极值.

9. 设$\lim\limits_{x\to\infty}f'(x)=k$,求极限$\lim\limits_{x\to\infty}[f(x+a)-f(x)]$.

10. 在曲线 $y=\sqrt{x}$上求一点 M_0,使过 M_0 的切线平行于直线 $x-2y+5=0$,并求过点 M_0 的切线方程和法线方程.

11. 求函数 $y=\ln(-x^2+x+2)$的单调区间和极值.

12. 要造一个容积为 $32\pi cm^3$ 的圆柱形容器,其侧面与上底面用同一材料,下底面用另一种材料.已知下底面材料每平方厘米的价格为 3 元,侧面材料每平方厘米的价格为 1 元,问该容器的底面半径和高各为多少时,造这个容器所用的材料费用最省?

13. 将周长为 $2a$ 的矩形绕一边旋转构成一个圆柱体,问矩形的边长各为多少时,圆柱体的体积最大?

14. 利用本章知识,判定 e^π,π^e 哪个大.

【相关阅读】 逻辑的力量

科学有求实、求真的基本特点,数学科学是最为显著的例子.如何求实、求真?重要的一条是依据逻辑的力量,或说科学大厦是一种逻辑大厦.那么什么是逻辑的力量呢?包括逻辑体系的力量与逻辑思维的力量.

科学的逻辑体系,起源于两千多年前古希腊的《欧氏几何》,(其主要内容就是我们在初中学的几何),欧几里德的伟大贡献就是在这部著作中创造出被称为"公理化体系"的逻辑体系——一种理论是由定义、公理、定理构成,而其中定理是由公理或已由公理证明的定理证明.(如微积分中,导数的概念依靠极限所定义,而中值定理则最终是导数概念证明，进而单调性、凹凸性判定定理又由中值定理证明，等等）后来包括牛顿力学、爱因斯坦相对论，乃至社会科学理论都是用这种逻辑体系建构. 甚至联合国宪章就是人类的公理，一个国家的宪法就是这个国家的公理. 如果说今天科学已长成参天大树的话，那么《欧氏几何》被人们誉为科学的“原始种子”.

推理又要依据逻辑思维. 首先逻辑思维说明前提条件“讲条件”——基于什么或因为什么，而不是想当然、随心所欲；同时强调因果关系的正确；于是在推理过程中强调“一环扣一环”，没有脱节、跳跃. 简单说来，逻辑思维的力量在于：前提正确、推理正确，以保证结果正确.

可见，逻辑性主要是条理性、严密性、必然性. 数学理论体系是逻辑体系，数学思维主要是逻辑思维，以至数学被称为是逻辑思维的体操. 数学逻辑思维特别强调“什么是什么”、“什么为什么”、“因为什么所以什么”.

与逻辑性、理性相对的是感性. 凭感觉，乃至思维混乱、道听途说、以讹传讹、想当然、随心所欲等.

但逻辑也有局限，首先它不能是一个自我封闭的系统，而必须经实践检验，如公理必须是源于人们千万次的实践，以及推出的结果也需实践检验以证实. 其次，逻辑缺乏创新能力，甚至人们认为逻辑结果已蕴涵于逻辑前提之中了，而非逻辑的如直觉、灵感则是富于创造性.

[课堂探究]

(1) 谈谈您对逻辑思维的认识和体会.

(2) 分析“逻辑的力量”与“实践是检验真理的唯一标准”的关系.

(3) 试从研究对象、研究特点、真理性等方面，比较数学与物理、化学、生物等自然科学的异同.（提示：科学哲学认为物理、化学等是经验科学，数学是形式科学.）

[进一步的探究与认识]

问题：高等数学学习应主要培养我们的什么思维能力？

高等数学区别于初等数学，相应学习高等数学与学习初等数学的培养目标（我们的学习收益）也有区别. 通常人们说：数学是思维的体操，习惯指逻辑思维的体操. 确实数学的基本特点是逻辑性强，初等数学的学习主要是培养人的逻辑思维（如初等计算、几何证明、三角化简，等等），逻辑思维是我们学习、工作、生活的基本思维. 高等数学同样是思维性强，同样是培养人的思维逻辑，但是，高等数学区别于初等数学在于充满辩证法与创新，这正如恩格斯的一句名言：变量数学的诞生，数学日益成为“辩证的辅助工具和表现方式”. 因此，微积分学习的一个主要目的是培养学生的辩证思维与创新思维.

如学习导数、微分、积分等概念、理论中，需要注意对其哲学分析、指示其中的辩证法，以及对微积分的发明史、对牛顿、莱布尼茨等科学家的发明创造经历进行回顾与总结.

逻辑思维是人思维的基础,但逻辑思维也有使人思维僵化、不灵活的缺点(尤其经过中学应试教育的同学更是有此缺点). 素质教育培养人的全面发展、可持续发展,通过高等数学学习,重视培养学生思维的灵活性、创造性,有十分重要的意义.

第5章　定　积　分

17世纪,从实际需要中人们提出许多数学问题,对这些问题的研究中诞生了微积分.导数研究了事物变化的速度问题,定积分则研究相反的问题:事物变化的累积和,如求面积、路程、电量多少、变力作功等.

5.1　关键概念:定积分

5.1.1　如何计算曲面面积

［先行问题］

例如,求曲线 $y=x^2$、直线 $x=0$、$x=1$ 和 $y=0$ 围成图形的面积,如图5.1所示,如何求面积?此问题有一般性,如求曲线长度、不规则体体积、变速运动路程、变力做功、非均匀物体质量等都是类似的问题.

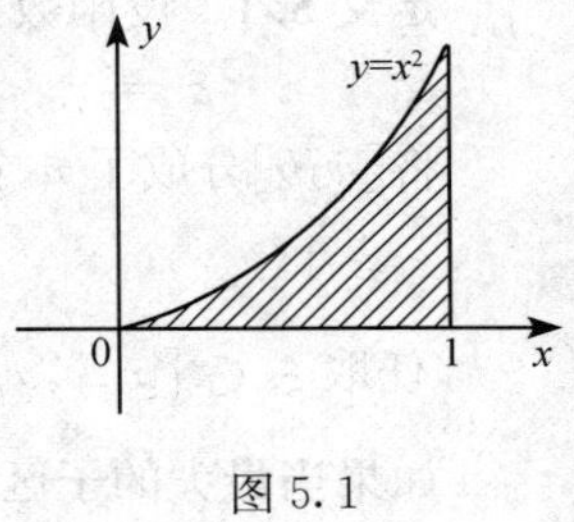

图5.1

此问题的难点是图形有一边是曲的,如何求它的面积呢?基础是初等数学求矩形的面积公式 $S=$长$\times$宽$=a\times b$,那么研究方法是微积分的基本方法:"无限细分,以直代曲",将曲边图形分划为若干个小矩形,求各小矩形面积的和.

［预备知识］

① $1^2+2^2+3^2+\cdots+n^2=\dfrac{n(n+1)(2n+1)}{6}$;

② 和号$\sum$表示连加,如$\sum\limits_{k=1}^{5}\dfrac{1}{k}=\dfrac{1}{1}+\dfrac{1}{2}+\dfrac{1}{3}+\dfrac{1}{4}+\dfrac{1}{5}$.

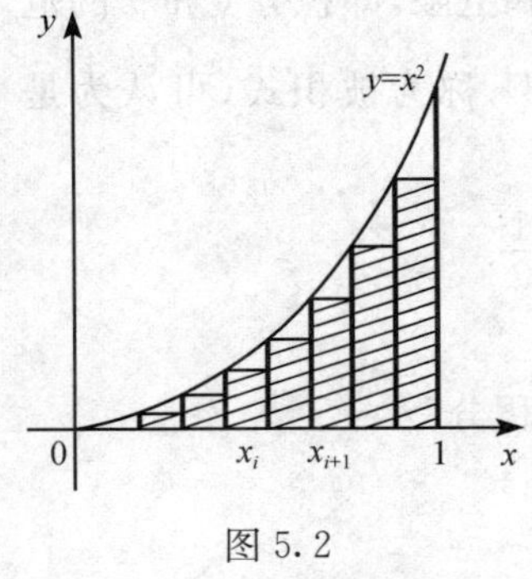

图5.2

如图5.2所示,将区间[0,1]n等分,各分点为:

$$x_0=0,x_1=\frac{1}{n},x_2=\frac{2}{n},\cdots,$$

$$x_i=\frac{i}{n},\cdots,x_{n-1}=\frac{n-1}{n},x_n=\frac{n}{n}=1.$$

得n个小条形,每个小条形的宽均为$\Delta x_i=\dfrac{1}{n}$,高则分别取区间左端点

$x_i(i=0,1,2,\cdots,n-1)$的函数值 $f(x_i)=\left(\frac{i}{n}\right)^2$，相乘为小条形面积

$$S \approx S_1 + S_2 + \cdots + S_n = \sum_{i=0}^{n-1} S_i = \sum_{i=0}^{n-1}\left(\frac{i}{n}\right)^2 \frac{1}{n} = \frac{1}{n^3}\sum_{i=1}^{n-1} i^2.$$

用前述公式，得 $S\approx\frac{n(n-1)(2n-1)}{6n^3}$，

如取 $n=10$ 则 $S\approx\frac{10(10+1)(2\times10+1)}{6(10)^3}=0.285.$

容易发现，n 越大即区间分得越细，则此面积误差越小，直到用极限方法令 $n\to\infty$

$$S = \lim_{n\to\infty}\frac{n(n-1)(2n-1)}{6n^3} = \frac{1}{3}.$$

定积分的思维方法是"无限细分，以直代曲"，很像中国著名的"曹冲称象"的方法. 由于求和问题的广泛性，上述方法的适用性，数学上统一抽象建立"定积分"的概念.

5.1.2　定积分的定义

定义 5.1　设函数 $f(x)$在区间$[a,b]$上有定义，任取分点

$$a = x_0 < x_1 < x_2 < \cdots < x_{i-1} < x_i < \cdots < x_n = b$$

将$[a,b]$分成了 n 个小区间$[x_{i-1},x_i]$，其长度为

$$\Delta x_i = x_i - x_{i-1}(i = 1,2,\cdots n),$$

任取 $\xi_i \in [x_{i-1},x_i]$ 作累积的和式$\sum_{i=1}^{n} f(\xi_i)\Delta x_i$.

如果当最大的子区间的长度 $|\Delta x|\to 0$ 时，此和式有极限，则此极限称为 $f(x)$在$[a,b]$ 上的定积分，记为$\int_a^b f(x)\mathrm{d}x$. 即

$$\int_a^b f(x)\mathrm{d}x = \lim_{|\Delta x|\to 0}\sum_{i=1}^{n} f(\xi_i)\Delta x_i \tag{5.1}$$

其中"$\int$"为积分号(把字母 s 拉长)，a,b 为积分下限和上限，即积分变量 x 的范围：$a\leqslant x\leqslant b$，又称积分区间；$f(x)$ 为被积函数，$f(x)\mathrm{d}x$ 称为被积式(可认为是 $f(x)$ 乘 $\mathrm{d}x$).

上例曲边图形的面积用定积分表示 $S=\int_0^1 x^2\mathrm{d}x=\frac{1}{3}$.

[课堂练习]

从定积分的符号、定义、结果、方法等说明"什么是定积分"?

5.1.3　定积分的几何意义

参照上述例子我们一般地分析定积分$\int_a^b f(x)\mathrm{d}x = \lim_{|\Delta x|\to 0}\sum_{i=1}^{n} f(\xi_i)\Delta x_i$ 的几何意

义，其中 Δx_i 为 n 个小区间中第 i 个小区间的宽，$f(\xi_i)$ 为此小区间上的高，$f(\xi_i)\Delta x_i = S_i$ 为此小条形的面积，则定积分为以 x 轴为一边，$x=a$ 与 $x=b$ 两条竖直线为两边，$f(x)$ 为曲边的曲边图形，称为"曲边梯形"的面积，如图 5.3 所示.

数值上，当 $f(x)>0$ 时，$\int_a^b f(x)\mathrm{d}x>0$；当 $f(x)<0$ 时，$\int_a^b f(x)\mathrm{d}x<0$，如图 5.4 所示.

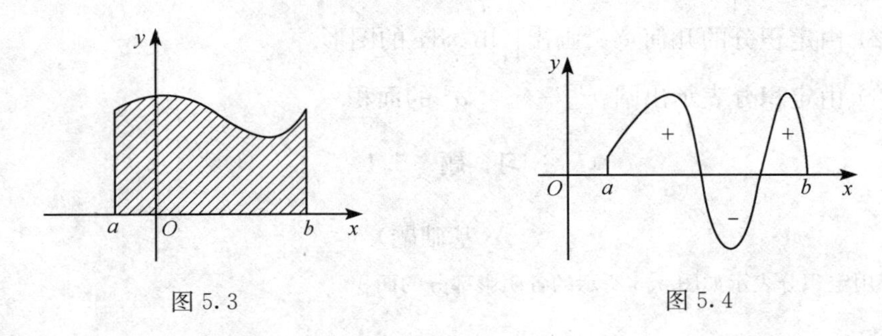

图 5.3　　图 5.4

因此，定积分的几何意义为"有号面积".

注意　① 此"面积"一定是以 x 轴为一边以及有两条与 x 轴垂直直线的曲边梯形.

② 定积分有正负，面积只能为正；若求定积分正就是正，负就是负；若求面积，则"将负变成正"即可.

例 5.1　用定积分表示图 5.5 中图形的阴影面积.

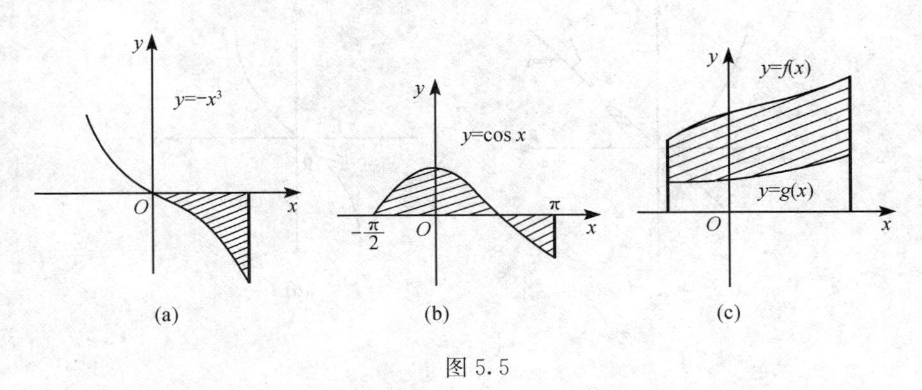

图 5.5

解　(1) 在$[0,1]$上$-x^3<0$，由定积分的几何意义得

$$S=-\int_0^1(-x^3)\mathrm{d}x.$$

(2) 在$\left[-\dfrac{\pi}{2},\dfrac{\pi}{2}\right]$上，$\cos x\geqslant 0$；在$\left[\dfrac{\pi}{2},\pi\right]$上，$\cos x\leqslant 0$，于是将阴影面积分为两部分：$S_1$ 为$\left[-\dfrac{\pi}{2},\dfrac{\pi}{2}\right]$上的面积，$S_2$ 为$\left[\dfrac{\pi}{2},\pi\right]$上的面积.

$$S = S_1 + S_2 = \int_{-\frac{\pi}{2}}^{\frac{\pi}{2}} \cos x\mathrm{d}x - \int_{\frac{\pi}{2}}^{\pi} \cos x\mathrm{d}x.$$

(3) $S = \int_a^b f(x)\mathrm{d}x - \int_a^b g(x)\mathrm{d}x$.

［课堂练习］

(1) 比较定积分$\int_{-1}^{1}(x^2-1)\mathrm{d}x$与曲线$y=x^2-1$和$x$轴之间面积两者的关系.

(2) 由定积分的几何意义画出$\int_1^{\mathrm{e}}\ln x\mathrm{d}x$的图形.

(3) 由定积分表示出圆$x^2+y^2=a^2$的面积.

习 题 5.1

A(基础题)

1. 用定积分表示如图 5.6 所示的各阴影部分的面积.

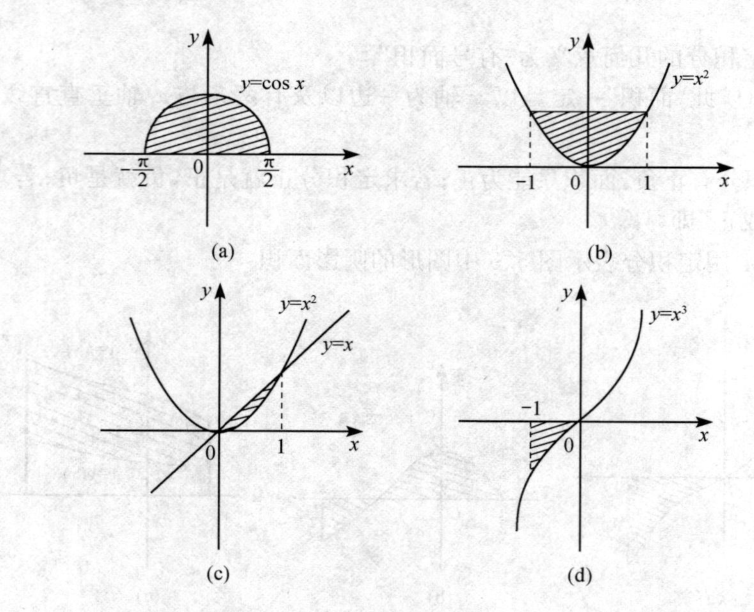

图 5.6

2. 利用定积分的几何意义,判断下列定积分的正负.

(1) $\int_{-1}^{2} x\mathrm{d}x$;　　(2) $\int_{-1}^{2} x^2\mathrm{d}x$;

(3) $\int_0^{\frac{\pi}{2}} \sin x\mathrm{d}x$;　　(4) $\int_{\frac{\pi}{2}}^{\pi} \cos x\mathrm{d}x$.

3. 利用定积分的几何意义,计算下列定积分.

(1) $\int_{-1}^{3} \mathrm{d}x$;　　(2) $\int_0^{2} (2x+1)\mathrm{d}x$.

B(提高题)

1. 由定积分的定义计算下列各题.

(1) $\int_a^b x\mathrm{d}x$；　　(2) $\int_0^1 (1+x^2)\mathrm{d}x$.

2. 将和式的极限 $\lim\limits_{n\to\infty} n\left[\frac{1}{1^2+n^2}+\frac{1}{2^2+n^2}+\cdots+\frac{1}{n^2+n^2}\right]$ 用定积分表示.

3. 求 $\frac{\mathrm{d}}{\mathrm{d}x}\int_a^x \frac{\sin t}{t}\mathrm{d}t(a>0)$.

4. 求 $\frac{\mathrm{d}}{\mathrm{d}x}\int_{\frac{1}{\pi}}^{\sqrt{x}} \cos t^2\mathrm{d}t$.

5. 求由方程 $\int_0^y \mathrm{e}^{-t^2}\mathrm{d}t+\int_a^x \cos t^2\mathrm{d}t=0$ 所确定的隐函数 y 对 x 的导数.

6. 利用定积分的几何意义计算下列积分.

(1) $\int_0^{2\pi} \sin x\mathrm{d}x$；　　(2) $\int_0^1 \sqrt{1-x^2}\mathrm{d}x$；　　(3) $\int_0^3 |2-x|\mathrm{d}x$.

7. 将下列定积分依从小到大的顺序排列.

$I_1=\int_1^2 \ln x\mathrm{d}x$；　　$I_2=\int_1^2 (\ln x)^2\mathrm{d}x$；　　$I_3=\int_3^4 \ln x\mathrm{d}x$；　　$I_4=\int_3^4 (\ln x)^2\mathrm{d}x$.

C(应用题)

1. (水箱积水)设水流到水箱的速度为 $r(t)$(单位：L/min)，求从 $t=0$ 到 $t=3$ 这段时间内水流入水箱的总量.

D(探究题)

1. 对如图 5.7 所示的函数 $f(x)$.

(1) 如果已知 $\int_0^2 f(x)\mathrm{d}x$，那么 $\int_{-2}^2 f(x)\mathrm{d}x$ 如何?

(2) 如果已知 $\int_0^5 f(x)\mathrm{d}x$ 和 $\int_2^5 f(x)\mathrm{d}x$，那么 $\int_0^2 f(x)\mathrm{d}x$ 如何?

(3) 如果已知 $\int_{-2}^5 f(x)\mathrm{d}x$ 和 $\int_{-2}^2 f(x)\mathrm{d}x$，那么 $\int_0^5 f(x)\mathrm{d}x$ 如何?

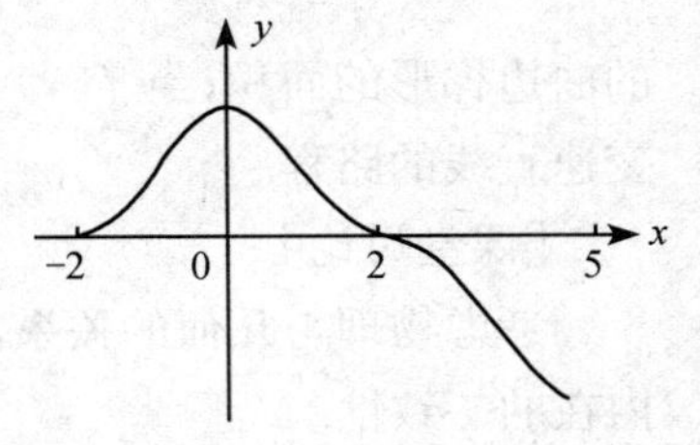

图 5.7

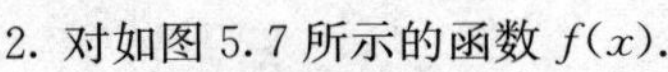
2. 对如图 5.7 所示的函数 $f(x)$.

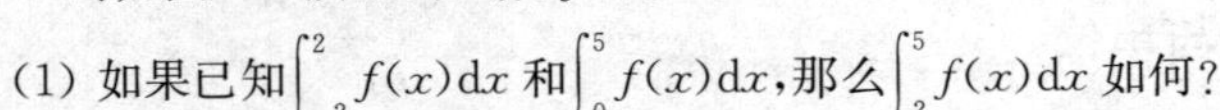
(1) 如果已知 $\int_{-2}^2 f(x)\mathrm{d}x$ 和 $\int_0^5 f(x)\mathrm{d}x$，那么 $\int_2^5 f(x)\mathrm{d}x$ 如何?

(2) 如果已知 $\int_{-2}^5 f(x)\mathrm{d}x$ 和 $\int_{-2}^0 f(x)\mathrm{d}x$，那么 $\int_2^5 f(x)\mathrm{d}x$ 如何?

(3) 如果已知 $\int_2^5 f(x)\mathrm{d}x$ 和 $\int_{-2}^5 f(x)\mathrm{d}x$，那么 $\int_0^2 f(x)\mathrm{d}x$ 如何?

5.2 定积分再认识

5.2.1 作为路程的定积分

[思想实验]

如何求变速直线运动的路程?

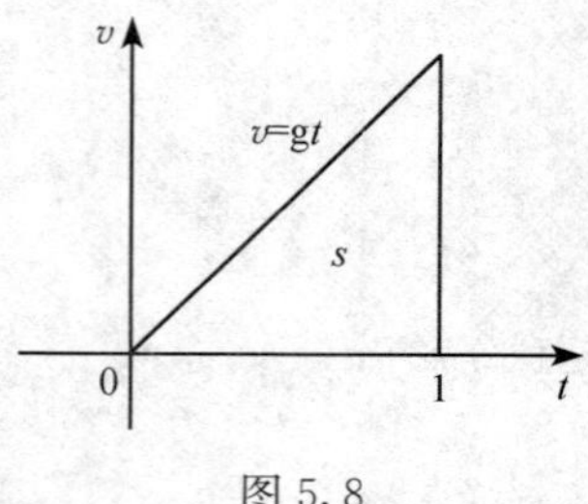

图 5.8

已知自由落体 $v=gt$，求时间段[0,1]内物体走过的路程. 如图 5.8 所示，对于匀速直线运动有 $s=vt$，对于变速直线运动同样用定积分方法(无限细分，以直代曲，积零为整)将[0,1]分成 n 等分

$$\Delta t_i=\frac{1}{n},\quad (i=1,2,\cdots,n),$$

则在时间段 Δt_i 上物体走过的路程

$$s_i\approx v_i\Delta t_i=gt_i\Delta t_i=g\,\frac{i}{n}\,\frac{1}{n}(t_i\text{ 取右端点}),$$

$$s=\lim_{n\to\infty}\sum_{i=1}^{n}S_i=\lim_{n\to\infty}\sum_{i=1}^{n}g\,\frac{i}{n}\,\frac{1}{n}=\lim_{n\to\infty}\sum_{i=1}^{n}g\,\frac{1}{n^2}(1+2+3+\cdots+n)$$

$$=\lim_{n\to\infty}\sum_{i=1}^{n}g\,\frac{1}{n^2}\,\frac{(1+n)n}{2}=\frac{1}{2}g(\text{约为 }4.9\text{m/s}).$$

说明　求路程的方法及其数学式与定积分相同，因而该问题可表示为

$$s=\int_0^1 v(t)\,\mathrm{d}t=\int_0^1 gt\,\mathrm{d}t=\frac{1}{2}g.$$

一般地，某物体做变速直线运动，速度为 $v(t)$，则在时间[a,b]段内的路程为

$$s=\int_a^b v(t)\,\mathrm{d}t \tag{5.2}$$

于是对于定积分 $\int_a^b f(x)\,\mathrm{d}x$：当 $f(x)$ 为曲线，则它为区间[a,b]上 $f(x)$ 到 x 轴的曲边梯形的面积；当 $f(x)$ 为速度，则它为在时间[a,b]段物体以 $f(x)$ 为速度的变速直线的路程.

[课堂讨论]

考虑物理与几何的关系，如路程是如图 5.8 中的“面积”，说明物理与几何有着内在的一致性.

5.2.2　定积分的符号与单位

定积分是许多项的和(积分号是拉长的 s(sum 的第一个字母))的极限，如同导数运算符 $\frac{\mathrm{d}}{\mathrm{d}x}$ 可作为一个单独记号来表示“… 对 x 求导”一样，也可以把积分运算符“$\int_a^b\cdots\mathrm{d}x$”当作一个单独的记号来表示“… 对 x 求定积分”.

定积分的记号可以帮助人们判断定积分结果的单位，因为对 $\int_a^b f(x)\,\mathrm{d}x$，不太严格地可以看作很多项 $f(x)\mathrm{d}x$ 相加，于是 $\int_a^b f(x)\,\mathrm{d}x$ 的度量单位应该是 x 的单位与 $f(x)$ 的单位的乘积.

如 $f(t)$ 表示以 m/s 为单位的速度，t 表示以 s 为单位的时间，则 $\int_a^b f(t)\mathrm{d}t$ 就是具有(m/s)×(s) = m 这样的单位.

[定积分概念小结]

1. 定积分的定义

定积分是一种"和式"的极限，$\lim\limits_{|\Delta x|\to 0}\sum f(x_i)\Delta x_i$.

(如同导数是函数的一种特殊极限，定积分也是函数的一种特殊极限.)

2. 定积分的实际意义

定积分是"求和"，如求路程、变力做功、长度、面积、体积、总电量、总收入等. 具体若 $f(x)$ 是曲线，则 $\int_a^b f(x)\mathrm{d}x$ 就是 $f(x)$ 在 $[a,b]$ 范围内图形的面积；若 $f(x)$ 是速度，则 $\int_a^b f(x)\mathrm{d}x$ 为 $[a,b]$ 范围内的路程；若 $f(x)$ 是力，则 $\int_a^b f(x)\mathrm{d}x$ 是 $f(x)$ 在 $[a,b]$ 范围内做的功；若 $f(x)$ 是每天的产量，则 $\int_a^b f(x)\mathrm{d}x$ 是在 $[a,b]$ 范围内总的产量，等等.

(作比较：导数是定量刻画事物运动变化瞬间状态，如速度；积分则定量计算事物变化总的结果，即刻画总的变化. 它们有关于事物变化的"部分"与"整体"的区别与联系. 下面会看到，历史上是牛顿、莱布尼茨发现并揭示出积分与导数的这种联系的，这就是著名的"牛顿-莱布尼茨"公式.)

3. 定积分的符号

为什么用 $\int_a^b f(x)\mathrm{d}x$ 表示极限 $\lim\limits_{|\Delta x|\to 0}\sum f(x_i)\Delta x_i$?

(我们猜想)(1) 简化：极限 $\lim\limits_{|\Delta x|\to 0}\sum f(x_i)\Delta x_i$ 太复杂，用简单的 $\int_a^b f(x)\mathrm{d}x$ 来表示.

(2) 依据：为什么可以这样简化呢？一方面，极限 $\lim\limits_{|\Delta x|\to 0}\sum f(x_i)\Delta x_i$ 是求和，于是用英文"和"sum 的第一个字母 s 变形为 $\int$ 为积分号；另一方面，$\int_a^b f(x)\mathrm{d}x$ 各项与极限 $\lim\limits_{|\Delta x|\to 0}\sum f(x_i)\Delta x_i$ 各项相对应.

(3) 意义：更重要的是，该极限都很复杂不好求，而牛顿 - 莱布尼茨另辟蹊径发现了一种较简单的求法，用符号 $\int_a^b f(x)\mathrm{d}x$ 好求解，见 5.3 节.

4. 定积分的几何意义

定积分的几何意义为“有号面积”.

5. 定积分的方法思想

就是著名的“无限细分，以直代曲”. 这里不是如初等数学近似的以直代曲，而是最终让每个小区间长度 $|\Delta x|\to 0$，类似于导数定义令 $\Delta x\to 0$，使量变产生质变.

“无限细分，以直代曲”是微积分的基本方法，导数、积分、微分都是由此方法得到的. 这种科学于方法类似于中国的“曹冲称象”：将大象细分为小石头，以石头的重量代替大象的重量.

[课堂练习]

假设 $C(t)$ 代表你的房间取暖每天所需要的花费，它以每天元 / 天为计算单位；t 为以天为计算单位的时间，$t=0$ 对应于 2004 年 1 月 1 日，请解释 $\int_0^{90} C(t)\mathrm{d}t$ 的意思.

习　题　5.2

A(基础题)

1. 物体以速度 $v=t^2$ 直线运动，求在时间段 $[0,1]$ 内运动的路程.

B(提高题)

1. 如图 5.9 所示，图中曲线描述出了一物体运动速度 $v(\mathrm{m/s})$ 的变化，请对这一物体在 $t=0$ 和 $t=6$ 之间走过的总距离进行估算.

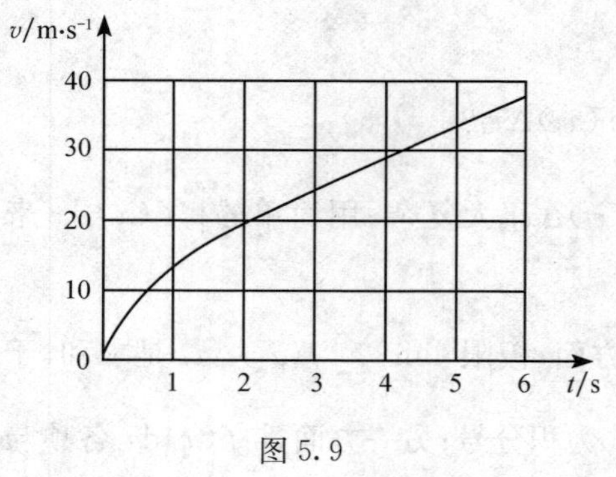

图 5.9

2. 如果 $f(x)$ 以牛顿(N) 为度量单位，x 以 m 为度量单位，那么 $\int_a^b f(x)\mathrm{d}x$ 以 什么为度量单位?

3. 求证：方程 $3x-1-\int_0^x \frac{\mathrm{d}t}{1+t^4}=0$ 在 $(0,1)$ 内有唯一实根.

4. 估计定积分 $\int_0^1 \mathrm{e}^{-x^2}\mathrm{d}x$ 的值.

5. 已知 $\lim\limits_{x\to 0}\frac{\cos x+b}{\mathrm{e}^x-a}\int_0^x \frac{\sin t}{t}\mathrm{d}t=5$，求 a,b 的值.

C、D(应用题、探究题)

1. 当 $0\leqslant t\leqslant 1$ 时，一只臭虫以速度 $v=\frac{1}{t+1}$ 爬行，其中 t 以 h(小时) 为单位，v 以 m/h 为单位，请估算出这只臭虫在这一小时内爬行的距离.

2. 如果 $f(x)$ 以元/年(每年人民币元)为单位,t 以年为单位,那么$\int_a^b f(t)\mathrm{d}t$ 的单位是什么?

3. 如果油罐中的油以 $r=f(t)$ 的泄漏率从破裂的油罐中向外泄漏,单位以每分钟泄漏的升数度量,那么,用定积分来表示一小时内从油罐中泄漏的油的总量.

5.3　微积分基本定理

事物是普遍联系的.这里来研究定积分与导数的联系.如在应用上,导数是已知路程求速度,定积分是已知速度求路程,说明定积分是解决导数的相反问题;在数学运算上,导数$\frac{\mathrm{d}y}{\mathrm{d}x}$可看作"高等除法",而定积分$\int_a^b f(x)\mathrm{d}x$是"无限项求和",则可看作是"高等加法".它们还有更具体的联系,见下面的内容.

假设一辆汽车作变速直线运动(如图 5.10 所示)从时刻 $t=a$ 到 $t=b$,现求汽车在这段时间走过的路程 s.

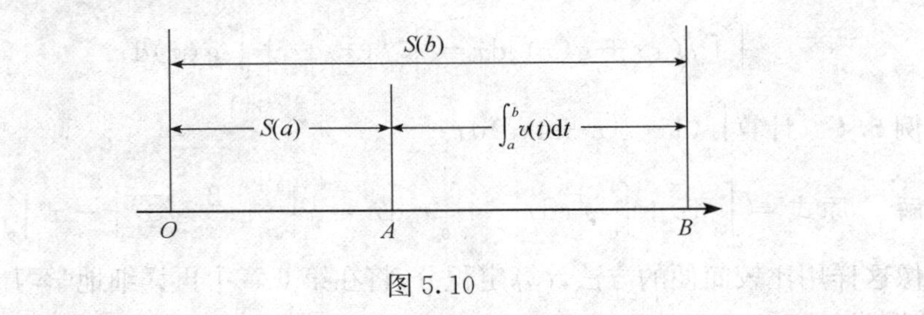

图 5.10

(1) 若已知路程函数 $s=s(t)$,则 $s=s(b)-s(a)$;

(2) 若已知速度函数 $v=v(t)$,则由定积分有 $s=\int_a^b v(t)\mathrm{d}t$,于是有$\int_a^b v(t)\mathrm{d}t=s(b)-s(a)$;

(3) 又由于 $s(t)$ 与 $v(t)$ 有关系:$s'(t)=v(t)$(对于 $v(t)$ 来讲,$s(t)$ 是它的一个"原函数",即求导之前的原来的函数),这说明求定积分$\int_a^b f(x)\mathrm{d}x$可以通过求 $f(x)$ 的原函数 $F(x)$($F'(x)=f(x)$)来求,正是牛顿、莱布尼兹发现了这种联系,贯通了微积分,找到了计算定积分的实用方法(定积分由定义来求很困难),这就是著名的微积分基本定理(又称为牛顿-莱布尼兹公式).

微积分基本定理:

如果 $f(x)$是连续函数,且 $f(x)=F'(x)$,那么

$$\int_a^b f(x)\mathrm{d}x=F(b)-F(a). \tag{5.3}$$

用语言表达就是:变化率的定积分给出总的变化.

例 5.2　计算 $\int_0^1 x^2\mathrm{d}x$.

解 由导数公式$(x^n)'=nx^{n-1}$逆向猜察有$\left(\frac{x^3}{3}\right)'=x^2$，

所以
$$\int_0^1 x^2\mathrm{d}x=\frac{1}{3}x^3\Big|_0^1=\frac{1}{3}(1^3-0^3)=\frac{1}{3}.$$

例 5.3 计算$\int_0^2\sqrt{x}\mathrm{d}x$.

解 导数公式$(x^n)'=nx^{n-1}$，逆向观察、试算，同样由$\left(\frac{2}{3}\sqrt{x^3}\right)'=\sqrt{x}$，

有$F(x)=\frac{2}{3}\sqrt{x^3}$为$\sqrt{x}$的一个原函数，

则
$$\int_0^2\sqrt{x}\mathrm{d}x=\frac{2}{3}\sqrt{x^3}\Big|_0^2=\frac{4}{3}\sqrt{2}.$$

由定积分的定义或微积分基本定理容易得到

$$\int_a^b 0\mathrm{d}x=0;\quad \int_a^b\mathrm{d}x=b-a;\quad \int_a^b kf(x)\mathrm{d}x=k\int_a^b f(x)\mathrm{d}x;$$

$$\int_a^b[f(x)\pm g(x)]\mathrm{d}x=\int_a^b f(x)\mathrm{d}x\pm\int_a^b g(x)\mathrm{d}x.$$

例 5.4 计算$\int_0^1(1+\sqrt{x}-4x^3)\mathrm{d}x$.

解 原式$=\int_0^1\mathrm{d}x+\int_0^1\sqrt{x}\mathrm{d}x-4\int_0^1 x^3\mathrm{d}x=x\Big|_0^1+\frac{2}{3}\sqrt{x^3}\Big|-x^4\Big|_0^1=\frac{2}{3}$.

像这样用比较简便的方法计算定积分，将在第 6 章中再详细地学习.

[课堂练习]

计算(1) $\int_0^1(1+2x-3x^2)\mathrm{d}x$； (2) $\int_1^2\sqrt[3]{x}\mathrm{d}x$.

例 5.5 计算$\int_0^{\pi}|\cos x|\mathrm{d}x$.

解
$$\begin{aligned}\int_0^{\pi}|\cos x|\mathrm{d}x&=\int_0^{\frac{\pi}{2}}|\cos x|\mathrm{d}x+\int_{\frac{\pi}{2}}^{\pi}|\cos x|\mathrm{d}x\\&=\int_0^{\frac{\pi}{2}}\cos x\mathrm{d}x-\int_{\frac{\pi}{2}}^{\pi}\cos x\mathrm{d}x\\&=\sin x\,|_0^{\frac{\pi}{2}}-\sin x\,|_{\frac{\pi}{2}}^{\pi}\\&=\left(\sin\frac{\pi}{2}-\sin 0\right)-\left(\sin\pi-\sin\frac{\pi}{2}\right)=2.\end{aligned}$$

***例 5.6** 在t小时，细菌总数以每小时繁殖2^t百万个细菌的速率增长，用定积分计算出第一个小时内细菌数的总增长.

解 因为细菌总数增长的速率为$F'(t)=2^t$(其中$F(t)$为t时刻的细菌总数)，

所以有 总数的变化$=F(1)-F(0)=\int_0^1 2^t\mathrm{d}t$，

如果能够求出$F(t)$，也就能很容易地求出此细菌总数.

$\left(\text{在第 3 章有导数公式}(2^x)' = 2^x \ln 2\text{,由此可猜察}\int_0^1 2^t \mathrm{d}t = \frac{2^t}{\ln 2}\Big|_0^1 = \frac{1}{\ln 2}\right)$

此例说明,求和问题都可以考虑用定积分来研究分析.

[课堂讨论]

牛顿-莱布尼兹公式分析

牛顿-莱布尼兹公式被称为微积分基本定理可见其重要性,奥妙之中有智慧,请您对它进行分析.有下面提示.

(1) 哲学分析:事物是普遍联系的.

(2) 科学分析:从牛顿-莱布尼兹公式的科学内涵上您有什么认识与启发;另外表面上定积分与导函数的原函数是两回事,真是"风马牛不相及",然而创造发明往往是在于发现"异中之同",这在创新思维中被称为"风马牛效应".

(3) 美学分析:$\int_a^b f(x)\mathrm{d}x = F(b) - F(a)$,高等数学公式也是这样简明扼要、富于内涵,给人以形式美、内容美.

【启发阅读】 从微积分看创造发明

微积分是伟大的创造发明,微积分也是艰难的创造发明.学习微积分,不仅学到知识、方法,还应从中学习、体会创造发明.

1. 创新的意义

江泽民总书记曾深刻指出:创新是一个民族进步发展的不息动力.确实,牛顿创立微积分及其应用,与英国发展成世界上第一个强大的资本主义国家不无关系.现代社会更是从知识社会进入创新社会.素质教育本质上是创新教育.

2. 创新的类型

从创新的门类看,有科学创新、技术创新、产品创新、管理创新等,微积分的创新属于科学创新.从创新的层次看,有原始创新与继承创新,如微积分就是原始创新——从无到有,完全是新东西,是革命性成果.

3. 创新精神

这是一种科学精神:求实、求新、求异.创新精神指无限的创新追求、崇高的创新使命、高亢的创新热情和顽强的创新毅力.从青年牛顿的身上我们能看到他正是具有这些创新精神.

4. 创新的"种子"

创新是如何开始的? 通常创新源于社会需要,如在牛顿的时代,社会工业化、资本主义社会萌芽出现,纺织机、蒸汽机、轮船等需要计算速度,这与牛顿关注速度问题最终创立导数有关. 为此,马克思指出:社会需要是一所伟大的学校;另一方面,科学创新又往往源于已有理论内部存在的问题、矛盾. 后来,爱因斯坦"批判性"地研究牛顿力学,创立相对论,带来物理学的革命,是典型例子,创新要敢于和善于提出问题.

5. 创新的路径

牛顿主要是研究物体运动速度而创立导数,同时莱布尼茨则是研究曲线的切线等问题而创立导数,说明创新可以有不同的路径.

6. 创新的方法

牛顿有万有引力、微积分、牛顿力学、光学等五大创新成果,牛顿创新有一个显著的方法就是综合. 如牛顿将开普勒"天上的力学"与伽利略"地上的力学"综合在一起,于是牛顿说自己是站在巨人的肩上. 当今日本社会关于创新有一个深入人心的理念:学习以继承、综合以创新. 微积分的创立还显示一个创新方法——"风马牛效应". 如作为微积分的基石的"牛顿-莱布尼茨"公式$\int_a^b f(x)\mathrm{d}x = F(b) - F(a)$,表面看起来,导数与积分是两个完全不同的东西(风马牛),牛顿、莱布尼茨却发现了它们间的联系. 说明创新要敢想、敢试,创新要善于发现事物"同中之异"与"异中之同".

习 题 5.3

A(基础题)

1. 计算下列定积分.

(1) $\int_2^6 (x^2 - 1)\mathrm{d}x$;　　(2) $\int_4^9 \sqrt{x}(1+\sqrt{x})\mathrm{d}x$;

(3) $\int_1^2 \frac{1}{x^3}\mathrm{d}x$;　　(4) $\int_1^2 \frac{\sqrt{x}}{\sqrt[3]{x}}\mathrm{d}x$;

(5) $\int_1^2 \left(x + \frac{1}{x}\right)^2 \mathrm{d}x$;　　(6) $\int_0^1 (2x+1)^2 \mathrm{d}x$.

2. 求下列积分.

(1) $\int_0^1 x^{100}\mathrm{d}x$;　　(2) $\int_0^{\frac{\pi}{2}} \cos x\mathrm{d}x$;　　(3) $\int_0^2 |1 - x|\mathrm{d}x$;

(4) $\int_{\frac{\pi}{6}}^{\frac{\pi}{3}} \frac{\mathrm{d}x}{\cos^2 x \sin^2 x}$;　　(5) $\int_0^1 x(x-1)(x-2)\mathrm{d}x$.

B(提高题)

1. 设函数 $f(x) = \begin{cases} x^2, & (0 \leqslant x < 1) \\ 1, & (1 \leqslant x \leqslant 2) \end{cases}$,计算$\int_0^2 f(x)\mathrm{d}x$.

2. 计算$\int_{-2}^{1} |x^2-1| \mathrm{d}x$.

3. 对函数$f(x)=\begin{cases} x^2 & 0\leqslant x<1 \\ 1 & 1\leqslant x\leqslant 2, \end{cases}$讨论:(1) $f(x)$是否连续?(2) $f(x)$是否可导?(3) $f(x)$在[0,2]是否有积分?

4. 设$f(x)$连续,且$\int_0^{x^2} f(t)\mathrm{d}t = x^2(1+x)$,求$f'(2)$.

5. 求$\int_{-1}^{2} x|x|\mathrm{d}x$.

6. 求$\lim\limits_{n\to\infty}\frac{1}{n}\left(\sin\frac{\pi}{n}+\sin\frac{2\pi}{n}+\cdots+\sin\frac{n\pi}{n}\right)$.

C(应用题)

1. (汽车刹车)一辆汽车正以10m/s的速度匀速直线行驶,突然发现一障碍物,立刻以$-1\mathrm{m/s^2}$的加速度匀减速停下,求汽车的刹车路程.

D(探究题)

1. 如图5.11所示为$f'(x)$的图像,回答下列问题.

(1) $f(0)$和$f(1)$哪一个较大?

(2) 将下列各量从小到大排序.

$$\frac{f(4)-f(2)}{2};f(3)-f(2);f(4)-f(3).$$

2. 在图5.12中,将下述各量在图上画出.

(1) 表示$f(b)-f(a)$的长度;

(2) 表示$\frac{f(b)-f(a)}{b-a}$的斜率;

(3) 表示为$F(b)-F(a)$的面积,其中$F'=f$;

(4) 近似表示$\frac{F(b)-F(a)}{b-a}$的长度,其中$F'=f$.

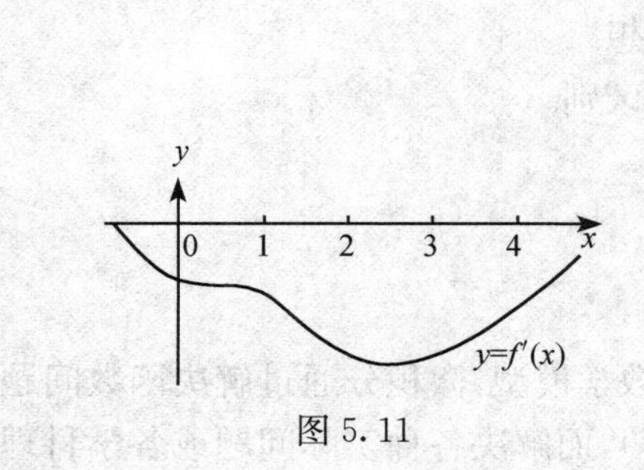

图5.11

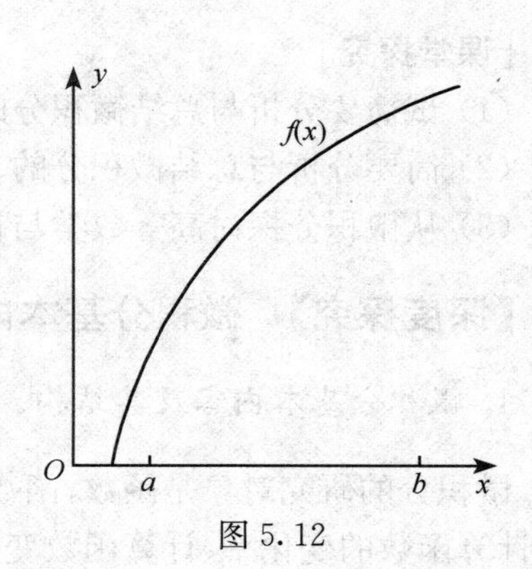

图5.12

第5章复习题

1. 计算下列定积分.

(1) $\int_0^1 (x^3-2x+1)\mathrm{d}x$；　　(2) $\int_1^4 \sqrt{x}(2-\sqrt{x})\mathrm{d}x$；

(3) $\int_1^2 \frac{1+2x-x^2}{x^4}\mathrm{d}x$；　　(4) $\int_0^1 x(1+x^2)^3\mathrm{d}x$.

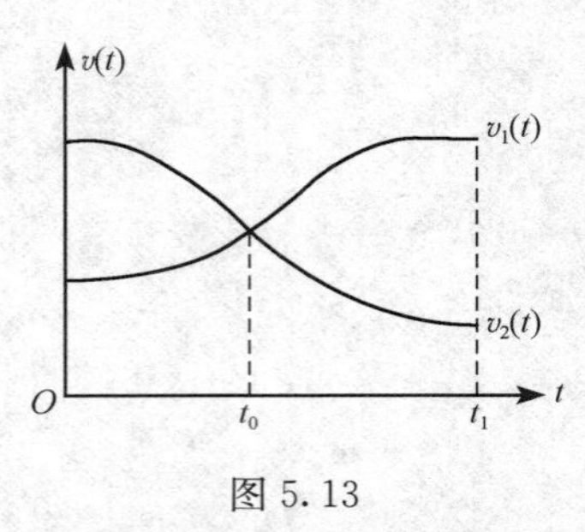

图 5.13

2. 用定积分表示 $y=\cos 2x$ 在 $\left[-\frac{\pi}{2},\frac{\pi}{2}\right]$ 与 x 轴之间图形的面积.

3. 物体以 $v=1+2t+t^2$ 作直线运动，求在时间段 $[0,1]$ 内运动的路程.

4. 求 $y=\sqrt{x}, x=1, y=0$ 所围图形的面积.

*5. 两个物体同时从同一地点出发，沿同一方向前进，如图 5.13 所示为这两个物体在 t 时的速度图像，试问，在 t_0 时刻谁跑在前面？在 t_1 时刻呢？解释一下为什么.

6. 计算下列积分.

(1) $\int_{\frac{1}{\sqrt{3}}}^{\sqrt{3}} \frac{\mathrm{d}x}{1+x^2}$；　(2) $\int_{-\frac{1}{2}}^{\frac{1}{2}} \frac{\mathrm{d}x}{\sqrt{1-x^2}}$；　(3) $\int_{-1}^{0} \frac{3x^4+3x^2+1}{x^2+1}\mathrm{d}x$；

(4) $\int_0^{2\pi} |\sin x|\mathrm{d}x$；　(5) $\int_0^{\frac{\pi}{4}} \tan^2 x\mathrm{d}x$；　(6) $\int_{-\pi}^{\pi} \cos 5x\sin 6x\mathrm{d}x$；

(7) $\int_0^1 \sqrt{2x-x^2}\mathrm{d}x$.

7. 设 $s(x)=\int_0^x |\cos t|\mathrm{d}t$，

(1) 当 n 为正整数，且 $n\pi\leqslant x<(n+1)\pi$，证明：$2n\leqslant s(x)<2(n+1)$；

(2)求 $\lim\limits_{x\to+\infty}\frac{s(x)}{x}$.

8. 设 $f(x)=\frac{1}{1+x^2}+\sqrt{1-x^2}\int_0^1 f(x)\mathrm{d}x$，求 $f(x)$.

9. 设 $f(x)$ 为连续函数，且 $f(x)=\frac{1}{1+x}+x^3\int_0^1 f(x)\mathrm{d}x+x\int_1^2 f(x)\mathrm{d}x$，求 $f(x)$.

［课堂探究］

(1) 试简要分析与总结微积分的基本内容、结构.

(2) 简要分析与总结微积分的基本方法思想.

(3) 从微积分探讨高等数学与初等数学的区别.

【深度探究】 微积分基本内容概说

1. 微积分基本内容及其结构

微积分的研究对象是函数，函数是重要的数学模型，微积分通过解决函数问题(如计算函数的变化率、计算函数变化累积和等)，而解决各种实际问题或各学科理论问题. 函数为本书第1章的内容.

导数、积分是微积分两个最主要的概念、内容，也体现了微积分的基本思想、方法. 相对而言，其余章节的内容就是技术性的了，这就是如何求导、求积分，以及导数、积分的应用. 微积分结构见表 5.1.

表 5.1

研究对象	理论基础	主要内容	计算方法	应用
函数	极限连续	导数	如何求导数	导数应用
		积分	如何求积分	积分应用

2. 微积分的特点:高等数学与初等数学的区别与联系

学习了导数、积分的概念,包括极限、连续的内容之后,会感到微积分显著的特点就是“变化”与“无限”,比较起来初等数学则相对“静止”“有限”. 如初等数学研究常量、直的图形,高等数学研究变量、曲的图形等等. 事物都是运动变化的,函数的极限、连续、变化率、累积和等也就是事物运动变化特征的反映. 说明微积分的学习需要有“运动、变化”的观点. 具体说来,事物运动是显著运动与相对静止的辩证法,例如事物运动是一个个相对静止“片断”的流,牛顿的研究中就是称导数为流数;一个曲边梯形,整体看来是曲边,当细分为多个小条形,则可以看作是直边了. 又如函数在一点连续,也不是孤立一点的情形,而是这点附近变化的情形.

又如,事物运动变化是量变与质变的统一,有量变到质变的变化规律,如导数 $y'=\lim\limits_{\Delta x\to 0}\dfrac{\Delta y}{\Delta x}$,表明导数是$\dfrac{0}{0}$型的极限,对此如何理解?从微积分建立以来这就始终是一个争论不休的问题. 运用哲学原理,可以这样理解,一个导数 $y'=\lim\limits_{\Delta x\to 0}\dfrac{\Delta y}{\Delta x}$存在,是 $\Delta x\to 0$ 使$\dfrac{\Delta y}{\Delta x}$随之变化的量变过程,当 $\Delta x\to 0$ 时,量变导致质变:Δx、Δy 的量消失了,而它们的比例关系(质)“$\dfrac{0}{0}$”却存在或说显现了.

微积分的内容都涉及“无限”,这也是难于理解的. 例如“$\dfrac{0}{0}$”型极限以及无限过程;初等数学中“任何数与 0 相乘都等于 0”,但微积分中“$0\cdot\infty$”型极限常常不等于 0;对于定积分的几何意义,有人把平面图形看成无穷多个线段相加,每个线段的面积等于 0,但整个图形的面积却不等于 0,即“无限多个 0 相加不等于 0”.

其实人类对无限有一个认识过程,是著名数学家康托等人首先研究了“无限”,在下面“无限的故事”中将介绍什么是无限、无限之间是否有区别、是否有最小的无限、是否有最大的无限.

高等数学与初等数学又是密切联系的,如初等数学研究了各种函数的初等性质(奇偶性、单调性、周期性、有界性等),高等数学研究函数的高度性质(收敛性(有无极限)、连续性、可导性、可积性等);高等数学研究对象的显著变化,与初等数学相对静止也联系,如曲线在一点的切线,在放大镜下看近似于这点的曲线. 可以这样说，在局部放大镜下看，高等数学又同于初等数学；高等数学如导数是解决初等数学问题的有力工具.

3. 微积分的基本思想方法

微积分的基础是极限理论，微积分的重要概念都由极限定义，“极限法”是微积分的基本思想方法，可以说“微积分是用极限法来研究函数的一门科学”.

所谓“极限法”，是通过一个无限的变化过程来确定一个未知量的方法. 初等数学四则运算是由两个数来确定另一个数，极限法是由无限多个数来确定一个数. 我国古代春秋战国时期庄子的“一尺之棰，日取其半，万世莫竭”的说法已有极限思想. 魏晋时期伟大数学家刘徽提出“割圆术”，以计算圆的周长、面积和圆周率，割圆术就是用圆的内接多边形去逼近圆. 他指出“割之弥细，所失弥少，割之又割，以至不可割，则与圆合体而无所失矣”. 他从正六边形开始，然后将边数逐次加倍，直到计算出 196 边形的面积，由此算出 $\pi=3.14$. 割圆术直观地体现了极限法.

极限法有丰富的数学内涵，它是把事物运动与静止、有限与无限、过程与结果、量变与质变、近似与准确辩证统一起来了. 极限法既是从有限认识无限，又是由无限来逼近有限(过程是无限，但各个“片断”又是有限，结果是有限，结果又是无限的结果). 因而刻画事物变化规律的连续、导数、积分的概念也就充满辩证法.

导数、积分的概念中还体现出“微元法”的思想方法. 如何研究变速运动的路程，如何研究曲边图形的面积？首先是“无限细分”——划分；其次是“以直代曲”(以不变代变)——代换；最后“无限积累”——求和；这就是“微元法”. 这会使人想起著名的“曹冲称象”、“庖丁解牛”方法. 这种方法正是常见、常用的化整为零、分而治之、化难为易、各个击破的思想方法.

甚至可以说，近代科学以来，人类科学人类社会基本的思想方法就是“分”，就是化整为零(称为“还原论”)，基于这种方法使人类不断发展. 但到现代科学、到现代社会，人类已不满足于“分”的方法了，同时要研究发展“合”的方法. 这就是整体论. 例如“地球村”、“经济一体化”、“WTO”、“互联网”、“双赢”等.

[课堂探究]

(1) 试比较“微元法”与“曹冲称象”方法的异同；

(2) 想一想、谈一谈关于“分”的方法与“合”的方法.

【相关阅读】 高等数学中的哲学及马克思、恩格斯对高等数学的研究

微积分是变量的数学，其显著的特点是定量地、理论化地反映了运动、变化，因而反映了客观实际. 恩格斯这样评价：“数学中的转折点是笛卡尔的变数. 有了变数，运动进入了数学，有了变数，辩证法进入了数学.”微积分的诞生是数学发展史上的里程碑，随着变量数学的思维方法在数学中的全面渗透，现代数学突飞猛进发展起来，并且数学日益成了“辩证法的辅助工具和表现方式”. 确实，微积分中充满

了哲学、充满了辩证法. 从微积分中可以学习哲学,从哲学中也能更好地学习、理解微积分.

唯物辩证法的基本观点认为事物是运动、变化的,正如微积分中的导数,定量地、精确地刻画了运动事物的变化率,二阶导数还反映了事物增长或减少的快慢. 导数也反映曲线每点的变化(切线斜率).

运动变化是无限的过程,“运动”、“无限”却是十分复杂的,恩格斯曾形象地说,运动就是矛盾(每一瞬间“既在这里又不在这里”,这种说法有哲学的启示). 如何认识“无限”? 微积分发明了“极限法”,极限是由有限认识无限的工具、桥梁. 理解“极限”思想必须要有辩证法思想,因为极限是由许多有限来反映无限,极限是事物变化过程与结果的辩证统一. 极限值是变化结果也是变化过程. 简单的例子如 $\lim\limits_{x\to 1}\dfrac{x^2-1}{x-1}=2$,或者$\left(\dfrac{0}{0},\dfrac{\infty}{\infty},0\cdot\infty,\cdots\right)$极限都如此. 恩格斯曾说道:“只有微积分才能使自然科学有可能用数学来不仅仅表明状态,并且也表明过程——运动.”

微积分反映了事物的对立统一规律,如过程与结果、有限与无限、直线与曲线、常量与变量、运动与静止、平均与边际、分量与总量、一般与最优、运算与逆运算等对立面的统一,反映了事物的普遍联系. 如微积分的基本方法是“无限细分、以直代曲”——微分法、微元法,曲与直(运动与静止、无限与有限)是对立的,又是相互联系的,那么无限细分后,以直代曲,以不变(静止)代变,就实现两者的转化、两者的统一,也就可以由直(有限)认识曲(无限). 如微分:$f(x)\approx f(x_0)+f'(x_0)(x-x_0)$,式子左边是曲线,右边是直线(直观上参见图 4.24).

又如表示的微积分基本公式$\int_a^b f(a)\mathrm{d}x = F(x)\Big|_a^b$,$F'(x)=f(x)$是微分、导数与积分的对立统一,是瞬间量与总量的对立统一. 牛顿 - 莱布尼茨天才地发现了表面上没有联系的切线与路程、导数与积分的联系.

导数概念$\lim\limits_{\Delta x\to 0}\dfrac{f(x+\Delta x)-f(x)}{\Delta x}=f'(x)$精彩地反映出了事物运动变化、量变到质变、否定之否定的哲学思想. x 到 $x+\Delta x$、$f(x)$到 $f(x+\Delta x)$是变化;$\dfrac{\Delta y}{\Delta x}$是平均变化情况;$\Delta x\to 0$ 同时 $\Delta y\to 0$,此量变过程进行到底,产生了质变:得到瞬时速度,反应平均值的量$\left(\dfrac{\Delta y}{\Delta x}\right)$消失了,而比例关系(质)保留下来了或说显现出来了:$\dfrac{\mathrm{d}y}{\mathrm{d}x}$,其 $f(x)$到 $f(x+\Delta x)$是否定,当 $\Delta x\to 0$ 时,$f(x+\Delta x)$又回到 $f(x)$正是否定之否定.

马克思(1818—1883)对导数概念有专门研究,写出论文《论导数概念》. 关于导数概念,他指出,首先取差,然后再把它扬弃,这并不是简单地导致无,而是带来了实际结果,这个结果就是新的函数,即导函数 $f'(x)$. 理解导数的全部困难恰恰就在这里. 马克思还研究了表达式$\dfrac{0}{0}$在代数学与微分学中的区别. 初等数学中“$\dfrac{0}{0}$”没有意义，因为初等数学的量是静止的、只是结果，而高等数学的量是变量，是过程与结果的辩证统一，“$\frac{0}{0}$”是两个无穷小之比. 此外有趣的是，马克思用日常语言来形容微积分，比如对于函数 $y=f(x)$，他说“这里 y 就叫做 x 的函数，因为它必须服从 x 的命令，正如每个官员，甚至伟大的威廉一世，也要依从某个人一样”. 马克思还把导函数比拟为“孩子”，把原函数比拟为“母亲”、“先辈”. 马克思十分重视想象在数学研究中的作用，如对微积分的几何意义，就极富想象地把微分三角形描述为“比点还小”的东西，认为“点中有形”.

恩格斯对微积分的研究也极有兴趣. 例如恩格斯曾独到地列举三个例子来说明微积分的现实原型：① 水的蒸发，是从上面一层层蒸发，而每蒸发一层就使水的高度(x)减少一个分子(dx)的高度. 因此水蒸发的过程在数学上就是微分过程. 反之，受一定压力和冷却，一层层凝积为冰，这又是一种真实的积分，它与数学上积分的不同之处只在于，前者是无意识进行的，后者是有意识完成的. ② 物体运动由于碰撞而静止，动能转化为内能，转变为分子的运动，这正是物体运动被微分. 反之，水蒸汽分子运动在汽缸中举起活塞，这正是分子运动被积分的过程. ③ 化学变化是分子分解为原子和原子重新组合为分子的过程. 分子与它们的物体比较是一个非常微小的量，其中也是微分与积分.

微积分充满思想性，是人类科学伟大的里程碑. 恩格斯这样评价：“在一切理论成就中，未必再有什么与 17 世纪下半叶微积分的发明那样被当作人类精神的最高胜利了.”

马克思对数学无比爱好，他曾说：“在工作之余，当然不能老是写作，我就搞搞微积分$\frac{dy}{dx}$.”

马克思的女婿拉法格曾回忆道：在马克思惊涛骇浪的一生中，在一些最痛苦的时刻，只有数学能够给他以精神上的安慰.

注：上述引文请见马克思《数学手稿》、恩格斯《自然辩证法》、《反杜林论》、拉法格《回忆马克思》.

第 6 章　求积分的方法

如何求定积分？第 5 章的学习中可以知道，微积分基本定理开辟了求定积分的一条新途径：通过原函数来求定积分. 本章学习原函数、不定积分的概念和求法，并通过不定积分求定积分.

6.1　原函数与不定积分

[先行问题]

关于原函数，回顾定积分例子 $\int_0^1 x^2\mathrm{d}x = \frac{1}{3}x^3\Big|_0^1 = \frac{1}{3}(1^3-0^3) = \frac{1}{3}$，其中 $\left(\frac{1}{3}x^3\right)' = x^2$，$\frac{1}{3}x^3$ 就是 x^2 的一个原函数，那么“原函数”的具体定义是什么？如何求原函数？

一般有微积分基本定理：$\int_a^b f(x)\mathrm{d}x = F(x)\Big|_a^b = F(b)-F(a)$，其中 $F'(x) = f(x)$，于是称 $F(x)$ 是函数 $f(x)$ 的一个**原函数**.

例 6.1　由于 $(x^2)'=2x$，所以 x^2 是 $2x$ 的一个原函数；由于 $(\ln x)'=\frac{1}{x}$，所以 $\ln x$ 是 $\frac{1}{x}$ 的一个原函数.

但要注意，$(x^2)'=2x$、$(x^2+1)'=2x$、$(x^2-3)'=2x$、…、$(x^2+C)'=2x$，其中 C 为任意常数，说明一个函数 $f(x)$ 的原函数不唯一，相差一个任意常数.

可以证明，如果 $F(x)$ 是 $f(x)$ 的一个原函数，那么 $F(x)+C$（C 为任意常数）就是 $f(x)$ 的全部原函数.

证明　(1) 因为 $F'(x)=f(x)$，又 $(F(x)+C)'=F'(x)+C'=F'(x)=f(x)$，所以 $F(x)+C$ 都是 $f(x)$ 的原函数.

(2) 由 (1) 说明 $f(x)$ 有无限多个原函数，现证明 $f(x)$ 的任两个原函数只相差一个常数.

设 $F(x)$、$G(x)$ 都是 $f(x)$ 的原函数，即 $F'(x)=f(x)$、$G'(x)=f(x)$.

于是
$$[F(x)-G(x)]'=F'(x)-G'(x)=f(x)-f(x)\equiv 0$$
则
$$F(x)-G(x)=C$$

（可证明 $g'(x)\equiv 0\ (x\in(a,b)) \Leftrightarrow g(x)\equiv C\ (x\in(a,b))$）

由(1)、(2)即证明上述结论.

6.1.1 不定积分的概念

定义 6.1 函数 $f(x)$的全部原函数称为 $f(x)$的不定积分，记为$\int f(x)\mathrm{d}x$. 如果知道了 $f(x)$ 的一个原函数为 $F(x)$，则

$$\int f(x)\mathrm{d}x = F(x) + C, \quad 其中 F'(x) = f(x). \tag{6.1}$$

例如 $\int x^2\mathrm{d}x = \frac{1}{3}x^3 + C$、$\int 2x\mathrm{d}x = x^2 + C$、$\int \frac{1}{x}\mathrm{d}x = \ln x + C$.

说明 (1) 用不定积分$\int f(x)\mathrm{d}x$ 将 $f(x)$ 的全部原函数表达出来；不定积分就是导数、微分的逆运算.

(2) "$\int$"称为积分号，x 称为积分变量，$f(x)$ 称为被积函数；本来原函数与定积分$\int_a^b f(x)\mathrm{d}x$ 没有关系，是微积分基本定理发现了它们的联系，于是全部原函数就用积分号来表示；并且参照定积分，可认为$\int f(x)\mathrm{d}x$ 是积分号$\int$、被积函数 $f(x)$ 及微分 $\mathrm{d}x$ 三者相乘，$f(x)\mathrm{d}x$ 称为被积表达式. 也是相对于定积分，将$\int f(x)\mathrm{d}x$ 称为不定积分，C 为未定的常数.

(3) 由式(6.1) 有$\left[\int f(x)\mathrm{d}x\right] = f(x)$，或 $\mathrm{d}\left[\int f(x)\mathrm{d}x\right] = f(x)\mathrm{d}x$；

$$\int f'(x)\mathrm{d}x = f(x)C, \quad 或\int \mathrm{d}f(x) = f(x) + C.$$

(4) 可由不定积分$\int f(x)\mathrm{d}x$ 求定积分$\int_a^b f(x)\mathrm{d}x$.

例 6.2 求不定积分.

(1) $\int \cos x\mathrm{d}x$； (2) $\int \mathrm{e}^x\mathrm{d}x$； (3) $\int \frac{1}{1+x^2}\mathrm{d}x$.

解 (1) 由于$(\sin x)' = \cos x$，所以$\int \cos x\mathrm{d}x = \sin x + C$.

(2) 由于$(\mathrm{e}^x)' = \mathrm{e}^x$，所以$\int \mathrm{e}^x\mathrm{d}x = \mathrm{e}^x + C$.

(3) 由于$(\arctan x)' = \frac{1}{1+x^2}$，所以$\int \frac{1}{1+x^2}\mathrm{d}x = \arctan x + C$.

说明求不定积分需要从导数公式中去寻找相应的原函数.

例 6.3 设 $f(x)$的一个原函数是 $3x^2$，求 $f(x)$.

解 由题设有$(3x^2)' = f(x)$(原函数即求导之前的函数)，将

$$f(x) = 6x.$$

［课堂探究］

(1) 初等数学，加减、乘除、平方、开方、指数、对数等运算与逆运算成对出现、广泛存在；高等数学中微分与积分也存在逆运算，请您对逆运算现象进行分析.

(2) 数学的一般意义：解题就是解决问题，算法就是做事情的做法、方法，那么请探究逆运算的一般方法意义.

习　题　6.1

A(基础题)

1. 填空题.

(1) $(\quad)' = 10, \int 10\mathrm{d}x = (\quad)$;

(2) $(\quad)' = x^2, \int x^2\mathrm{d}x = (\quad)$;

(3) $(\quad)' = \cos x, \int \cos x\mathrm{d}x = (\quad)$;

(4) $\mathrm{d}(\quad) = x^3\mathrm{d}x, \int x^3\mathrm{d}x = (\quad)$;

(5) $\mathrm{d}(\quad) = \mathrm{e}^{2x}\mathrm{d}x, \int \mathrm{e}^{2x}\mathrm{d}x = (\quad)$.

2. 用不定积分的定义，验证下列等式.

(1) $\int \cos^2 x\mathrm{d}x = \frac{1}{2}x + \frac{1}{4}\sin 2x + C$;　　(2) $\int \frac{1}{\sin x}\mathrm{d}x = \ln\left(\tan\frac{x}{2}\right) + C$.

3. 已知$\int f(x)\mathrm{d}x = \ln(1+x^2) + c$，求 $f(x), f'(x)$.

4. 若 $f'(\ln x) = 1 + x$，且 $f(0) = 1$，求 $f(x)$.

5. 已知 $F(x)$ 是$\frac{\ln x}{x}$的一个原函数，求 $\mathrm{d}F(\sin x)$.

B(提高题)

1. 已知某曲线上任意一点 $p(x,y)$处切线的斜率等于 x，且曲线通过点 $M(0,1)$，求曲线的方程.

2. 设物体的运动速度为 $v=\cos t$，当 $t=\frac{\pi}{2}$ s 时，物体所经过的路程 $s=10$m，求物体的运动规律.

3. 已知$\int f(x)\mathrm{d}x = \sin^2 x + C$，求 $f(x)$.

4. 求$\frac{\mathrm{d}}{\mathrm{d}x}\left[\int_1^2 \sin x^2\mathrm{d}x\right]$.

5. 判定下列函数对中，哪些是同一函数的原函数.

(1) $\arcsin x, \arccos x$;　　(2) $\ln x^2, \ln 2x$;

(3) $\cos 2x, 2\cos^2 x$;　　(4) $\sin^2 x, \cos^2 x$.

6. 若$\int f'(x^3)\mathrm{d}x = x^3 + c$,求 $f(x)$.

7. 设 $\mathrm{e}^x + \sin x$ 是 $f(x)$ 的一个原函数,求 $f'(x)$.

8. 设函数 $f(x) = \mathrm{e}^{2x}$,求不定积分$\int f\left(\frac{x}{2}\right)\mathrm{d}x$.

9. 设 $F(x)$ 为 e^{-x^2} 的一个原函数,求$\frac{\mathrm{d}F(\sqrt{x})}{\mathrm{d}x}$.

6.2 直接积分法

不定积分基本公式和法则 由于不定积分运算是微分运算的逆运算,那么把基本求导公式反过来,即得到不定积分基本公式.

$$
\begin{aligned}
&1.\int 0\mathrm{d}x = C\\
&2.\int x^\mu \mathrm{d}x = \frac{x^{\mu+1}}{\mu+1} + C\\
&3.\int \mathrm{d}x = x + C\\
&4.\int a^x \mathrm{d}x = \frac{a^x}{\ln a} + C\\
&5.\int \mathrm{e}^x \mathrm{d}x = \mathrm{e}^x + C\\
&6.\int \frac{1}{x}\mathrm{d}x = \ln|x| + C\\
&7.\int \cos x\mathrm{d}x = \sin x + C\\
&8.\int \sin x\mathrm{d}x = -\cos x + C\\
&9.\int \sec^2 x\mathrm{d}x = \tan x + C\\
&10.\int \csc^2 x\mathrm{d}x = -\cot x + C\\
&11.\int \sec x\tan x\mathrm{d}x = \sec x + C\\
&12.\int \csc x\cot x\mathrm{d}x = -\csc x + C\\
&13.\int \frac{1}{\sqrt{1-x^2}}\mathrm{d}x = \arcsin x + C\\
&14.\int \frac{1}{1+x^2}\mathrm{d}x = \arctan x + C
\end{aligned}
\tag{6.2}
$$

以上 14 个公式是求不定积分的基础,必须熟记.

例 6.4　求：(1) $\int \frac{1}{x^4}\mathrm{d}x$；　(2) $\int 10^x \mathrm{d}x$.

解　(1) $\int \frac{1}{x^4}\mathrm{d}x = \int x^{-4}\mathrm{d}x = \frac{1}{-4+1}x^{-4+1} + C$

$$= -\frac{1}{3}x^{-3} + C;$$

(2) $\int 10^x \mathrm{d}x = \frac{10^x}{\ln 10} + C$.

同样可用求导法则得

$$\int [f(x) \pm g(x)]\mathrm{d}x = \int f(x)\mathrm{d}x \pm \int g(x)\mathrm{d}x, \tag{6.3}$$

$$\int kf(x)\mathrm{d}x = k\int f(x)\mathrm{d}x. \tag{6.4}$$

因为$[f(x)\mathrm{d}x \pm g(x)\mathrm{d}x]' = [f(x)\mathrm{d}x]' \pm [g(x)\mathrm{d}x]' = f(x) \pm g(x)$，

即$\int f(x)\mathrm{d}x \pm \int g(x)\mathrm{d}x$ 是$[f(x) \pm g(x)]$ 的原函数，类似可证明式(6.4).

例 6.5　求$\int \left(2x^2 + \frac{3}{x} - \cos x\right)\mathrm{d}x$.

解　原式 $= 2\int x^2 \mathrm{d}x + 3\int \frac{1}{x}\mathrm{d}x - \int \cos x \mathrm{d}x = \frac{2}{3}x^3 + 3\ln|x| - \sin x + C$.

注意　(1) 在多项积分后，每一个不定积分的结果都有任意常数，但因任意常数的和仍是任意常数，所以只要总的写一个任意常数就可以了.

(2) 检验不定积分结果是否正确，只要把结果求导，看它的导数是否等于被积函数，相等时结果正确，否则结果是错误的.$\Big($如例 6.5，$\left(\frac{2}{3}x^3 + 3\ln|x| - \sin x + C\right)' = 2x^2 + \frac{3}{x} - \cos x$，故积分正确.$\Big)$

例 6.6　求$\int \frac{(x-1)^3}{x^2}\mathrm{d}x$.

解　原式$= \int \frac{x^3 - 3x^2 + 3x - 1}{x^2}\mathrm{d}x = \int (x - 3 + \frac{3}{x} - x^{-2})\mathrm{d}x$

$$= \frac{1}{2}x^2 - 3x + 3\ln|x| + \frac{1}{x} + C.$$

直接积分法是对被积函数变形化简而直接运用积分法则和公式求解的积分法.

例 6.7　求$\int 2^x \mathrm{e}^x \mathrm{d}x$.

解　原式 $= \int (2\mathrm{e})^x \mathrm{d}x = \frac{(2\mathrm{e})^x}{\ln 2\mathrm{e}} + C$.

这是将被积函数由多项合成一项求不定积分.

例 6.8 求$\int \frac{x^4}{1+x^2}dx$.

解 原式$=\int \frac{x^4+1-1}{1+x^2}dx=\int \frac{(x^2+1)(x^2-1)}{1+x^2}dx+\int \frac{1}{1+x^2}dx$

$$=\int (x^2-1)dx+\arctan x=\frac{1}{3}x^3-x+\arctan x+C.$$

这是"分项"化简而求不定积分. 对于 $f(x)$是分式函数且分子方次高于分母方次,通常用除法化简,可以试一试.

如果是求定积分$\int_0^1 \frac{x^4}{1+x^2}dx$,则由微积分基本定理,先求不定积分,然后"代"入上限减下限,即

$$\int_0^1 \frac{x^4}{1+x^2}dx=\left(\frac{1}{3}x^3-x+\arctan x\right)\Big|_0^1=\frac{1}{3}-1+\arctan 1=-\frac{2}{3}+\frac{\pi}{4}.$$

[课堂练习]

求下列不定积分.

(1) $\int (1-2x+\sqrt{x})dx$; (2) $\int \frac{dx}{1+x}$; (3) $\int x^3\sqrt{x}dx$; (4) $\int \frac{x}{3\sqrt{x}}dx$.

例 6.9 求:(1) $\int \tan^2 x dx$; (2) $\int \sin^2 \frac{x}{2}dx$; (3) $\int \frac{1}{\sin^2 x\cos^2 x}dx$.

解 (1) 原式$=\int \frac{\sin^2 x}{\cos^2 x}dx=\int \frac{1-\cos^2 x}{\cos^2 x}dx=\int (\sec^2 x-1)dx$

$$=\tan x-x+C;$$

(2) 原式$=\int \frac{1-\cos x}{2}dx=\frac{1}{2}(x-\sin x)+C$;

(3) 原式$=\int \frac{\sin^2 x+\cos^2 x}{\sin^2 x\cos^2 x}dx=\int \left(\frac{1}{\cos^2 x}+\frac{1}{\sin^2 x}\right)dx=\tan x-\cot x+C.$

这是运用三角函数公式化简而求不定积分. 同样如果是求定积分,如

$$\int_0^{\frac{\pi}{4}} \sin^2 \frac{x}{2}dx=\frac{1}{2}(x-\sin x)\Big|_0^{\frac{\pi}{4}}=\frac{1}{2}\left(\frac{\pi}{4}-\frac{\sqrt{2}}{2}\right).$$

例 6.10 (收入预测)中国人的收入正在逐年提高. 据统计,深圳 2002 年的人均年收入为 21 914 元(人民币),假设这一人均收入以速度 $v(t)=600(1.05)^t$(单位:元/年)增长,其中 t 是从 2002 年算起的年数,试估算 2009 年深圳的人均年收入是多少.

解 已知深圳人均年收入以速度 $v(t)=600(1.05)^t$ 增长,因为$\frac{dR}{dt}=v(t)$,由变化率求总改变量的方法得,从 2003 年到 2009 年这 7 年间年人均收入的总变化为

$$R=\int_0^7 600(1.05)^t dt=600\left[\frac{(1.05)}{\ln 1.05}\right]\Big|_0^7$$

$$=\frac{600}{\ln 1.05}\left[(1.05)^7-1\right]$$

$$\approx 5\,006(\text{元}).$$

所以，2009 年深圳的人年均收入为

$$21\,914 + 5\,006 = 26\,920(\text{元}).$$

习　题　6.2

A(基础题)

1. 计算下列不定积分.

(1) $\int 4x^3 \mathrm{d}x$；　(2) $\int ax^5 \mathrm{d}x$；

(3) $\int x\sqrt{x}\mathrm{d}x$；　(4) $\int \frac{2x^2}{\sqrt{x}}\mathrm{d}x$；

(5) $\int 6^x \mathrm{d}x$；　(6) $\int (1-\mathrm{e}^x)\mathrm{d}x$；

(7) $\int \frac{x+1}{\sqrt{x}}\mathrm{d}x$；　(8) $\int a^x \mathrm{e}^x \mathrm{d}x$；

(9) $\int \left(2^x + \frac{2}{x}\right)\mathrm{d}x$；　(10) $\int \left(\frac{\sin x}{2} - \frac{1}{\cos^2 x}\right)\mathrm{d}x$；

(11) $\int \frac{x^2}{1+x^2}\mathrm{d}x$；　(12) $\int \frac{x^6}{1+x^2}\mathrm{d}x$.

2. 已知曲线在任一点处的斜率为 2，且经过(1,4)，求这条曲线的方程.

3. 计算下列定积分.

(1) $\int_0^1 (1-2x+x^3)\mathrm{d}x$；　(2) $\int_0^{\frac{\pi}{2}} (2\sin x - 3\cos x)\mathrm{d}x$；　(3) $\int_0^1 3^x \mathrm{e}^x \mathrm{d}x$.

B(提高题)

1. 计算下列不定积分.

(1) $\int \left(\frac{1-x}{x}\right)^2 \mathrm{d}x$；　(2) $\int \frac{\sin 2x}{\sin x}\mathrm{d}x$；

(3) $\int \frac{\cos 2x}{\sin 2x}\mathrm{d}x$；　(4) $\int \frac{1}{1+\cos 2x}\mathrm{d}x$；

(5) $\int \left(1-\frac{1}{x^2}\right)\sqrt{x\sqrt{x}}\mathrm{d}x$；　(6) $\int \frac{1}{x^2(1+x^2)}\mathrm{d}x$；

(7) $\int \frac{3\sqrt{1-x^2} - 2x^2 - 2}{(1+x^2)\sqrt{1-x^2}}\mathrm{d}x$；　(8) $\int (3^x - 2^x)^2 \mathrm{d}x$；

(9) $\int \left(\sin^2 \frac{x}{2} + \cot^2 x\right)\mathrm{d}x$；　(10) $\int \frac{\cos 2x}{\cos x - \sin x}\mathrm{d}x$；

(11) $\int \frac{x^4}{1+x^2}\mathrm{d}x$；　(12) $\int \frac{\sin x}{\sin 2x \cos x}\mathrm{d}x$；

(13) $\int \frac{\sqrt{1+x^2}}{\sqrt{1-x^4}}\mathrm{d}x$.

3. 曲线过点(1,2)，且其上任一点处的切线斜率等于该点横坐标的两倍，求此曲线方程.

4. 已知 $f(x) = \mathrm{e}^{-x}$，求 $\int \frac{f'(\ln x)}{x}\mathrm{d}x$.

C、D(应用题、探究题)

1. 一石块被从 98m 高的悬崖上以 39.2m/s 的速度向上抛出，然后落到下面的海滩上.

(1) 石块用多长时间达到最高点？

(2) 最大高度是多少？

(3) 石块落到海滩之前运行了多长距离？

(4) 石块触地时速度是多少？

6.3 换元积分法

6.3.1 不定积分换元法

大量的不定积分需要通过换元的方法来求出结果. 例如求$\int(1+x)^5\,\mathrm{d}x$，可以想到有基本公式$\int x^5\,\mathrm{d}x=\frac{1}{6}x^6+C$，如何用此公式呢？又想到数学中常用换元法，令$u=1+x$，将 x 的积分换元成 u 的积分，代入原式 $\mathrm{d}u=\mathrm{d}(1+x)=\mathrm{d}x$，则

$$\int(1+x)^5\,\mathrm{d}x=\int u^5\,\mathrm{d}u=\frac{1}{6}u^6+C=\frac{1}{6}(1+x)^6+C.$$

例 6.11 求$\int\cos(3x+2)\,\mathrm{d}x$.

解 (思维过程：① 找到类似的基本公式$\int\cos x\,\mathrm{d}x=\sin x+C$；② 比较然后将积分变成公式的形式，即令 $u=3x+2$；③ 为了求 $\mathrm{d}x$，两边微分 $\mathrm{d}u=\mathrm{d}(3x+2)=3\mathrm{d}x$；④ 换元求积分.)

令 $u=3x+2$，则 $\mathrm{d}u=3\mathrm{d}x$，则

$$原式=\int\cos u\,\frac{\mathrm{d}u}{3}=\frac{1}{3}\sin u+C=\frac{1}{3}\sin(3x+2)+C.$$

类似可求$\int(3x+2)^6\,\mathrm{d}x$、$\int\sqrt[3]{x+2}\,\mathrm{d}x$、$\int\mathrm{e}^{3x+2}\,\mathrm{d}x$、$\int\frac{1}{3x+2}\mathrm{d}x$ 等.

换元积分法有用的提示

如何换元？其规律是：被积函数是两项，且一项简单、一项复杂，令复杂那一项的中间变量为 u，下面许多例子都有如此规律. (6.5)

例 6.12 求$\int x\sqrt{1+x^2}\,\mathrm{d}x$.

解 令 $u=1+x^2$，$\mathrm{d}u=2x\mathrm{d}x\left(于是 x\mathrm{d}x=\frac{\mathrm{d}u}{2}\right)$，有

$$原式=\int\sqrt{u}\,\frac{\mathrm{d}u}{2}=\frac{1}{3}u^{\frac{3}{2}}+C=\frac{1}{3}\sqrt{(1+x)^3}+C.$$

类似可求$\int x^2\sqrt{1+x^3}\,\mathrm{d}x$、$\int x^3\sqrt{1+x^4}\,\mathrm{d}x$、…、$\int x\sin(1+x^2)\,\mathrm{d}x$、$\int x\mathrm{e}^{x^2}\,\mathrm{d}x$、

$\int \frac{x}{1+x^2}\mathrm{d}x$、$\int \frac{x}{1+x^4}\mathrm{d}x$、…、$\int \frac{x^3}{\sqrt{1-x^4}}\mathrm{d}x$ 等，规律是 $f(x)$ 中有 x^n 和 x^{n+1}，那么令 $u=x^{n+1}$.

例 6.13　求 $\int \tan x\mathrm{d}x$.

（高等数学仍然常用“切割化弦”，让 $\tan x=\frac{\sin x}{\cos x}$ 等.）

解　令 $u=\cos x$，则 $\mathrm{d}u=-\sin x\mathrm{d}x$，有

$$原式=\int \frac{\sin x}{\cos x}\mathrm{d}x=\int -\frac{1}{u}\mathrm{d}u=-\ln u+C=-\ln|\cos x|+C.$$

想一想：类似可求 $\int \sin x\cos^5 x\mathrm{d}x$、$\int \sin x\sqrt{1+\cos x}\mathrm{d}x$、$\int \sin x 2^{\cos x}\mathrm{d}x$、$\int \frac{\cos x}{1+\sin^2 x}\mathrm{d}x$ 等，规律是 $f(x)$ 中有 $\sin x$ 和 $\cos x$，那么令 $u=\cos x$ 或 $u=\sin x$.

例 6.14　求 $\int \frac{1}{x\sqrt{\ln x}}\mathrm{d}x$.

（分析：同样按公式(6.5)规律，两项中令复杂的一项的中间变量为 $u=\ln x$.）

解　令 $u=\ln x$，则 $\mathrm{d}u=\frac{\mathrm{d}x}{x}$，有

$$原式=\int \frac{\mathrm{d}u}{\sqrt{u}}=\frac{1}{-\frac{1}{2}+1}u^{-\frac{1}{2}+1}+C=2\sqrt{u}+C=2\sqrt{\ln x}+C.$$

想一想：类似可求 $\int \frac{1}{x\ln x}\mathrm{d}x$、$\int \frac{\ln x}{x}\mathrm{d}x$、$\int \frac{\sqrt{\ln x}}{x}\mathrm{d}x$ 等，规律是 $f(x)$ 中有 $\frac{1}{x}$ 和 $\ln x$，那么令 $u=\ln x$.

例 6.15　求 $\int \mathrm{e}^x\sqrt{1+\mathrm{e}^x}\mathrm{d}x$.

（分析：同样按公式(6.5)，令 $u=1+\mathrm{e}^x$.）

解　令 $u=1+\mathrm{e}^x$，则 $\mathrm{d}u=\mathrm{e}^x\mathrm{d}x$，

$$原式=\int \sqrt{u}\mathrm{d}u=\frac{2}{3}u^{\frac{3}{2}}+C=\frac{2}{3}(1+\mathrm{e}^x)^{\frac{3}{2}}+C.$$

想一想：类似可求 $\int \frac{\mathrm{e}^x}{1-\mathrm{e}^x}\mathrm{d}x$、$\int \frac{\mathrm{e}^x}{2-\mathrm{e}^{2x}}\mathrm{d}x$、$\int \mathrm{e}^x(\sqrt{1+\mathrm{e}^x})^{11}\mathrm{d}x$ 等.

于是从例 6.11 到例 6.15，与公式(6.5)相应的具体换元内容为

(1) $f(x)$含中间变量 $ax+b$，令 $u=ax+b$；

(2) $f(x)$含 x^n、x^{n+1}，令 $u=x^n$；

(3) $f(x)$含 $\sin x$、$\cos x$，令 $u=\sin x$ 或 $u=\cos x$；

(4) $f(x)$含 $\ln x$、$\frac{1}{x}$，令 $u=\ln x$；

(5) $f(x)$含 e^x、e^{-x}，令 $u=\mathrm{e}^x$.　　(6.5)

[课堂练习]

求下列不定积分.

(1) $\int(1+3x)^5\mathrm{d}x$；　　(2) $\int x\mathrm{e}^{x^2}\mathrm{d}x$；　　(3) $\int\sin x\cos^5 x\mathrm{d}x$；

(4) $\int\frac{\ln x}{x}\mathrm{d}x$；　　(5) $\int\mathrm{e}^x\sqrt{1+\mathrm{e}^x}\mathrm{d}x$.

***例 6.16**　求$\int\frac{\cos(1+\sqrt{x})}{\sqrt{x}}\mathrm{d}x$.

(分析:同样按公式(6.5)规律,令 $u=1+\sqrt{x}$.)

解　令 $u=1+\sqrt{x}$,则 $\mathrm{d}u=\frac{\mathrm{d}x}{2\sqrt{x}}$,有

$$原式=\int 2\cos u\mathrm{d}u=2\sin u+C=2\sin(1+\sqrt{x})+C.$$

$f(x)$ 含$\sqrt{x}$ 和$\frac{1}{\sqrt{x}}$,则令 $u=\sqrt{x}$,类似有$\int\frac{(1-\sqrt{x})^5}{\sqrt{x}}\mathrm{d}x$、$\int\frac{1}{\sqrt{x}(2+3\sqrt{x})}\mathrm{d}x$、$\int\frac{\tan\sqrt{x}}{\sqrt{x}}\mathrm{d}x$ 等.

例 6.17　求$\int\cos^2 x\mathrm{d}x$.

(分析:按此题的特殊性,在于“降幂”.)

解　原式 $=\int\frac{1+\cos 2x}{2}\mathrm{d}x=\frac{1}{2}x+\frac{1}{4}\int\cos 2x\mathrm{d}2x=\frac{1}{2}x+\frac{1}{4}\sin 2x+C.$

例 6.18　求$\int\sin^3 x\mathrm{d}x$.

(分析:按公式(6.5) 和式(6.6) 的规律,设法变出一个 $\cos x$.)

解　原式$=\int\sin^2 x\sin x\mathrm{d}x=\int(1-\cos^2 x)\sin x\mathrm{d}x=\int(\sin x-\cos^2 x\sin x)\mathrm{d}x$

$$=-\cos x-\int\cos^2 x\mathrm{d}(-\cos x)=-\cos x+\frac{1}{3}\cos^3 x+C.$$

说明:此例求解中运用了换元积分的另一种形式——“凑微分法”,又如比较例 6.15 有$\int\mathrm{e}^x\sqrt{1+\mathrm{e}^x}\mathrm{d}x=\int\sqrt{1+\mathrm{e}^x}\mathrm{d}(1+\mathrm{e}^x)=\frac{2}{3}(1+\mathrm{e}^x)^{\frac{3}{2}}+C$,形式上是“凑微分”$\mathrm{e}^x\mathrm{d}x=\mathrm{d}(1+\mathrm{e}^x)$,实际上 $\mathrm{d}(1+\mathrm{e}^x)$ 中 $1+\mathrm{e}^x=u$,但“凑微分法” 在思维与书写上要简捷些.

***例 6.19**　求$\int\frac{x+7}{x^2+2x+5}\mathrm{d}x$.

解　原式$=\int\frac{x+1+6}{(x+1)^2+4}\mathrm{d}x=\int\frac{x+1}{(x+1)^2+4}\mathrm{d}x+\int\frac{6}{(x+1)^2+4}\mathrm{d}x$

$$=\int\frac{1}{(x+1)^2+4}\mathrm{d}\,\frac{(x+1)^2+4}{2}+3\int\frac{1}{1+\left(\frac{x+1}{2}\right)^2}\mathrm{d}\,\frac{x+1}{2}$$

$$=\frac{1}{2}\ln((x+1)^2+4)+3\arctan\frac{x+1}{2}+C.$$

此例说明,求不定积分难题需将直接积分法的“分”、“合”技术与换元积分法的换元法综合运用,而基本的是积分公式熟悉,无论“分”、“合”、“换元”都是心中找到一个(几个)积分公式,然后向这个公式的方向变化.

换元积分法可一般地表示为

$$\int f[\varphi(x)]\varphi'(x)\mathrm{d}x=\int f[\varphi(x)]\mathrm{d}\varphi(x)\overset{\varphi(x)=u}{\Rightarrow}\int f[u]\mathrm{d}u=F[\varphi(x)]+C.\quad(6.7)$$

6.3.2　定积分换元法

例 6.20　求$\int_0^2 x\mathrm{e}^{x^2}\mathrm{d}x$.

解 1　可“换元换限”,令 $u=x^2$, $\mathrm{d}u=2x\mathrm{d}x$,换限 $0\leqslant u=x^2\leqslant 4$.

$$\text{原式}=\int_0^4\mathrm{e}^u\mathrm{d}\,\frac{u}{2}=\frac{1}{2}\mathrm{e}^u\Big|_0^4=\frac{1}{2}(\mathrm{e}^4-\mathrm{e}^0)=\frac{1}{2}(\mathrm{e}^4-1);$$

解 2　用凑微分法.

$$\text{原式}=\int_0^2\mathrm{e}^{x^2}\mathrm{d}\,\frac{x^2}{2}=\frac{1}{2}\mathrm{e}^{x^2}\Big|_0^2=\frac{1}{2}(\mathrm{e}^{2^2}-\mathrm{e}^0)=\frac{1}{2}(\mathrm{e}^4-1).$$

例 6.21　求$\int_0^1\frac{1}{x^2-4}\mathrm{d}x$.

(分析:没有类似的积分公式,则需要变形,如何变?由此题特点可因式分解.)

解　原式$=\int_0^1\frac{1}{(x-2)(x+2)}\mathrm{d}x=\int_0^1\frac{1}{4}\left(\frac{1}{x-2}-\frac{1}{x+2}\right)\mathrm{d}x$

$$=\frac{1}{4}(\ln|x-2|-\ln|x+2|)\Big|_0^1$$

$$=\frac{1}{4}(-\ln 3-\ln 2+\ln 2)=-\frac{1}{4}\ln 3.$$

*6.3.3　第二类换元法

例 6.22　求$\int\frac{1}{1+\sqrt{x}}\mathrm{d}x$.

(分析:此题的难点在于有根号,与例 6.16 比较,它又不属$\sqrt{x}$、$\frac{1}{\sqrt{x}}$类型,那么解此题的思路在于换元去根号.)

解　令 $u=\sqrt{x}$,即 $x=u^2$, $\mathrm{d}x=2u\mathrm{d}u$,有

$$\text{原式}=\int\frac{2u}{1+u}\mathrm{d}u=2\int\frac{u+1-1}{1+u}\mathrm{d}u=2\int\left(1-\frac{1}{1+u}\right)\mathrm{d}u$$

$$=2(u-\ln(1+u))+C=2(\sqrt{x}-\ln(1+\sqrt{x}))+C.$$

例 6.23 求$\int \frac{1}{\sqrt{x^2-2}}dx$.

(分析:此题如果令 $u=x^2-2$、$du=2xdx$,但分式中没有 x,因而不属于第一类换元积分;解题思路还在于**"去根号"**,可利用**"三角代换"**即用三角公式 $\sin^2 t+\cos^2 t=1$、$\sec^2 t-1=\tan^2 t$ 等变换去根号.)

解 令 $x=\sqrt{2}\sec t$,$dx=\sqrt{2}\sec t\tan t dt$,有

$$\text{原式}=\int \frac{\sqrt{2}\sec t\tan t}{\sqrt{2\sec^2 t-2}}dt=\int \sec t dt=\ln|\sec t+\tan t|+C$$

$$=\ln\left|\frac{x}{\sqrt{2}}+\sqrt{\frac{x^2-2}{2}}\right|+C=\ln|x+\sqrt{x^2-2}|+C.$$

此例说明,其中积分$\int \sec t dt=\int \frac{1}{\cos t}dt$ 再用半角公式及第一类换元积分求解.其思路与过程较为复杂,因此可记住公式$\int \sec t dt=\ln|\sec t+\tan t|+C$、$\int \cos t dt=\ln|\csc t-\cot t|+C$.

习 题 6.3

A(基础题)

1. 以适当的常数填空,使等式成立.

(1) $dx=(\quad)d(5x-7)$;

(2) $xdx=(\quad)dx^2$;

(3) $xdx=(\quad)d(1+3x^2)$;

(4) $x^2dx=(\quad)d(2x^3-1)$;

(5) $e^{3x}dx=(\quad)de^{3x}$;

(6) $\cos 3x dx=(\quad)(\sin 3x)$.

2. 求下列不定积分.

(1) $\int (1+3x)^5 dx$;

(2) $\int \sin(2+3x)dx$;

(3) $\int x^2 e^{-x^3} dx$;

(4) $\int x^2(1+x^3)^5 dx$;

(5) $\int \sin x\cos^3 x dx$;

(6) $\int \frac{\sin x}{\cos^2 x}dx$;

(7) $\int e^x(1+e^x)^3 dx$;

(8) $\int e^x\sin(1+e^x)dx$;

(9) $\int \frac{\ln x}{x}dx$;

(10) $\int \frac{1}{x\ln^2 x}dx$;

(11) $\int \frac{dx}{x(5+6\ln x)}$;

(12) $\int \frac{e^{\sqrt{x}}}{\sqrt{x}}dx$;

(13) $\int \frac{(\arcsin x)^2}{\sqrt{1-x^2}}dx$.

3. 求下列定积分.

(1) $\int_0^1 (x^2-2x+1)dx$;

(2) $\int_1^2 \frac{1}{1+x}dx$;

(3) $\int_0^{\frac{\pi}{2}}(3\sin x+2\cos x)\mathrm{d}x$；

(4) $\int_0^{\frac{\pi}{2}}\sin x\mathrm{e}^{\cos x}\mathrm{d}x$；

(5) $\int_0^1 \mathrm{e}^x(1+\mathrm{e}^x)^5\mathrm{d}x$.

B(提高题)

1. 求下列积分：

(1) $\int(\sin x+\cos x)^2\mathrm{d}x$；

(2) $\int(\cos 2x-\mathrm{e}^{-2x})\mathrm{d}x$；

(3) $\int\frac{1}{x^2}\mathrm{e}^{\frac{1}{x}}\mathrm{d}x$；

(4) $\int\frac{2x}{5+3x^2}\mathrm{d}x$；

(5) $\int\tan^3 x\sec x\mathrm{d}x$；

(6) $\int\sqrt{1+\tan x}\sec^2 x\mathrm{d}x$；

(7) $\int\sin^3 x\mathrm{d}x$；

(8) $\int\frac{\mathrm{d}x}{\cos x\sin x}$；

(9) $\int\frac{\mathrm{d}x}{\mathrm{e}^x+\mathrm{e}^{-x}}$；

(10) $\int\frac{x^5}{1+x^2}\mathrm{d}x$；

(11) $\int\frac{4x+5}{x^2+3x+2}\mathrm{d}x$；

(12) $\int\frac{\mathrm{d}x}{4+x^2}$；

(13) $\int\frac{\mathrm{d}x}{x^2+2x+3}$；

(14) $\int\frac{1}{1+\cos x}\mathrm{d}x$.

2. 利用第一类换元法，证明下列积分公式.

(1) $\int\frac{\mathrm{d}x}{x^2+a^2}(a>0)=\frac{1}{a}\arctan\frac{x}{a}+C$；

(2) $\int\frac{\mathrm{d}x}{\sqrt{a^2-x^2}}(a>0)=\mathrm{arcstin}\frac{x}{a}+C$；

(3) $\int\frac{\mathrm{d}x}{x^2-a^2}(a\neq 0)=\frac{1}{2a}\ln\left|\frac{x-a}{x+a}\right|+C$；

(4) $\int\frac{\mathrm{d}x}{\sqrt{x^2\pm a^2}}(a\neq 0)=\ln|x+\sqrt{x^2\pm a^2}|+C$.

3. 如果$\int f(u)\mathrm{d}u=u\cos\sqrt{u}+C$，求：

(1) $\int f(ax+b)\mathrm{d}x$；

(2) $\int\frac{f(\ln x)}{x}\mathrm{d}x$；

(3) $\int f(\mathrm{e}^x)\mathrm{e}^x\mathrm{d}x$；

(4) $\int f(\sin x)\cos x\mathrm{d}x$.

4. 已知 $f(x)=\begin{cases}2x+\sin x & x<0\\ 3x^2, & x\geqslant 0\end{cases}$，求$\int f(x)\mathrm{d}x$.

5. 求下列不定积分.

(1) $\int\frac{\sqrt{x}}{1+x}\mathrm{d}x$；

(2) $\int x\sqrt{1+x}\mathrm{d}x$；

(3) $\int\frac{\sqrt{x-1}}{x}\mathrm{d}x$；

(4) $\int x^2\sqrt{4-x^2}\mathrm{d}x$；

(5) $\int\frac{x^2}{\sqrt{4-x^2}}\mathrm{d}x$；

(6) $\int\frac{\mathrm{d}x}{\sqrt{1+x-x^2}}$；

(7) $\int \frac{dx}{x^2\sqrt{1+x^2}}$；　　(8) $\int \frac{dx}{x^2\sqrt{4-x^2}}$；

(9) $\int \frac{dx}{(1+\sqrt[3]{x})\sqrt{x}}$；　　(10) $\int \frac{dx}{(x+1)\sqrt{x+2}}$；

(11) $\int \frac{dx}{\sqrt{1+e^x}}$.

6. 已知$\int x^5 f(x)dx = x^3+x^2+x+1$，求$\int f(x)dx$.

7. 求积分$\int |x| dx$.

C、D(应用题、探究题)

1. (人口统计)某城市居民人口分布密度的数学模型为 $P(r)=\frac{1}{r^2+2r+5}$，其中 r(km)是离开市中心的距离，$P(r)$的单位是 10 万人/km^2，求在离市中心 10km 范围内的人口数.

【相关阅读】 学数学的启示：解数学题的意义

问题：解这么多复杂的数学题有什么意义？

1. 解数学题的一般意义

中学的“题海战术”，解了许许多多的数学题，高考过后，解数学题的练习与努力，就主要不是为了考试了. 应当看到，或说应该把数学题看成一般问题——解题就是解决问题. 需要将学习解数学题的思维、方法和技巧，“转移”为解决一般问题(学习、生活、工作中的问题)的思维、方法和技巧. 如逻辑思维、灵活思维、创新思维，以及整个解题的“模式”，如①仔细审题，了解已知与未知——做事不能盲目，需要知己知彼；②基本思路：综合法由已知到未知，分析法由未知到已知，以及两者的结合；③其中的逻辑性，因为什么，依据什么——做事不能想当然，需要实事求是；④明确难点、关键以及如何突破难点——做事讲究方式方法；⑤解题需要找公式、用公式——解决实际问题需要找规律、用规律，找工具、用工具，找方法、用方法；⑥具体解题步骤中注意每步正确以保证结果正确——细节决定成败.

2. 做题—做事—做人

已经讨论过，在知识、文凭、技术、素质几者之中，人的素质最重要. 做数学题不能只顾于做数学题，而应联系、转化为解决一般问题的能力，“会做题”进而还要联系上升为“会做事”，再进一步到“会做人”.(请参见【相关阅读】微积分中的科学精神与人文精神.)

3. 解题的方法技巧

不定积分题很有难度(相比较，求导、求微分只须按公式规则求解，简单多了)，相应地就很有方法与技巧，如化简、换元、分部（见“分部积分法”）. 换元又是五花八门的换法. 请思考这些解题方法和技巧对我们的一般启示.（可参考【相关阅读】从积分法谈“智慧在于变化”.）

6.4　分部积分法

形如$\int \ln x\mathrm{d}x$、$\int x\mathrm{e}^x\mathrm{d}x$、$\int x\sin x\mathrm{d}x$等积分如何求？参照式(6.6)，它们不好用换元积分法求解，需要寻求新的积分法. 考虑积分是微分的逆运算，可从微分法则中去寻找，将函数乘积的微分公式转化为积分公式.

设函数$u=u(x)$、$v=v(x)$具有连续导数，

$$\mathrm{d}(uv)=u\mathrm{d}v+v\mathrm{d}u,$$

移项

$$u\mathrm{d}v=\mathrm{d}(uv)-v\mathrm{d}u,$$

两边积分得公式

$$\int u\mathrm{d}v=uv-\int v\mathrm{d}u \tag{6.8}$$

上式称为**分部积分公式**，其特点是如果$\int u\mathrm{d}v$不好积分，可变换成$\int v\mathrm{d}u$积分.

例 6.24　求$\int \ln x\mathrm{d}x$.

（分析：被积函数只有一项，则可把$\mathrm{d}x$中的x看作函数v，比照公式(6.8) $\int u\mathrm{d}v=uv-\int v\mathrm{d}u$，求解$\int \ln x\mathrm{d}x=\ln x\cdot x-\int x\mathrm{d}\ln x$.）

解　原式$=x\ln x-\int x\mathrm{d}\ln x=x\ln x-\int \frac{x}{x}\mathrm{d}x=x\ln x-x+C$.

例 6.25　求$\int x\mathrm{e}^x\mathrm{d}x$.

（分析：比照公式(6.8)确定u与v，一般要将$x\mathrm{e}^x$变成一项，于是需要“拿”一项进$\mathrm{d}x$，如$\mathrm{e}^x\mathrm{d}x=\mathrm{d}\mathrm{e}^x$）

解　原式$=\int x\mathrm{d}\mathrm{e}^x=\mathrm{e}^x x-\int \mathrm{e}^x\mathrm{d}x=\mathrm{e}^x x-\mathrm{e}^x+C$.

想一想：类似可求$\int x\sin x\mathrm{d}x$、$\int x\cos x\mathrm{d}x$，把$\sin x$或$\cos x$拿进$\mathrm{d}x$以及$\int x\mathrm{e}^{2x}\mathrm{d}x$、$\int x(3\sin x-1)\mathrm{d}x$等.

例 6.26　求$\int x^2\ln x\mathrm{d}x$.

（分析：$\ln x$不好“拿进”$\mathrm{d}x$，考虑将x^2“拿进去”，即$x^2\mathrm{d}x=\mathrm{d}\frac{x^3}{3}$.）

解　原式$=\int \ln x\mathrm{d}\frac{x^3}{3}=\frac{x^3}{3}\ln x-\int \frac{x^3}{3}\mathrm{d}\ln x=\frac{1}{3}x^3\ln x-\int \frac{x^3}{3}\frac{1}{x}\mathrm{d}x$

$$= \frac{1}{3}x^3\ln x - \frac{1}{3}\int x^2 \mathrm{d}x = \frac{1}{3}x^3\ln x - \frac{1}{9}x^3 + C.$$

想一想:类似可求$\int x^3\ln x\mathrm{d}x$、$\int \sqrt{x}\ln x\mathrm{d}x$、$\int x\ln(x+1)\mathrm{d}x$ 等.

例 6.27 求$\int_0^{\frac{\pi}{4}} x^2\sin x\mathrm{d}x$.

解 原式 $= \int_0^{\frac{\pi}{4}} x^2\mathrm{d}(-\cos x) = -x^2\cos x\Big|_0^{\frac{\pi}{4}} + \int_0^{\frac{\pi}{4}} \cos x\mathrm{d}x^2$

$$= -\frac{\pi^2}{16}\frac{\sqrt{2}}{2} + \int_0^{\frac{\pi}{4}} 2x\cos x\mathrm{d}x$$

$$= -\frac{\sqrt{2}}{32}\pi^2 + 2\int_0^{\frac{\pi}{4}} x\mathrm{d}\sin x = -\frac{\sqrt{x}}{32}\pi^2 + 2x\sin x\Big|_0^{\frac{\pi}{4}} - 2\int_0^{\frac{\pi}{4}}\sin x\mathrm{d}x$$

$$= \frac{\sqrt{2}}{4}\pi - \frac{\sqrt{2}}{32}\pi^2 + 2\cos x\Big|_0^{\frac{\pi}{4}} = \frac{\sqrt{2}}{4}\pi - \frac{\sqrt{2}}{32}\pi^2 + \sqrt{2} - 2.$$

说明

(1) 分部积分求定积分,仍是先求不定积分再代限求定积分;不过已积分出来的部分可以先代限;

(2) 分部积分的难点在于 $f(x)$的两项把哪一项拿进微分 $\mathrm{d}x$ 中,通常是将 $\ln x$ 以外的 e^x、$\sin x$、$\cos x$ 等拿进 $\mathrm{d}x$;

(3)例 6.27 表明,有积分题需要多次运用分部积分公式.

[课堂练习]

求下列不定积分.

(1) $\int x\mathrm{e}^{-x}\mathrm{d}x$; (2) $\int x^2\ln x\mathrm{d}x$; (3) $\int x\cos x\mathrm{d}x$; (4) $\int x^2\mathrm{e}^2\mathrm{d}x$.

例 6.28 求$\int \mathrm{e}^x\sin x\mathrm{d}x$.

解 原式$= \int \sin x\mathrm{d}\mathrm{e}^x = \mathrm{e}^x\sin x - \int \mathrm{e}^x\mathrm{d}\sin x = \mathrm{e}^x\sin x - \int \mathrm{e}^x\cos x\mathrm{d}x$

$$= \mathrm{e}^x\sin x - \int \cos x\mathrm{d}\mathrm{e}^x = \mathrm{e}^x\sin x - \mathrm{e}^x\cos x + \int \mathrm{e}^x\mathrm{d}\cos x$$

$= \mathrm{e}^x\sin x - \mathrm{e}^x\cos x - \int \mathrm{e}^x\sin x\mathrm{d}x$(将最末一项移至左边)

$\therefore$ 原式 $= \frac{1}{2}(\mathrm{e}^x\sin x - \mathrm{e}^x\cos x) + C.$

[课堂探究]

求不定积分充满技巧,其基本特点是变化,请研究如下问题.

(1) 试比较直接积分法、换元积分法、分部积分法三种积分法的变化的特点、异同.

(2) 以三种积分法为例,分析变化的奥秘.例如分部积分法怎么 u、v 变过去变过来就能将积分变简单了.一般研究变化的规律、变化的对象、变化的结果、变化何以能化难为易——如何把困难变而化之.

(3) 推而广之,三种积分变化法在求积分之外有什么运用.在数学之外有什么启示、有什么作用.(提示:例如买一件贵重点商品,与售货员谈优惠价,结果有限,因为授权有限,通常需要“换员”,找他们经理、老总谈,才可能有好效果.)

求不定积分还有其他一些方法,实际应用中可查积分表,可用数学软件(Mathematics、MATLAB等)在计算机上求解(请见本书第9章).

习　题　6.4

A(基础题)

1. 求下列不定积分.

(1) $\int x\ln x\mathrm{d}x$;　　(2) $\int \ln(1+x^2)\mathrm{d}x$;

(3) $\int x\sin x\mathrm{d}x$;　　(4) $\int x\cos 3x\mathrm{d}x$;

(5) $\int x\mathrm{e}^{-x}\mathrm{d}x$;　　(6) $\int x^2\mathrm{e}^{3x}\mathrm{d}x$;

(7) $\int \arctan x\mathrm{d}x$;　　(8) $\int \frac{\ln x}{\sqrt{x}}\mathrm{d}x$.

B(提高题)

1. 求下列不定积分.

(1) $\int \mathrm{e}^{\sqrt{t}}\mathrm{d}t$;　　(2) $\int x\tan^2 x\mathrm{d}x$;

(3) $\int x^2\mathrm{e}^{2x}\mathrm{d}x$;　　(4) $\int \mathrm{e}^{2x}\cos x\mathrm{d}x$;

(5) $\int x^2\sin\frac{x}{3}\mathrm{d}x$;　　(6) $\int \mathrm{x}\arcsin\frac{x}{2}\mathrm{d}x$.

2. 设 $f(x)$ 的一个原函数为$\frac{\sin x}{x}$,求$\int xf'(x)\mathrm{d}x$.

3. 用适当的方法计算下列积分.

(1) $\int \frac{x}{\cos^2 x}\mathrm{d}x$;　　(2) $\int x\sin^2 x\mathrm{d}x$;

(3) $\int x^3\mathrm{e}^{-x^2}\mathrm{d}x$;　　(4) $\int x\arctan x\mathrm{d}x$;

(5) $\int \frac{\ln\ln x}{x}\mathrm{d}x$;　　(6) $\int x\tan^2 x\mathrm{d}x$;

(7) $\int \ln(x+\sqrt{x^2+1})\mathrm{d}x$;　　(8) $\int \frac{x\arcsin x}{\sqrt{1-x^2}}\mathrm{d}x$;

(9) $\int \frac{x\mathrm{e}^x}{(x+1)^2}\mathrm{d}x$.

4. 求积分$\int \mathrm{e}^{\sqrt{2x+1}}\mathrm{d}x$.

5. 求积分$\int \frac{\arcsin x}{x^3}\mathrm{d}x$.

6. 求积分$\int \arctan\sqrt{x}\mathrm{d}x$.

7. 设 e^{x^2} 是 $f(x)$ 的一个原函数,求$\int x^2 f(x)\mathrm{d}x$.

C、D(应用题、探究题)

1. 求积分$\int x\mathrm{e}^x \sin x\mathrm{d}x$.

2. 在电力需求的电涌期间,消耗的电能的速度 r 可近似地表示为 $r=t\mathrm{e}^{-at}$,这里 t 是以小时计的时间,a 是正常数.

(1)求在头 T 小时内消耗的总电能 E,将所求答案写成关于 a 的函数;

(2)当时 $T\to\infty$,E 是多少?

6.5 求定积分

6.5.1 定积分的计算性质

设函数 $f(x)$与 $g(x)$在$[a,b]$连续.

性质 6.1

$$\int_a^b [f(x)\pm g(x)]\mathrm{d}x=\int_a^b f(x)\mathrm{d}x\pm\int_a^b g(x)\mathrm{d}x. \tag{6.9}$$

性质 6.2

$$\int_a^b kf(x)\mathrm{d}x=k\int_a^b f(x)\mathrm{d}x. \tag{6.10}$$

性质 6.3

$$\int_a^b f(x)\mathrm{d}x=\int_a^c f(x)\mathrm{d}x+\int_c^b f(x)\mathrm{d}x. \tag{6.11}$$

性质 6.3 中 c 在$[a,b]$内或外都成立. 上述 3 个性质可由定积分的定义证明. 此外还有$\int_a^b 0\mathrm{d}x=0$、$\int_a^b f(x)\mathrm{d}x=-\int_b^a f(x)\mathrm{d}x$ 等规律.

例 6.29 证明(1) 如果 $f(x)$ 为奇函数,则$\int_{-a}^a f(x)\mathrm{d}x=0$.

(2) 如果 $f(x)$ 为偶函数,则$\int_{-a}^a f(x)\mathrm{d}x=2\int_0^a f(x)\mathrm{d}x$.

(分析:以$\int_{-\frac{\pi}{2}}^{\frac{\pi}{2}}\sin x\mathrm{d}x$ 的几何意义为实例分析,可知奇函数在$[-a,0]$ 与$[0,a]$上面积相同、符合相反. 由此产生证明思路.)

证 (1) $\int_{-a}^a f(x)\mathrm{d}x=\int_{-a}^0 f(x)\mathrm{d}x+\int_0^a f(x)\mathrm{d}x$,

对$\int_{-a}^0 f(x)\mathrm{d}x$ 作变量代换, 令 $u=-x$,$\mathrm{d}u=-\mathrm{d}x$,有

$$\int_{-a}^{0} f(x)\mathrm{d}x = \int_{a}^{0} f(-u)(-\mathrm{d}u) = \int_{a}^{0} f(u)\mathrm{d}u = -\int_{0}^{a} f(u)\mathrm{d}u,$$

故 $\int_{-a}^{a} f(x)\mathrm{d}x = \int_{-a}^{0} f(x)\mathrm{d}x + \int_{0}^{a} f(x)\mathrm{d}x = -\int_{0}^{a} f(u)\mathrm{d}u + \int_{0}^{a} f(x)\mathrm{d}x = 0.$

(想一想:为什么 $\int_{a}^{b} f(x)\mathrm{d}x = \int_{a}^{b} f(u)\mathrm{d}u$?)

类似可证明(2).

注意:例 6.29 可作为一般结论使用,如 $\int_{-1}^{1} \frac{x^3}{\sqrt{1+x^2}}\mathrm{d}x = 0$、$\int_{-\frac{\pi}{4}}^{\frac{\pi}{4}} \sin x \times \sqrt{1+\tan^2 x}\mathrm{d}x = 0$ 等.

[课堂练习]

求下列定积分.

(1) $\int_{0}^{1} (1-3x)^5 \mathrm{d}x$;　　(2) $\int_{0}^{1} x^2 \mathrm{e}^{x^3} \mathrm{d}x$;

(3) $\int_{0}^{\frac{\pi}{2}} \cos x \sin^3 x \mathrm{d}x$;　　(4) $\int_{1}^{\mathrm{e}} \frac{\ln x}{x}\mathrm{d}x$.

6.5.2　由不定积分求定积分

*例 6.30　求 $\int_{-1}^{1} \sqrt{1-x^2}\mathrm{d}x$.

解　令 $x=\sin t$,　$\mathrm{d}x=\cos t\mathrm{d}t$(第二类换元法),有

$$\begin{aligned}\text{原式} &= 2\int_{0}^{\frac{\pi}{2}} \sqrt{1-\sin^2 t}\cos t\,\mathrm{d}t = 2\int_{0}^{\frac{\pi}{2}} \cos^2 t\,\mathrm{d}t \\ &= \int_{0}^{\frac{\pi}{2}} 1+\cos 2t\,\mathrm{d}t = \left(t+\frac{1}{2}\sin 2t\right)\Big|_{0}^{\frac{\pi}{2}} \\ &= \frac{\pi}{2}.\end{aligned}$$

其实此题还可由定积分的几何意义求解较为简单, $\int_{-1}^{1} \sqrt{1-x^2}\mathrm{d}x$ 是圆心在坐标原点,半径为 1 的圆的上半圆,其面积为 $\frac{\pi}{2}$.

*例 6.31　求 $\int_{0}^{\frac{1}{2}} \arcsin x\mathrm{d}x$.

(分析:此类型应考虑用分部积分法.)

解　$$\begin{aligned}\text{原式} &= x\arcsin x\Big|_{0}^{\frac{1}{2}} - \int_{0}^{\frac{1}{2}} x\mathrm{d}\arcsin x = \frac{\pi}{12} - \int_{0}^{\frac{1}{2}} \frac{x}{\sqrt{1-x^2}}\mathrm{d}x \\ &= \frac{\pi}{12} + \frac{1}{2}\int_{0}^{\frac{1}{2}} \frac{1}{\sqrt{1-x^2}}\mathrm{d}(1-x^2) = \frac{\pi}{12} + \sqrt{1-x^2}\Big|_{0}^{\frac{1}{2}} \\ &= \frac{\pi}{12} + \frac{\sqrt{3}}{2} - 1.\end{aligned}$$

通常可以由不定积分求定积分，但对许多实际应用中复杂的定积分，常常不易求原函数，而是求定积分的数值解（近似解）.

例 6.32 （环境污染）某工厂排出大量废气，造成严重的空气污染，若第 t 年废气排放量为 $W(t)=\dfrac{20\ln(t+1)}{(t+1)^2}$，求该厂在 $t=0$ 到 $t=5$ 年间排出的总废气量.

解 因为该厂在时间段$[t,t+\Delta t]$内排出的废气量为

$$\mathrm{d}W=\frac{20\ln(t+1)}{(t+1)^2}\mathrm{d}t$$

所以该厂在 $t=0$ 到 $t=5$ 年间排出的总废气量为

$$\begin{aligned}W&=\int_0^5\frac{20\ln(t+1)}{(t+1)^2}\mathrm{d}t=20\int_0^5\ln(t+1)\mathrm{d}\left(-\frac{1}{t+1}\right)\\&=\left[-\frac{20}{t+1}\ln(t+1)\right]_0^5+20\int_0^5\frac{1}{t+1}\mathrm{d}\ln(t+1)\\&=-\frac{20}{6}\ln 6+20\int_0^5\frac{1}{(t+1)^2}\mathrm{d}t\\&=-\frac{20}{6}\ln 6-20\left[\frac{1}{t+1}\right]_0^5\approx 10.6941.\end{aligned}$$

说明：此题的基本分析方法称为“微元法”，这是定积分定义的思想方法，即“无限细分、以直代曲”. 为求总量 W，无限细分，先求 W 的微分 $\mathrm{d}W$（称为微元）；求 $\mathrm{d}W$ 的要点是在 Δt 内把 $W(t)$ 看作不变的. 在 7.1.2 中将再进一步学习微元法.

6.5.3 变上限的定积分

若 $f(x)$在$[a,b]$上连续，则函数 $\varphi(x)=\int_a^x f(t)\mathrm{d}t$ 称为变上限的定积分，且

$$\varphi'(x)=\frac{\mathrm{d}}{\mathrm{d}x}\int_a^x f(t)\mathrm{d}t=f(x),\quad a\leqslant x\leqslant b.$$

一般地，若 $f(x)$连续，$h(x)$，$g(x)$在$[a,b]$内可导，且 $F(x)=\int_{g(x)}^{h(x)}f(t)\mathrm{d}t$，则

$$F'(x)=\frac{\mathrm{d}}{\mathrm{d}x}\int_{g(x)}^{h(x)}f(t)\mathrm{d}t=f(h(x))h'(x)-f(g(x))g'(x).$$

* **例 6.33** 求函数 $f(x)=\int_0^{\sin x}\ln(1+t)\mathrm{d}t$ 的导数.

解 $f'(x)=\ln(1+\sin x)\cdot(\sin x)'=\cos x\cdot\ln(1+\sin x)$.

习 题 6.5

A（基础题）

1. 填空题.

(1) $\left[\int f(x)\mathrm{d}x\right]'=(\quad)$；　　(2) $\left[\int_a^b f(x)\mathrm{d}x\right]'=(\quad)$；

(3) $\int_{-\pi}^{\pi} x\sqrt{1-\sin^2 x}\,\mathrm{d}x = ($　　$)$.

2. 计算下列定积分.

(1) $\int_1^2 \frac{2}{\sqrt{x}}\mathrm{d}x$；　(2) $\int_a^b \mathrm{e}^2 x\mathrm{d}x$；　(3) $\int_1^2 \left(x+\frac{1}{x}\right)^2\mathrm{d}x$；

(4) $\int_0^{\pi}\sin^2 x\mathrm{d}x$；　(5) $\int_0^1 \frac{x}{(1+x^2)^3}\mathrm{d}x$；　(6) $\int_0^{\frac{\pi}{2}}\sin x\cos^3 x\mathrm{d}x$；

(7) $\int_1^e x\ln x\mathrm{d}x$；　(8) $\int_0^{\frac{\pi}{2}} x\sin x\mathrm{d}x$；　(9) $\int_0^1 x\mathrm{e}^{2x}\mathrm{d}x$；

(10) $\int_0^1 x\mathrm{e}^{-x}\mathrm{d}x$；　(11) $\int_0^1 \frac{\mathrm{e}^x}{2+3\mathrm{e}^x}\mathrm{d}x$；　(12) $\int_0^{\pi}\sqrt{\sin x-\sin^3 x}\mathrm{d}x$.

B(提高题)

1. 设函数 $f(x)=\begin{cases}x^2, & 0\leqslant x<1\\ 1, & 1<x\leqslant 2\end{cases}$,计算$\int_0^2 f(x)\mathrm{d}x$.

2. 计算下列定积分.

(1) $\int_0^1(\mathrm{e}^x-1)^4\mathrm{e}^x\mathrm{d}x$；　(2) $\int_1^{\mathrm{e}}\frac{1+\ln x}{x}\mathrm{d}x$；

(3) $\int_0^{\pi}(1-\sin^3 x)\mathrm{d}x$；　(4) $\int_0^{\frac{\pi}{2}}\cos^7 x\mathrm{d}x$；

(5) $\int_{-2}^{-\sqrt{2}}\frac{1}{x\sqrt{x^2-1}}\mathrm{d}x$；　(6) $\int_{-2}^0\frac{1}{x^2+2x+2}\mathrm{d}x$.

3. 计算.

(1) $\frac{\mathrm{d}}{\mathrm{d}x}\int_0^x \ln(1+t^5)\mathrm{d}t$；　(2) $\frac{\mathrm{d}}{\mathrm{d}x}\int_x^1\sqrt{1+t^2}\mathrm{d}t$；

(3) $\frac{\mathrm{d}}{\mathrm{d}x}\int_1^{\cos x}\mathrm{e}^{-t^2}\mathrm{d}t$；　(4) $\frac{\mathrm{d}}{\mathrm{d}x}\int_x^{\mathrm{e}^x}\frac{\sin t}{t}\mathrm{d}t$.

4. 设 $f(x)=\int_{-1}^x\sqrt{1+t^2}\mathrm{d}t$,求 $f'(0),f'(1),f'\left(\frac{1}{4}\right)$.

5. 计算定积分.

(1) $\int_{-\pi}^{\pi}x\sin^2 x\mathrm{d}x$；　(2) $\int_{-1}^2 x^3\mathrm{e}^{-x^2}\mathrm{d}x$；　(3) $\int_{-1}^1\mathrm{e}^{|x|}\mathrm{d}x$；

(4) $\int_0^{\frac{1}{2}}(\arcsin x)^2\mathrm{d}x$；　(5) $\int_0^{\pi}\sqrt{\cos^2 x-\cos^4 x}\mathrm{d}x$；　(6) $\int_{-1}^1\ln(x+\sqrt{1+x^2})\mathrm{d}x$.

6. 证明.

(1) $\int_0^1 x^m(1-x)^n\mathrm{d}x=\int_0^1 x^n(1-x)^m\mathrm{d}x$；

(2) $\int_0^{\pi}\sin^n x\mathrm{d}x=2\int_0^{\frac{\pi}{2}}\sin^n x\mathrm{d}x$.

7. 如果 $f(x)=\int_{\pi}^x\frac{\sin t}{t}\mathrm{d}t$,计算积分$\int_0^{\pi}f(x)\mathrm{d}x$.

8. 证明:方程 $3x-1-\int_0^x\frac{\mathrm{d}t}{1+t^2}=0$ 在$(0,1)$内有唯一实数根.

9. 求函数 $f(x)=\int_{\frac{1}{2}}^x\ln t\mathrm{d}t$ 的极值点和极值.

C、D(应用题、探究题)

1.(石油总产量)经研究,一口新井的原油生产速度 $R(t)$(单位:吨/年)为 $R(t)=1-0.02t\sin 2\pi t$,求开始 3 年内生产的石油总量.

2.(高速路上汽车总量)设从 A 市到 B 市有 30km 长的高速公路,当公路上汽车的密度(每公里多少辆车)为 $\rho(x)=300+300\sin(2x+0.2)$,其中 x 为到 A 市收费站的距离,求该公路上汽车的总数.

*6.6 广义积分

有时候需要考虑积分限为无穷的情况,称之为**广义积分**.

假设对 $x\geqslant a$,$f(x)$是正的,如果 $\lim\limits_{b\to+\infty}\int_a^b f(x)\mathrm{d}x$ 存在,称 $\int_a^{+\infty} f(x)\mathrm{d}x$ 收敛且定义

$$\int_a^{+\infty} f(x)\mathrm{d}x=\lim_{b\to+\infty}\int_a^b f(x)\mathrm{d}x,$$

否则,称 $\int_a^{+\infty} f(x)\mathrm{d}x$ 发散,$\int_{-\infty}^b f(x)\mathrm{d}x$ 的定义类似.

例 6.34 求 $\int_0^{+\infty}\mathrm{e}^{-5x}\mathrm{d}x$.

解 首先考察求 $\int_0^b\mathrm{e}^{-5x}\mathrm{d}x$,$\int_0^b\mathrm{e}^{-5x}\mathrm{d}x=-\frac{1}{5}\mathrm{e}^{-5x}\Big|_0^b=-\frac{1}{5}\mathrm{e}^{-5b}+\frac{1}{5}$,

当 $b\to+\infty$ 时,$-\frac{1}{5}\mathrm{e}^{-5b}\to 0$,所以有

$$\text{原式}=\lim_{b\to+\infty}\int_0^b\mathrm{e}^{-5x}\mathrm{d}x=\lim_{b\to+\infty}\left(-\frac{1}{5}\mathrm{e}^{-5b}+\frac{1}{5}\right)=0+\frac{1}{5}=\frac{1}{5}.$$

直观的解释是,因为 e^{-5x} 降低的非常快,所以(可以期待)e^{-5x} 将很快地接近 0,面积趋于 $\frac{1}{5}$ 而不是无限增长的事实是 e^{-5x} 趋于 0 的一个结果.

例 6.35 论广义积分 $\int_1^{+\infty}\frac{1}{x^p}\mathrm{d}x$ 的敛散性.

解 当 $p=1$ 时,原式 $=\int_1^{+\infty}\frac{1}{x}\mathrm{d}x=\ln x\Big|_1^{+\infty}=+\infty$,

当 $p\neq 1$ 时,原式 $=\int_1^{+\infty}\frac{1}{x^p}\mathrm{d}x=\frac{1}{1-p}x^{1-p}\Big|_1^{+\infty}=\begin{cases}+\infty, & p<1\\ \frac{1}{1-p}, & p>1\end{cases}$,

故 $\int_1^{+\infty}\frac{1}{x^p}\mathrm{d}x$ 当 $p>1$ 时收敛,当 $p\leqslant 1$ 时发散.

习 题 6.6

B(提高题)

1. 计算下列定积分.

(1) $\int_1^{+\infty}\frac{1}{x^3}\mathrm{d}x$;　　　(2) $\int_1^{+\infty}\mathrm{e}^{-x}\mathrm{d}x$;

(3) $\int_{-\infty}^{0} \frac{2x}{x^2+1}\mathrm{d}x$；　　(4) $\int_{\mathrm{e}}^{+\infty} \frac{\ln x}{x}\mathrm{d}x$；

(5) $\int_{-\infty}^{+\infty} x\mathrm{e}^{-x^2}\mathrm{d}x$；　　(6) $\int_{-\infty}^{+\infty} \frac{1}{x^2+2x+2}\mathrm{d}x$.

2. 求广义积分$\int_{0}^{+\infty} \frac{x\mathrm{e}^{-x}}{(1+\mathrm{e}^{-x})^2}\mathrm{d}x$.

3. 设有广义积分$\int_{2}^{+\infty} \frac{\mathrm{d}x}{x\ln x}$,试判定其敛散性.

4. 判定下列广义积分的敛散性,如果收敛,计算其值.

(1) $\int_{1}^{+\infty} \frac{\mathrm{d}x}{x^5}$；　　(2) $\int_{1}^{+\infty} \frac{x}{1+x^2}\mathrm{d}x$；　　(3) $\int_{0}^{+\infty} x\mathrm{e}^{-x^2}\mathrm{d}x$；

(4) $\int_{0}^{+\infty} \frac{\mathrm{d}x}{\mathrm{e}^{\sqrt{x}}}$；　　(5) $\int_{0}^{+\infty} \mathrm{e}^{-2x}\sin 3x\mathrm{d}x$；　　(6) $\int_{0}^{1} \frac{\mathrm{d}x}{\sqrt{1-x^2}}$.

5. 已知 $\lim\limits_{x\to+\infty}\left(\frac{x-a}{x+a}\right)^x = \int_{0}^{+\infty} x^2\mathrm{e}^{-x}\mathrm{d}x$,求 a 的值.

第 6 章复习题

1. 求下列不定积分.

(1) $\int(1-x+2x^3)\mathrm{d}x$；　　(2) $\int(2-\mathrm{e}^x+3\sin x)\mathrm{d}x$；

(3) $\int\frac{1+2x-\sqrt{x}}{x}\mathrm{d}x$；　　(4) $\int x(1+x^2)^5\mathrm{d}x$；

(5) $\int\sin x\cos^5 x\mathrm{d}x$；　　(6) $\int\cos^3 x\mathrm{d}x$；

(7) $\int\frac{\mathrm{e}^x}{1+\mathrm{e}^x}\mathrm{d}x$；　　(8) $\int\frac{1}{x\sqrt{\ln x}}\mathrm{d}x$；

(9) $\int\frac{\mathrm{e}^{\sqrt{x}}}{\sqrt{x}}\mathrm{d}x$；　　(10) $\int\frac{\cos\frac{1}{x}}{x^2}\mathrm{d}x$；

(11) $\int 3x\cos 3x\mathrm{d}x$；　　(12) $\int x\mathrm{e}^{-2x}\mathrm{d}x$；

(13) $\int\ln(1+2x)\mathrm{d}x$；　　(14) $\int x^2\sin x\mathrm{d}x$；

2. 计算下列定积分.

(1) $\int_0^1(1+2x+3x^4)\mathrm{d}x$；　　(2) $\int_0^1 x^2(1-x^3)^2\mathrm{d}x$；

(3) $\int_0^{\frac{\pi}{2}}\sin x\cos x\mathrm{d}x$；　　(4) $\int_0^{\frac{\pi}{2}}\sin x\sqrt{\cos x}\mathrm{d}x$；

(5) $\int_0^1\frac{\mathrm{e}^x}{1+\mathrm{e}^{2x}}\mathrm{d}x$；　　(6) $\int_1^2\frac{\ln^2 x}{x}\mathrm{d}x$；

(7) $\int_0^{\frac{\pi}{2}}x\sin 2x\mathrm{d}x$；　　(8) $\int_0^{\frac{\pi}{2}}\mathrm{e}^x\sin x\mathrm{d}x$.

*3. 计算下列各题.

(1) $\int_0^{2\pi}|\sin x|\mathrm{d}x$；　　(2) $\int_0^4\mathrm{e}^{\sqrt{x}}\mathrm{d}x$；

(3) $\int_0^1 f'(2x)\mathrm{d}x$ (其中 f 为连续函数);　　(4) $\int_{-\infty}^{+\infty} \frac{1}{\mathrm{e}^x - \mathrm{e}^{-x}}\mathrm{d}x$.

*4. 试证明 $\int_0^1 x^m(1-x)^n\mathrm{d}x = \int_0^1 x^n(1-x)^m\mathrm{d}x$.

*5. 求函数 $f(x) = \int_0^x \frac{t+2}{t^2+2t+2}\mathrm{d}t$ 在 $[0,1]$ 上的最大值和最小值.

6. 设 $f'(\ln x) = (x+1)\ln x$,求 $f(x)$.

7. 设 $\sin x^2$ 是 $f(x)$ 的一个原函数,求 $\int x^2 f(x)\mathrm{d}x$.

8. 已知 $F(x)$ 是 $f(x)$ 的一个原函数,且 $f(x) = \frac{xF(x)}{1+x^2}$,求 $F(x)$.

9. 设 $\int \frac{\sin x}{f(x)}\mathrm{d}x = \arctan(\cos x) + C$,求 $\int f(x)\mathrm{d}x$.

10. 设 $f(x) = \begin{cases} \frac{1}{1+x}, & x \geqslant 0 \\ (x+1)\mathrm{e}^{x+1}, & x < 0 \end{cases}$,求定积分 $\int_0^2 f(x-1)\mathrm{d}x$ 的值.

11. 已知 $f(x)$ 可导且满足:$\int_0^x \mathrm{e}^t f(t)\mathrm{d}t = \mathrm{e}^x f(x) + x^2 + x + 1$,求 $f(x)$.

12. 设 $f(x)$ 是连续函数,且 $\int_0^{x^2-1} f(t)\mathrm{d}t = x$,求 $f(x)$.

13. 设 $F(x) = \int_1^x \frac{\ln t}{1+t^2}\mathrm{d}t\,(x>0)$,求 $F(x) - F\left(\frac{1}{x}\right)$.

14. 已知 $\lim\limits_{x\to 0} \frac{\cos x + b}{\mathrm{e}^x - a}\int_0^x \frac{\sin t}{t}\mathrm{d}t = 15$,求 a,b 的值.

15. 设函数 $f(x)$ 在 $[a,b]$ 上连续,且 $f'(x) \geqslant 0$,求证:函数 $F(x) = \frac{1}{x-a}\int_a^x f(t)\mathrm{d}t$ 在 (a,b) 内单调递增.

【相关阅读】　由积分变换谈"智慧在于变化"

近代社会:知识就是力量;现代社会:智慧比知识更有力量.什么是智慧?一般说来,"智慧=智+慧",即智慧包括智力因素与非智力因素两方面内容.非智力因素如雄心、信心、恒心、爱心、虚心、细心等.那么什么使人们聪明、智慧呢?

还从"曹冲称象"说起,小秤称大象?当朝文武都想不出办法,似乎是一个解决不了的问题了.小小曹冲却发奇想:把大象"变换"成石头,分别称这些石头,石头的总重量就是大象的重量.什么是智慧?可以说,能够解决看似不能解决的问题的办法就是智慧.别人解决不了,你能解决,就显得你聪明、富有智慧.什么是智慧?可以说,解决难题的智慧在于变化.不是吗?大象"变成"石头,问题就解决了.变化、变化,"变"就能"化"——"变"就能化解难题、化强为弱、化无为有、化难为易、化险为夷……生命在于运动、智慧在于变化.中国智慧大道之源的《易经》说得十分透彻:穷则变、变则通、通则久.

智慧在于变化,不直接而间接,于是灵活、广阔、有无穷可能、东方不亮西方亮、明修栈道暗渡陈仓、无中生有树上开花、五花八门神奇巧妙.

进而要问:智慧变化有什么规律呢? 总结曹冲称象的变化规律如图 6.1 所示.

智慧变化的一般规律如图 6.2 所示,若只沿图 6.2 中的“虚线”考虑问题,为直接行事、不知变化、思维机械僵化,无智慧. 对于难题其间必有一堵“高墙”阻挡. 智慧在于变化,在于通过“实线”的途径绕过“高墙”,使问题易于解决. 把一个较难问题(A)变成易于解决的问题(B)了. 正所谓:曲径通幽、柳暗花明.

如换元积分法,如图 6.3 所示.

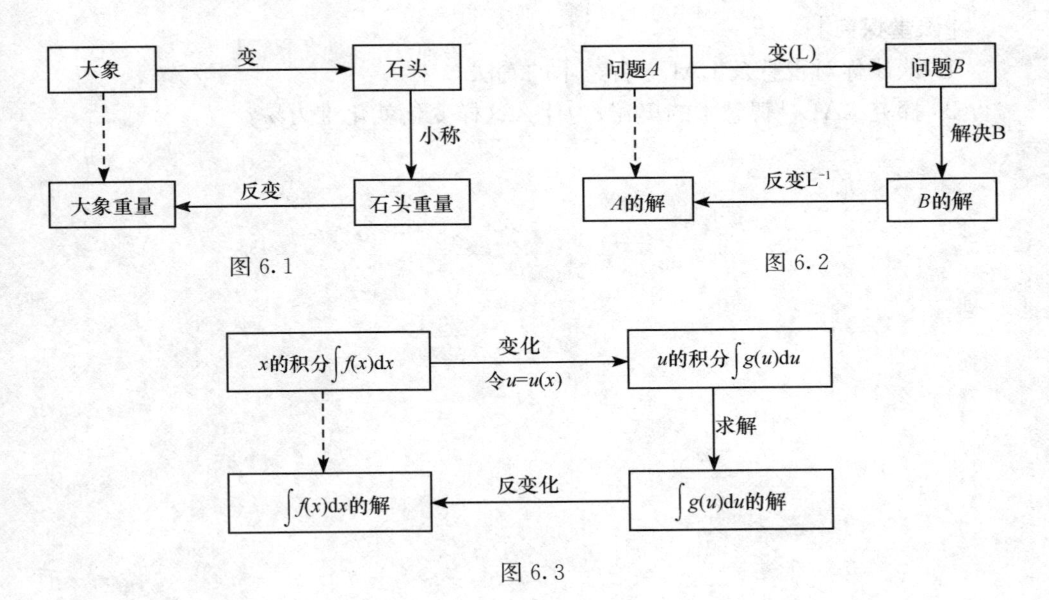

图 6.1

图 6.2

图 6.3

数学中变换法常常是如此,著名的如对数(请你画出对数变化图).

科技中如此巧妙变化的例子广泛存在,如输电技术,如图 6.4 所示.

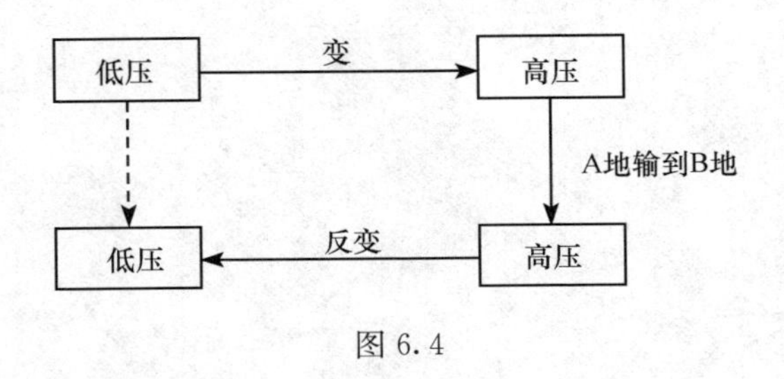

图 6.4

现代社会数字化,全是图 6.2 的变化规律.

大千世界,历史长河,如神猴七十二变、诸葛亮变化万千、孙子兵法、三十六计……许多智慧变化都是如此规律. 如图 6.5“草船借箭”,图 6.6“毛泽东兵法”所示.

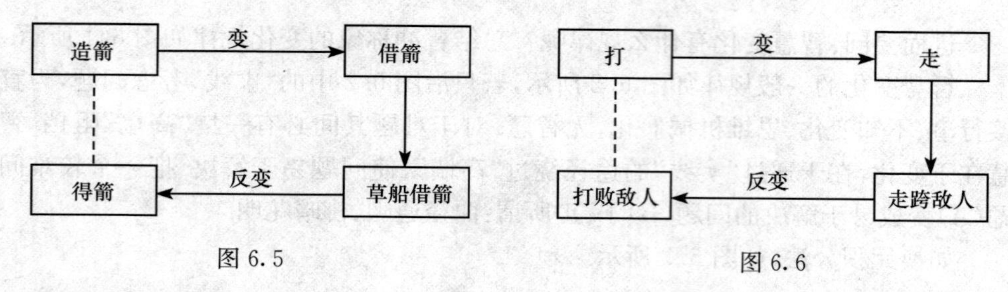

图 6.5　　图 6.6

[课堂探究]

1. 谈谈你对智慧及 LAL^{-1} 智慧术的看法.

2. 探究 LAL^{-1} 智慧术的奥秘，为什么这样变化就化难为易？

第 7 章　定积分的应用

在第 5 章中学习了定积分的概念，其中有用定积分求面积和路程的示例；在第 6 章中又讨论了通过不定积分求定积分的各种方法. 在本章中将应用定积分来解决几何、物理、经济中的各种问题.

7.1　定积分在几何上的应用

7.1.1　平面图形的面积

由定积分的几何意义“有号面积”，可直接得到求平面图形面积的公式

$$S=\int_a^b |f(x)|\,\mathrm{d}x \tag{7.1}$$

例 7.1　计算由两条抛物线 $y^2=x$，$y=x^2$ 所围成的图形的面积.

解　先求两曲线交点

$$\begin{cases} y^2=x \\ y=x^2 \end{cases} \quad 解之得 \quad \begin{cases} x=0 \\ y=0 \end{cases}, \begin{cases} x=1 \\ y=1 \end{cases}.$$

作图如图 7.1 所示，得

$$S=\int_0^1 (\sqrt{x}-x^2)\,\mathrm{d}x$$

$$=\left(\frac{2}{3}x^{\frac{3}{2}}-\frac{1}{3}x^3\right)\Big|_0^1=\frac{1}{3}.$$

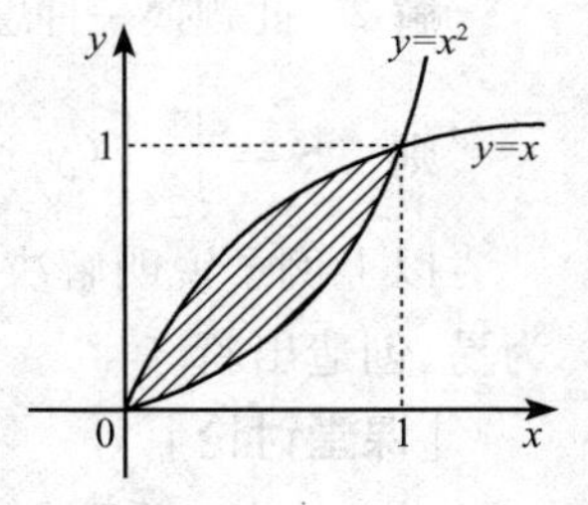

图 7.1

可见，定积分求平面图形面积有以下几个步骤：

① 求曲线交点并画草图；

② 确定求哪块面积，进行“面积组合”(即由定积分表示的曲边梯形来划分这块面积，哪些该加，哪些该减，注意“曲边梯形”一定是以 x 轴为一边，两条竖直线为另两边)；

③ 以 x 的范围确定积分限，用定积分表示这块面积；

④ 求定积分.

这里要注意，定积分表示“有号面积”：①$\int_a^b f(x)\,\mathrm{d}x$ 表示的“面积”，一定是以 x 轴为一边，即 x 轴和直线 $x=a$，$x=b$ 及曲线 $y=f(x)$ 所围成的面积；②“有号”是指在 $a\leqslant x\leqslant b$ 内 $f(x)>0$ 则积分为正号，$f(x)<0$ 积分为负号. 因此，求定积分正就是正、负就是负，求面积则需要将“负”变成正.

例 7.2　求曲线 $y=\mathrm{e}^x-2$ 在区间$[-2,2]$间与 x 轴所围成的图形的面积.

解 作 $y=e^x-2$ 图像如图 7.2 所示(由 $y=e^x$ 平移),求交点$(\ln2,0)$.

"面积组合"即将这块图形划分为$[-2,\ln2]$,$[\ln2,2]$对应两部分

$$S=\int_{-2}^{\ln 2}-(e^x-2)dx+\int_{\ln 2}^{2}(e^x-2)dx$$
$$=4\ln 2+e^2+e^{-2}-4.$$

例 7.3 求 $y^2=2x$ 与 $y=x-4$ 所围成的图形的面积.

解 1 先求 $y^2=2x$ 与 $y=x-4$ 的交点$(2,-2)$,$(8,4)$.

作图形如图 7.3 所示,为面积组合,以 $x=2$ 为界划分为两块面积,并由对称性得

$$S=2\int_0^2(\sqrt{2x})dx+\int_2^8\sqrt{2x}dx+\frac{1}{2}\times2\times2-\frac{1}{2}\times4\times4=18.$$

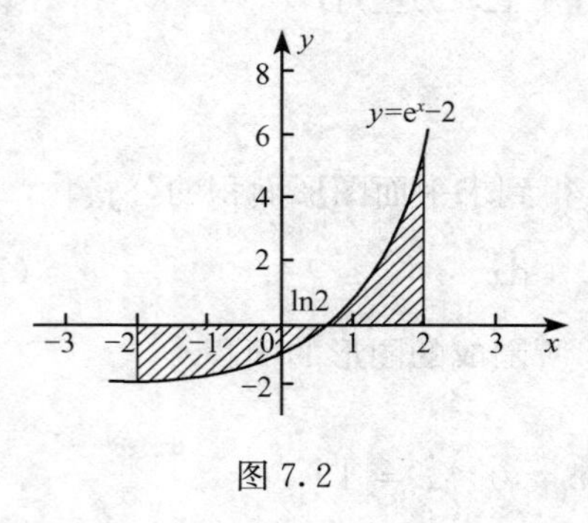

图 7.2

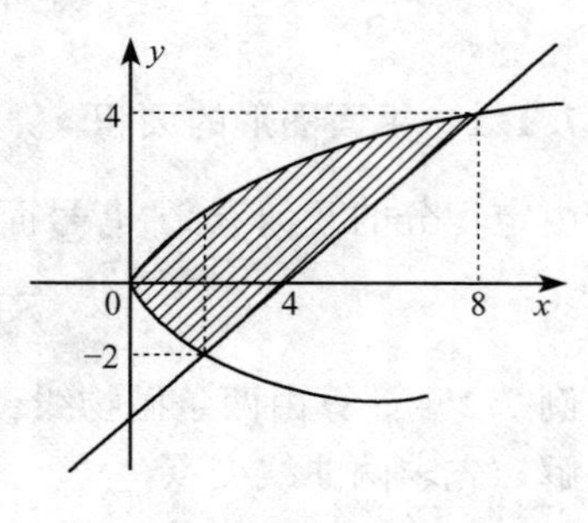

图 7.3

解 2 此题换一种思维方向,在 y 轴上积分,即以 y 为积分变量,$S=\int_a^b|x(y)|dy$,

则 $S=\int_{-2}^{4}\left[(y+4)-\frac{1}{2}y^2\right]dy=\left(\frac{1}{2}y^2+4y-\frac{1}{6}y^3\right)\Big|_{-2}^{4}=18.$

以上例子说明解决困难的问题,常常需要换向思维、反向思维,如此易于化难为易、创造出新.

[课堂讨论]

求 $y=\sin x$ 和 $y=\cos x$ 在 $0\leqslant x\leqslant2\pi$ 范围内所围成图形的面积.

(1) 请同学到黑板上画出所求图形的范围.

(2) 请同学讨论:如何进行面积组合、求出这块面积?

[课堂练习]

求解习题 7.1A 组习题 1.

***例 7.4** 求椭圆 $x=a\cdot\cos t$,$y=b\cdot\sin t$ 的面积 A.

解 上半椭圆面积

$$A_1=\int_0^{\pi}|b\sin t\cdot(a\cos t)'|dt=ab\int_0^{\pi}\sin^2 t\,dt$$
$$=\frac{ab}{2}\int_0^{\pi}(1-\cos 2t)dt=\frac{ab}{2}\left(t-\frac{1}{2}\sin 2t\right)\Big|_0^{\pi}=\frac{1}{2}\pi ab.$$

所以椭圆面积为 $A=2A_1=\pi ab$.

***例 7.5**　求底面积为 S，高为 h 的锥体的体积.

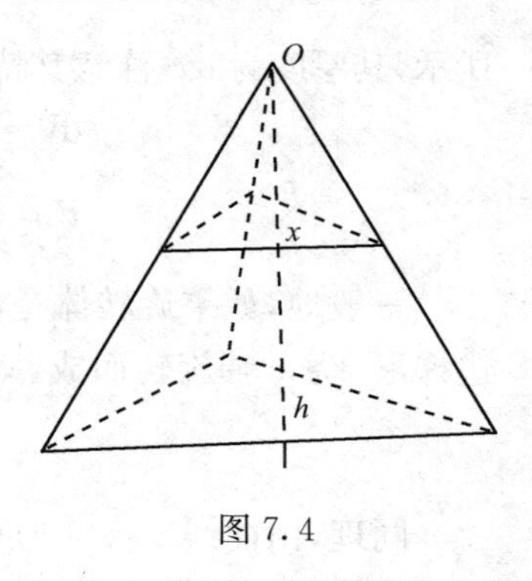

图 7.4

解　如图 7.4 所示，建立坐标系. 任取 $x\in[0,h]$，过点 x 作与 x 轴垂直截面，则该截面与底面是相似形. 设截面面积为 $A(x)$，则有

$$\frac{A(x)}{S}=\frac{x^2}{h^2}\Rightarrow A(x)=\frac{S}{h^2}\cdot x^2.$$

于是所求体积为

$$V=\int_0^h A(x)\mathrm{d}x=\frac{S}{h^2}\int_0^h x^2\mathrm{d}x=\frac{S}{h^2}\cdot\frac{h^3}{3}=\frac{1}{3}Sh.$$

7.1.2　旋转体的体积

旋转体是一平面图形绕平面内一定直线旋转一周而成的立体图形，定直线称为旋转轴. 如圆柱、圆锥、球体等可以分别看成是由矩形绕它的一条边、直角三角形绕它的直角边、半圆绕它的直径旋转一周而成的立体，所以它们都是旋转体. 车床上切削加工出来的工件，很多都是旋转体.

以下主要介绍用定积分求以 x 轴或 y 轴为旋转轴的旋转体体积的方法. 由于要用到"微元法"，所以下面先通过求平面图形的面积来介绍微元法.

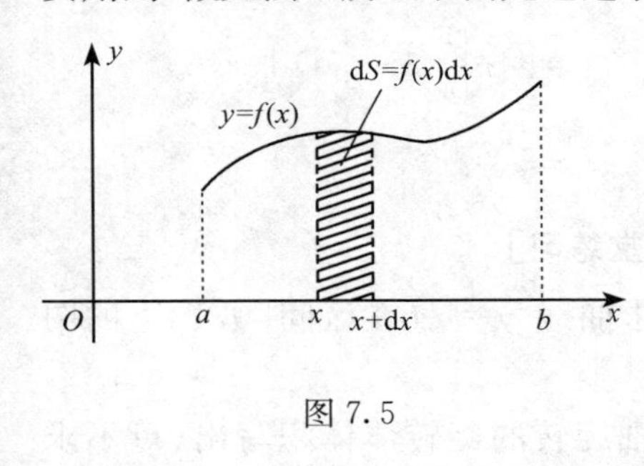

图 7.5

求平面图形的面积，前面是根据定积分的几何意义，此外还可根据定积分的定义，如图 7.5 所示，求曲边梯形的面积，"无限细分"，将$[a,b]$任意划分为 n 个小区间，相应地将曲边梯形划分成 n 个小曲边梯形，"以直代曲"，将任一小曲边梯形（$[x,x+\mathrm{d}x]$上阴影部分）看成小矩形，则其面积 $\Delta S\approx \mathrm{d}S=f(x)\mathrm{d}x$.

于是面积就是这些小矩形在$[a,b]$上的无限累加的结果，即

$$S=\int_a^b \mathrm{d}S=\int_a^b f(x)\mathrm{d}x. \tag{7.2}$$

其中把 $\mathrm{d}S$ 称为 S 的微元，这种"无限细分取微元，无限累加求积分"的方法称为**微元法**.

下面用微元法求旋转体的体积.

例 7.6　由区间$[0,1]$上曲线 $y=x^2$ 绕 x 轴旋转而成的旋转体体积.

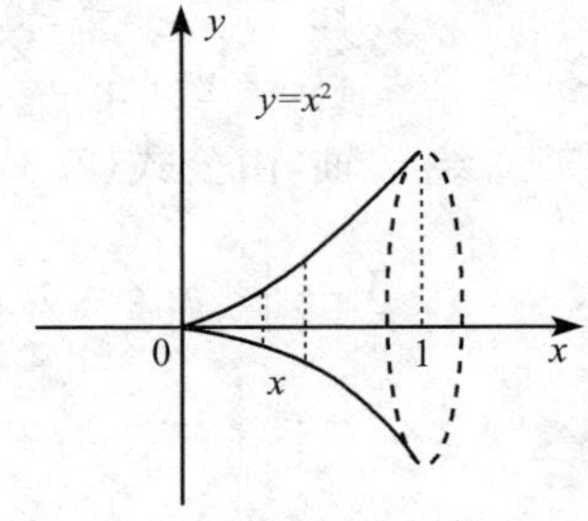

图 7.6

分析　取微元应有代表性，一个微元可代表每个微元；要有规律性，便于求出微元体积.

解　作草图如图 7.6 所示。

在 x 点（$x\in(0,1)$）处，垂直于 x 轴取微元，如图 7.6

所示，其厚度为 dx，注意其特点是截面都是圆，以小圆柱近似代替小圆台，得微元 dV，

$$dV=\pi(x^2)^2dx$$

$$V=\int_0^1\pi(x^2)^2dx=\frac{1}{5}\pi x^5\Big|_0^1=\frac{1}{5}\pi.$$

一般地，如果旋转体是由曲线 $y=f(x)$ 与直线 $x=a,x=b$ 及 x 轴所围成的曲边梯形，绕 x 轴旋转而成，则其体积

$$V=\int_a^b\pi[f(x)]^2dx \tag{7.3}$$

同理，由曲线 $x=\varphi(y)$ 与直线 $y=c,y=d$ 及 y 轴围成的曲边梯形绕 y 轴旋转而成的旋转体的体积为

$$V=\int_c^d\pi[\varphi(y)]^2dy \tag{7.4}$$

例 7.7 求曲线$\frac{x^2}{2}+y^2=1$绕 y 轴旋转而成的旋转体的体积.

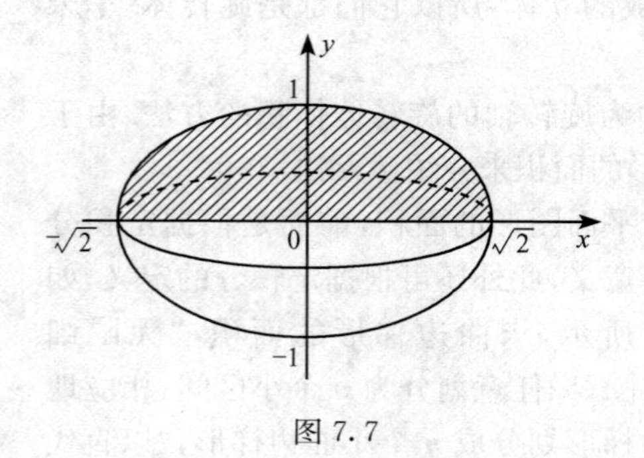

图 7.7

解 如图 7.7 所示，由公式(7.3)得(注意 $x^2=2-2y^2$)

$$V=\int_{-1}^1\pi(2-2y^2)dy$$

$$=4\pi\int_0^1(1-y^2)dy$$

$$=\frac{8\pi}{3}.$$

[课堂练习]

1. 求曲线 $y=\sqrt{x}$在区间$[0,1]$上的图形绕 x 轴、y 轴旋转的旋转体的体积.

2. 将习题 7.1A 组 1 题中阴影部分绕 x 轴旋转的旋转体体积写出(可不求积分).

例 7.8 求由曲线 $y=x^2$ 与 $y=2-x^2$ 所围成的平面图形绕 x 轴和 y 轴旋转所得旋转体的体积.

解 作图如图 7.8 所示，求两曲线交点

$$\begin{cases}y=x^2\\y=2-x^2\end{cases},\text{交点}(-1,1),(1,1),$$

绕 x 轴，由公式(7.3)得

$$V=\int_{-1}^1\pi(2-x^2)^2dx-\int_{-1}^1\pi(x^2)^2dx$$

$$=\pi\left[4x-\frac{4}{3}x^3\right]_{-1}^1=\frac{16}{3}\pi.$$

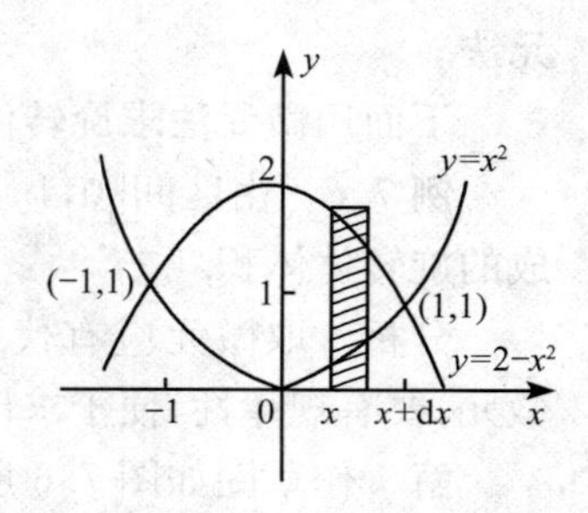

图 7.8

绕 y 轴，由公式(7.4)得

$$\begin{aligned}V &= \int_0^1 \pi x^2 \mathrm{d}y + \int_1^2 \pi x^2 \mathrm{d}y \\ &= \int_0^1 \pi y \mathrm{d}y + \int_1^2 \pi(2-y)\mathrm{d}y \\ &= \pi\left[\frac{1}{2}y^2\Big|_0^1 + \left(2y - \frac{1}{2}y^2\right)_1^2\right] \\ &= \pi.\end{aligned}$$

习　题　7.1

A(基础题)

1. 计算下列各图形(如图 7.9 所示)中阴影部分的面积.

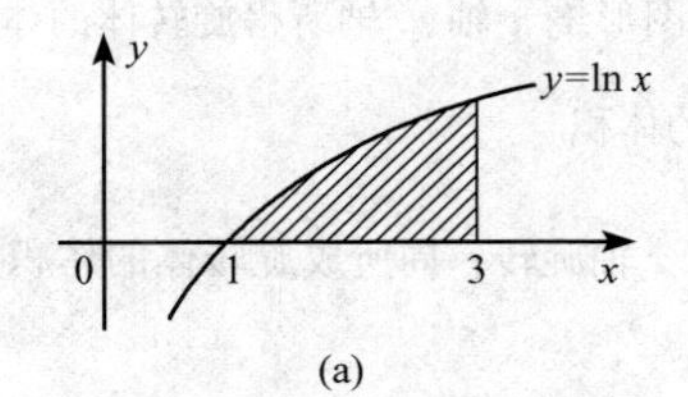

(a)

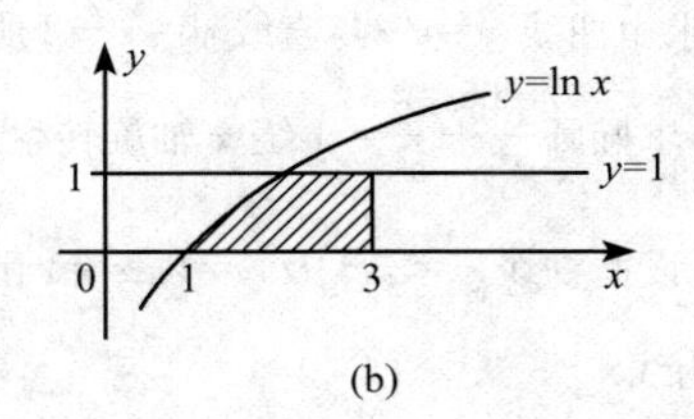

(b)

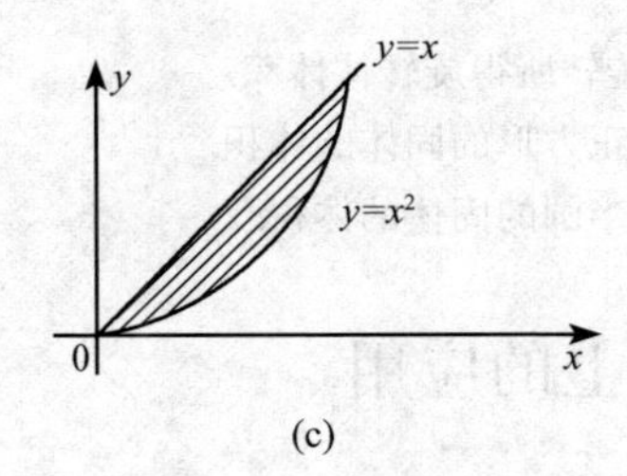

(c)

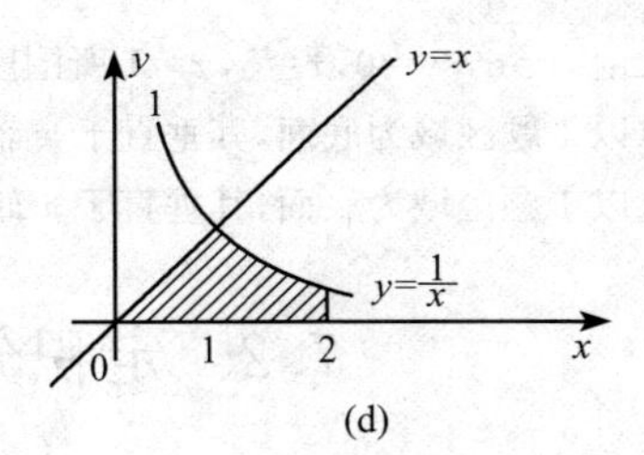

(d)

图 7.9

2. 求由下列曲线围成的图形面积.

(1) $y=2x+3, y=x^2$;　　(2) $y=\sqrt{x}, y=x$;

(3) $y=x, y=2x, y=2$;　　(4) $y=\dfrac{1}{x}, y=x, x=2$;

(5) $y=x-1, y=x^2-1$;　　(6) $y=\mathrm{e}^x, y=\mathrm{e}^{-x}, x=1$.

3. 计算下列图形分别绕 x 轴、y 轴旋转所得的旋转体的体积.

(1) $y=\sqrt{x}, x=2, y=0$;　　(2) $y=x^2, y^2=x$;

(3) $y=x^3, x=2, y=0$;　　(4) $x=7-y^2, x=3$.

B(提高题)

1. 求由下列曲线围成的图形面积.

(1) $4y=x^2, x-2y+4=0$;　　(2) $y=9-x^2, y=x+7$;

(3) $y^2=2x, x-y=4$.

2. 求由下列曲线所围成的图形绕指定轴旋转所得旋转体的体积.

(1) $y=\frac{1}{10}x^2+1, y=\frac{1}{10}x^2, y=10$,绕 y 轴;

(2) $y=x^2, y=(x-1)^2, y=0$,绕 y 轴.

3. 设抛物线 $y^2=2x$ 与该曲线在点 $\left(\frac{1}{2},1\right)$ 处的法线围成平面图形 D,求 D 的面积.

4. 求曲线 $y=e^x$ 与其过原点的切线及 y 轴所围成图形的面积.

5. 在区间(0,4)内求一点 x_0,使直线 $x=x_0$ 平分曲线 $y=e^x$ 与 $x=4$ 及 x 轴、y 轴围成的平面区域的面积.

6. 由曲线 $y=x^2$ 与直线 $x=k, x=k+2$ 围成的图形之面积最小,求 k 的值.

7. 求抛物线 $y=-x^2+4x-3$ 与其在点(0,-3)和(3,0)处的切线所围成的图形的面积.

8. 求曲线 $y=2-x^2$ 与直线 $y=x(x\geqslant 0)$、$x=0$ 围成的平面图形绕 x 轴旋转而构成的旋转体的体积.

9. 求由曲线 $y=\sqrt{x}$ 与直线 $y=x-2$ 所围成的平面图形绕 x 轴、y 轴所得旋转体的体积.

10. 求椭圆 $\frac{x^2}{a^2}+\frac{y^2}{b^2}=1$ 绕 x 轴旋转生成的旋转体的体积.

11. 设抛物线 $y=ax^2$ 及 $y=0, x=1$ 围成的图形绕 x 轴旋转一周所成旋转体的体积为 $\frac{81}{5}\pi$,求此抛物线.

D(探究题)

1. 求由 $y=e^x, y=0, x=5, x=1$ 所围区域绕 $y=7$ 旋转所得旋转体体积.

2. 求以 1 题区域为底面,其垂直于 x 轴的横截面为正方形的固体的体积.

3. 求以 1 题区域为底面,其垂直于 x 轴的横截面为半圆的固体的体积.

7.2 定积分在物理上的应用

7.2.1 功的计算

由物理学可知,在一个常力的作用下,物体沿力的方向作直线运动,当物体移动一段距离 s 时,F 所作的功为

$$W = F \cdot s.$$

但在实际问题中,物体所受的力经常是变化的,这就需要寻求其他方法求变力作功的问题. 设物体在变力 $f(x)$ 的作用下沿 x 轴从 a 移动到 b(如图 7.10 所示).

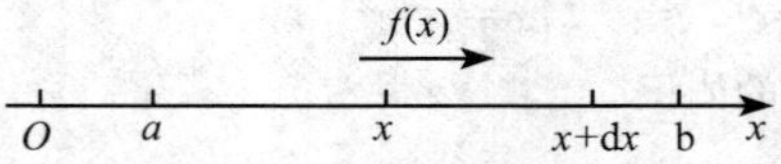

图 7.10

变力的方向保持与 x 轴一致. 用定积分微元法来计算变力 F 在 $[a,b]$ 路程段中所作的功.

在区间 $[a,b]$ 上任取一小区间 $[x, x+dx]$,当物体从 x 移动到 $x+dx$ 时,变力 $F=f(x)$ 所作的功近似地可以看作常力所作的功,从而得到功元素为

$$dW = f(x)dx.$$

因此,变力在$[a,b]$路程段所作的功为

$$W=\int_a^b f(x)\mathrm{d}x.$$

例 7.9　在弹性限度内,螺旋弹簧受压时,长度的改变与所受外力成正比,已知弹簧被压缩 0.02m 时,需 9.8N,当弹簧被压缩 3cm,试求压力所作的功.

解　设所用压力为 $F=f(x)$时弹簧压缩 x(单位:cm),则 $F=f(x)=kx$(其中 k 为比例系数).

故当 $x=0.02\text{m}$ 时,$f(x)=9.8\text{N}$ 代入,得

$$9.8=0.02k,\quad k=4.9\times10^2.$$

所以变力函数为:$F=f(x)=4.9\times10^2x$.

(1) 取积分变量为 x,积分区间为$[0,0.03]$;

(2) 在$[0,0.03]$上任取一小区间$[x,x+\mathrm{d}x]$,与它对应的变力所作的功为

$$\mathrm{d}W=f(x)\mathrm{d}x=4.9\times10^2x\mathrm{d}x.$$

(3) 于是,在$[0,0.03]$上积分,得到所求的功为

$$W=\int_0^{0.03}4.9\times10^2x\mathrm{d}x=4.9\times10^2\left[\frac{x^2}{2}\right]_0^{0.03}=0.2205(\text{J}).$$

例 7.10　把一个带$+q$ 电量的点电荷放在 r 轴坐标原点处,它产生一个电场,这个电场对周围的电荷产生作用力,由物理学知道如果有一个单位下电荷放在电路中距离原点 O 为 r 的地方,那么电场对它的作用力大小为

$$F=k\frac{q}{r^2}\quad(k\text{ 为常数}).$$

当这个单位正电荷在电场中从 $r=q$ 处沿 r 轴移到 $r=b(a<b)$处时,计算电场力所作的功.

解　(1) 取积分变量为 r,积分区间为$[a,b]$;

(2) 在区间$[a,b]$上任取一小区间$[r,r+\mathrm{d}r]$,与它相对应的电场力 F 所作的功的近似值为功元素

$$\mathrm{d}W=\frac{kq}{r^2}\mathrm{d}r.$$

(3) 于是,在$[a,b]$上,电场力所作的功为

$$W=\int_a^b\frac{kq}{r^2}\mathrm{d}r=kq\left[-\frac{1}{r}\right]_a^b=kq\left(\frac{1}{a}-\frac{1}{b}\right)(\text{J}).$$

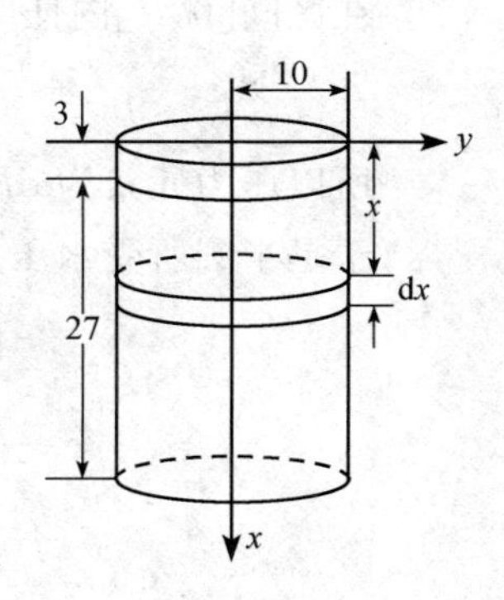

图 7.11

例 7.11　修建一座大桥墩时,先要下围囹,并且抽尽其中的水以便施工,已知围囹的直径为 20m,水深 27m,围囹高出水面 3m,求抽尽水所作的功.

解　如图 7.11 所示,建立直角坐标系.

(1) 取积分变量为 x,积分区间为$[3,30]$.

(2) 在区间$[3,30]$上任取一小区间$[x,x+\mathrm{d}x]$,与它

对应的一薄层(圆柱)水的重量为 $9.8\rho\pi 10^2 \mathrm{d}x$N. 其中水的密度为 $\rho=1\times 10^3$,因这一薄层水抽出围囹所作的功近似于克服这一薄层重量所作的功,所以功元素为

$$\mathrm{d}W = 9.8\times 10^5 \pi x \mathrm{d}x.$$

(3) 于是在[3,30]上,抽尽水所作的功为

$$W=\int_3^{30} 9.8\times 10^5 \pi x \mathrm{d}x = 9.8\times 10^5 \pi\left[\frac{x^2}{2}\right]_3^{30}$$
$$= 1.37\times 10^9 (\mathrm{J}).$$

7.2.2 流体的压力

例 7.12 底面半径为 R 的圆柱形桶内装着半桶水横放在地面上,试求桶的一个圆面上所受的水压力(如图 7.12 所示).

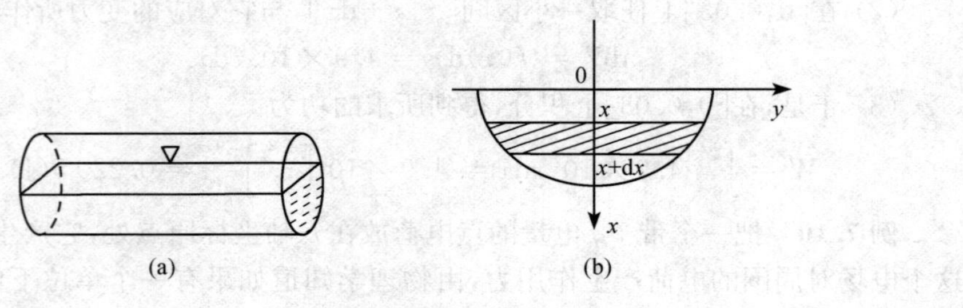

图 7.12

分析 由物理学知,比重为 ρ 的液体在深度为 h 的点处的压强为 $P=\rho h$,所以在这个深度上,面积为 A 水平放置的平板的一侧所受的液体压力为 $F=\rho hA$,当平板不是水平放置时,平板上各点所处的深度不同,就不能直接用这公式计算,但是用微元法,可以用平行于液面的许多平行线把平板分割成若干小块,在第一块上各点的深度看作是相同的,由上述公式求出压力元素.

解 建立如图 7.12 所示的坐标系,则由圆的方程 $x^2+y^2=R^2$ 有 $y=\sqrt{R^2-x^2}$.

在区间 $[0,R]$ 内任取微区间 $[x,x+\mathrm{d}x]$,其对应水平长条的受压面积近似于

$$\mathrm{d}A = 2y\mathrm{d}x = 2\sqrt{R^2-x^2}\mathrm{d}x.$$

所以压力元素为 $\mathrm{d}F=\rho x\mathrm{d}A=2\rho x\sqrt{R^2-x^2}\mathrm{d}x$.

于是半圆所受水压力为

$$F=\rho\int_0^R 2x\sqrt{R^2-x^2}\mathrm{d}x$$
$$=-\rho\int_0^R (R^2-x^2)^{\frac{1}{2}}\mathrm{d}(R^2-x^2)$$
$$=-\frac{2}{3}\rho\left[(R^2-x^2)^{\frac{3}{2}}\right]_0^R=\frac{2}{3}\rho R^3.$$

7.2.3　函数平均值的计算

初中学过平均值的计算，即 n 个数据 x_1、x_2、…、x_n 的平均值为

$$\bar{x}=\frac{x_1+x_2+\cdots+x_n}{n}=\frac{1}{n}\sum_{i=1}^{n}x_i.$$

现在考虑函数 $y=f(x)$ 在区间 $[a,b]$ 上取值的平均值（如 $y=\sin x$ 在 $[1,3]$ 上的平均值）.

设函数 $y=f(x)$ 在区间 $[a,b]$ 上连续，把区间 $[a,b]$ 等分为 n 个小区间，设分点为 $a=x_1<x_2<x_3<\cdots<x_{n+1}=b$，则每个小区间的长度 Δx，将 $f(x)$ 在第 i 个小区间内各点的函数值都用 x_i 函数值 $f(x_i)$ 代替，那么在区间上的平均值就近似于

$$\begin{aligned}&\frac{f(x_1)+f(x_2)+\cdots+f(x_n)}{n}\\&=\frac{1}{b-a}[f(x_1)+f(x_2)+\cdots+f(x_n)]\Delta x\\&=\frac{1}{b-a}\sum_{i=1}^{n}f(x_i)\Delta x\end{aligned}$$

对上式取极限，就得到在 $f(x)$ 在 $[a,b]$ 上的平均值

$$\bar{y}=\lim_{\substack{n\to\infty\\(\Delta x\to 0)}}\left[\frac{1}{b-a}\sum_{i=1}^{n}f(x_i)\Delta x\right]=\frac{1}{b-a}\int_a^b f(x)\mathrm{d}x.$$

平均值的几何解释是：如图 7.13 所示，曲边梯形面积等于同一底边而高为 $\bar{y}$ 的一个矩形面积.

例如，函数 $y=\sin x$ 在 $[1,3]$ 上的平均值为

$$\bar{y}=\frac{1}{3-1}\int_1^3\sin x\mathrm{d}x=\frac{1}{2}[-\cos x]_1^3\approx 0.765\,1.$$

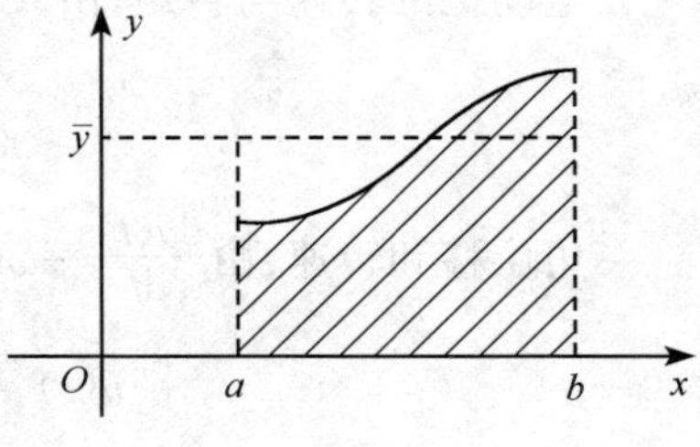

图 7.13

例 7.13　计算纯电阻电路中正弦交流电 $I=I_m\sin\omega t$ 在一个周期内功率的平均值.

解　设电阻为 R，那么这电路中，R 两端的电压

$$U=RI=RI_m\sin\omega t.$$

功率 $P=UI=RI_m^2\sin^2\omega t$（$R$、$I_m$、$\omega$ 为常量）.

因为交流电 $i=I_m\sin\omega t$ 的周期为 $\frac{2\pi}{\omega}$，所以在一个周期 $\left[0,\frac{2\pi}{\omega}\right]$ 上，P 的平均值为

$$\begin{aligned}\bar{P}&=\frac{1}{\frac{2\pi}{\omega}-0}\int_0^{\frac{2\pi}{\omega}}RI_m^2\sin^2\omega t\,\mathrm{d}t\\&=\frac{\omega RI_m^2}{2\pi}\int_0^{\frac{2\pi}{\omega}}\left(\frac{1-\cos 2\omega t}{2}\right)\mathrm{d}t\end{aligned}$$

$$= \frac{\omega R I_m^2}{4\pi} \int_0^{\frac{2\pi}{\omega}} (1 - \cos 2\omega t) \mathrm{d}t$$

$$= \frac{\omega R I_m^2}{4\pi} \left[t - \frac{1}{2\omega} \sin 2\omega t \right]_0^{\frac{2\pi}{\omega}}$$

$$= \frac{\omega R I_m^2 \cdot \frac{2\pi}{\omega}}{4\pi}$$

$$= \frac{R I_m^2}{2} = \frac{I_m U_m}{2}.$$

式中，$U_m = I_m R$.

7.2.4　定积分在工程技术中的应用

在工程技术问题中，凡是输出是对输入量有存储和积累特点的过程或元件一般都含有积分环节，例如水箱的水位与水流量，烘箱的温度与热量（或功率），机械运动中转速与转矩、位移与速度、速度与加速度，电容的电量与电流等.

例 7.14　齿轮和齿条

齿条的位移 $x(t)$ 和齿轮的角速度 $\omega(t)$ 为积分关系，由 $\frac{\mathrm{d}x(t)}{\mathrm{d}t} = \omega(t) r$，得

$$x(t) = r \int \omega(t) \mathrm{d}t.$$

例 7.15　电动机

电动机的转速与转矩：由 $T(t) = J \frac{\mathrm{d}n(t)}{\mathrm{d}t}$（式中 J 为转动惯量），得

$$n(t) = \int \frac{1}{J} T(t) \mathrm{d}t.$$

角位移和转速：由 $\frac{\mathrm{d}\theta(t)}{\mathrm{d}t} = \omega(t) = \frac{2\pi}{60} n(t)$，得

$$\theta(t) = \int \omega(t) \mathrm{d}t = \frac{2\pi}{60} \int n(t) \mathrm{d}t.$$

例 7.16　水箱

水箱的水位与水流量为积分关系.

水流量　　$$Q(t) = \frac{\mathrm{d}V(t)}{\mathrm{d}t} = S \frac{\mathrm{d}H(t)}{\mathrm{d}t}.$$

式中，V 为水的体积；H 为水位高度；S 为容器底面积.

水位高度　　$$H(t) = \frac{1}{S} \int Q(t) \mathrm{d}t.$$

例 7.17　加热器

温度与电功率为积分关系.

温度　　$$T(t) = \frac{1}{C} Q(t) = \frac{0.024}{C} \int p(t) \mathrm{d}t.$$

式中，Q 为热量；C 为热容；P 为电功率.

例 7.18　电容电路

电容器电压与充电电流为积分关系.

电容电压　$$U_c(t)=\frac{q(t)}{C}=\frac{1}{C}\int I(t)\mathrm{d}t.$$

式中，$q(t)$为电量；$I(t)$为电流.

习　题　7.2

A(基础题)

1. 弹簧原长 0.30m，每压缩 0.01m 需加 2N，求把弹簧从 0.25m 压缩到 0.20m 所作的功.

2. 设一物体在某介质中按照公式 $s=t^2$ 作直线运动，其中 s 是在时间 t 内所经过的路程. 已知介质的阻力与运动速度的平方成正比，当物体由 $s=0$ 到 $s=Q$ 时，试求介质阻力所作的功.

3. 半径为 2m 的圆柱形水桶中充满了水，现在要从桶中把水汲出，要使水面降低 1m，问需作多少功?

4. 铅直的堰堤为等腰梯形，它的上、下两底为 200m 和 50m，高为 10m. 若上底与水面齐，试计算水对堰堤的压力.

5. 求函数 $y=\cos x$ 在$[0,\pi]$上的平均值.

6. 一物体的速度 $v=t^2+3t+1$(m/s)作直线运动，试计算在 $t=0$ 到 $t=4$s 这段时间内的平均速度.

B(提高题)

1. 半径等于 r(m)的半球形水池中充满水，问把水完全汲尽需作多少功?

2. 把质量为 m 的物体从半径为 R 的地球表面提高 h 要耗多少功?

3. 底为 b，高为 h 的铅直三角形，顶点朝下浸入水中，使底边位于水面上，求它所受的水压力.

4. 求函数 $y=\sin^2 x$ 在$[0,\pi]$上的平均值.

C、D(应用题、探究题)

1. 古埃及大金字塔高度为 125m，底面为 230m×230m 的正方形，据说建了 20 年完成. 若所用石块的密度为 3 210kg/m^3，那么试求建成这座金字塔所作的总功，再估算建成这座金字塔要多少工匠.

2. 需要作多少功才能把一个 1 000kg 的人造卫星发射到距离地球表面 2×10^6m 的高度(地球半径为 6.4×10^6m，地球质量为 6×10^{24}kg，万有引力常数 $g=6.67\times10^{-11}$).

7.3　定积分在经济中的应用

经济工作中也广泛存在求总量的问题，可用定积分求解.

例 7.19　某产品边际成本为 $C'(x)=10+0.02x$，边际收益为 $R'(x)=15-0.01x$(C 和 R 的单位均为万元，产量 x 的单位为百台)，试求产量由 15 增加到 18

单位时的总利润.

解 当产量由 15 增加到 18 的总成本为

$$C=\int_{15}^{18}(10+0.02x)\mathrm{d}x=30.99(\text{万元}).$$

这时总收益为

$$R=\int_{15}^{18}(15-0.01x)\mathrm{d}x=44.505(\text{万元}).$$

因此,总利润为

$$L=R-C=44.505-30.99=13.515(\text{万元}).$$

注意 从数学意义上可得到这几个量之间的关系,即

$$C=\int C'(x)\mathrm{d}x,$$

$$R=\int R'(x)\mathrm{d}x.$$

例 7.20 某企业生产的产品的需求量 Q 与产品的价格 p 的关系为 $Q=Q(p)$. 若已知需求量对价格的边际需求函数为 $f(p)=-3\,000p^{-2.5}+36p^{0.2}$(单位:元),试求产品价格由 1.20 元浮动到 1.50 元时对市场需求量的影响.

解 已知 $Q'(p)=f(p)$ 即

$$\mathrm{d}Q=f(p)\mathrm{d}p.$$

所以,价格由 1.20 元浮动到 1.50 元时,总需求量

$$\begin{aligned}Q&=\int_{1.2}^{1.5}f(p)\mathrm{d}p=\int_{1.2}^{1.5}(-3\,000p^{-2.5}+36p^{0.2})\mathrm{d}p\\&=\left[2\,000p^{-1.5}+30p^{1.2}\right]_{1.2}^{1.5}\\&\approx 1\,137.5-1\,558.8\\&=-421.3(\text{单位}).\end{aligned}$$

即当价格由 1.20 元浮动到 1.50 元时,该产品的市场需求量减少了 421.3 单位.

习 题 7.3

B(提高题)

1. 某产品生产 x 个单位时的边际收入 $R'(x)=200-\dfrac{x}{100}$,$(x\geqslant 0)$.

(1) 求生产了 50 个单位时的总收入;

(2) 如果已生产了 100 个单位,求再生产 100 个单位时的总收入.

2. 某产品的边际成本 $C'(x)=1$,边际收入 $R'(x)=5-x$(产量 x 的单位为百台),求:

(1) 产量多少时,总利润最大?

(2) 从利润最大的产量又生产了 100 台,总利润减少了多少?

第 7 章复习题

1. 求下列曲线围成的平面图形面积.

(1) $y=2x^2, y=x^2, x=1$;　　(2) $y=\cos x, x=-\frac{\pi}{2}, x=\frac{\pi}{2}, y=0$;

(3) $y=-x^2+4x-3$ 及其在点 $(0,-3)$ 与点 $(3,0)$ 处的切线.

2. 求由下列曲线所围成的图形绕指定轴旋转所得旋转体的体积.

(1) $y=x^2, y=0, x=1$,绕 x 轴;

(2) $y=x^3, x=2, y=0$,绕 x 轴和 y 轴;

(3) $y^2=x-1$ 与 $y-1=2(x-2)$,绕 y 轴.

3. 在例 7.9 条件下,如果把弹簧拉长了 6cm,计算所作的功.

4. 有一宽 2m、高 3m 的矩形闸门,水面与闸门顶端平齐,求闸门上所受的总压力.

5. 求正弦交流电 $i=I_m\sin\omega t$ 经半波整流后得到的电流 $i=\begin{cases} I_m\sin\omega t, & t\in\left[0,\frac{\pi}{\omega}\right], \\ 0, & t\in\left[\frac{\pi}{\omega},\frac{2\pi}{\omega}\right] \end{cases}$ 的平均值.

6. 设 $f(x)=2x^2\mathrm{e}^{x^2}$,求定积分:$\int_2^3 f(x)\mathrm{d}x+\int_3^1 f(x)\mathrm{d}x+\int_1^2 f(x)\mathrm{d}x$.

7. 设 $I_1=\int_{-1}^1 x^2\sin x\mathrm{d}x, I_2=\int_{-1}^1 (x-\cos^2 x)\mathrm{d}x, I_3=\int_{-1}^1 x^2\mathrm{e}^x\mathrm{d}x$,试将 I_1, I_2, I_3 按从小到大的顺序排列.

8. 设 $f(x)=\begin{cases} x+1, & x<0 \\ 0, & x=0 \\ x^2, & x>0 \end{cases}$,求 $\int_{-2}^0 f(x+1)\mathrm{d}x$.

9. 如果广义积分 $\int_{-\infty}^{+\infty}\frac{A}{1+x^2}\mathrm{d}x=1$,求常数 A 的值.

10. 求极限:$\lim\limits_{n\to\infty} n\left[\frac{1}{(n+1)^2}+\frac{1}{(n+2)^2}+\cdots+\frac{1}{(n+n)^2}\right]$.

11. 求由方程 $\int_2^y\frac{\sin t}{t}\mathrm{d}t+\int_2^x\frac{\sin t}{t}\mathrm{d}t=0$ 确定的隐函数 y 对 x 的导数.

12. 求函数 $f(x)=\int_0^x(1-t)\mathrm{e}^{-t}\mathrm{d}t$ 在区间 $[0,2]$ 上的最大值与最小值.

13. 设函数 $g(x)=\begin{cases} \frac{1}{x^2}\int_0^x tf(t)\mathrm{d}t, & x\neq 0 \\ k, & x=0 \end{cases}$ 其中 $f(x)$ 为连续函数,且 $f(0)=0$,

(1) 当 $g(x)$ 在 $x=0$ 点连续时,求 k 的值.

(2) 问 $g'(x)$ 是否在 $x=0$ 点连续,为什么?

14. 设 $f(0)=1, f(2)=3, f'(2)=5$,求 $\int_0^1 xf''(2x)\mathrm{d}x$.

15. 设 $f(x)$ 为连续函数且 $f(x)\neq 0$,若 $f^2(x)=\int_0^x f(x)\frac{\sin t}{2+\cos t}\mathrm{d}t$,求 $f(x)$.

16. 设函数 $y=y(x)$ 由方程 $x-\int_1^{x+y}\mathrm{e}^{-t^2}\mathrm{d}t=0$ 确定,求曲线 $y=y(x)$ 在 $x=0$ 点的切线方程.

17. 求由曲线 $y=2-x^2$、直线 $y=x(x\geqslant 0)$ 及 y 轴所围成的平面图形分别绕 x，y 轴旋转而成的旋转体的体积.

18. 设 $f(x)$ 为闭区间$[0,1]$上非负单减的连续函数，且 $0<a<b<1$，试证明：

$$\int_0^a f(x)\mathrm{d}x \geqslant \frac{a}{b}\int_a^b f(x)\mathrm{d}x.$$

【相关阅读】 微积分在工程技术中的应用

机械加工一个零件，其轮廓形状可能是椭圆、双曲线、抛物线、螺旋线等各种曲线，但机床一般只能加工直线或圆弧，怎么办？其工程原理就是微积分的基本思想："无限细分、以直代曲"，即将曲线细分为若干小直线段，加工小直线段来逼近该曲线. 如图 7.14 中 A、B、C、D、E 称为零件轮廓的节点，如果数控机床自动加工，就需要事先算出各节点的坐标、然后编程.

那么实际加工中需要分成多少小段呢？"无限细分"是不可能的，这时工程中就要用到微积分极限方法，理论上是 $n\to\infty$（无限细分），实际中是按事先要求的误差限来求出 n 的值，这就是公差. 如图 7.15 所示，是用导数求最小曲率半径等方法来对插补最大误差进行估算.

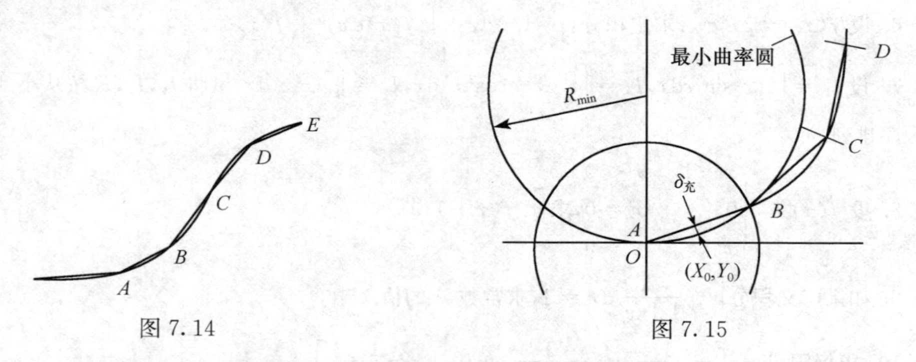

图 7.14　　　　图 7.15

前面在"导数的直观表示"中谈到：工程技术中测量电机转动、汽车行驶的速度等，也不能理论化求 $\lim\limits_{\Delta x\to 0}\dfrac{f(x+\Delta x)-f(x)}{\Delta x}$，而也是近似计算 $\dfrac{f(x+\Delta x)-f(x)}{\Delta x}$，按误差要求，选取适当小的 Δx.

类似的情形是，微积分的诞生提供了求函数最小值、最大值的较方便的方法，但工作实际中求此最优解仍十分困难，后来工程实践及经济工作中改为求"满意解"——符合"误差"要求的最优解的近似值.

【深度探究】 微积分的科学精神与人文精神

微积分是人类科学乃至人类文化的瑰宝

如恩格斯所说："在一切理论成就中，未必再有什么与 17 世纪下半叶微积分的发明那样被当作人类精神的最高胜利了."

微积分中的宝藏，首先是人类文化中最宝贵的科学精神与人文精神. 相应地，学习微积分，不仅学微积分的数学知识、方法、应用，更在于接受微积分的科学精神与人文精神的影响. 学习微积分的重要目标是提升人的素质，学与不学不一样！举个例子：马克思曾认为，一门知识是不是科学，有一个标准，就看它用没用微积分，类似地，一个人是不是知识分子，有一个最低标准，看他学没学过微积分.

微积分的科学精神

科学——宏伟博大的科学体系、源远流长的科学实践之中，充满着求实、求新、求异的科学精神. 求实：实事求是、合理性、实践性是科学的"真"、科学的正确性；求新：科学发展永无止境（不可能完备）；求异：科学、科学家为了求实、求新总是以怀疑、批判的精神来对待自己、对待别人，相对于找"成绩"他们更重视找"问题".

数学是一门特殊的科学，它的发展与成就充分显示出科学精神，微积分就是很好的例子.

微积分显著的特点是求实、求真. 如微积分用导数"真实"地计算了运动——"既在这里又不在这里". 即，微积分用导数、连续、微分、积分等真实刻划了事物运动变化的性质、规律，这就是实事求是. 当时的人们还在对微积分这种新数学充满争辩时，牛顿已将微积分用于推算出海王星和研究流体阻力、声、光、潮汐、彗星等，前所未有地显示了数学的巨大威力.

微积分的发展是理论严密化的过程，形成一个严密的理论大厦，其中充满逻辑性、合理性.

微积分从应用的角度诞生，是它理论联系实际、有广泛应用的一个主要原因；然后微积分理论不断严密化，有了极限理论基础，其中充满逻辑性、合理性. 导数、微分、积分等概念都是人类科学中原创性的新概念、且极富内涵（谁能料到导数之中还有边际意义?）；同样微积分理论体系不可能完备，涌动着创新的冲动，从 1615 年左右开始，通过近 300 年的发展，当微积分成熟之后，又由 1966 年美国数学家鲁宾逊（A. Robinson，1918—1974）开创了非标准分析（微积分又称数学分析，非标准分析的一个特点是在微积分的基础上将 $\pm\infty$ 定义为数，而建立一套新微积分）.

愈是原创、愈可能有问题，如牛顿创立导数、积分时，概念不够清晰，当时贝克莱大主教就攻击牛顿的无穷小概念在哲学上站不住脚，马克思很热心于微积分研究，他也认为牛顿对无穷小的无端忽略是"暴力镇压". 微积分的合理性、严密性甚至成了数学有史以来第二次危机（第一次是从有理数到无理数的认识，第三次数学危机是关于集合论基础问题），而微积分正是在不断"求异"的过程中发展起来的.

关于微积分中的科学精神，我们认为它还充满着辩证法思想、精神，这就是联系的、不断运动变化的精神；以及它关于运动与静止、过程与结果、部分与整体、原因与结果、肯定与否定、量变与质变、事物相对性等哲学范畴辩证性.

微积分的人文精神

人文精神包括自由民主、社会正义、以人为本等. 如果说科学精神主要在求真，那么人文精神就主要在求善、求美.

微积分及其影响(在力学、天文学、哲学等的广泛应用)的人文意义,首先是促使当时的人们从神学的桎梏下解放出来,“神知道,人也知道”,如牛顿居然用微积分能计算出海王星来,当时的人们十分惊讶.极大提高了人的尊严与自信,促进了思想解放.

科学与人文、真善美是相通的.微积分真理的光辉影响人们崇尚真理、服从真理、“真理面前人人平等”.微积分充满逻辑性、合理性,谈到微积分的合理性,我们感到犹如贝多芬的交响乐;甚至有人认为正是接触到微积分等科学知识使中国旧民主主义革命人士有了社会合理性的追求.譬如人们在回顾中国近代史上启蒙思想家严复等人的思想经历时,认为“微积分激发他对合理化思考的追求,……”.(陈赵光,等.摇篮与墓地——严复的思想和道路[M].成都:四川人民出版社,1985.)

当然,微积分中充满美,结构之美、意境之美、形式之美、奇异之美、统一之美、创新之美、……

微积分与人的科学素质、人文素质

什么是素质教育?人的全面发展的教育就是素质教育,全面素质包括人的情意素质(积极进取、吃苦耐劳、诚实守信、谦虚谨慎、充满爱心等)、人文素质(历史地理、文学艺术、哲学思想等)和科学素质.

人要有生存能力与发展能力,科学素质是人的可持续发展能力的重要内容.微积分的学习极有利于培养人的科学素质和人文素质.请对照图 7.16,思考并体会微积分对你的科学素质和人文素质的影响.

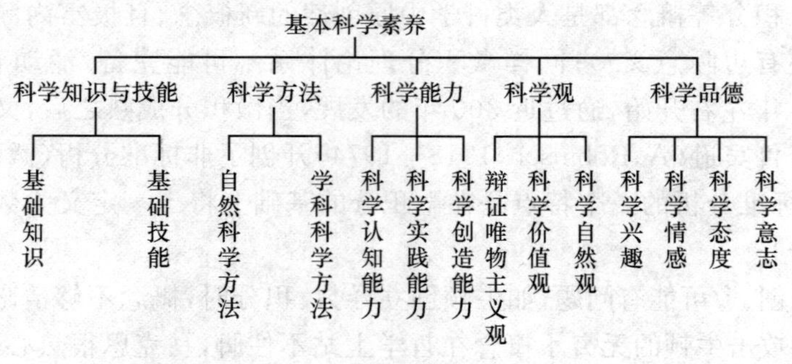

图 7.16

例如,微积分对我们的影响,首先是“理性”,从感性的人到理性的人、理智的人(而不是只讲感性、凭直觉想当然、无理取闹,甚至脑筋混乱),在现实中更讲理、以理服人.

例如,微积分的真善美,影响我们做人的真善美的提升与统一.如在做人和人际交往中追求真:讲理、讲平等、讲实事求是、讲诚信;善:讲目的、讲价值、讲合作、讲“己所不欲勿施于人”;美:讲方式、讲方法、讲节制、讲优化.

第 8 章　微 分 方 程

微分方程是微积分应用于实际的一种重要方式、方法.本章学习微分方程的概念、微分方程的几种常见类型的求解及应用.

8.1　微分方程简述

[先行问题]

应用数学常常是通过建立微分方程来定量地刻划事物、研究解决问题的,那么如何建立微分方程?如何求解微分方程?请看下面的例子.

例 8.1　曲线通过点(1,2),且在该曲线上任意一点 $M(x,y)$处的切线的斜率为 $2x$,求这曲线的方程.

解　设所求曲线 $y=f(x)$,根据导数的几何意义得

$$\frac{\mathrm{d}y}{\mathrm{d}x}=2x. \tag{8.1}$$

此外还应满足条件 $y|_{x=1}=2$,把方程(8.1)两边积分,得 $y=\int 2x\mathrm{d}x$,即

$$y=x^2+C. \tag{8.2}$$

式中,C 为任意常数.

把条件 $y|_{x=1}=2$ 代入式(8.2),得 $2=1+C$.

由此定出 $C=1$,把 $C=1$ 代入式(8.2),即得所求曲线方程

$$y=x^2+1. \tag{8.3}$$

例 8.2　质量为 M 的物体,受重力作用自由下降,试求物体下落的运动规律.

解　设所求运动规律为 $s=s(t)$,根据导数的力学意义,未知函数 $s=s(t)$应满足方程

$$\frac{\mathrm{d}^2s}{\mathrm{d}t^2}=g. \tag{8.4}$$

由于自由落体的初始位置和初始速度均为零,未知函数 $s=s(t)$满足条件

$$s|_{t=0}=0,\quad \left.\frac{\mathrm{d}s}{\mathrm{d}t}\right|_{t=0}=0.$$

把方程(8.4)两边积分,得

$$\frac{\mathrm{d}s}{\mathrm{d}t}=gt+C_1. \tag{8.5}$$

再积分一次,得

$$s=\frac{1}{2}gt^2+C_1t+C_2. \tag{8.6}$$

式中，C_1，C_2 都是任意常数.

将条件$\left.\frac{\mathrm{d}s}{\mathrm{d}t}\right|_{t=0}=0$ 代入式(8.5)内，得 $C_1=0$.

将条件 $s|_{t=0}=0$ 代入式(8.6)内，得 $C_2=0$.

于是所求的运动规律为

$$s=\frac{1}{2}gt^2. \tag{8.7}$$

上述两个例子中的方程$\frac{\mathrm{d}y}{\mathrm{d}x}=2x$ 和$\frac{\mathrm{d}^2s}{\mathrm{d}t^2}=g$ 都含有未知函数的导数，对于这类方程，给出下面的定义：

定义 8.1 含有未知函数的导数(或微分)的方程称为**微分方程**.

如

$$y'=x, \tag{8.8}$$

$$xy\mathrm{d}x+(1+x)\mathrm{d}y=0, \tag{8.9}$$

$$y''+y'=2xy, \tag{8.10}$$

$$y^{(n)}=x-1, \tag{8.11}$$

等都是微分方程.

这里必须指出，在微分方程中，未知函数及自变量可不出现，但未知函数的导数(或微分)则必须出现. 微分方程中所出现的未知函数最高阶导数的阶数，称为**微分方程的阶**，例如，方程(8.1)、(8.8)、(8.9)是一阶微分方程，(8.4)、(8.10)是二阶微分方程，(8.11)是 n 阶微分方程.

如果把某个函数代入微分方程，能使方程恒等，这个函数就称为**微分方程的解**；求微分方程的解的过程，称为**解微分方程**. 例如，在例 8.1 中函数 $y=x^2+C$ 和 $y=x^2+1$ 都是微分方程(8.3)的解，函数 $s=\frac{1}{2}gt^2+C_1t+C_2$ 和 $s=\frac{1}{2}gt^2$ 都是微分方程(8.4)的解.

微分方程的解有不同的形式，常用的两种形式是：一种是解中含有任意常数并且独立的任意常数的个数与微分方程的阶数相同，这样的解称为微分方程的**通解**；另一种是解不含任意常数，称为**特解**.

例如 $y=x^2+C$ 和 $s=\frac{1}{2}gt^2+C_1t+C_2$ 分别是方程(8.1)和(8.4)的通解，$y=x^2+1$ 和 $s=\frac{1}{2}gt^2$ 分别是方程(8.1)和(8.4)的特解.

特解通常可以按照问题的条件从通解中确定任意常数的特定值而得到，用来确定特解的条件，称为初始条件. 例如，例 8.1 中的 $y|_{x=1}=2$，例 8.2 中的 $s|_{t=0}=0$，$\left.\frac{\mathrm{d}s}{\mathrm{d}t}\right|_{t=0}=0$ 都是初始条件.

[课堂练习]

解习题 8.1.

习　题　8.1

A(基础题)

1. 选择题.

(1) (　　)是微分方程.

A. $y^2-3x+5=0$　　B. $y'=4x+3$　　C. $y=x^2-1$　　D. $\int\cos x\mathrm{d}x=0$

(2) (　　)不是微分方程.

A. $\mathrm{d}y=(x^2+2)\mathrm{d}x$　　B. $y''=x+y'$

C. $y^2-2y+1=0$　　D. $x^2\mathrm{d}y+(x-y)\mathrm{d}x=0$

(3) 微分方程$(y')^2+2y^2x=4\mathrm{e}^x$ 的阶数为(　　).

A. 3　　B. 2　　C. 1　　D. 0

2. 判定下列函数是否为所给微分方程的解.

(1) $y=5x^2, xy'=2y$;

(2) $y=ax+b, y''=0$;

(3) $y=2\cos x-3\sin x, y''+y=0$;

(4) $y=\dfrac{1}{x}, y''=x^2+y^2$;

(5) $y=3x+5, y''+y'+3x=0$.

3. 判定下列函数是否为所给微分方程的通解.

(1) $y=C_1\mathrm{e}^{2x}+C_2\mathrm{e}^{3x}, y''-5y'+6=0$;

(2) $x^2-x+y^2=C, (x-2y)y'=2x-y$;

(3) $y=-x^2, y'+2x=0$;

(4) $y=\arcsin x+C, \dfrac{\mathrm{d}x}{\mathrm{d}y}=-\sin y$.

8.2　可分离变量法

解简单微分方程常用的方法,是将方程进行变形,然后等式两边进行积分.

例如,对于一阶微分方程$\dfrac{\mathrm{d}y}{\mathrm{d}x}=2xy^2$,变形为$\dfrac{1}{y^2}\mathrm{d}y=2x\mathrm{d}x$,然后两边积分,得$\int\dfrac{1}{y^2}\mathrm{d}y=\int2x\mathrm{d}x$,于是$-\dfrac{1}{y}=x^2+C$即$y=-\dfrac{1}{x^2+C}$,其中$C$为任意常数,可以验证,函数$y=-\dfrac{1}{x^2+C}$是方程的通解.

一般地,形如$\dfrac{\mathrm{d}y}{\mathrm{d}x}=f(x)g(y)$的微分方程称为**可分离变量的微分方程**.

基本方法是:先变形、后积分.

$$\frac{\mathrm{d}y}{g(y)}=f(x)\mathrm{d}x,$$

$$\int\frac{\mathrm{d}y}{g(y)}=\int f(x)\mathrm{d}x.$$

例 8.3 求微分方程的通解 $xy'+y=0$ 的通解.

解 原方程可改写为 $$x\frac{\mathrm{d}y}{\mathrm{d}x}+y=0.$$

分离变量,得 $$\frac{\mathrm{d}y}{y}=-\frac{1}{x}\mathrm{d}x.$$

两边积分,得 $$\ln y=-\ln x+C.$$

于是 $$\ln y+\ln x=C.$$

即 $xy=C_1$,这就是所求的微分方程的通解.

例 8.4 求方程 $y'=10^{x+y}$满足初始条件 $y|_{x=1}=0$ 的特解.

解 原方程可改写为$\frac{\mathrm{d}y}{\mathrm{d}x}=10^x 10^y$.

分离变量,得 $$\frac{\mathrm{d}y}{10^y}=10^x\mathrm{d}x.$$

两边积分,得 $$\int\frac{\mathrm{d}y}{10^y}=\int 10^x\mathrm{d}x,$$

$$-10^{-y}\frac{1}{\ln 10}=10^x\frac{1}{\ln 10}+C_1.$$

化简,得 $$10^x+10^{-y}=-C_1\ln 10.$$

令 $$C=-C_1\ln 10,$$

于是 $$10^x+10^{-y}=C.$$

这就是所求的微分方程的通解.

把初始条件 $y|_{x=1}=0$ 代入上式,求得 $C=11$,于是所求微分方程的特解为

$$10^x+10^{-y}=11.$$

[课堂练习]

解 8.2A1 题.

习　题　8.2

A(基础题)

1. 求微分方程的通解.

(1) $xy'-y=0$;　　(2) $y'=\frac{x^3}{y^3}$;

(3) $y'+\mathrm{e}^x y=0$;　　(4) $y'=y\sin x$.

2. 求微分方程的特解.

(1) $xy'+3y=0, y|_{x=1}=2$； (2) $y'=\mathrm{e}^{2x-y}, y|_{x=0}=0$.

3. 已知某函数的导数是 $x-3$，又知当 $x=2$ 时，函数值等于 9，求此函数.

B(提高题)

1. 解下列微分方程.

(1) $y'-xy'=a(y^2+y')$； (2) $y'=\sqrt{\dfrac{1-y^2}{1-x^2}}$；

(3) $y'\tan x=y$； (4) $y'\sin x=y\ln y, y|_{x=\frac{\pi}{2}}=\mathrm{e}$.

2. 求下列微分方程的通解.

(1) $y'-3xy=3x$； (2) $y'-2y=x^2$； (3) $y'-y=\cos x$；

(4) $y'-xy=x$； (5) $y'-\dfrac{1}{x+1}y=(x+1)^3$.

3. 求微分方程 $y'+\dfrac{3}{x}y=\dfrac{2}{x^3}$ 满足初始条件 $y(1)=1$ 的特解.

4. 设一曲线过原点，且它在点 (x,y) 处的切线斜率为 $3x+y$，求曲线方程.

5. 求下列齐次方程的通解.

(1) $x\dfrac{\mathrm{d}y}{\mathrm{d}x}=y\ln\dfrac{y}{x}$； (2) $(x^2+y^2)\mathrm{d}x-xy\mathrm{d}y=0$；

(3) $y'=\dfrac{y}{x}+\mathrm{e}^{\frac{y}{x}}$.

6. 求贝努利方程 $\dfrac{\mathrm{d}y}{\mathrm{d}x}+2xy=2x^3y^3$ 的通解.

7. 求微分方程 $(x^2-1)\dfrac{\mathrm{d}y}{\mathrm{d}x}+2xy-\sin x=0$ 的通解.

8. 设 $f(x)$ 为连续函数，且满足 $\int_0^x tf(t)\mathrm{d}t=x^2+f(x)$，求 $f(x)$.

C、D(应用题、探究题)

1. (学习过程)模拟一个人的学习过程用微分方程 $\dfrac{\mathrm{d}y}{\mathrm{d}t}=100-y$，其中 y 是一项知识(工作)被掌握了的百分数，时间 t 的单位为周，求学习过程规律，并描绘出几条解曲线.

2. (国民生产总值)1999 年我国的国民生产总值(GDP)为 80 423 亿元，如果我国保持每年 8%的相对增长率，到 2010 年我国的 GDP 是多少?

3. 求出并画出方程 $\dfrac{\mathrm{d}p}{\mathrm{d}t}=2p-2pt$，满足 $t=0$ 时 $p=5$ 的解.

8.3 微分方程的应用(1)

下面给出增长与衰减的例子.

用分离变量法解实际中经常出现的方程 $\dfrac{\mathrm{d}y}{\mathrm{d}x}=ky$.

分离变量，得
$$\frac{\mathrm{d}y}{y}=k\mathrm{d}x.$$
两边积分，得
$$\int\frac{\mathrm{d}y}{y}=\int k\mathrm{d}x.$$
即
$$\ln y=kx+C,$$
$$y=\mathrm{e}^{kx+c}=\mathrm{e}^{kx}\mathrm{e}^{c}=A\mathrm{e}^{kx}.$$
其中 $A=\mathrm{e}^{c}$，于是系数 A 为正值，所以
$$y=\pm A\mathrm{e}^{kx}=B\mathrm{e}^{kx}.$$
所以，微分方程 $\frac{\mathrm{d}y}{\mathrm{d}x}=ky$ 总是联系于**指数增长**($k>0$)或**指数衰减**($k<0$).

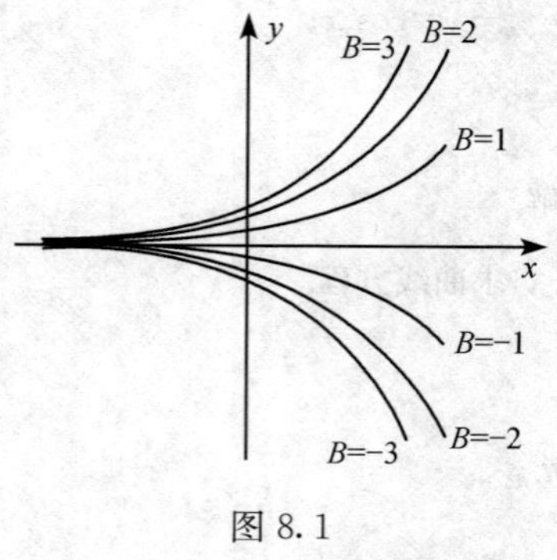

图 8.1

如图 8.1 所示．具体例子如：

人口增长速度＝2％×当时人口数量，

即 $\frac{\mathrm{d}p}{\mathrm{d}t}=0.02p$，于是解为 $p=p_0\mathrm{e}^{0.02t}$.

又如银行存钱复利的计算：

余额的增长率＝3％×当时的余额，

即 $\frac{\mathrm{d}\beta}{\mathrm{d}t}=0.03\beta$，于是解为 $\beta=\beta_0\mathrm{e}^{0.03t}$.

如果初始值 $\beta_0=1\,000$ 元，则 $\beta=1\,000\mathrm{e}^{0.03t}$.

衰减的例子如：
$$污染物的流出速度＝污水外流速度×浓度＝r\frac{Q}{V},$$
即
$$\frac{\mathrm{d}Q}{\mathrm{d}t}=-\frac{r}{V}Q$$
式中，Q 为时刻 t 时体积为 V 的某一湖中污染物总量；r 为污水流出的速度，它的解为 $Q=Q_0\mathrm{e}^{-\frac{rt}{V}}$.

例 8.5 当一次谋杀发生后，尸体温度从原来的 37℃，按照牛顿冷却定律(一块热的物体其温度下降的速度是与其自身温度同外界温度的差值成正比的关系)开始变凉，假设两小时后尸体温度变为 35℃，并且假定周围空气的温度保持 20℃不变：

(1) 求出自谋杀发生后尸体温度是如何作为时间的函数而变化的；

(2) 画出温度—时间曲线；

(3) 最终尸体的温度将如何？用图像和代数两种方式表示出最终结果；

(4) 如果尸体被发现时的温度为 30℃，时间为下午 4 点整，那么谋杀是何时发生的？

解 (1) 按冷却定律建立方程
$$温度变化率＝a×温度差＝a(H-20)$$

式中，a 为比例常数；H 为尸体温度.

于是
$$\frac{\mathrm{d}H}{\mathrm{d}t}=a(H-20).$$

考虑 a 的正负号，如果温度差是正的(即 $H>20$)，则是 H 下降的，所以温度的变化率就应是负的，因此 a 应为负的，于是

$$\frac{\mathrm{d}H}{\mathrm{d}t}=-k(H-20)\quad(k>0).$$

分离变量求解，得 $H-20=B\mathrm{e}^{-kt}$.

代入初始值($t=0$ 时，$H=37$)求 B，

$$37-20=B\mathrm{e}^{-k\times 0}=B,$$

于是
$$H-20=17\mathrm{e}^{-kt}.$$

为了求 K 的值，根据两小时后尸体温度为 35℃这一事实，有

$$35-20=17\mathrm{e}^{-2k}.$$

化简，取对数得 $\ln\frac{15}{17}=\ln(\mathrm{e}^{-2k})$，$k\approx 0.063$，

于是温度函数为 $H=20+17\mathrm{e}^{-0.063t}$.

(2) 作草图如图 8.2 所示.

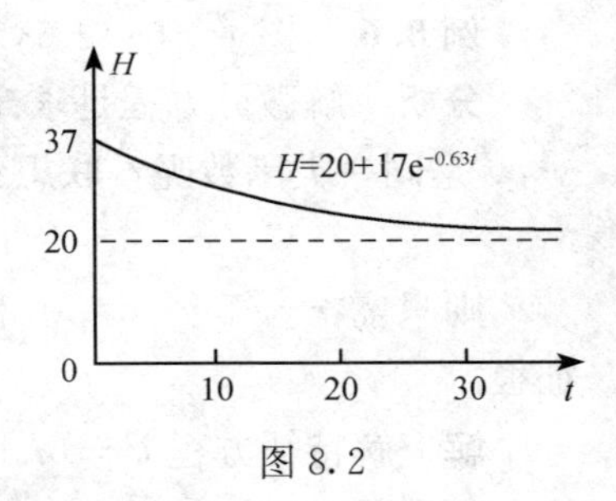

图 8.2

(3) "最终趋势"指 $t\to\infty$，取极限

$H=20+17\mathrm{e}^{-0.063t}\to 20(t\to\infty)$.

(4) 求多长时间尸体温度达到 30℃，即

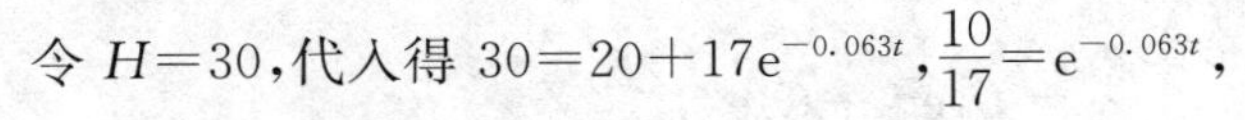

令 $H=30$，代入得 $30=20+17\mathrm{e}^{-0.063t}$，$\frac{10}{17}=\mathrm{e}^{-0.063t}$，

两边取自然对数得 $-0.531=-0.063t$，

$$t\approx 8.4\ (\mathrm{h}).$$

于是，谋杀一定发生在下午 4 点这一尸体被发现时的前 8.4 小时(即 8 小时 24 分)，所以谋杀是在上午 7 点 36 分发生的.

习　题　8.3

B(提高题)

1. 作直线运动的物体的速度与物体到原点的距离成正比，已知物体在 10s 时与原点相距 100m，在 20s 时与原点相距 200m，求物体的运动规律.

2. 物体的冷却速度正比于物体温度与环境温度之差，用开水泡速溶咖啡，3min 后咖啡的温度是 85℃，若房间温度是 20℃，几分钟后咖啡温度为 60℃？

3. 一块甘薯被放入 200℃的炉子内，其温度上升的规律用下面的微分方程表示：$\frac{\mathrm{d}H}{\mathrm{d}t}=-k(H-200)$，其中 k 为正值.

(1) 如果甘薯被放入炉子内时温度为 20℃，试求解上面的微分方程.

(2) 根据 30min 后甘薯的温度达到 120℃这一条件求出 k 值.

C、D(应用题、探究题)

1. 放射性碳－14以大约每年万分之一的速率衰变，写出并求解作为时间函数的碳－14的量所满足的微分方程，然后描绘出解曲线.

2. 某药物以每小时 $r$mg 的速率进行静脉注射，它排泄出体外的速率则与当时体内药量的多少成正比，比例常数为 α. 求解随时间 t(小时)变化的病人体内药量 Q(mg)所满足的微分方程，约得到的解可能会包含 r 和 α 这两个常数，试画出 Q 随 t 变化的图像，当 $t\to\infty$ 时，Q 的极限值 Q_∞ 如何？

8.4　二阶微分方程

形如 $y''+py'+qy=0$ 的二阶微分方程，例如 $y''-5y'+6y=0$ 等，称为**二阶常系数线性齐次微分方程**.

例 8.6　求 $y''-5y'+6y=0$ 的通解.

分析　解微分方程是求未知函数 y，观察分析此题，常见函数中什么函数 y，y'，y''是同一类函数呢？联想到是 e^x 类型，用待定法设 $y=e^{rx}$，代入

$$r^2e^{rx}-5re^{rx}+6e^{rx}=0.$$

则只需 $r^2-5r+6=0$，称此代数方程为微分方程的特征方程，其根设为特征根.

解　解特征方程 $r^2-5r+6=0$，得 $r_1=2$，$r_2=3$.

得微分方程的通解为

$$y=C_1e^{2x}+C_2e^{3x}.$$

可以证明，二阶常系数线性齐次微分方程的两个特解 y_1，y_2，只要它们不成比例，则 $y=C_1y_1+C_2y_2$ 为该方程的通解.

例 8.7　求方程 $y''+6y'+9y=0$ 的通解.

解　解特征方程 $r^2+6r+9=0$，得特征根为重根

$$r_1=r_2=-3,$$

通解

$$y=(C_1+C_2x)e^{-3x}.$$

重根时，得一个特解 $y_1=e^{-3x}$，再用待定法令 $y_2=xe^{-3x}$ 或 $y_2=x^2e^{-3x}$ 等，求得另一个特解 $y_2=xe^{-3x}$.

例 8.8　求方程 $y''-y'+y=0$ 的通解.

解　解特征方程 $r^2-r+1=0$，得共轭虚根

$$r_1=\frac{1}{2}+\frac{\sqrt{3}}{2}i,\quad r_2=\frac{1}{2}-\frac{\sqrt{3}}{2}i,$$

原方程通解为

$$y=e^{\frac{x}{2}}\left(C_1\cos\frac{\sqrt{3}}{2}x+C_2\sin\frac{\sqrt{3}}{2}x\right).$$

共轭虚根时，由欧拉公式有

$$e^{r_1 x}=e^{\left(\frac{1}{2}+\frac{\sqrt{3}}{2}i\right)x}=e^{\frac{x}{2}}e^{\frac{\sqrt{3}}{2}ix}=e^{\frac{x}{2}}\left(\cos\frac{\sqrt{3}}{2}x+i\sin\frac{\sqrt{3}}{2}x\right),$$

再根据该方程的线性组合 $C_1y_1+C_2y_2=y$ 仍是解而消去 i.

于是有 3 种特解，见表 8.1.

表 8.1　方程的 3 种特解

特征方程 $r^2+pr+q=0$ 的两个根	微分方程 $y''+py'+qy=0$ 的通解
两个不相等的实根 r_1,r_2	$y=C_1e^{r_1x}+C_2e^{r_2x}$
两个相等的实根 $r_1=r_2=r$	$y=(C_1+C_2x)e^{rx}$
共轭虚根 $r_{1,2}=\alpha\pm\beta i$	$y=e^{\alpha x}(C_1\cos\beta x+C_2\sin\beta x)$

二阶常系数线性非齐次微分方程

例 8.9　求方程 $y''-3y'+2y=5x+2$ 的通解.

分析　这类微分方程称为**二阶常系数线性非齐次微分方程** $y''+py'+qy=f(x)$，可以证明其通解为“齐次通解＋非齐特解”，即可先求 $y''-3y'+2y=0$ 的通解，再求 $y''-3y'+2y=5x+2$ 的特解.

解　特征方程 $r^2-3r+2=0$ 的齐次通解为 $y=C_1e^x+C_2e^{2x}$，用待定法求特解(由方程右边的特点)

令 $$y=ax+b,$$

代入原方程 $$-3a+2(ax+b)=5x+2,$$

即 $$2ax-3a+2b=5x+2,\quad a=\frac{5}{2},\quad b=\frac{19}{4},$$

得原方程特解 $$y=C_1e^x+C_2e^{2x}+\frac{5}{2}x+\frac{19}{4}.$$

说明　求非齐次方程的特解时，由 $f(x)$ 的特点如指数函数或三角函数等也可用待定法求解，即类似可解 $y''-3y'+2y=e^{3x}$，$y''-3y'+2y=2\sin x$ 等.

习　题　8.4

A(基础题)

1. 求下列微分方程的通解.

(1) $y''-16y=0$;　(2) $y''+2y'+2y=0$;

(3) $y''-y'-30y=0$;　(4) $y''-7y'+10y=0$;

(5) $y''-y'-6y=0$;　(6) $y''-6y'+9y=0$.

2. 求下列微分方程满足初始条件的特解.

(1) $y''-4y'+3y=0,y|_{x=0}=6,y'|_{x=0}=10$;

(2) $y''-3y'-4y=0,y|_{x=0}=0,y'|_{x=0}=-5$.

3. 求下列微分方程的通解.

(1) $y''-4y'+4y=x+3$；　　(2) $y''+y'=x$；

(3) $y''-2y'+y=e^{3x}$；　　(4) $y''-5y'+6y=\sin x$；

(5) $y''-2y'+3y=2\cos x$；　　(6) $y''-3y'+2y=x+e^{x}$.

B(提高题)

1. 求下列微分方程的通解.

(1) $xy''-y'=x^2e^x$；　　(2) $y''-\dfrac{2y}{1+y^2}y'^2=0$.

2. 如果 $y=e^{2t}$ 是微分方程 $y''-5y'+ky=0$ 的解,那么,求常数 k 的值及方程的通解.

3. 求下列微分方程的通解.

(1) $y''-6y'+9y=xe^{3x}$；　　(2) $y''-4y=2\sin^2 x$.

4. 已知二阶线性常系数齐次微分方程的两个特解,试写出相应的微分方程.

(1) $y_1=e^x, y_2=e^{-2x}$；　　(2) $y_1=e^x, y_2=xe^x$；

(3) $y_1=1, y_2=e^{-x}$；　　(4) $y_1=e^x\cos x, y_2=e^x\sin x$；

(5) $y_1=\cos 2x, y_2=\sin 2x$.

5. 试写出下列二阶线性常系数非齐次微分方程的待定特解的形式.

(1) $y''-3y'=3$；　　(2) $y''+3y'=x^2e^x$；

(3) $y''-10y'+25y=2xe^{5x}$；　　(4) $y''-4y'=xe^{4x}$；

(5) $y''+2y'-3y=x\sin x e^{-x}$.

6. 求微分方程 $y''-y=4xe^x$ 满足 $y(0)=0, y'(0)=1$ 的特解.

7. 已知某曲线过点(1,1),它的切线在纵轴上的截距等于切点的横坐标,求曲线方程.

8. 设可微函数 $\varphi(x)$ 满足:$\varphi(x)\cos x+2\int_0^x\varphi(t)\sin t\mathrm{d}t=1+x$,求 $\varphi(x)$.

C、D(应用题、探究题)

1. 一质量为 m 的质点从水面由静止状态开始下降,所受阻力与下降速度成正比(比例系数为 k),求质点下降深度与时间的函数关系.

2. 考虑微分方程组$\dfrac{\mathrm{d}x}{\mathrm{d}t}=-y, \dfrac{\mathrm{d}y}{\mathrm{d}t}=-x$,

(1) 设法将此微分方程组转化成一个有关 y 的二阶微分方程.

(2) 求解你所得的微分方程,得到关于 t 的函数 y;进一步求出关于 t 的函数 x.

8.5　数学建模:微分方程的应用(2)

本节介绍了微分方程组与相平面分析及微分方程常用的数学模型. 微分方程建模解决问题时有其自身的特点:①直接研究一个变量 $y=f(x)$ 常常不容易,而考虑其导数 y' 及其关系更容易一些,这就产生微分方程;②一个主要原因是,事物都在变化,也就有变化率 y',事物的变化又常以时间 t 为自变量,这就考虑 y'_t, x'_t 等;③事物的关系又通常是对立统一的关系,x 与 y 相互联系,这就得到微分方程组.

看下面的实例.

战争模型　用 $x(t)$ 和 $y(t)$ 表示甲乙交战双方在时刻 t 的兵力，可视为双方的士兵人数，一个简化模型是，假设一支军队参战人数减少(死亡或受伤)的比率$\left(如\frac{\mathrm{d}x}{\mathrm{d}t},\frac{\mathrm{d}y}{\mathrm{d}t}\right)$是与另一支军队集中向其开火的次数成正比，而这开火的次数又与该方军队中参战人数成正比. 于是 x、y 服从微分方程

$$\begin{cases}\dfrac{\mathrm{d}x}{\mathrm{d}t}=-ay \\ \dfrac{\mathrm{d}y}{\mathrm{d}t}=-bx \qquad (a,b>0) \\ x(0)=x_0, y(0)=y_0\end{cases} \tag{8.12}$$

下面分析求解此微分方程组.

由复合求导法则　$\dfrac{\mathrm{d}y}{\mathrm{d}x}=\dfrac{\mathrm{d}y}{\mathrm{d}t}\dfrac{\mathrm{d}t}{\mathrm{d}x}=\dfrac{\mathrm{d}y}{\mathrm{d}t}\Big/\dfrac{\mathrm{d}x}{\mathrm{d}t}=\dfrac{-bx}{-ay}=\dfrac{bx}{ay}.$

分离变量求解得

$$ay^2-bx^2=k. \tag{8.13}$$

此方程在图像上是双曲线簇，如图 8.3 所示(其中 k 为参数，反映了曲线簇中不同的类型，这是相平面). 图中箭头表示随时间 t 的增加，$x(t)$、$y(t)$ 的变化趋势，可以看出，如果 $k>0$，轨线将与 y 轴相交，这就说明存在 t_1 使 $x(t_1)=0$，$y(t_1)=\sqrt{\dfrac{k}{a}}>0$，即当甲方兵力为零时乙方兵力为正值，表明乙方获胜. 同理可知，$k<0$ 时甲方获胜，而 $k=0$ 时双方战平.

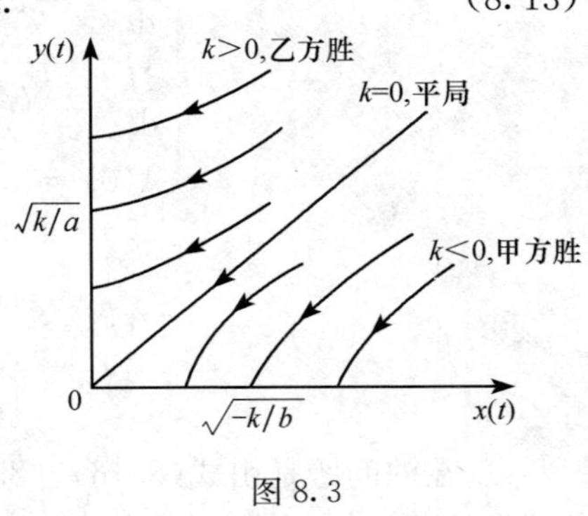

图 8.3

进一步分析某一方比如乙方取胜的条件，考虑初始条件代入式(8.13)得

$$k=ay_0^2=bx_0^2. \tag{8.14}$$

由 $k>0$ 即 $ay_0^2-bx_0^2>0$，

$$\left(\frac{y_0}{x_0}\right)^2>\frac{b}{a}. \tag{8.15}$$

考虑 a、b 的含义，式(8.12)中 a 为乙方的“战斗有效系数”(可以认为是乙方士兵的射击率与命中率的乘积)，b 为甲方的战斗有效系数.

于是式(8.15)说明，双方初始兵力之比$\dfrac{y_0}{x_0}$以平方关系影响着战争的结局，例如若乙方兵力增加到原来的 2 倍(甲方不变)，则影响战争的结局的能力增加到 4 倍(正如毛泽东兵法，战略上藐视敌人，战术上重视敌人，战术上要求有数倍于敌人的兵力而速战速决).

此例的研究不是求微分方程的定量解、解析解，而是作定性分析，说明数学除了通常擅长作定量分析外，也能够作定性分析；定性分析同样重要.

此战争模型及研究分析方法有一般意义，对于事物矛盾双方关系分析，如生物、动物天敌、某些经济竞争等都适用.

最后以著名的硫磺岛战役来运用上述模型，并说明微分方程有多种实际应用以及实际中解微分方程常常是求数值解，因为像前面规范的一阶、二阶微分方程少有，因而解析解难求.

硫磺岛战役 硫磺岛位于东京以南 660 英里的海面上，是日军重要的空军基地，为日本的屏障. 二战末期美军于 1945 年 2 月 19 日开始进攻，激战一个多月，双方伤亡惨重，日方守军 21 500 人全部阵亡或被俘，美方投入兵力 73 000 人，伤亡 20 265 人. 战争进行到 28 天后美军宣布占领该岛，实际战斗到 36 天才停止.

T. H. Engel 用美军的战地记录进行研究，发现模型与实际吻合得很好.

用 $A(t)$ 和 $J(t)$ 表示美军和日军第 t 天的人数，在上述模型(8.12)中再考虑上美军有增援部队 $U(t)$($U(t)$ 为美军增援率). 则

$$\begin{cases}\dfrac{\mathrm{d}A}{\mathrm{d}t}=-aJ(t)+U(t)\\ \dfrac{\mathrm{d}J}{\mathrm{d}t}=-bA(t)\\ A(0)=54\,000,\quad J(0)=21\,500\end{cases}. \tag{8.16}$$

$$U(t)=\begin{cases}54\,000, & 0\leqslant t<1\\ 6\,000, & 2\leqslant t<3\\ 13\,000, & 5\leqslant t<6\\ 0, & \text{其他}\end{cases}. \tag{8.17}$$

现在的问题是由式(8.16)、(8.17)及美军每天伤亡人数(即 $A(t)$ 的实际变化情况如图 8.4 中虚线所示)，从理论上研究 $A(t)$.

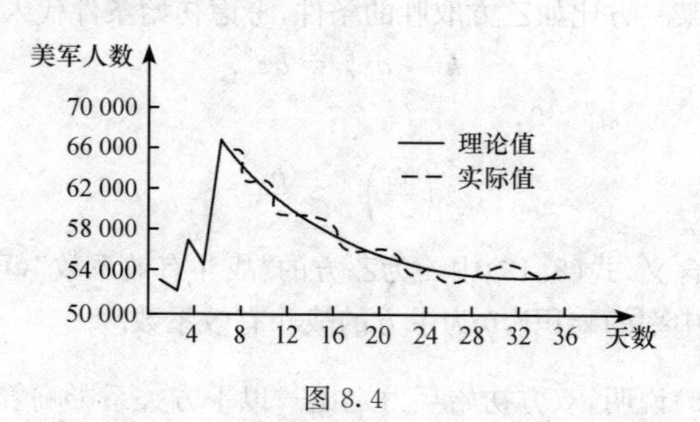

图 8.4

求微分方程组(8.16)的解析解困难，通常可求数值解. 对方程(8.16)用求和代替积分得

$$A(t)=A(0)-a\sum_{i=1}^{t}J(i)+\sum_{i=1}^{t}U(i). \tag{8.18}$$

$$J(t)=J(0)-b\sum_{i=1}^{t}A(i). \tag{8.19}$$

为估计 b，在式(8.19)中 $t=36$，那么

$J(36)=0, J(0)=21\,500$，再由 $A(t)$ 的实际数据可得 $\sum_{i=1}^{36}A(i)=203\,700$，

于是估计出 $b=\frac{21\,500}{203\,700}=0.010\,6$，代回式(8.19)得

$$J(t)=21\,500-0.010\,6\sum_{i=1}^{t}A(i)$$

代回式(8.18)估计 a.

令 $t=36$ 得

$$a=\frac{\sum_{i=1}^{36}U(i)-A(36)}{\sum_{i=1}^{36}J(i)}.$$

其中分子为美军的总伤亡人数，为 20 265 人，分母可由已经算出的 $J(t)$ 得到，为 372 500 人，于是 $a=\frac{20\,265}{372\,500}=0.054\,4$，再代入式(8.18)，得

$$A(t)=-0.054\,4\sum_{i=1}^{t}J(i)+\sum_{i=1}^{t}U(i).$$

由式(8.20)就能算出美军人数 $A(t)$ 的理论值，图 8.4 中用实线画出，与虚线表示的实际值相比，可以看出吻合的情况.

此结果可视为战争发展的轨线，由此也可预测战争结束时有多少美国人活着离开战场等.

此例还说明，解各种微分方程或解定积分时，实际中常常是求数值解.

习　题　8.5

B、C(提高题、应用题)

1. 微分方程组 $\frac{dx}{dt}=0.01x-0.05xy, \frac{dy}{dt}=-0.2y+0.08xy$ 表示的是两组不同物种 A 和 B 的数量 x 和 y(都以千为单位)各自增长的速率.

(1) 用文字描述每一物种在另一物种不存在的情况下其数量是如何变化的.

(2) 用文字描述这两个物种是如何相制约的，给出物种的数量是按照所给方程组描述的规律变化的理由，举出一些可能是按照所给方程组描述规律变化的物种.

2. 有两公司分享某项新技术成果在市场上的销售利益，除相互之间存在竞争外，没有其他竞争对手. 设 $A(t)$ 表示一个公司在 t 时刻净资产，$B(t)$ 则为另一公司的净资产. 假设净资产不会

为负值,这是因为一个公司如果净资产为0,这个公司就该停业了.假设A和B满足微分方程

$$A' = 2A - AB,$$
$$B' = B - AB.$$

对于某一公司,如果没有另一公司存在的话,那么上述微分方程能就这一公司的净资产做出什么样的预测?每一公司对另一公司有什么影响?

第8章复习题

1. 填空题.

(1) 在下面方程的括号内标注可分离变量方程、一阶微分方程、一阶线性微分方程.

① $y'+y=2x$( ); ② $(y')^2+2xy=0$( );

③ $y'-x\sin y+2x=0$( ); ④ $y(y')^3+2y=x$( );

⑤ $xy'+2y=x$( ); ⑥ $y'+\cos y=e^x$( ).

(2) 在下面方程的括号内标注二阶常系数齐次微分方程、二阶常系数非齐次微分方程.

① $y''+2xy'+5x=0$( ); ② $y''+5xy'+y=1$( );

③ $y''+y=3e^{2x}$( ); ④ $y''+\sec x=2$( ).

2. 求微分方程的通解.

(1) $y'=3y^{\frac{2}{3}}$; (2) $(1+e^x)yy'=e^x$;

(3) $y'-y=\sin x$; (4) $xy'+y=xe^x$;

(5) $xy'+y=x^2+3x+2$; (6) $xy'+y=x\cos x+\sin x$;

(7) $y''-y'-2y=x^2$; (8) $y''=\dfrac{2xy'}{1+x^2}$;

(9) $y''+5y'+6y=2e^{-x}$; (10) $y''+y'+y=x+4$;

(11) $y''-4y'+5y=\sin x$.

3. 求下列微分方程的特解.

(1) $y'-\dfrac{xy}{1+x^2}=1+x, y|_{x=0}=\dfrac{1}{2}$; (2) $y'=3xy+x^3+x, y|_{x=0}=1$;

(3) $(3x^2+2xy-y^2)dx+(x^2-2xy)dy=0, y(1)=1$.

4. 设$f(x)$为可微函数且满足:$f(x) = x+\int_0^x f(t)dt$,求$f(x)$.

5. 设$f(x)$在$x>0$时二阶导数连续且满足:

$f(1) = 2, f'(x)-\dfrac{f(x)}{x}-\int_1^x \dfrac{f(t)}{t^2}dt = 0$,求$f(x)$.

6. 某曲线上任一点的切线介于两坐标轴之间的部分恰为切点所平分,已知曲线过点(2,10),求曲线方程.

7. 设函数$\varphi(x)$连续,且满足:$\varphi(x) = e^x+\int_0^x t\varphi(t)dt - x\int_0^x \varphi(t)dt$,求$\varphi(x)$.

8. 作直线运动的质点的速度v、加速度a、位移s的关系满足:$a=s+2$,且$s(0)=1, s'(0)=12$,求位移方程$s=s(t)$.

9. 设可导函数$f(x)$满足:$x\int_0^x f(t)dt = (x+1)\int_0^x tf(t)dt$,求$f(x)$.

*10. 求微分方程的通解.

(1) $y''-6y'+9y=x+e^{3x}$； (2) $y''+4y=2\sin^2 x$；

(3) $y'+\frac{1}{x}\tan y=\sec y$； (4) $y'=\frac{x}{y+x}$.

*11. 设药物离开血液进入尿液的速度是与那时血液中药物的多少成正比的. 如果初始剂量为 Q 的药物直接注射到血液中，3 小时后就只有 20%剩留在血液中.

(1) 写出并求解 t(小时)时刻有关血液中药物量 Q 的微分方程.

(2) 如果初始时刻病人被注射的药剂量为 100mg，那么 6 小时后这种药物在病人体内的量还有多少？

【相关阅读】 数学建模思维方法

数学建模的思想过程：熟悉问题→分析问题→寻找思路→建立模型→求解模型→结果分析.

1. 熟悉问题

数学建模的问题是实际问题，求解的基础是必须熟悉问题，一是情况清楚，二是概念清楚，要点是“回到实际”，尽可能回到问题的实际场景去了解问题、熟悉问题. 其中包括上网等广泛查阅相关资料，以及动手作必要的实际调查或实验.

2. 分析问题

作因素分析，有多少因素、相互关系怎样，每个因素怎样看待、处理；作目标分析，从题目要求入手，用鱼翅图展开；作优化分析，什么因素可以运筹优化，如何优化？注意区分“硬约束”与“软约束”两类因素.

3. 寻找思路

包括研究问题的整体思路：目的、方向；要点是：实际情况＋实际意义＝研究方向. 以及具体解决问题、优化问题的思路、方法，是从问题的实际特点和数学特点、从常用数学方法中寻找适合的方法.

4. 建立模型

包括因素符号表示、提出假设、运用方法建立模型. 下面给出关于建立假设的技巧.

(1) 假设是重要的研究问题的方法、思维；假设可分为问题假设与方法假设两类.

(2) 问题假设，是通过假设将问题尽可能具体化和简化(如第 4 章森林救火例子中的假设 1、4).

(3) 方法假设，结合问题假设，为了使问题适合所用方法而提出假设(如上例假设 2、3).

(4) 提假设要有合理性,符合实际情况、符合题目要求等$\Big($建立这个模型的关键是对$\dfrac{\mathrm{d}B}{\mathrm{d}t}$的假设,比较合理而又简化的假设条件只能符合风力不大的情况,如果风大则考虑另外的假设$\Big)$.

5. 求解模型

注意通常有解析解(如上例)和数值解两类.求解困难的问题通常是数值解(近似解),可用试算、模拟等方法.

6. 结果分析

数学建模需要对自己的模型及结果进行分析,包括模型结果的正确性、可行性、适应性、经济性等方面.其中可行性指实际中此模型如何运用,适应性指某些因素可能变化对模型的影响.

[课堂探究]

(1) 试比较数学建模与通常解数学题的区别.

(2) 数学建模为什么要提假设?提出假设的作用?

第9章　数学实验

计算机技术的发展,使数学学习、数学建模、数学研究等,可以在计算机上用数学实验来进行."数学实验"主要是运用数学软件,进行数值计算、数据拟合、函数作图等.

9.1　Mathematica 使用简介

9.1.1　Mathematica 使用简介

1. Mathematica 简介

Mathematica 是由美国 Wolfram 公司研究开发的一个著名的数学软件,能够完成符号运算、数学图形绘制、甚至动画制作等多种操作.

Mathematica 是一种强大的数学计算、处理和分析的工具,主要用于解决研究和工程计算领域中的问题,也可处理一些比较基本的数学计算.

2. Mathematica 软件功能简介

(1) 作函数的图像:用作图程序,输入被作图的函数,计算机可直接作出该函数的图像.

(2) 数值计算:可简单地计算函数值、积分值等,可求微分方程的数值解等.

(3) 符号运算:可计算函数的极限、导数、不定积分,求微分方程的通解等.在这以前,计算机只能作数值计算,不能作符号运算.

3. Mathematica 的启动与基本操作

(1) 启动:系统安装好以后,在 Window98/2000/XP 中,单击"开始"按钮,选择"程序"→Mathematica 命令即可进入系统.或双击 Mathematica 组,再双击 Mathematica 图标,即可进入系统.

(2) 基本操作:进入系统后,出现 Mathematica 窗口,既可输入命令.如输入1+2然后按 Shift+Enter 组合键或单击 Mathematica 的徽标,即可得到结果.窗口显示如图 9.1 所示.

其中,In[1]表示第一行的输入;Out[1]表示对第一个结果的输出.如输入的语句或表达式不能在一行显示完,可以按 Enter 键后在下一行输入,但一个命令或表达式没写完就需换行,则需加"\",在后面接着按 Enter 键,继续输入.

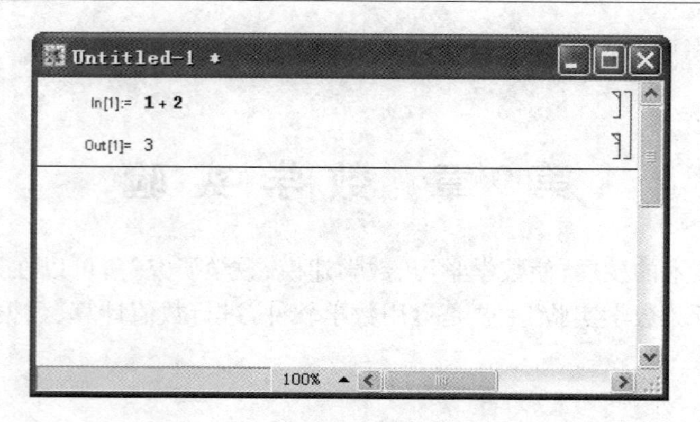

图 9.1

9.1.2 数、运算符、函数、变量与表达式的表示与输入

1. 数的表示法

Mathematica 的数据分为两类:一类就是平常写出的数,称为普通数;另一类是系统的内部数,有固定的写法,称为数学常数.

(1) 普通数的表示.

① 整数:输入输出的数都是精确数.

②有理数:能表示为分数的数称为有理数,输入两个整数的商,如结果不是整数,应得到一个分数,如图 9.2 所示.

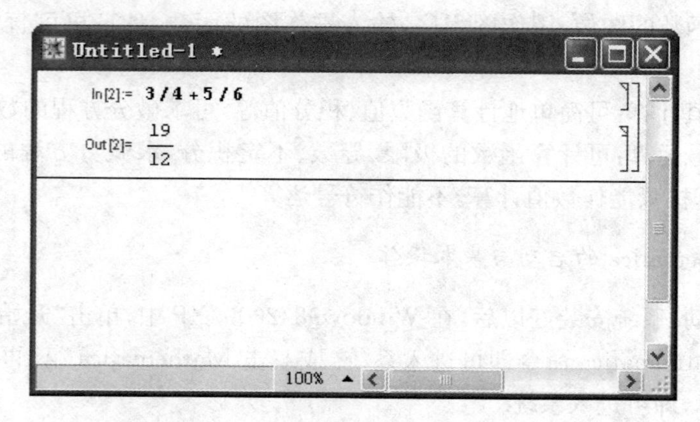

图 9.2

③ 实数:只有用浮点表示实数的近似值,如图 9.3 所示.

(2) 数学常数.

在系统内部,一些数学常数用特定的字符串表示,如:Pi 表示 π;E 表示 e;Degree 表示角度值单位的度;I 表示虚数单位 i;Infinity 表示∞.

注意 这些常数书写时必须以大写字母开头.

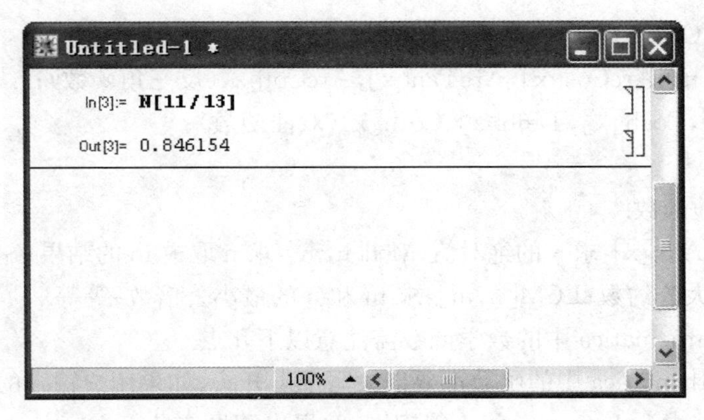

图 9.3

2. 运算符的表示与输入

+、-、*、/、^ 分别表示加、减、乘、除、乘方运算，其中 * 也可以用空格表示，如 2*3 等价于 2 3，另外开方可以表示成分数指数，如$\sqrt[4]{3}$的输入为 3^(1/4)，上述运算的优先顺序同数学运算完全相同.

3. 函数的表示法与输入

Mathematica 中的命令(或指令)从广义上讲都要视为函数，因此应注意函数名称的书写，以免出错. 常用函数如下.

(1) N 函数：格式为 N[表达式,k].

功能：求出表达式的近似值，其中 k 为可选项，它指有效数字的位数，如图 9.4 所示.

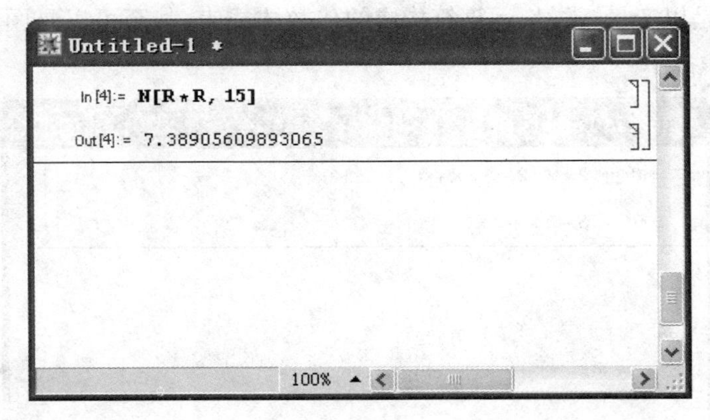

图 9.4

(2) 基本初等函数.

Sqrt[x](求平方根)，Exp[x](以 e 为底的幂)，Log[a,N](以 a 为底 N 的对数)，Log[x](lnx)；

Sin[x],Cos[x],Tan[x],Cot[x],Sec[x],Csc[x](三角函数);

ArcSin[x],ArcCos[x],ArcTan[x],ArcCot[x](反三角函数);

Sinh[x],Cosh[x],Tanh[x],Coth[x](双曲函数);

……

(3) 其他函数.

!:阶乘;Abx[x]:求 x 的绝对值;Mod[n,m]:求 n 取模 m 的结果;GCD[n,m]:求 m 和 n 的最大公约数;LCM[n,m]:求 m 和 n 的最小公倍数;等等.

使用 Mathematica 中的数学函数需注意以下几点.

(1) Mathematica 中的函数都要以大写字母开头,如果用户输入的函数没有用大写字母开头,Mathematica 将不能识别,并提出警告信息;

(2) Mathematica 函数的自变量都应放在方括号内;

(3) 这些数学函数的自变量如 x,y,z 可以是数字,也可以是算术表达式;

(4) 计算三角函数时,要注意使用弧度制,如果使用角度制,不妨把角度制先乘以 Degree 常数,转换为弧度制,如

In[11]:Sin[90Pi/180]

Out[11]:1

4. 变量与表达式

(1) 变量.

Mathematica 中变量都以小写字母(不能以数字开头)开头的字符(或字符串),但不能有空格和标点符号,如:a、abcd、b12.

(2) 表达式.

表达式是以变量、常量、运算符构成的代数式或表,甚至可以是图形,如图 9.5 所示.

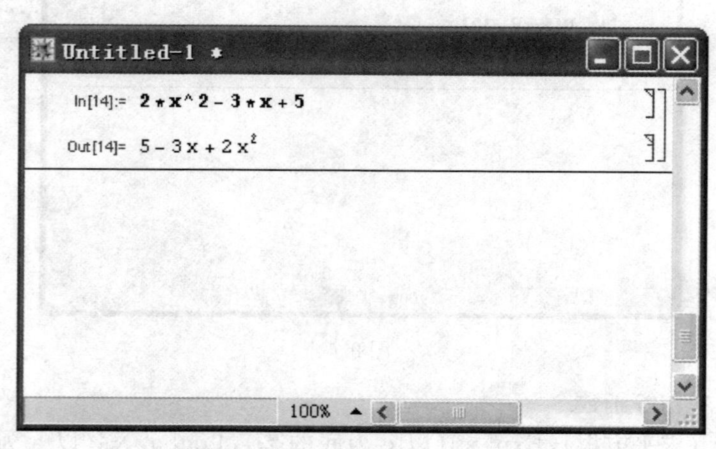

图 9.5

(3) 变量的赋值与替换.

变量的赋值格式为

变量名 = 表达式.

例如:A=2 * 4,n=2 * Sin[x]-5 * Cos[x].

代数式中的变量也可以用另一个变量(或代数式)替换,如把上例中的变量 n 中的 x 用 Pi-ArcSin[x]替换,其表述如图 9.6 所示.

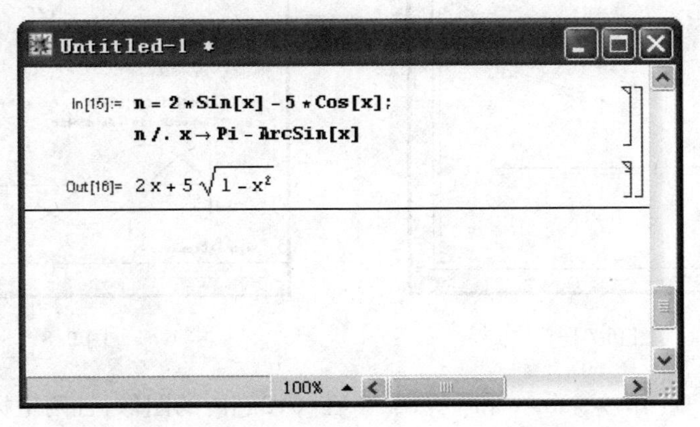

图 9.6

(4) 变量的清除.

当一个变量无用时,可用 Clear[a]加以清除,以免影响后面计算的结果.

9.1.3　函数作图

1. 作图函数与输入格式

(1) 作图函数 Plot(绘图).

在 Mathematica 中用函数 Plot 可以方便地作出一元函数的静态图像.

(2) 输入格式.

Plot[{f1,f2,…},{x,xmin,xmax},可选参数]

其中,表{f1,f2,…}中的 fi(i=1,2,3,…)是绘制图形的函数名,表{x,xmim,xmax}中的 x 为函数 fi 的自变量,xmin 和 xmax 是自变量的取值区间的左端点和右端点.

例 9.1　作函数 $y=x^2$ 在[-2,2]内的图像和作 $y=\log_2 x$ 在[0.5,3]内的图像,其输入和输出如图 9.7 所示.

2. 作图时的可选参数

(1) 参数 AspectRatio(面貌比).

平时作图时,一般两个坐标轴的单位长度该一致,即 1 ∶ 1,但在 Mathematica 中根据美学原理系统默认的纵横比为 1 ∶ 0.618,而将参数 AspectRatio 的值设为 Automatic(自动的)时,纵横比为 1 ∶ 1,请同学们比较一下图 9.8 中用默认的上图和设置为 Automatic 的下图的不同效果.

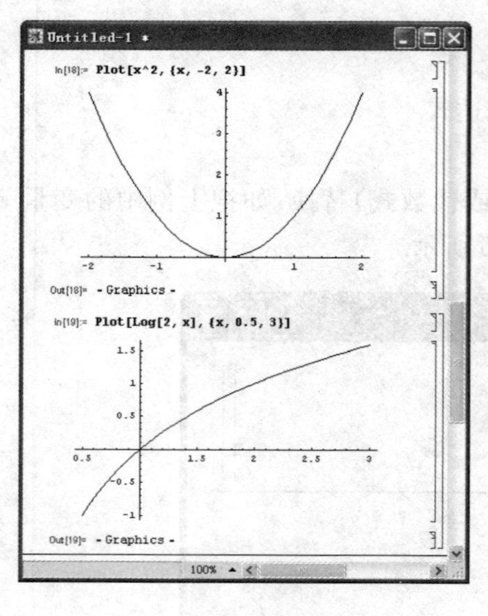

图 9.7

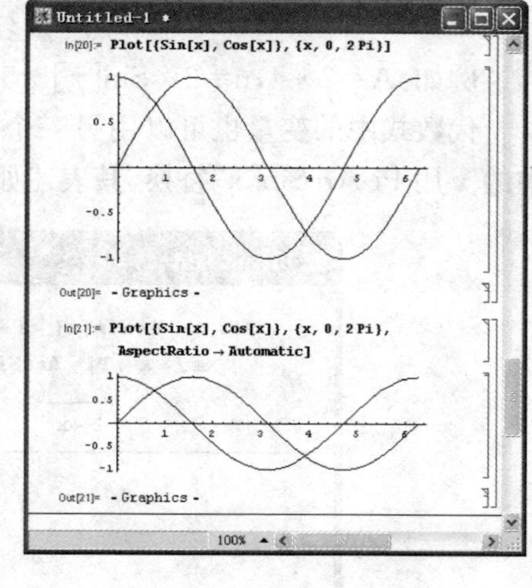

图 9.8

例 9.2 ① 作 $y=\sin x$ 和 $y=\cos x$ 在$[0,2\pi]$内的图像,且两坐标轴上的单位比为 1∶0.618;

② 作 $y=\sin x$ 和 $y=\cos x$ 在$[0,2\pi]$内的图像,且两坐标轴上的单位比为 1∶1,如图 9.8 所示.

(2)参数 PlotStyle(画图风格).

PlotStyle 的值是一个表,它决定画线的虚实、宽度、色彩等.

① 取值 RGB[r,g,b]－决定画线的色彩,r,g,b 分别代表红、绿、蓝三色的强度,其值为[0,1]之间的数.

例 9.3 作 $y=\sin x$ 在$[0,2\pi]$内的图像,线条用红色.

输入:Plot[Sin[x],{x,0,2Pi},PlotStyle->{RGBColor[1,0,0]}]

表示画出的线条为红色.

② 取值 Thickness[t](厚度,浓度)决定画线的宽度. t 是在[0,1]之间的一个数,且远远小于 1,因为整个图形的宽度为 1.

例 9.4 作 $y=\sin x$ 在$[0,2\pi]$内的图像,线条厚度为 $t=0.01$.

输入:Plot[Sin[x],{x,0,2Pi},PlotStyle->Thickness[0.01]]

输出如图 9.9 所示.

③ 取值 Dashing[{d1,d2,…}]决定画线的虚实,其中表{d1,d2,…}确定线的虚实分段方式,d_i 的值介于[0,1]之间.

例 9.5 作 $y=\sin x$ 在$[0,2\pi]$内的图像,线条用虚线.

输入:Plot[Sin[x],{x,0,2Pi},PlotStyle->Dashing[{0.03,0.09}]]

输出如图 9.10 所示.

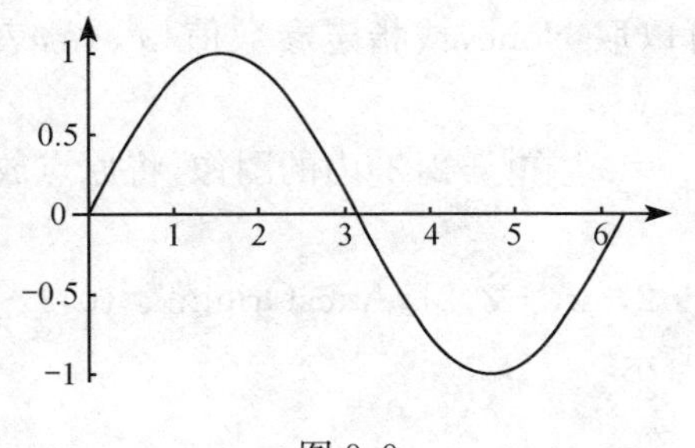

图 9.9

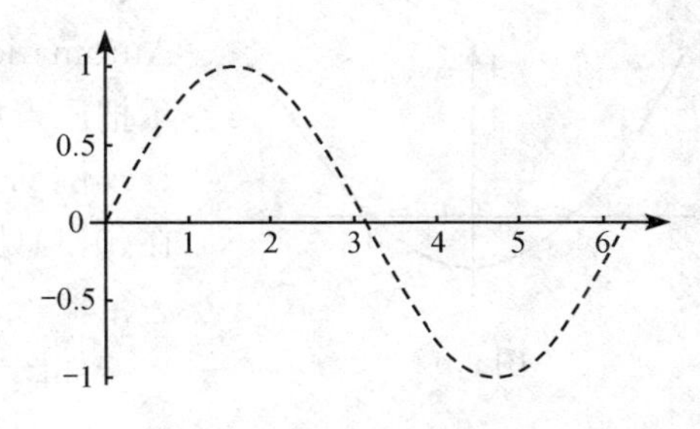

图 9.10

注意 使用参数 PlotStyle 时,若使用两个以上的参数时,要使用{{ }}.

例 9.6 作 $y=\sin x$ 和 $y=\cos x$ 在$[0,2\pi]$内的图像,且两坐标轴上的单位比为 1∶1,线条用红色虚线.

输入:Plot[{Sin[x],Cos[x]}{x,0,2Pi},AspectRatio->Automatica,PlotStyle→{{RGBColor[1,0,0]},Dashing[{0.02,0.05}]}}]

输出如图 9.11 所示.

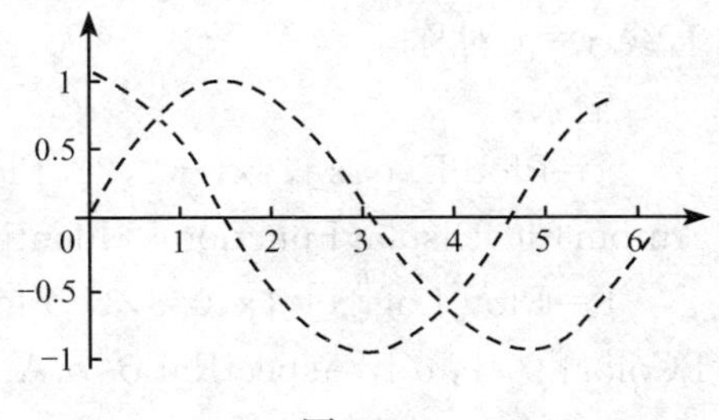

图 9.11

(3) 参数 DisplayFuntion(显示函数).

该参数决定图形的显示与否,当取值为 Identity 时,图形不显示出来,当取值为 $Identity 时恢复图形的显示. 如:

In[7]: Plot[Sin[x],{x,0,2Pi},DisplayFunction->Identity]

Out[7]=

—Graphics—

(4) 参数 PlotRange.

该参数决定作图的范围,其格式为:PlotRange->参数值

其中参数值可取:

① Automatic——系统默认值,当函数在作图区间存在无穷间断点和很窄的尖峰时,系统会将这部分图形切掉;

② ALL——要求画出图形的全部,当发现系统切掉很重要的尖峰时,可使用该参数重画图形,但禁止在无穷间断点时使用,因为会导致无穷循环的错误,甚至死机;

③ {y1,y2}——要求作出纵坐标为{y1,y2}范围的图形.

(5) 参数 PlotPoints.

该参数函数值的单位取点数,当选用该参数时,一般应选取一个比较大的值,以免作出的图形与实际情况偏差太大.

(6) 参数 AxesOrigin(轴原点).

该参数决定是否画坐标轴以及坐标原点放在什么位置,该系统默认为

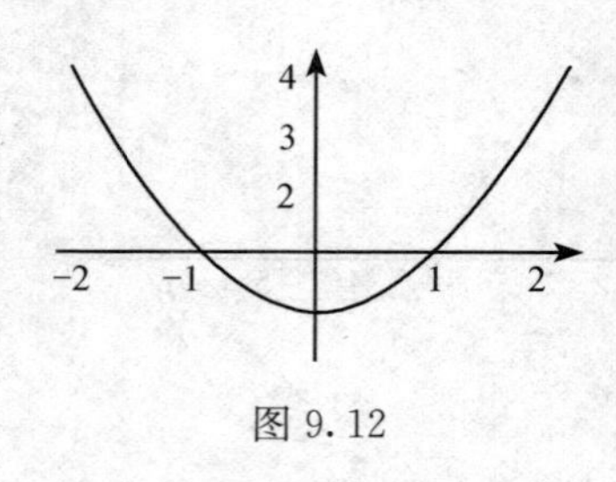

图 9.12

Automatic，也可以取 None，或指定参数值$\{x,y\}$，表示把原点放在$\{x,y\}$.

例 9.7 作 $y=x^2$ 在$[-2,2]$内的图像，将原点放在(0,1)处.

输入：Plot[x^2,{x,-2,2},AxesOrigin->{0,1}]

如图 9.12 所示.

3. 图形的组合显示函数 Show

Plot 的作用可以在同一坐标系的同一区间内作出不同函数的图像，但有时需要在同一坐标系的不同区间内作出不同函数的图像，或者在同一坐标系作一个函数而要求函数的各个部分具有不同的形态(像分段函数)，此时就需要使用 Show 函数.

例 9.8 在同一坐标系中作 $y=e^x$ 和 $y=\ln x$ 的图像，并说明它们的图像关于直线 $y=x$ 对称.

输入：

a=Plot[Exp[x],{x,-2,2},PlotStyle->RGBColor[1,0,0],AspectRatio->Automatic,DisplayFunction->Identity]

b=Plot[Log[x],{x,0.3,3},PlotStyle->RGBColor[0,1,0],AspectRatio->Automatic,DisplayFunction->Identity]

c=Plot[x,{x,-2,2},PlotStyle->Dashing[{0.09,0.04}],DisplayFunction->Identity]

Show[a,b,c,DisplayFunction->$DisplayFunction]

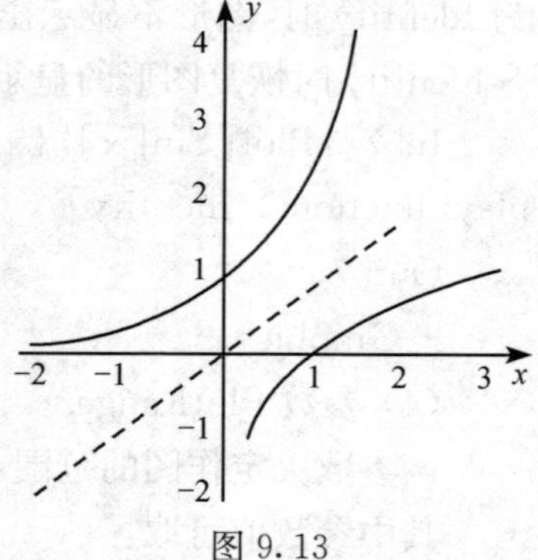

图 9.13

输出如图 9.13 所示.

注意 输入例 9.8 时要换行，应按 Enter 键，不能按鼠标.

9.1.4 求函数的极限

用 Limit 函数求函数的极限，其基本格式为

Limit[f(x),x->a]

式中，a 既可以是常数，也可以是无穷大.

例 9.9 求极限$\lim\limits_{x\to 0}\frac{\sin x}{x}$.

In[1]:Limit[Sin[x]/x,x->0]

Out[1]:1

例 9.10 求极限$\lim\limits_{x\to a}\frac{\sin x-\sin a}{x-a}$.

In[1]:Limit[(Sin[x]-Sin[a])/(x-a),x->a]

Out[1]:Cos[a]

例 9.11 求极限$\lim\limits_{x\to\infty}\left(1+\frac{1}{x}\right)^x$.

In[1]:Limit[(1+1/x)^x,x->Infinity]

Out[1]:e

例 9.12 求极限$\lim\limits_{x\to 1}(1-x)\tan\frac{\pi x}{2}$.

In[1]:Limit[(1-x)Tan[(Pi*x/2)],x->1]

Out[1]:2/Pi

9.1.5 求函数的导数与微分

1. 求函数的导数的函数与输入格式

用D函数求函数的导数,基本格式为

D[f(x),{x,n}]

式中,n为求导阶数,若省略,则系统默认为一阶导数.

例 9.13 求$y=x^3+4x^2-5$的导数.

In[1]:D[x^3+4x4^2-5,x]

Out[1]:8x+3x^2

例 9.14 求$y=\frac{\sin x}{x}$的二阶导数.

In[2]:D[Sin[x]/x,{x,2}]

Out[2]:-2Cos[x]/x^2+2Sin[x]/x^3-Sin[x]/x

例 9.15 求$y=e^{\sin 2x}$的导数.

In[3]:D[Exp[Sin[2x]],x]

Out[3]:2Cos[2x]*Exp[Sin[2x]]

2. 求函数的微分的函数与输入格式

用Dt函数求函数的微分,基本格式为

Dt[f(x)]

例 9.16 求$y=\sin 2x$的微分.

In[4]:Dt[Sin[2x]]

Out[4]:2Cos[2x]Dt[x]

例 9.17 求$y=\sin^2 x$的微分.

In[5]:Dt[Sin[x]^2]

Out[5]:2Cos[x]Dt[x]Sin[x]

9.1.6 求函数的极值

1. 求函数极小值的函数与输入格式

用 FindMinimum 函数求函数 $f(x)$的极小值,基本格式为

FindMinimum[f(x),{x,x0}]

式中,x_0 为初始值,表示求出的是 $f(x)$在 x_0 点附近的极小值. 因此,一般需借助于 Plot 函数先作出 $f(x)$的图像,由图像确定初始值,再利用 FindMinimum 求出函数在 x_0附近的极小值.

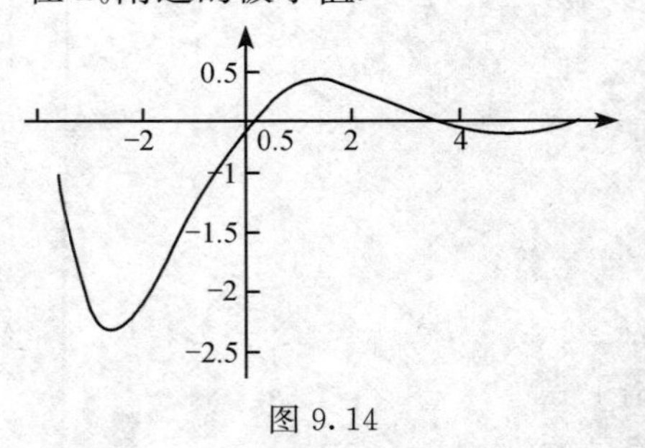

图 9.14

例 9.18 求 $y=e^{-\frac{x}{2}}\sin x$ 的极小值.

```
In[1]:y=Sin[x]*Exp[-x/2]
      Plot[y,{x,-5,6}]
      FindMinimum[y,{x,-3}]
Out[1]:{-2.4735,{x->-2.0344}}
```

式中,-2.473 5 为极小值;-2.034 4 为极小值点(如图 9.14 所示).

2. 求函数极大值的函数与输入格式

因为函数 $f(x)$与$-f(x)$的图像关于 x 轴对称,$f(x)$取得极大值时,$-f(x)$正好取得极小值,因此仍可用 FindMinimum 函数求函数 $f(x)$的极大值. 基本格式为

FindMinimum[-f(x),{x,x0}]

式中,x_0 为初始值,表示求出的是$-f(x)$在 x_0 点附近的极小值,设为 W,实际上间接求出了 $f(x)$在 x_0 附近的极大值$-W$.

例 9.19 求 $y=\frac{3x}{1+x^2}$的极值.

```
In[2]:y=3*x/(1+x^2)
      Plot[y,{x,-2,2}]  (如图 9.15 所示)
      FindMinimum[y,{x,0}]
      Out[2]:{-1.5,{x->-1}}
```

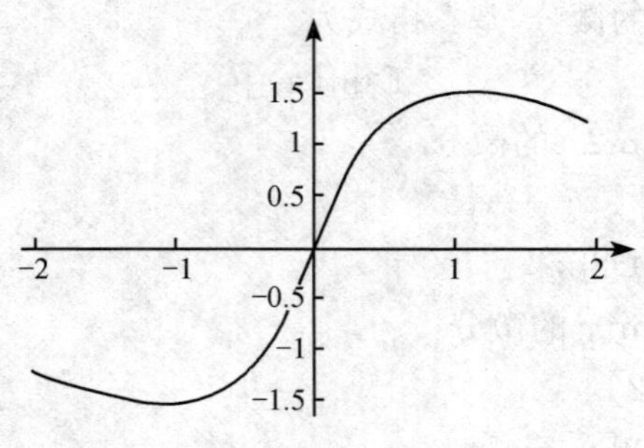

图 9.15

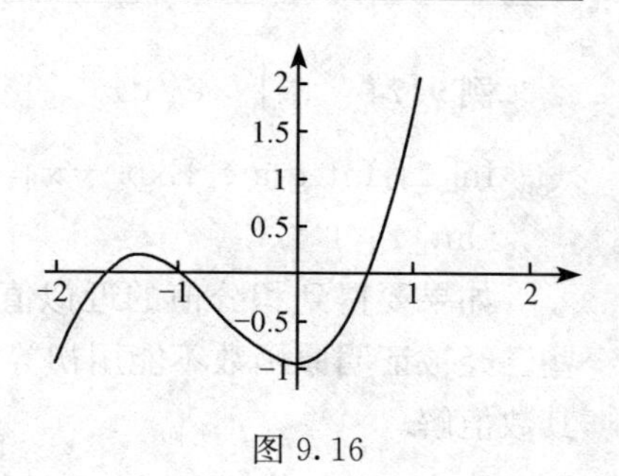

图 9.16

表示函数在 $x=-1$ 处取得极小值 1.5.

In[3]:FindMinimum[-y,{x,0}]

Out[3]:{-1.5,{x->1}}

表示函数在 $x=1$ 处取得极大值 1.5.

例 9.20 求 $y=x^3+2x^2-1$ 的极值.

In[4]:y=x^3+2x^2-1

Plot[y,{x,-3,3}] （如图 9.16 所示）

FindMinimum[y,{x,-0.5}]

Out[4]:{-1,{x->-7.959 45×10^-9}}

表示 y 在 $x=-7.959\,45\times10^{-9}$ 处取得极小值 -1.

In[5]:FindMinimum[-y,{x,-2}]

Out[5]:{-0.185 185,{x->-1.333 33}}

表示 y 在 $x=-1.333\,33$ 处取得极大值 0.185 185.

9.1.7 求不定积分、定积分与广义积分

1. 求不定积分的函数与输入格式

用 Integrate 函数可进行函数的不定积分运算，基本格式为

Integrate[f(x),x]

例 9.21 求 $\int(3x^2+\cos x-\mathrm{e}^x)\mathrm{d}x$.

In[1]:Integrate[3x^2+Cos[x]-Exp[x],x]

Out[1]:-Exp[x]+x^3+Sin[x]

例 9.22 求 $\int\frac{1+\sin 2x}{\sin^2 x}\mathrm{d}x$.

In[2]:Integrate[(1+Sin[2x])/Sin[x]^2,x]

Out[2]:-Cos[x]+2Log[Sin[x]]

2. 求定积分与广义积分的函数与输入格式

定积分的计算也可以用 Integrate 函数，基本格式为

Integrate[f(x),{x,a,b}]

式中，表 $\{x,a,b\}$ 中，x 表示积分变量；a，b 分别代表积分下限和上限；当 b 为∞时，即为广义积分.

例 9.23 求 $\int_0^1 x^2\sin x\mathrm{d}x$.

In[3]:Integrate[x^2 * Sin[x],{x,0,1}]

Out[3]:-2+Cos[1]+2Sin[1]

例 9.24 求$\int_0^{+\infty} e^{-x}dx$.

In[4]:Integrate[Exp[-x],{x,0,+Infinity}]

Out[4]:1

如果要得到积分值的近似值,可将 N 函数作用于上 Integrate 函数上;对于某些已经被证明原函数不能用初等函数来表示的积分,也可以直接使用 NItegrate 求其数值解.

例 9.25 求$\int_0^1 x^2\sin x dx$的近似值.

In[5]:NIntegrate[x^2 * Sin[x],{x,0,1}]

Out[5]:0.223 244

例 9.26 求$\int_0^1 \frac{\sin x}{x}dx$的数值解.

In[6]:NIntegrate[Sin[x]/x,{x,0,1}]

Out[6]:0.946 083

9.1.8 解微分方程

1. 求微分方程通解函数与输入格式

对于常微分方程,可用 DSolve 函数求解,基本格式为

DSolve[微分方程,未知函数名称,未知函数的自变量]

例 9.27 求微分方程 $y'=2x$ 的通解.

In[1]:DSolve[y'[x]==2x,y[x],x]

Out[1]:{{y[x]->-x²+C[1]}}

注意 方程中的等号应连续输入两个"=".

例 9.28 求微分方程 $y''-3y'+2y=3xe^{2x}$的通解.

In[2]:DSolve[y''[x]-3y'[x]+2y[x]==3x * Exp[2x],y[x],x]

Out[2]:{{y[x]->3e^2x(-1+x)+e^xC[1]+e^2xC[2]}}

注意 二阶导数记号应连续输入两个"'".

例 9.29 求微分方程 $y''-3y=2\sin x$ 的通解.

In[3]:DSolve[y''[x]+3y[x]=2Sin[x],y[x],x]

Out[3]:{{y[x]->C[1]-xC[2]-2Sin[x]}}

2. 求微分方程的特解函数与输入格式

求特解的函数仍为 DSolve,而格式为

DSolve[{微分方程,初始条件},未知函数名称,未知函数的自变量]

例 9.30 求微分方程 $y'=2x+y, y|_{x=0}=0$ 的特解.

In[4]:DSolve[{y′[x]=2x+y[x],y[0]=0},y[x],x]

Out[4]:{{y[x]->x²+xy}}

9.1.9　线性代数

1. 矩阵的生成

矩阵可以看成是由行向量和列向量组成的，而行(列)向量又可以表示成表的形式，例如：

$$\text{矩阵}\begin{pmatrix}1 & 2 & 3\\ 2 & 3 & 4\\ 3 & 4 & 5\end{pmatrix}$$

可以看成是由行向量{1,2,3},{2,3,4},{3,4,5}组成的，即表示成：

{{1,2,3},{2,3,4},{3,4,5}}.

(1) 生成一个矩阵可用Table函数，其格式为

Table[a[i,j],{i,1,m},{j,1,n}]

例9.31　生成矩阵$\begin{pmatrix}a_{11} & a_{12} & a_{13}\\ a_{21} & a_{22} & a_{23}\\ a_{31} & a_{32} & a_{33}\end{pmatrix}$.

In[1]:Table[a[i,j],{i,1,3},{j,1,3}]

Out[1]:{{a[1,1],a[1,2],a[1,3],a[2,1],a[2,2],a[2,3],a[3,1],a[3,2],a[3,3]}}

例9.32　生成矩阵{{1,2,3},{2,4,6},{3,6,9},{4,8,12}}.

In[2]:Table[i*j,{i,1,4},{j,1,3}]

Out[2]:{{1,2,3},{2,4,6},{3,6,9},{4,8,12}}

从例9.32可以看出，Table既可以生成抽象的矩阵，也可以生成一个具体的矩阵，但生成的矩阵都是一个表的形式，这有点不符合习惯. 因此，可以用MatrixForm函数来解决这个问题.

例9.33　In[3]:a=Table[i*j,{i,1,4},{j,1,5}]

MatrixForm[a]

$$\text{Out[3]:=}\begin{matrix}1 & 2 & 3 & 4 & 5\\ 2 & 4 & 6 & 8 & 10\\ 3 & 6 & 9 & 12 & 15\\ 4 & 8 & 12 & 16 & 20\end{matrix}$$

例9.34　In[4]:c={{2,3,-1},{3,0,2},{-1,4,3}}

MatrixForm[c]

$$\text{Out[4]:=}\begin{matrix} 2 & 3 & -1 \\ 3 & 0 & 2 \\ -1 & 4 & 3 \end{matrix}$$

这样就比较符合习惯了.

(2) 特殊矩阵.

① 单位矩阵:用 IdentityMatrix[n],可以生成一个 n 阶单位矩阵.

② 对角矩阵:用 DiagonalMatrix[a_1,a_2,…,a_n]可以生成一个 n 阶对角矩阵,该矩阵主对角线上的元素为 $a_1,a_2,\cdots,a_n$,其余元素全部为 0.

例 9.35 IdentityMatrix[3]生成的是

{{1,0,0},{0,1,0},{0,0,1}}

例 9.36 IdentityMatrix[-1,2,3,10]生成的是

{{-1,0,0,0},{0,2,0,0},{0,0,3,0},{0,0,0,10}}

2. 求矩阵的行列式的值

用 Det 函数求一个方阵 a 的行列式的值,其格式为

Det[a]

例 9.37 In[7]:a={{1,2,3},{2,3,2},{3,1,1}}

Det[a]

Out[7]:-12

例 9.38 In[8]:b={{-2,0,0},{0,3,4},{1,5,6}}

Det[b]

Out[7]:4

3. 矩阵的运算

(1) 矩阵的加、减、乘的运算符号分别为+、-、·,若矩阵为 A、B,则它们的加、减、乘分别是:$\boldsymbol{A}+\boldsymbol{B}$,$\boldsymbol{A}-\boldsymbol{B}$,$\boldsymbol{A}\cdot\boldsymbol{B}$.

注意 乘的运算符"·"是键盘上的小数点.

(2) 矩阵的数乘,表示为 $k\boldsymbol{A}$,其中 k 为常数.

例 9.39 已知 $\boldsymbol{A}=\begin{pmatrix} 12 & 13 & 11 \\ 8 & 7 & 10 \end{pmatrix}$,$\boldsymbol{B}=\begin{pmatrix} 6 & 9 & 7 \\ 3 & 8 & 12 \end{pmatrix}$,$\boldsymbol{P}=\begin{pmatrix} 1 & 0 \\ -1 & 2 \\ 3 & 1 \end{pmatrix}$

求:(1) $\boldsymbol{A}+\boldsymbol{B}$;(2) $\boldsymbol{A}-\boldsymbol{B}$;(3) $3\boldsymbol{A}$;(4) $\boldsymbol{BP}$.

解 In[9]:a={{12,13,11},{8,7,10}}

b={{6,9,7},{3,8,12}}

c=a+b

MatrixForm[c]

```
d=a-b
MatrixForm[d]
e=3a
MatrixForm[e]
p={{1,0},{-1,2},{3,1}}
f=b.p
MatrixForm[f]
```

Out[9]: $\begin{matrix}18 & 22 & 18\\11 & 15 & 22\end{matrix}\quad\begin{matrix}6 & 4 & 4\\5 & -1 & -2\end{matrix}\quad\begin{matrix}36 & 39 & 33\\24 & 21 & 30\end{matrix}\quad\begin{pmatrix}18 & 25\\31 & 28\end{pmatrix}$

4. 逆矩阵的求法

用函数 Inverse 可求矩阵的逆矩阵，其格式为 Inverse[a]

例 9.40　求矩阵$\begin{pmatrix}2 & 2 & 3\\1 & -1 & 0\\-1 & 2 & 1\end{pmatrix}$的逆矩阵，并说明它们的乘积为单位矩阵.

```
In[10]:a ={{2,2,3},{1,-1,0},{-1,2,1}}
       MatrixForm[a]
       b=Inverse[a]
       MatrixForm[b]
       c=a.b
       MatrixForm[c]
```

Out[10]: $\begin{matrix}2 & 2 & 3\\1 & -1 & 0\\-1 & 2 & 1\end{matrix}\quad\begin{matrix}1 & -4 & -3\\1 & -5 & -3\\-1 & 6 & 4\end{matrix}\quad\begin{matrix}1 & 0 & 0\\0 & 1 & 0\\0 & 0 & 1\end{matrix}$

5. 解线性方程组

解线性方程组 $ax=b$ 的函数是 LinearSolve，其中 a 为方程组的系数矩阵，b 为常数列矩阵，其格式为

LinearSolve[a,b]

例 9.41　解线性方程组$\begin{cases}2x+4y-4z=-6\\4x+8y-7z=-7\\6x+13y-12z=-8\end{cases}$.

解　In[11]:a={{2,4,-4},{4,8,-7},{6,13,-12}}

Out[11]:{{2,4,-4},{4,8,-7},{6,13,-12}}

In[12]:LinearSolve[a,{-6,-7,-8}]

Out[12]:{-13,10,5}

还有一种方法求解矩阵方程,那就是使用逆矩阵.若把矩阵方程 $ax=b$ 的两边左乘 a 的逆矩阵,就会得到表达式 $x=$Inverse[a].b,这样也可以解出未知向量 x.比如为求例 9.41 中方程组的解,可以这样做

In[13]:a={{2,4,−4},{4,8,−7},{6,13,−12}}

Inverse[a].{−6,−7,−8}

Out[13]:{−13,10,5}

习 题 9.1

A(基础题)

1. 计算下列各式的值.

(1) 75^{16};　(2) $\sin 23^\circ$;　(3) $\arcsin \dfrac{2}{\pi}$;　(4) $88!$.

2. 作函数 $y=\sqrt[3]{x}$的图像.

3. 作函数 $y=\sin\left(2x+\dfrac{\pi}{4}\right)$在一个周期内的图像.

4. 作分段函数 $f(x)=\begin{cases}x^2, & x\leqslant 0\\ x+1, & x>0\end{cases}$,的图像.

5. 求下列极限.

(1) $\lim\limits_{x\to+\infty}\dfrac{a^x-1}{x}$;　(2) $\lim\limits_{x\to 2}\dfrac{\ln(x^2-3)}{x^2-3x+2}$;　(3) $\lim\limits_{x\to+\infty}\dfrac{x^2+\ln x}{x\ln x}$;

(4) $\lim\limits_{x\to 0}\dfrac{\tan x}{2x}$;　(5) $\lim\limits_{x\to+\infty} x\ln\left(1+\dfrac{2}{x}\right)$.

6. 求下列函数的导数.

(1) $y=\arcsin\sqrt{x}$;　(2) $y=\dfrac{1+\sin^2 x}{\cos x}$;　(3) 设 $y=\ln x$,求 y''.

7. 求下列函数的微分.

(1) $y=\dfrac{\tan x}{x}$;　(2) $y=e^x(x^2-2x+2)$;　(3) $y=x^2e^{2x}$.

8. 求下列函数的积分.

(1) $\displaystyle\int\frac{x^7}{x^4+2}dx$;　(2) $\displaystyle\int\frac{1}{x^3}e^{\frac{1}{x}}dx$;　(3) $\displaystyle\int\frac{e^x}{1+e^{2x}}dx$;

(4) $\displaystyle\int_1^2\frac{\sqrt{x^2-1}}{x}dx$;　(5) $\displaystyle\int_1^{+\infty}\frac{1}{x^2(x^2+1)}dx$;　(6) $\displaystyle\int_0^{+\infty}e^{-x}\sin x dx$.

9. 求解常微分方程.

(1) $y'-6y=e^{3x}$;　(2) $y''-4y'+4y=2\cos x$;

(3) $y'-3xy=x^3+x, y|_{y=0}=1$;　(4) $(1+e^x)yy'=e^x, y|_{x=0}=0$.

10. 已知 $\boldsymbol{A}=\begin{pmatrix}1 & -1 & 2\\ 2 & 3 & -2\\ 4 & 1 & 3\end{pmatrix}$,$\boldsymbol{B}=\begin{pmatrix}0 & 1 & 3\\ -1 & 2 & 0\\ 5 & 2 & 1\end{pmatrix}$,

求:(1) $3\boldsymbol{A}-2\boldsymbol{B}$;(2) $2\boldsymbol{A}+\dfrac{1}{2}\boldsymbol{B}$;(3) $|\boldsymbol{A}|$.

11. 设$A=\begin{pmatrix}0 & 10 & 6\\ 1 & -3 & -3\\ -2 & 10 & 8\end{pmatrix}$，$P=\begin{pmatrix}2 & 2 & 3\\ 1 & -1 & 0\\ -1 & 2 & 1\end{pmatrix}$，

求：(1) P^{-1}；(2) $P^{-1}A$.

12. 解方程组：$\begin{cases}x_1+2x_2+3x_3=-6\\ 2x_1+2x_2+x_3=12\\ 3x_1+4x_2+3x_3=18\end{cases}$.

9.2　数学认识实验

高等数学的内容除了通过教材(及老师讲解)学习，还可通过计算机进行数值计算、函数作图来具体实验、认识.

实验1　函数作图

(1) 问题：对幂、指、对函数及多项式、分式函数等常见函数作图.

(2) 目的：对常见函数的直观认识与熟悉.

实验2　函数增长性比较

(1) 问题：① 对指数增长的认识，"一张纸对折50次，其厚度大约是多少？"

② 作 $y=2x$、$y=x^2$、$y=2^x$、$y=\log_2 x$，作增长性比较：谁的增长更快，谁占支配地位？

(2) 目的：对各类函数的变化有直观的认识.

实验3　参数对图形的影响

(1) 问题：常常会选择一个函数族来代表一种已知理论的基本情形，再用数据确定出参数的具体值. 那些具有共同主要特性的函数族对于数学建模特别有用.

① 线性函数族：$y=b+mx$，其中 b、m 为参数，作此函数族图形，分析参数对函数形态的影响；

② 幂函数族：$y=ax^\alpha$，作图并分析 a、α 的影响；

③ 指数函数族：$y=p_0a^x$，参数 p_0(初始量)，a(底或增长因子)，作图并分析参数的影响；

④ 三角函数族：$y=A\sin(kx+b)$，作图并作参数分析；

*⑤ $ay^2-bx^2=k$，作参数分析.

(2) 目的：重视参数问题，学习由函数族求函数的方法.

实验4　重要极限的数值计算

(1) 问题：数值计算 $\lim\limits_{x\to 0}\dfrac{\sin x}{x}$、$\lim\limits_{x\to\infty}\left(1+\dfrac{1}{x}\right)^x$.

(2) 目的：可以理论证明 $\lim\limits_{x\to 0}\dfrac{\sin x}{x}=1$、$\lim\limits_{x\to\infty}\left(1+\dfrac{1}{x}\right)^x=\mathrm{e}$，也可通过数值计算来检验并直观观察变化趋势.

实验 5　对导数的认识

(1) 问题:导数究竟是什么？其发明者牛顿在其巨著《自然哲学的数学原理》一书中写道:“消失量的最终化,严格地说,不是最后量之比,而是这些量无限减小时,它们之比所趋近的极限.”这里消失量的最终化指的就是导数.

① $f(x)=\sin x$ 在 $x=0$ 处可导吗？作出函数及其导函数的图像(可由导数的定义作计算).

② $f(x)=(1-x)x^{\frac{2}{3}}$ 在 $x=0$ 处可导吗？再作图,可直观分析(直观可见,不可导的点常常为“尖点”,可导的点叫“驻点”).

* ③ 能否设计一个数值计算,来直观反映导数是“消失量的最终比”.

(2) 目的:加深对导数的认识.

实验 6　f、f'、f''图形的关系

(1) 问题:从图像上,导数说明了什么？对幂、指、对等基本初等函数,作出其 f、f'、f''图像,分析这些图像,能得出一些什么结论.

(2) 目的:分析研究一个函数的 f、f'、f''之间的关系.

实验 7　n 次函数图形的规律

(1) 问题:分析 $y=x^n$ 有多少道弯？一般多项式函数呢？

(2) 目的:这是导数的应用,用函数的凹凸性研究问题.

实验 8　函数及其导函数的奇偶性

(1) 问题:作图直观分析奇偶函数的导函数的奇偶性.

(2) 目的:函数及其导函数的奇偶性可以一般证明,这里是作直观分析.

实验 9　函数的极值

(1) 问题:① 以函数 $f(x)=(x^5-3x^2+2)e^x+x$ 为例,画出函数的草图,观察其极值的大概位置,寻找求一元函数极值的方法.

② 对函数 $f(x)=2\,500x+\dfrac{2\,601}{x}$在区间(0,2)上用搜索法求最大值点.

(2) 目的:对极限问题以直观体会,并练习与熟悉用导数求函数极值.

实验 10　对定积分定义的认识

(1) 问题:以$\int_0^{\frac{\pi}{2}}\sin x\mathrm{d}x$ 为例,从图形上来观察随着分割点的增多,积分和是否越来越接近定积分的值.

(2) 目的:直观上加深对定积分的认识.

9.3　数学建模实验

前面介绍了什么是数学建模、数学建模的方法思维以及一些数学建模的具体例子,这里给出若干适合同学们研究的实际问题,以进行数学建模训练.

实验 11 商品重量与价格问题

(1) 问题:在超市购物时你注意到大包装商品比小包装商品便宜这种现象了吗?比如洁银牙膏 50g 装的每支 1.50 元,120g 装的每支 3.00 元,二者单位重量的价格比 1.2∶1. 试用比例方法构造模型解释这个现象.

① 分析商品价格 C 与商品重量 w 的关系. 价格由生产成本、包装成本和其他成本等决定,这些成本中有的与重量 w 成正比,有的与表面积成正比,还有与 w 无关的因素.

② 给出单位重量价格 C 与 w 的关系,画出它的简图,说明 w 越大 C 越小,但是随着 w 的增加 C 减小的程度变小. 解释实际意义是什么?

(2) 目的:用初等函数的比例方法分析研究问题.

实验 12 生猪的出售时机

(1) 问题:一饲养场每天投入 4 元资金用于饲料、设备、人力,估计可使一头 80kg 重的生猪每天增加 2kg. 目前生猪出售的市场价格为 8 元/kg,但是预测每天会降低 0.1 元,问该饲养场应该什么时候出售这样的生猪? 如果上面的估计和预测有出入,对结果有多大影响?

(2) 目的:练习用导数方法求最大值.

实验 13 森林救火模型的改进

问题:在 4.4 节例 4.16 森林救火模型中,如果考虑消防队员的灭火速度 λ 与开始救火时的火势 b 有关,试假设一个合理的函数关系,重新求解模型.

实验 14 最优价格问题

问题:在考虑最优价格问题时设销售期为 T,由于商品的耗损,成本 q 随着时间增长,设 $q=q_0+\beta t$,β 为增长率. 又设单位时间的销售量为 $x=a-bp$(p 为价格). 今将销售期分为 $0<t<\frac{T}{2}$ 和 $\frac{T}{2}<t<T$ 两段,每段的价格固定,记作 p_1,p_2. 求 p_1,p_2 的最优值,使销售期内的总利润最大. 如果要求销售期 T 内的总售量为 Q_0,再求 p_1,p_2 的最优值.

实验 15 追击曲线问题

(1) 问题:兔子从原点出发以常速 v_0 沿 y 轴的正向奔跑,同时猎狗从 $(a,0)$ 出发以常速 v_1 追逐这只兔子,在追逐过程中猎狗的运动方向始终指向猎物. 求猎狗的追逐路线.

(2) 目的:常微分方程模型的建立与求解.

(3) 提示:① 建立猎狗的轨迹的常微分方程模型.

② 当 $a=100$ 和 $k=\frac{v_0}{v_1}=\frac{1}{2}$ 或 $k=\frac{v_0}{v_1}=2$ 或 $k=\frac{v_0}{v_1}=1$ 时,分别求猎狗的轨迹函数;画出轨迹曲线;并判断猎狗能否追上兔子.

实验 16　放射性废料的处理问题

(1) 问题:美国原子能委员会以往处理浓缩的放射性废料的方法,一直是把它们装入密封的圆桶里,然后扔到水深为 90 多米的海底. 生态学家和科学家们表示担心,怕圆桶下沉到海底时与海地碰撞而发生破裂,从而造成核污染. 原子能委员会的成员们分辩说这是不可能的. 为此工程师们进行了碰撞实验,发现当圆桶速度超过 12.2m/s 相撞时,圆桶就可能发生碰裂. 这样为避免圆桶碰裂,需要计算一下圆桶沉到海底时速度是多少? 这时已知圆桶重量为 239.46kg,体积为 0.205 8m^3,海水密度为 1 035.71$\mathrm{kg/m}^3$. 如果圆桶速度小于 12.2m/s,就说明这种方法是安全可靠的,否则就要禁止用这种方法来处理放射性废料. 假设水的阻力与速度大小成正比例,其正比例常数 $k=0.6$.

(2) 目的:

① 培养学生能够根据实际问题建立起微分方程模型的能力;

② 使学生巩固和进一步理解高等数学中的微分方程理论及其应用;

③ 培养学生利用计算机高级语言或数学软件包的简单编程来求解问题的能力.

(3) 提示:① 判断这种处理废料的方法是否合理?

② 一般情况下,v 大,k 也大;v 小,k 也小. 当 v 很大时,常用 kv 来代替 k,那么这时速度与时间的关系如何? 并求出当速度不超过 12.2m/s,圆桶的运动时间和位移应不超过多少(k 的值仍设为 0.6)?

③ 把这个数学模型应用到求火车的速度问题上,并说明为何火车的速度不能无限增大?

实验 17　战争模型

问题:在 8.5 节战争模型中,设乙方与甲方战斗有效系数之比为$\dfrac{a}{b}=4$,初始兵力 x_0 与 y_0 相同.

(1) 问乙方取胜时的剩余兵力是多少,乙方取胜的时间如何确定?

(2) 若甲方在战斗开始后有后备部队以不变的速率 r 增援,重新建立模型,讨论如何判断双方的胜负.

【相关阅读】　现代数学工具:数学软件

常见的通用数学软件包包括:Matlab、Mathematica 和 Maple,其中 Matlab 以数值计算见长,Mathematica 和 Maple 以符号运算、公式推导见长.

专用数学包:

绘图软件类(MathCAD,Tecplot,IDL,Surfer,SmartDraw);

数值计算类(Matcom,IDL,DataFit,S-Spline,Lindo,Linggo,O-Matrix,Octave);

数值计算库(linpack,lapack,BLAS,GERMS,IMSL,CXML);

计算化学类(Gaussian98,Spartan,ADF2000,ChemOffice);
数理统计类(GAUSS,SPSS,SAS,Splus,statistica,minitab);
数学公式排版类(MathType,MikTEX,Scientific Workplace,Scientific).
上述分类比较笼统,很多软件的功能也有交叉.

附录 1　相关网站与在线学习

1. 搜索引擎

Google 搜索引擎　http://www.google.com
百度搜索引擎　http://www.baidu.com

2. 科学网与数学资讯

三思科学网　http://www.oursci.org/
数学资讯　http://informath.nctu.edu.tw/

3. 数学百科网站及数学文化

自由百科全书
http://zh.wikipeda.org/wiki/%E6%95%B0%E5%AD%A6
http://www.wikipedia.org/wiki/mathematics
数学天地大科普网
http://www.ikepu.com.cn/math-index.htm

4. 数学史与人物

http://www.edp.ust.hk/math/history/
http://www.gap.dcs.st-and.ac.uk/history

5. 高等数学教学(多媒体)

http://www.ezikao.com/member/media.php

6. 数学建模

数模基础　http://www.shumu.com/tech.asp
数模竞赛　http://www.mcm.edu.cn/
数模讲稿　http://csiam.edu.cn/mathmodel/

7. 数学实验

Mathematica 入门

http://www.fosu.edu.cn/li/math/SXRJ/Mathematica/Mathematicarumem.htm

Mathematica 教程

http://math.sjtu.edu.cn/mathematica 教/index.htm

数学在线工具

http://mss.math.vanderbilt.edu/pscrooke/tooklkit.htm

附录 2　习题参考答案

习　题　1.1

A

1. $2;0;x^2+3x+2;(x+1)^2-3(x+1)+2;\left(\frac{1}{x}\right)^2-\frac{3}{x}+2.$

2. $f(0)=1$；$f(1)=0$；$f\left(\frac{5}{4}\right)=1-\frac{5}{4}=-\frac{1}{4}.$

3. (1) $2x+1\geqslant 0$；　(2) $x\neq\pm 1$；　(3) $x-1>0$.

4. (1) $y=\frac{1+x}{2}$；　(2) $y=\frac{1}{x}-1$；　(3) $y=\sqrt[3]{1-x}$.

5. (1) $\frac{\pi}{2}$；　(2) $\frac{\pi}{6}$；　(3) $\frac{\pi}{4}$.

B

1. (1) 不是；　(2) 不是；　(3) 不是.

2. (1) $[-2,-1)\cup(-1,1)\cup(1,+\infty)$；　(2) $(0,2]$；
   (3) $(-\infty,0)\cup(0,3]$；　(4) $(1,+\infty)$.

3. $f(x)=x^2-5x+6$.

4. (1) $[-1,1]$；　(2) $\left[\frac{1}{4},\frac{3}{4}\right]$.

5. $\frac{1}{x}+\frac{1}{x}\sqrt{1+x^2}$.

6. $[1,\mathrm{e}]$.

7. (1) $a=2,b=1,c=-2$；　(2) $a=2(x+3)^2-3(x+3)-1$.

10. (1) 偶；(2) 偶；(3) 奇.

11. $\begin{cases}1 & -1<x<0\\ \mathrm{e}^x & 0\leqslant x<1\end{cases}$.

习　题　1.2

A

1. (1) $y=\sqrt{\sin x}$；　(2) $y=\cos^2 2x$；
   (3) $y=\ln(3+x^2)$；　(4) $y=\mathrm{e}^{x^2}$.

2. (1) $y=\sqrt{u},u=5x-1$；　(2) $y=u^3,u=\sin x$；
   (3) $y=\tan u,u=\sqrt{v},v=2x-1$；　(4) $y=\mathrm{e}^u,u=\cos x$；
   (5) $y=\arcsin t,t=u^{\frac{1}{2}},u=2x+1$；　(6) $y=u^2,u=\sin v,v=t^{\frac{1}{2}},t=x^2+1$；

(7) $y=\ln u, u=\arcsin v, v=x^{\frac{1}{2}}$；　(8) $y=\tan u, u=v^{\frac{1}{2}}, v=1+x$.

B

1. (1) $y=\sqrt[3]{u}, u=\lg v, v=\cos 2x$；　(2) $y=\sqrt{u}, u=\arctan v, v=x^2+1$.

2. $f(x)=\begin{cases} x, & x\leqslant 2 \\ 4-x, & x>2 \end{cases}$.

3. -4.

4. (1) 100；　(2) 3；　(3) x；　(4) x.

5. (1) $y=\sqrt{x^3-1}$；　(2) $y=\dfrac{1}{3}\arccos x$；　(3) $y=\dfrac{2}{\pi}\arcsin(x-1)$；

(4) $y=\ln(x+\sqrt{1+x^2})$；　(5) $y=e^x-3$.

6. $1-\cos 2x$.

7. $-x+1$.

8. $[-1,1]$；　$[2k\pi, 2k\pi+\pi]$；　$[-a, 1-a]$.

第 1 章复习题

3. $(-2,5)$；　$(-3,4)$.

4. $9x+17$.

5. $\begin{cases} 1, & x\in[-\sqrt{3},-1]\cup[1,\sqrt{3}] \\ 0, & 其他 \end{cases}$；　$\begin{cases} 1 & |x|\leqslant 1 \\ 2 & |x|>1 \end{cases}$.

7. 奇;偶;偶;偶.

习　题　2.1

A

1. (1) 1；　(2) -1；　(3) 2；　(4) $\dfrac{1}{2}$；

(5) 2；　(6) ∞；　(7) 0；　(8) 2.

2. (1) 0；　(2) 0；　(3) e^{ab}；　(4) 1；　(5) 同；　(6) 2,5　(7) 6；　(8) 8；　(9) -9；

(10) 0；　(11) $-99!$.

B

1. (1) 0；　(2) -2；　(3) $2x$；　(4) $\dfrac{3}{2}$；

(5) e^2；　(6) $e^{\frac{1}{2}}$；　(7) 0；　(8) 0.

2. (1) 2；　(2) $\dfrac{1}{2}$；　(3) 3；　(4) 1；　(5) $e^{\frac{4}{3}}$；　(6) $-\dfrac{2}{5}$；　(7) -1；

(8) 1；　(9) $-\dfrac{\sqrt{2}}{4}$；　(10) e；　(11) e^3；　(12) a；　(13) $\dfrac{1}{6}$；　(14) 1.

3. 2.

4. $a=4, b=10$.

习　题　2.2

A

1. 2.
2. 8.
3. (1) $\frac{2}{3}x^{-\frac{1}{3}}$,　(2) $1.6x^{0.6}$,　(3) $\frac{16}{5}x^2\cdot\sqrt[5]{x}$,　(4) $\frac{1}{6}x^{-\frac{5}{6}}$.
4. 405m/s.

B

1. $\frac{1}{2\sqrt{x}}$.
2. $4t_0$.
3. -1.

习　题　2.3

A

1. (1) $y'=3x^2-4x$;　(2) $y'=4x^2+3-\frac{1}{x^2}$;　(3) $y'=\frac{1}{2\sqrt{x}}$;
   (4) $y'=-\frac{1}{2\sqrt{x^3}}+\frac{1}{2\sqrt{x}}$;　(5) $y'=x+\frac{4}{x^3}$;　(6) $y'=(b-x)-(x+a)$.

习　题　2.4

A

1. $y-2=4(x-1)$.
2. $y-2=\frac{1}{4}(x-4)$.
3. (1) $\frac{C(x)}{x}=0.1x+5+\frac{200}{x}$;　(2) 15.
4. $y=2(x-1)$; $y=-\frac{1}{2}(x-1)$.

B

1. $(0,-3)$, $y+3=4x$.
2. $y=2x$ 和 $y=-2x+4$.
5. $(0,-1)$.
6. 5.
7. 36.

习　题　2.5

A

1. (1) $y''=2-18x$;　(2) $y''=\frac{2}{x^3}+2$.

2. 15,12.

B

1. $\frac{4}{9}x^{-\frac{5}{3}}$.
2. $(-1)^n n!\ x^{-n-1}$.
3. $-2\sin x - x\cos x$；　π.
4. $4e^{2x-1}$；　$8e^{2x-1}$；　$2^n e^{2x-1}$.
5. $x^x(\ln x+1)^2 + x^{x-1}$.

习　题　2.6

B

2. (1) $(-\infty,1)\cup(1,+\infty)$；　(2) $(-\infty,-\sqrt{2})\cup(-\sqrt{2},-1)\cup(1,\sqrt{2})\cup(\sqrt{2},+\infty)$.
3. 连续但不可导.
4. 不可导.
5. 连续且可导；　不连续且不可导.
6. 不连续且不可导；　连续且可导.
7. 可导，　不可导.
8. (1) 连续且可导；　(2) 连续且可导.
10. $a=2, b=-1$.

习　题　2.7

A

1. (1) ×；　(2) √；　(3) ×；　(4) ×.
2. (1) C；　(2) A；　(3) A.
3. (1) ∞；　(2) 0；　(3) 0；　(4) 0.

第 2 章复习题

1. (1) -1；　(2) $\frac{3}{2}$；　(3) ∞；　(4) $\frac{3}{5}$.
2. (1) $y'=3+\frac{1}{x^2}+3x^2$；　(2) $y'=-\frac{1}{x^2}-1+\frac{1}{2\sqrt{x}}$；　(3) $y'=-2x$；　(4) $y'=x^2+\frac{9}{x^4}$.
3. (1) 1；　(2) $-\frac{1}{3}$.
4. $y-2=5(x-1)$.
5. 29,18.
6. (1) $y''=6x-4$；　(2) $y''=\frac{2}{(1+x)^3}$；

   (3) $y''=\frac{3}{4\sqrt{x}}$；　(4) $y''=\frac{10}{9}x^{-\frac{8}{3}}$.
9. (1) e；　(2) 1；　(3) 0.

10. $a=6,b=-4$ 或 $a=-4,b=16$.

12. $f''(\cos x)\sin^2 x-f'(\cos x)\cos x-\cos f(x)[f'(x)]^2-\sin f(x)\cdot f''(x)$.

13. $\varphi(a)$.

14. $\frac{1}{e}$.

16. 16.

17. $\frac{3\pi}{4}$.

18. $5(x-3)^4$； $5x^4$.

习 题 3.1

A

1. (1) $4x-3$； (2) $2x+2e^x$； (3) $\sin x+x\cos x$；

   (4) $\frac{2}{(1-x)^2}$； (5) $2+\frac{1}{2\sqrt{x}}-\frac{1}{x}$； (6) $\ln x+1+\frac{1}{x^2}$.

2. (1) $3e^2$； (2) $\frac{1}{4}$.

3. (1) $x=1$ 或 $x=-2$； (2) $x=0$ 或 $x=-1$.

4. (1) $y'=6x+\frac{4}{x^3}+\frac{1}{2\sqrt{x}}$； (2) $y'=0.6x^{-0.4}-\frac{3}{x}$；

   (3) $y'=(\sin x+x\cos x)\lg x+\frac{\sin x}{\ln 10}$； (4) $y'=\frac{1}{x\ln 2}$.

5. $y'\left(-\frac{\pi}{3}\right)=-\frac{1}{2},y'\left(\frac{\pi}{4}\right)=0$.

6. $y=2x,y=-\frac{1}{2}x$.

B

1. (1) $y'=\tan x+x\sec^2 x+\sec x\tan x$； (2) $y'=\frac{\cos x-x}{1+\sin x}$；

   (3) $y'=\frac{1}{\sqrt{x}(1-\sqrt{x})^2}$； (4) $y'=\frac{e^x(\sin x-\cos x-2x\cos x)}{(\sin x-\cos x)^2}$.

2. $y=-\pi(x-\pi)$.

3. $8A$.

4. $\frac{1}{2e}$.

5. $(0,-1)$.

6. $(2,4)$.

7. $v=-64,a=-72$.

习 题 3.2

A

1. (1) $y=15(3x-1)^4$； (2) $y=\frac{-x}{\sqrt{2-x^2}}$；

(3) $y=2x\cos(x^2+1)$；　　(4) $y=2xe^{x^2-1}$；

(5) $y=\cos(2x+1)-2x\sin(2x+1)$；　　(6) $y=\dfrac{2e^{2x}(1+x)-e^{2x}}{(1+x)^2}$；

(7) $y=\sin 2x+2\cos 2x$；　　(8) $y=\dfrac{2}{x}+\dfrac{2\ln x}{x}$；

(9) $y=\dfrac{\ln x}{x\sqrt{1+\ln^2 x}}$；　　(10) $y=x\sec^2\left(\dfrac{x^2}{2}+1\right)$.

2. $\sqrt{3}$.

3. $-3\sqrt{3}$.

B

1. (1) $n(\sin x)^{n-1}\cos x+n\cos nx$；　　(2) $\dfrac{1}{2x}-\dfrac{1}{2\sqrt{\ln x}x}$；

(3) $\sin\dfrac{1}{x}-\dfrac{1}{x}\cos\dfrac{1}{x}$；　　(4) $\dfrac{1}{\sin^2(x^2)}[\sin 2x\sin(x^2)-2x\sin^2 x\cos(x^2)]$；

(5) $2(x^{10}+10^x)(10x^9+10^x\ln 10)$；

(6) $-e^{-x}\left[\dfrac{x}{(1+\sqrt{1-x^2})\sqrt{1-x^2}}+\ln(1+\sqrt{1-x^2})\right]$；

(7) $\dfrac{2\sqrt{x}+1}{4\sqrt{x}\sqrt{x+\sqrt{x}}}$；　　(8) $3(\ln\ln x)^2\dfrac{1}{x\ln x}$.

2. (1) $y'=\dfrac{1}{2\sqrt{x}}f'(\sqrt{x}+1)$；　　(2) $y'=\sin 2x[f'(\sin^2 x)-f'(\cos^2 x)]$；

(3) $y'=\dfrac{2f(x)f'(x)}{1+f^2(x)}$；

(4) $y'=e^x f'(e^x)e^{f(x)}+f(e^x)e^{f(x)}f'(x)=e^{f(x)}[e^x f'(e^x)+f(e^x)f'(x)]$.

3. $y=2x+1, y=-\dfrac{1}{2}x+1$.

习　题　3.3

A

1. (5) $y'=\dfrac{f'(x)}{1+f^2(x)}$.

2. (1) $y'=\dfrac{3x^2-y}{1+x}$；　　(2) $y'=\dfrac{1}{y}$；　　(3) $y'=e^{x-y}$；

(4) $y'=\dfrac{y}{y-1}$；　　(5) $y'=\dfrac{1}{1-\cos y}$；　　(6) $y'=\dfrac{y-2x}{2y-x}$；

(7) $y'=\dfrac{e^{x+y}-y}{x-e^{x+y}}$；　　(8) $y'=-\dfrac{e^y}{1+xe^y}$；　　(9) $y'=\dfrac{-y\sqrt{1-y^2}}{(1+x^2)+\sqrt{1-y^2}\arctan x}$.

3. (1) $f'(x)=\dfrac{-2x}{1+x^4}, g'(x)=\dfrac{2x}{1+x^4}$；　　(2) $[f(x)+g(x)]'=0$.

4. $\dfrac{dy}{dx}=-\dfrac{x^2+y^2-2x}{x^2+y^2-2y}$.

5. $y-2=-\frac{1}{11}(x-1)$, $y-2=11(x-1)$.

6. $m=1$ 或 $m=5$.

7. $-\frac{1}{2}$.

8. 0.

9. $\frac{dy}{dx}=t$, $\frac{d^2y}{dx^2}=\frac{1}{f''(t)}$.

B

1. (1) $y=\arccos(\ln x)-\frac{1}{\sqrt{1-\ln^2 x}}$;

(2) $\frac{1}{2\sqrt{x}(1+x)}e^{\arctan\sqrt{x}}$;

(3) $y=(1+x)^x\left[\ln(1+x)+\frac{x}{1+x}\right]$;

(4) $(\cos x)^{\sin x}\cos x(\ln\cos x-\tan^2 x)$.

3. (1) $y'=\frac{1-3t^2}{2}$;

(2) $y'=\frac{\cos t}{1+\sin t}$.

7. (1) $\left.\frac{dy}{dx}\right|_{(0,1)}=\frac{1}{e}$;

(2) $\left.\frac{dy}{dx}\right|_{(0,1)}=1$;

(3) $y-a\left(1-\frac{\sqrt{2}}{2}\right)=(1+\sqrt{2})\left[x-a\left(\frac{\pi}{4}-\frac{\sqrt{2}}{2}\right)\right]$;

(4) $y-\frac{3\sqrt{2}}{2}=-\frac{3}{2}(x-\sqrt{2})$, $x=2$.

8. (1) $\frac{d^2y}{dx^2}=-2\csc^2(x+y)\cot^3(x+y)$;

(2) $\frac{d^2y}{dx^2}=\frac{10(x^2+y^2)}{(x-2y)^3}$.

第3章复习题

1. (1) $y'=3x^2+4x-1$;

(2) $y'=2x+5x^4$;

(3) $y'=\frac{e^x(1+x)-e^x}{(1+x)^2}$;

(4) $y'=\frac{\cos x}{2\sqrt{1+\sin x}}$;

(5) $y'=\arctan x+\frac{x}{1+x^2}$;

(6) $y'=\frac{1}{2\sqrt{x}}+2\sec^2 x\tan x$.

2. (1) $y''=24(1+2x)$;

(2) $y''=2\cos(1+x^2)-4x^2\sin(1+x^2)$.

3. (1) $y'=\frac{2x-e^y}{1+xe^y}$;

(2) $y'=\frac{\sin y-y\cos x}{\sin x-x\cos y}$;

(3) $y'=\frac{\sin t+t\cos t}{1+e^t}$;

(4) $y'=-\frac{1}{2(1+t)^2}$.

6. (1) $y'=\frac{\sin 2x\cos x+\sin x+\sin^3 x}{\cos^2 x}$;

(2) $y'=-\frac{1}{x^2}-\frac{2}{x^3}-\frac{2}{3}x^{-\frac{5}{3}}$;

(3) $y'=(x^2+x+1)e^x$;

(4) $y'=2-\frac{2x+3}{\sqrt{x^2+3x+2}}$;

(5) $y'=\arctan\frac{x}{a}$;

(6) $y'=-\cot^3 x$;

(7) $y'=x^{a-1}a^{x^a+1}\ln a+a^{a^z+x}\ln^2 a+a^a x^{a^a-1}$；

(8) $y'=\sqrt{x^2+a^2}$.

7. $a=\dfrac{1}{2e}$.

8. $(1,\mathrm{e}^{-1})$，$y=\mathrm{e}^{-1}$.

9. $a=-2,b=4$.

10. $y'(0)=1$.

11. $a=4,b=-7$.

13. (1) $y^{(n)}=(n+x)\mathrm{e}^x$；　(2) $y^{(n)}=(-1)^n\dfrac{(n-2)!}{x^{n-1}}(n\geqslant 2)$；

(3) $y^{(n)}=(-1)^n\dfrac{n!}{2\left(x-\dfrac{1}{2}\right)^{n+1}}$.

14. $f^{(n)}(x)=n!\ f^{n+1}(x)$.

15. $f'(0)=\ln 2$.

习　题　4.1

A

2. 3，$(0,1)$，$(1,2)$，$(2,3)$.

4. (1) $\dfrac{5\pm\sqrt{13}}{3}$；　(2) $\mathrm{e}-1$；　(3) $\dfrac{8}{(\sqrt[3]{4}-1)^3}$.

B

6. $\left(\dfrac{1}{2},-\dfrac{7}{4}\right)$.

习　题　4.2

A

1. (1) $(-\infty,-1)\cup(1,+\infty)\uparrow(-1,1)\downarrow$；

(2) $(-\infty,-1)\cup(2,+\infty)\uparrow(-1,2)\downarrow$；

(3) $(0,+\infty)\downarrow(-1,0)\uparrow$；

(4) $(-\infty,0)\downarrow(0,+\infty)\uparrow$；

(5) $(-\infty,0)\uparrow(0,+\infty)\downarrow$；

(6) $\left(0,\dfrac{1}{2}\right)\downarrow\left(\dfrac{1}{2},+\infty\right)\uparrow$.

2. (1) 函数有极大值 17；极小值 -47.

(2) 函数有极小值 -14；极小值 -14.

(3) 当 $x=-1$ 时，函数有极大值 -2；$x=1$ 时，函数有极小值 2.

(4) 当 $x=\mathrm{e}$ 时，函数有极小值 e.

3. (1) $y_{极小}=-\frac{1}{2}, y_{极大}=\frac{1}{2}$； (2) $y_{极小}=-1, y_{极大}=0$； (3)无极值；

(4) $y_{极小}=0, y_{极大}=1$； (5) $y_{极大}=\ln 2.25$.

4. $y_{极小}=2\sqrt{3}, y_{极大}=-2\sqrt{3}$.

习 题 4.3

A

1. (1) $(-\infty,1)$凸； $(1,+\infty)$凹； 拐点$(1,-1)$.

   (2) $(-\infty,+\infty)$凹； 无拐点.

   (3) $(-\infty,-2)$凸； $(-2,+\infty)$为凹； 拐点$(-2,-2e^{-2})$.

   (4) $(-\infty,-1)\cup(1,+\infty)$凸； $(-1,1)$凹； 拐点$(\pm1,\ln 2)$.

2. $(-\infty,1)\downarrow(1,+\infty)\uparrow$； 极小值 $y|_{x=1}=0$；

   $(-\infty,0)\cup\left(\frac{2}{3},+\infty\right)$凹； $\left(0,\frac{2}{3}\right)$凸； 拐点$(0,1)$和$\left(\frac{2}{3},\frac{11}{27}\right)$.

3. (1) 凹区间$(2,+\infty)$，凸区间$(-\infty,2)$，拐点$(2,2e-2)$；

   (2) 凹区间$(b,+\infty)$，凸区间$(-\infty,b)$，拐点(b,a)；

   (3) 凹区间$(-\infty,-3)\cup(0,3)$，凸区间$(-3,0)\cup(3,+\infty)$，拐点$(0,0)$，$\left(-3,-\frac{9}{4}\right)$，$\left(3,\frac{9}{4}\right)$.

4. $a=-1, b=0, c=3$.

5. (1) $a=2$； (2) $\sqrt{3}$.

B

1. $a=-1, b=-3$.

2. (1) $(-\infty,0)$凸；$(0,+\infty)$凹；拐点$(0,0)$.

   (2) $(-\infty,0)\cup(1,+\infty)$凹；$(0,1)$凸；拐点$(1,0)$.

5. $a=3$，凹区间$(-\infty,1)$，凸区间$(1,+\infty)$，拐点$(1,-7)$.

6. $a-b=0$.

习 题 4.4

A

1. (1) 当 $x=-2$ 及 $x=1$ 时，函数有最小值 0；$x=-1$ 及 $x=2$ 时，函数有最大值 4.

   (2) 当 $x=\pm1$ 时，函数有最小值 4；$x=3$ 时，函数有最大值 66.

   (3) 当 $x=1$ 时，函数有最小值-1；$x=0$ 或 $x=4$ 时，函数有最大值 0.

   (4) 当 $x=-1$ 时，函数有最小值$-\frac{1}{2}$；$x=1$ 时，函数有最大值$\frac{1}{2}$.

2. 两数都为$\frac{A}{2}$，其积最大.

3. 每批生产 250 个单位产品时，利润最大.

4. 小正方形长为 2cm 时，盒子容积最大.

B

4. 5，5.
5. $a=2, b=3$.
6. (1，1).
7. $r=\sqrt[3]{\frac{V}{2\pi}}, h=\sqrt[3]{\frac{4V}{\pi}}$.
9. 14m.
10. $\sqrt{\frac{2A}{3\pi}}, \sqrt{\frac{2A}{3\pi}}$.

习　题　4.5

A

1. (1) $\Delta y=0.03, dy=0.03$；　(2) $\Delta y=0.0101, dy=0.01$；
2. (1) $dy=-4dx$；　(2) $dy=\frac{1}{2}dx$；　(3) $dy=\frac{1}{a\sqrt{2-a^2}}dx$.
3. (1) $dy=(2x-3)dx$；　(2) $dy=-\frac{1}{2\sqrt{x-x^2}}dx$；
   (3) $dy=(\cos x-\sin x)dx$；　(4) $dy=e^{-x}(1-x)dx$.

B

1. $2\pi rh$.
4. (1) $dy=-\frac{1}{1+x}dx$；　(2) $dy=-\tan x dx$；
   (3) $dy=(2x+xe^x+2e^x)dx$；　(4) $dy=-\frac{x}{\sqrt{x^2(1-x^2)}}dx$.
5. (1) $dy=\frac{e^{x+y}-y}{x-e^{x+y}}dx$；　(2) $dy=\frac{1+x^2y^2+y}{1+x^2y^2-x}$；　(3) $dy=-\frac{y}{x}dx$；　(4) $dy=\frac{x+y}{x-y}dx$.
6. $\Delta y<dy<0$.

第 4 章复习题

1. (1) $\left(-\infty,\frac{1}{2}\right)\uparrow$，$\left(\frac{1}{2},+\infty\right)\downarrow$，极大值$\frac{9}{4}$；
   (2) $(-1,0)\cup(1,+\infty)\uparrow$，$(-\infty,-1)\cup(0,1)\downarrow$，极大值 0，极小值$-1$.
   (3) $\left(\frac{1}{2},+\infty\right)\uparrow$，$\left(0,\frac{1}{2}\right)\downarrow$，极大值$\frac{1}{2}+\ln 2$.
7. (1) 增$(1,+\infty)$，减$(-\infty,1)$，$y_{极小}=7$；
   (2) 增$(0,2)$，减$(-\infty,0)\cup(2,+\infty)$，$y_{极小}=0$，$y_{极大}=4e^{-2}$；
   (3) 增$(-1,0)\cup(1,+\infty)$，减$(-\infty,-1)\cup(0,1)$，$y_{极小}=2$；

(4) 增$\left(-1,-\frac{1}{4}\right)\cup(2,+\infty)$,减$(-\infty,-1)\cup\left(-\frac{1}{4},2\right)$,$y_{极小}=0$,$y_{极大}=\frac{81\sqrt[3]{36}}{64}$.

8. $y_{极小}=0$.

9. ka.

10. $M_0(1,1)$,切线:$x-2y+1=0$,法线:$2x+y-3=0$.

11. 增$\left(-1,\frac{1}{2}\right)$,减$\left(\frac{1}{2},2\right)$,$y_{极大}=\ln\frac{9}{4}$.

12. $r=2,h=8$.

13. $\frac{2}{3}a,\frac{1}{3}a$.

14. $e^{\pi}>\pi^{e}$.

习　题　5.1

A

2. (1) 正;　　(2) 正;　　(3) 正;　　(4) 负.

3. (1) 4;　　(2) 6.

B

1. (1) $\frac{1}{2}(b^2-a^2)$;　　(2) $\frac{4}{3}$.

2. $\int_0^1\frac{1}{1+x^2}dx$.

3. $\frac{\sin x}{x}$.

4. $\frac{1}{2\sqrt{x}}\cos x$.

5. $\frac{dy}{dx}=-e^{y^2}\cos x^2$.

6. (1)0;　　(2)$\frac{\pi}{4}$;　　(3)$\frac{5}{2}$.

7. $I_2<I_1<I_3<I_4$.

习　题　5.2

A

1. $s=\int_0^1 t^2 dt=\frac{1}{3}$.

B

2. 提示:利用根存在定理和函数单调性判定定理.

3. $\frac{1}{e}<\int_0^1 e^{-x^2}dx<1$.

4. $a=1,b=5$.

习　题　5.3

A

1. (1) $68-\frac{8}{3}=\frac{196}{3}$;　　(2) $\frac{271}{6}$;

(3) $\frac{1}{4}$;　　(4) $\frac{3}{2}(\sqrt[3]{4}-1)$.

2. (1) $\frac{1}{101}$;　(2) 1;　(3) 1;　(4) $1-\sqrt{3}$;　(5) $\frac{4}{3}\sqrt{3}$;　(6) $\frac{1}{4}$.

B

1. $\frac{4}{3}$.

4. $\frac{3}{8}\sqrt{2}$.

5. $\frac{7}{3}$.

6. $\frac{2}{\pi}$.

第 5 章复习题

1. (1) $\frac{1}{4}$;　　(2) $\frac{11}{6}$.

3. $\frac{7}{3}$.

4. $\frac{2}{3}$.

6. (1) $\frac{\pi}{6}$;　(2) $\frac{\pi}{3}$;　(3) $1+\frac{\pi}{4}$;　(4) 4;　(5) $1-\frac{\pi}{4}$;　(6) 0.

7. (2) $\frac{2}{\pi}$.

8. $f(x)=\frac{1}{1+x^2}+\frac{\pi}{4-\pi}\sqrt{1-x^2}$.

9. $f(x)=\frac{1}{1+x}+\frac{1}{5}(4\ln 2-\ln 3)x^3-\frac{1}{10}(8\ln 2+3\ln 3)x$.

习　题　6.1

A

1. (1) $10x+C, 10x+C$;　　(2) $\frac{x^3}{3}+C, \frac{x^3}{3}+C$;

(3) $\sin x+C, \sin x+C$;　　(4) $\frac{x^4}{4}+C, \frac{x^4}{4}+C$;

(5) $\frac{1}{2}e^{2x}+C, \frac{1}{2}e^{2x}+C$.

3. $\dfrac{2x}{1+x^2}$, $\dfrac{2-2x^2}{(1+x^2)^2}$.

4. $e^x+\dfrac{1}{2}e^{2x}-\dfrac{1}{2}$.

5. $\cot x\ln(\sin x)dx$.

B

1. $y=\dfrac{x^2}{2}+1$

2. $s=\sin t+9$.

5. (3) 是.

6. $x+c$.

7. $e^x-\sin x$.

8. e^x+c.

9. $\dfrac{\sqrt{x}e^{-x}}{2x}$.

习　题　6.2

1. (1) x^2+C;　(2) $\dfrac{ax^6}{6}+C$;　(3) $\dfrac{2}{5}x^{\frac{5}{2}}+C$;

(4) $\dfrac{4}{5}x^{\frac{5}{2}}+C$;　(5) $\dfrac{6^x}{\ln 6}+C$;　(6) e^x+x+C;

(7) $\dfrac{2}{3}x^{\frac{3}{2}}+2x^{\frac{1}{2}}+C$;　(8) $\dfrac{a^x e^x}{1+\ln a}+C$;　(9) $\dfrac{2^x}{\ln 2}+2\ln x+C$;

(10) $-\dfrac{\cos x}{2}-\tan^2 x+C$.

2. $y=2x+2$.

B

1. (1) $-\dfrac{1}{x}-2\ln|x|+x+C$;　(2) $2\sin x+C$;

(3) $-\cot x-2x+C$;　(4) $\dfrac{1}{2}\tan x+C$;

(5) $\dfrac{4}{7}x\sqrt[4]{x^3}+\dfrac{4}{\sqrt[4]{x}}+C$;　(6) $-\dfrac{1}{x}-\arctan x+C$;

(7) $3\arctan x-2\arcsin x+C$;　(8) $\dfrac{3^{2x}}{2\ln 3}-\dfrac{2\times 6^x}{\ln 6}+\dfrac{2^{2x}}{2\ln 2}+C$;

(9) $\dfrac{1}{2}\sin x-\cot x-\dfrac{1}{2}x+C$;　(10) $\sin x-\cos x+C$;

(11) $\dfrac{1}{3}x^3-x+\arctan x+C$;　(12) $\dfrac{1}{2}\tan x+C$;

(13) $\arcsin x+C$.

3. $y=x^2+1$.

4. $\dfrac{1}{2}x^{-2}+C$.

C

1. (1) 4s；　(2) 176.4m；　(3) 10s；　(4) 58.8m/s.

习　题　6.3

A

2. (1) $\frac{1}{18}(1+3x)^6+C$；　(2) $-\frac{1}{3}\cos(2+3x)+C$；

(3) $-\frac{1}{3}e^{-x^3}+C$；　(4) $\frac{1}{18}(1+x^3)^6+C$；

(5) $-\frac{1}{4}\cos^4 x+C$；　(6) $\frac{1}{\cos x}+C$；

(7) $\frac{1}{4}(1+e^x)^4+C$；　(8) $-\cos(1+e^x)+C$；

(9) $\frac{1}{2}\ln^2 x+C$；　(10) $-\frac{1}{\ln x}+C$.

3. (1) $\frac{1}{4}$；　(2) $\ln 3-\ln 2$；　(3) 5；

(4) $e-1$；　(5) $\frac{1}{6}[(1+e)^6-2^6]$.

B

1. (1) $x-\frac{1}{2}\cos 2x+C$；　(2) $\frac{1}{2}\sin 2x+\frac{1}{2}e^{-2x}+C$；

(4) $\frac{1}{3}\ln(3x^2+5)+C$；　(5) $\frac{1}{3}\tan^3 x+C$；

(6) $\frac{2}{3}(1+\tan x)^{\frac{3}{2}}+C$；　(7) $\ln\tan x+C$；

(8) $\arctan e^x+C$；　(9) $\frac{1}{4}x^4-\frac{1}{2}x^2+\frac{1}{2}\ln(x^2+1)+C$；

(10) $3\ln|x+2|+\ln|x+1|+C$；　(13) $\frac{\sqrt{2}}{2}\arctan\left(\frac{\sqrt{2}}{2}x+\frac{\sqrt{2}}{2}\right)+C$；

(14) $\tan\frac{x}{2}+C=\csc x-\cot x+C$.

3. (1) $\frac{1}{a}(ax+b)\cos\sqrt{ax+b}+C$；　(2) $\ln x\cos\sqrt{\ln x}+C$；

(3) $2\tan(\operatorname{arcsec}\sqrt{x})-2\operatorname{arcsec}\sqrt{x}+C$；　(4) $e^x\cos\sqrt{e^x}+C$；

4. $f(x)=\begin{cases}x^2-\cos x, & x<0\\ x^3, & x\geqslant 0\end{cases}$.

5. (1) $2\sqrt{x}-2\ln(1+\sqrt{x})+C$；　(2) $\frac{2}{5}(x+1)^{\frac{5}{2}}+\frac{2}{3}(x+1)^{\frac{3}{2}}+C$；

(3) $-\frac{4}{3}(4-x^2)^{\frac{3}{2}}+\frac{1}{5}(4-x^2)^{\frac{5}{2}}+C$；　(4) $2\arcsin\frac{x}{2}-\frac{x\sqrt{4-x^2}}{2}+C$.

(5) $\sin x\cos\sqrt{\sin x}+C$；　(6) $-\frac{4}{3}\ln\left|\sec\left[\arctan\left(\frac{\sqrt{3}}{4}-\frac{\sqrt{3}}{2}x\right)\right]+\left(\frac{\sqrt{3}}{4}-\frac{\sqrt{3}}{2}x\right)\right|+C$；

(7) $-\dfrac{1}{\sin(\arctan x)}+C$; (8) $-\dfrac{1}{4}\cot\left(\arcsin\dfrac{x}{2}\right)+C$;

(9) $6\sqrt[6]{x}-6\arctan\sqrt[6]{x}+C$; (10) $\dfrac{2}{3}\sqrt{3}\arctan\left(\dfrac{\sqrt{3}}{3}\sqrt{x+2}\right)+C$;

(11) $-\ln|\csc(\arcsin\sqrt{e^x})+\cot(\arcsin\sqrt{e^x})|+C$.

6. $-\dfrac{3}{2}x^{-2}-\dfrac{2}{3}x^{-3}-\dfrac{1}{4}x^{-4}+C$.

7. $\begin{cases}\dfrac{1}{2}x^2+C, & x\geqslant 0\\ -\dfrac{1}{2}x^2+C & x\leqslant 0\end{cases}$.

习 题 6.4

A

1. (1) $\dfrac{x^2}{2}\ln x-\dfrac{x^2}{4}+C$; (2) $x\ln(1+x^2)-2x+2\arctan x+C$;

(3) $-x\cos x+\sin x+C$; (4) $\dfrac{x}{3}\sin 3x+\dfrac{\cos 3x}{9}+C$;

(5) $-xe^{-x}-e^{-x}+C$; (6) $\dfrac{x^2}{3}e^{3x}-\dfrac{2x}{9}e^{3x}+\dfrac{2}{27}e^{3x}+C$;

(7) $x\arctan x-\dfrac{1}{2}\ln(1+x^2)+C$; (8) $2\sqrt{x}\ln x-4\sqrt{x}+C$.

B

1. (1) $2\sqrt{t}e^{\sqrt{t}}-2e^{\sqrt{t}}+C$; (2) $x\tan x+\ln\cos x-\dfrac{1}{2}x^2+C$;

(3) $\dfrac{1}{2}x^2e^{2x}-\dfrac{1}{2}xe^{2x}+\dfrac{1}{4}e^{2x}+C$; (4) $\dfrac{1}{5}e^{2x}(\sin x+2\cos x)+C$;

(5) $-3x^2\cos\dfrac{x}{3}+18x\sin\dfrac{x}{3}+54\cos\dfrac{x}{3}+C$; (6) $\left(\dfrac{1}{2}x^2-1\right)\arcsin\dfrac{x}{2}+\dfrac{x}{4}\sqrt{4-x^2}+C$.

3. (1) $x\tan x-\ln|\sec x|+C$; (2) $\dfrac{1}{4}x^2-\dfrac{1}{4}x\sin 2x-\dfrac{1}{8}\cos 2x+C$;

(3) $-\dfrac{1}{2}x^2e^{-x^2}-\dfrac{1}{2}e^{-x^2}+C$; (4) $\dfrac{1}{2}x^2\arctan x-\dfrac{1}{2}x+\dfrac{1}{2}\arctan x+C$;

(5) $\ln x\ln(\ln x)-\ln x+C$; (6) $x\sin x\sec x-\ln|\sec x|-\dfrac{1}{2}x^2+C$;

(7) $x\ln(x+\sqrt{x^2+1})-\sqrt{x^2+1}+C$; (8) $x-\sqrt{1-x^2}\arcsin x+C$;

(9) $-\dfrac{xe^x}{1+x}+e^x+C$.

4. $(\sqrt{2x+1}-1)e^{\sqrt{2x+1}}+C$.

5. $-\dfrac{\arcsin x}{2x^2}-\dfrac{1}{2}\cot(\arcsin x)+C$.

6. $x\arctan\sqrt{x}-\sqrt{x}+\arctan\sqrt{x}+C$.

7. $x^2e^x-2xe^x+2e^x+C$.

习　题　6.5

A

1. (1) $f(x)$；　(2) 0.

2. (1) $4(\sqrt{2}-1)$；　(2) $\frac{1}{2}(e^{2b}-e^{2a})$；　(3) $\frac{29}{6}$；　(4) $\frac{\pi}{2}$；

(5) $\frac{3}{16}$；　(6) $\frac{1}{4}$；　(7) $\frac{1}{4}(e^2+1)$；　(8)1.

B

1. $\frac{4}{3}$.

2. (1) $\frac{1}{5}(e-1)^5$；　(2) $\frac{3}{2}$；　(3) $\pi-\frac{4}{3}$.

3. (1) $\ln(1+x^5)$；　(2) $-\sqrt{1+x^2}$；　(3) $-\sin x e^{-\cos^2 x}$；　(4) $\sin e^x-\frac{\sin x}{x}$.

4. $1,\sqrt{2},-\frac{\sqrt{17}}{4}$.

5. (1) 0；　(2) $e^{-1}-\frac{5}{2}e^{-4}$；　(3) $2e-2$；　(4) $\frac{\pi^2}{72}+\frac{\sqrt{3}\pi}{12}-1$；　(5) 1；　(6) 0.

9. $\left(1,\frac{\ln 2-1}{2}\right)$，$y_{极小}=\frac{\ln 2-1}{2}$.

习　题　6.6

B

1. (1) $\frac{1}{2}$；　(2) $\frac{1}{e}$；　(3) ∞；

(4) ∞；　(5) 0；　(6) $\frac{\pi}{4}$.

2. $\ln 2$.

3. 发散.

4. (1) 4；　(2) 发散；　(3) $\frac{1}{2}$；　(4) 1；　(5) $\frac{3}{13}$；　(6) $\frac{\pi}{2}$.

5. $-\frac{1}{2}\ln 2$.

第 6 章复习题

1. (1) $x-\frac{1}{2}x^2+\frac{1}{2}x^4+C$；　(2) $2x-e^x-3\cos x+C$；

(3) $\ln x+2x-2\sqrt{x}+C$；　(4) $\frac{1}{12}(1+x^2)^6+C$；

(5) $-\frac{1}{6}\cos^6 x+C$；　(6) $\sin x-\frac{1}{3}\sin^3 x+C$；

(7) $\ln(1+e^x)+C$；　　(8) $2\sqrt{\ln x}+C$.

2. (1) $2\frac{3}{5}$；　　(2) $\frac{1}{9}$.

(3) $\frac{1}{2}$；　　(4) $\frac{2}{3}$.

3. (1) 4；　　(2) $2(e^2+1)$；　　(3) $\frac{1}{2}[f(2)-f(0)]$.

5. 最小值为 $f(0)=0$,最大值为 $f(1)=\frac{1}{2}\ln\frac{5}{2}+\arctan 2-\frac{\pi}{4}$.

6. $xe^x-e^x+\frac{1}{2}x^2+C$.

7. $x^2\sin x^2+\cos x^2+C$.

10. $\ln 2+e-1$.

11. $(2x+3)e^{-x}+4$.

12. $\frac{1}{2\sqrt{x+1}}$.

习　题　7.1

A

2. (1) 28/3(平方单位)；　　(2) 1/6(平方单位)；

(3) 1(平方单位)；　　(4) 3/2−ln2(平方单位).

3. (1) $V_x=2\pi$；　　(2) $V_x=3\pi/10$；

(3) $V_x=128\pi/7, V_y=64\pi/5$.

B

1. (1) 9；　　(2) 9/2；　　(3) 18.

3. $\frac{32}{6}$.

4. 1.

5. $x_0=\ln\frac{e^4+1}{4}$.

6. $k=-1$.

7. $\frac{9}{2}$.

8. $V=\frac{32\sqrt{2}-38}{15}\pi$.

10. $V=\frac{4}{3}\pi ab^2$.

11. $y=9x^2$.

习题 7.2

A

1. 0.75(焦耳).

2. $2Kq^2$(功单位).

3. 1.54×10^6(焦耳).

4. 2.2×10^6(牛顿).

5. 0.

6. 31/3.

B

1. $7.69\times10^3\times r^4$(焦耳).

2. mgh(功单位).

3. $1.6\times10^3 bh^2$(压力单位).

4. 1/2 .

习　题　7.3

B

1. (1) 9 987.5;　　(2) 19 850 .

2. (1) 4(百台);　　(2) 0.5.

第 7 章复习题

1. (1) 1/3;　　(2) 2;　　(3) 9/4.

2. (1) $\pi/5$;　　(2) $V_x=128\pi/7, V_y=64\pi/5$.

3. 0.882J.

4. 8.92kN.

5. $I_m/\pi\approx0.318I_m$.

6. 0.

7. $I_2<I_1<I_3$.

8. $\frac{5}{6}$.

9. $A=\frac{1}{\pi}$.

10. $\frac{1}{2}$.

11. $y'=-\frac{y\sin x}{x\sin y}$.

12. 最大值$\frac{1}{e}$;最小值 0.

13. $k=f'(0)$.

14. 2.

16. $y=(e-1)x+1$.

17. $V_1=\left(4+\frac{32\sqrt{2}}{15}\right)\pi$;　　$V_2=\frac{16}{3}\pi$.

习　题　8.1

A

1. (1) B;　　(2) C ;　　(3) C.

2. (1) 是;　(2) 是;　(3) 是;　(4) 不是;　(5) 不是.

3. (1) 是;　(2) 不是;　(3) 不是;　(4) 不是.

习　题　8.2

A

1. (1) $y=cx$;　　(2) $y^4-x^4=C$.

2. (1) $2/x^3$;　　(2) $e^y=\frac{1}{2}(e^{2x}+1)$.

3. $y=(1/2)x^2-3x+13$.

B

1. (1) $y=\frac{1}{C+a\ln(1-a-x)}$;　　(2) $\arcsin y=\arcsin x+C$;

   (3) $y=C\sin x$;　　(4) $y=e^{\tan\frac{x}{2}}$.

2. (1) $y=ce^{\frac{3x^2}{2}}-1$;　　(2) $y=\frac{-1-2x-2x^2}{4}+ce^{2x}$;　　(3) $y=ce^x+\frac{1}{2}(\sin x-\cos x)$;

   (4) $y=ce^{\frac{x^2}{2}}-1$;　　(5) $y=c(x+1)+(1+x)\left(x+x^2+\frac{x^3}{3}\right)$.

3. $y=\frac{2x-1}{x^3}$.

4. $y=\frac{1}{3}(e^{3x}-3x-1)$.

5. (1) $\ln\left(\ln\frac{y}{x}-1\right)=\ln x+c$.

6. $y^2=\frac{2}{1+2x^2+ce^{2x^2}}$.

7. $y=\frac{\cos x-c}{x^2-1}$.

8. $y=2(e^{\frac{x^2}{2}}-1)$.

习　题　8.4

A

1. (1) $y=C_1e^{4x}+C_2e^{-4x}$;　　(2) $y=e^{-x}(C_1\cos x+C_2\sin x)$;

   (3) $y=C_1e^{6x}+C_2e^{-5x}$;　　(4) $y=C_1e^{2x}+C_2e^{5x}$;

   (5) $y=C_1e^{3x}+C_2e^{-2x}$;　　(6) $y=e^{3x}(C_1x+C_2)$.

2. $y=4e^x+2e^{3x}$.

3. (1) $y=e^{2x}(C_1x+C_2)+\frac{1}{4}x+1$；　(2) $y=C_1e^{-x}+C_2+\frac{1}{2}x^2-x$；

(3) $y=e^x(C_1x+C_2)+\frac{1}{4}e^{3x}$；　(4) $y=C_1e^{2x}+C_2e^{3x}+\frac{1}{10}\cos x+\frac{1}{10}\sin x$；

(5) $y=e^x(C_1\cos\sqrt{2}x+C_2\sin\sqrt{2}x)+\frac{1}{2}\cos x-\frac{1}{2}\sin x$；

(6) $y=C_1e^{2x}+C_2e^x+\frac{1}{2}x+\frac{3}{4}-xe^x$.

B

1. (1) $y=xe^x-e^x+\frac{1}{2}C_1x^2+C_2$；　(2) $\arctan y=C_1x+C_2$.
2. $k=6$；$y=C_1e^{2x}+C_2e^{3x}$.
4. (1) $y''+y'-2y=0$；　(2) $y''-2y'+y=0$；　(3) $y''+y=0$；
   (4) $y''-2y'+2y=0$；　(5) $y''+4y=0$.
5. (1) $y^*=Ax$；　(2) $y^*=e^x(Ax^2+Bx+C)$；
   (3) $y^*=e^{5x}(Ax+B)x^2$；　(4) $y^*=e^{4x}(Ax+B)x$；
   (5) $y^*=e^{-x}(Ax+B)(C\sin x+D\cos x)$.
6. $y=e^{-x}(-1+e^{2x}-xe^{2x}+x^2e^{2x})$.

第 8 章复习题

2. (1) $y^{\frac{1}{3}}=x+c$；　(2) $\frac{1}{2}y^2=\ln(1+e^x)+c$；　(4) $y=\frac{(x-1)e^x+c}{x}$；

(5) $y=\frac{c+2x+\frac{3x^2}{2}+\frac{x^3}{3}}{x}$；　(6) $y=\frac{1}{x}(x\sin x+C)$；　(8) $y=C_1\left(x+\frac{x^3}{3}\right)+C_2$；

(9) $y=C_1e^{-3x}+C_2e^{-2x}+\frac{1}{10}(\sin x-\cos x)$；　(10) $y=e^{-\frac{x}{2}}\left(C_1\cos\frac{\sqrt{3}}{2}x+C_2\sin\frac{\sqrt{3}}{2}x\right)+x+3$；

(11) $y=e^{2x}(C_1\cos x+C_2\sin x)+\frac{1}{8}(2\cos x-\cos x\cos 2x-\cos 2x\sin x+\cos x\sin 2x-\sin x\sin 2x)$.

3. (3) $y=\frac{x^{\frac{3}{2}}+\sqrt{5x^3-4}}{2\sqrt{x}}$.

7. $\varphi(x)=\frac{1}{2}(e^x+\cos x+\sin x)$.

附录 3　教师教学参考资料

（资料一）高职数学课程教学改革与高素质人才培养

李以渝

高职学院在我国兴起，高等数学作为高职学院基础课程，其特点是什么，如何改革创新形成课程特色？

我院办学模式（理念）富有创新与特色，这就是“体制创新、开放办学，为地方和行业培养高素质高技能人才”. 那么，高等数学课程如何为学院办学模式作出应有的和特殊的贡献？

此外，高等数学课程还面临的问题如，高职学生有其特殊性，如何培养、如何因材施教？数学教师从中等职业教育到高等职业教育如何进步与适应？学院数学课程课时不断压缩减少，该如何应对？

近年来，我们数学教研室全体教师在学院的领导与支持下，在学院重点课程建设和院、省级精品课程建设的工作中，对上述问题一直努力探索，作出了较为系统的研究、改革与实践.

一、课程体系的基本改革

1. 教学理念

1.1　问题

为什么在各级学校数学、语文都是最基本、最主要的课程？在现代社会、科学时代我们对数学科学和数学教育应有什么新的认识？在全面素质教育中数学教育起着怎样的特殊作用？学生受的数学教育在其一生的工作、生活中究竟起着怎样的作用？即高职数学课程应有什么样的合理定位？

1.2　传统认识

通常关于高等数学课程的定位主要是基础性与工具性，即为学生提供后续课程需要的数学基础知识、基本方法，为学生提供专业及工作需要的应用数学知识.

1.3　分析

传统定位（理念）有其合理性，但不够符合实际，因而影响了高职数学课程的改革方向及其教育价值的提升.

(1) 从后续课程的实际看：以高职机类、电类两大专业为例，经调查发现其专业基础课与专业课需要的数学知识方法中，初等数学比高等数学用得多，而高等数学中是概念思想比方法用得多. 如机类专业包括数控加工等，主要用到了微积分的基本思想：无限细分、以直代曲.

(2) 从高职学生的实际看：高职学生（三年制）入学都是高中毕业生，数学已学了 12 年，已有相当的数学基础，并且其中大多数同学（普高）已经学习了高等数学的极限、导数、积分等内容.

(3) 从学生工作岗位实际看：高职培养的是生产、服务一线的技术工人，岗位要求的主要是操作或服务的动手能力.这些工作岗位基本不需要数学知识,或至多需要的是简单的初等数学(甚至绝大多数白领在工作中都用不到微积分).

结论:我们研究认为高职学院数学课程的合理、科学定位是基础性、工具性、素质性,其中以素质教育为主要教学目标.而上述分析不是说明高职高等数学课程不重要,相反,由于数学学科的特殊性、数学教育的特殊性,数学教育对于培养和提升人的素质有着特殊的价值与作用.

1.4 新认识

(1) 新数学观,数学是抽象地、原创性地研究关系结构模式的科学,是自然科学、社会科学的基础,又是高科技的基础;数学更是一种文化,数学的内容、思想、方法和语言已成为现代文化的重要组成部分;因而数学充分显示着一般科学精神、思想和方法,其富于创新的研究被视为人类智力的前锋,以及数学已成为推动人类进步最主要的思维科学之一.

(2) 新数学教育观,数学教育不仅要重视学生的数学知识、运算能力、空间想象能力的培养,其意义价值更在于通过数学知识、方法的教育而促使学生大脑发育和发展、培养人的科学文化素质、发展包括人的思维能力、创新能力在内的人的聪明智慧,数学学习能为人一生的可持续发展奠定基础.

(3) 新数学素质教育观,数学课程的素质教育具有"数学素质"与"一般素质"的双重意义.

数学素质包括数学观念、数学思维、数学语言、数学技能、数学应用等数学学科素质;一般素质包括思想素质、文化素质、创新素质、思维素质、审美素质等人的综合素质。

这就是数学素质教育充分重视数学(学科)素质培养,努力使其扩展为人的一般素质、全面素质.

(4) 高职高等数学教育观,高职培养的是生产、服务一线的技术工人,这些岗位对于高等数学的要求不高,而能否胜任工作,能否有发展潜力,更在于学生的素质.因而高职高等数学的教育,在着眼培养学生的数学基础、数学应用之外,更在于培养学生的全面素质.因而,我们高职高等数学课程改革发展的目标:一是"数学知识教育"(基础性),强调数学基础知识、基本能力;二是"数学实践教育"(应用性),强调数学知识与数学实验、数学建模等数学应用的广泛结合;三是"数学素质教育"(素质性),强调在教学中培养学生的文化、科学、创新及非智力因素等素质方面.

2. 教学结构

2.1 问题

高职学院学生入学时其数学基础存在两极分化严重的问题,另一方面不同专业对数学要求的内容不同,加之课时紧张,如何以人为本,因材施教?

2.2 改革

我们改革高职高等数学课程统一学时、统一内容、统一要求的"一刀切"传统做法,首先,"横向"将我院专业分为工程(如机械、电子、建筑等)和经管(如商务、管理、物流等)两大类,分别有不同的学时(工程64学时,经管48学时),以及不同内容选取与不同难度要求;其次,"纵向"将数学课程分为必修+选修,以针对学生实际,因材施教.

如,必修:一元微积分;

选修:多元微积分、工程数学、数学建模基础、数学史与数学故事、数学智慧欣赏等。

3. 教材创新

3.1 问题

高等数学教材多年“老面孔”,能否有更科学的修改?高职数学教材被称为大学的“压缩本”,能否有自己的教材特色?教材是教学改革、精品课程建设最重要的基础,教材建设如何适应数学教学改革及精品课程要求的需要?

3.2 改革

经过参考研究国内外《高等数学》教材(尤其是研究美国自然科学基金资助、以哈佛大学为首合作编写的《微积分》(美)D. 休斯. 哈雷特等著),加上我们多年的教学体会,我们编著出《微积分新教程》(由电子科技大学出版社正式出版). 其具有以下几个特点.

(1) 因材施教、分层教学、各有收获:将学生分为数学基础较好与较差两层,为了使高等数学更为科学及学生乐意学,改革传统教材结构,新教材在第 1 章函数的基础上,在第 2 章介绍导数、在第 3 章介绍定积分,其优点,一是重点突出,使学生易于对微积分整体认识;二是枝叶弱化,极限、连续等内容弱化,不成为学生学习高等数学的“拦路虎”;三是多重循环,导数、积分在后面各章进一步循环加强. 这种微积分新结构对于高职《高等数学》课程尤为适当. 对于微积分难点内容尽量辅之以直观描述、哲学体会,以减少学习难度. 对于如复合函数求导、不定积分换元法等较难的内容则简明扼要总结出方法规律. 本教材习题设置 A、B、C 三级,A 为基础题(体现基本要求),B 为提高题,C 为探究题.

(2) 数学建模全面平移,探究式学习:我们认识到数学建模应用于高等数学教学中,不仅在于形式上引入一些实际问题,介绍相应建模方法,更重要的是将大学生数学建模竞赛的特点、方式全面引入. 如开放式问题、合作方式、自己动手明确问题、查资料、讨论以及重视假设、论文写作、创新等,完全是一个小型科学研究. 于是在教材中,结合各章内容分别介绍数学建模知识、特点、意义;问题驱动,在微积分重点概念、方法后设计各种探究式问题,引导学生动手查资料、动脑思考、相互讨论、动手实验等;我们还设想改革数学考试传统,可让同学合作、写论文成为课程考试一部分.

(3) 数学文化广泛渗透,素质教育:为在数学课程中实施素质教育,新教材注意数学表层文化(符号、曲线、计算、推理等)较多体现;新教材注意发掘微积分中的历史文化、科学文化、智慧文化,编写出“相关阅读”,包括微积分历史材料、微积分特点(如“无限”“变化”“相对性”“微元法”等)认识,微积分科学思想、方法思想、微积分的创造发明、微积分的各种应用,以及微积分方法中体现的一般智慧等(详细内容见李以渝、查有梁合著《数学思想的横向渗透:数学思想方法论》、李以渝著(康振黄作序)《从数学到创造发明》).

4. 教学方式

4.1 问题

高等数学的教学能否从“粉笔+黑板”这单一教学方式手段中改革发展?

4.2 改革

我们基于高等数学新教材,编写设计制作了《高等数学》多媒体课件,实行板书教学与多媒体教学相结合,取其各自的长处,其中,我们认为多媒体课件不是纸质教案的电子化,而是要充分利用多媒体的特色优势,如内容丰富、动感直观、形式多样等;以及开发网上学习,实现计算机上同学数学实验、网上学生自主习题练习以及开通网上答疑.

5. 教学方法

5.1　问题

对于数学基础差的同学,高等数学抽象难懂,如何让学生学懂?如何争取时间作数学文化开发渗透?如何处理好两极分化进行分层教学?

5.2　改革

(1) 理论上,为了提高教学艺术、教学水平,我们将系统科学应用于教学中,提出基本教学原则:"知己知彼",即教师要了解全体学生."把学生放在自己心中";基本教学原理:"滚雪球",即学习是有序化的过程,要像"滚雪球"一样生成、发展;基本教学策略:"具体化",即职业教学的特点之一是"内容低起点",教学从"具体到一般".

(2) 操作上,我们研究提出下述各种具体教法:一是"分层教学",在现有条件下,一次课分两阶段,分别对两极同学教学,内容上、要求上有改变、有区别;二是"循环教学",一项教学内容至少涉及两次课,即新课是在复习旧课基础上展开、循环重复;三是"讲练结合",每次课精讲多练、多次讲练结合;四是"多种讲法",高等数学内容都从具体——一般—具体的讲解(学习)路线进行,而且不仅是就数学讲数学,而是辅之以哲学讲数学、语文(如成语、典故等)讲数学、实际生活讲数学,也体现数学的广泛联系、广泛意义(详细内容见李以渝《"以人为本"的教材教法探讨》).

6. 数学实践

6.1　问题

数学是纯理论的吗?数学学习只能"纸上谈兵"吗?

6.2　改革

我们重视数学实验教学,在数学实验中,向学生介绍 Mathematica 等常用数学软件,并用数学软件求极限、导数、极值、积分、解微分方程等外;此外还开发出"数学认识实验",这就是基于计算机绘图、数值计算的强大功能,将常见函数的图形及其相应数量变化关系、导数可导与连续性、函数及其一阶、二阶导数图像及性质关系、导数与微分积分关系等在计算机上让学生实验、直观认识.

数学建模则每学年以选修课、暑假培训班、参加全国大学生数学建模竞赛,循环依次开展.每年我们都取得了较好的参赛成绩,以及在活动中注意大学生素质培养(详细内容见李以渝《数学建模思维方法论》、李以渝《数学建模竞赛与大学生素质培养》).

7. 数学考试

7.1　问题

数学考试如何适应素质教育的需要等问题也需要研究与改革.

7.2　改革

我们设计在学生平时成绩中增加"小论文写作",内容包括:对微积分内容的认识、对微积分科学思想、方法智慧的探讨、数学实验的设计与操作、数学建模论文等,并适当增加平时成绩的比例.我们还建立了高等数学试题库,作为考试科学化的基础.

二、关于突出职教特色的探索

高等数学作为基础课，如何具有职教特色？

1. 努力为专业课打基础

职业教育中，专业培养是龙头，岗位需要是重点. 为此，我们主动对我院各专业教学情况进行调查研究，包括了解各专业的培养目标、教学大纲、教学计划，查阅各专业基本教材和走访各专业课教师，以了解各专业课程对数学知识、方法的应用情况和要求.

例如，机类专业，对数学的应用：一是初等数学的计算，如计算工件长度、角度、计算工艺误差等；二是需要应用微积分的思想，这就是“无限细分、以直代曲”.

因为机械加工包括数控加工都是直线与圆弧加工，如何加工其他曲线呢？就要以微积分的上述思想为基础；其次是极限的思想方法，即“无限细分”($n\to\infty$)到底细分多少呢？就要按加工误差限要求，反过来确定 n 的值.

相应，在新教材编写与教学中，我们突出微积分的基本思想，并联系工程实际和实例，转化为工程原理.

又如，电类专业，其专业基础课较早地应用了微积分，如电流就是导数(电量的变化率)，而求电流作功、电能就要用积分. 为此，在教材及教学上，我们将微积分的结构做了改革，将导数与积分的概念尽早出现(将其计算与应用放后)，以适应专业课程教学(在时间上)的需要.

此外，我们的新教材中研究选编了许多高等数学的工程及经济问题，如“导数的直观表示：汽车速度计”、“车速与油耗”、“车工加工的微分公式”、“金属受热”、“放大电路”、“环境污染”、“高速路上汽车总量”、“卫星发射”、“广告效应”、“通货膨胀的速度”、“收入预测”等. 以此将高等数学与实际结合.

2. 职教与大学本科教学的区别

突出职教特色就要认识职教与普通大学教学的区别，其基本区别：本科教育重科学性、理论性，职教较重实践性、操作性. 因此，我们高职数学课程，其数学的科学性、理论性、系统性可以减弱，而突出基础性、应用性和素质性.

此外在数学教学的“讲法”上区别于本科的讲法. 如内容不是讲得越复杂越好，而是讲得越简单越好；讲学的“路径”不是从“理论到理论”，从“抽象到抽象”，而是从“实际到理论，再到实际”、“从具体到抽象”，即“起点低”，入门容易；并实行数学的“多种讲法”，即不是“就数学讲数学”，而是可以通过生活、生产、社会、文化、哲学等讲数学.

3. 重视学生动手能力的培养

注重培养学生的动手能力也是职教的一个重要特色. 高中毕业生比较缺乏动手的观念与行为，我们数学课程就要培养学生不仅动脑，还要动手.

例如，课堂教学“边讲边练”，每次课精讲多练、多次讲练结合，循环进行.

例如，课堂教学“理论与实践结合”，微积分解决问题(求速度、加速度、极值、面积、体积、压力等)是理论方法，但在我们的新教材及其教学中，注意引导学生进行探究式学习，同时用实际的方法考虑如何解决问题(如体积可以计算，也可以动手称重量的方法求出).

例如，重视数学实验与数学建模，如微积分主要是理论上研究函数的各种性质，而我们开发出“数学认识实验”，让学生在计算机上用数学软件对函数及其导函数作图，动手直观认识函数的性质. 数学建模是解决实际问题，需要同学从实际出发，包括动手实践、实验. 如对于 2001 年“公交车调度”问题，需要同学到公交公司实际调查，并对实际行车路线动手试算；如 2002 年“车灯光源”问题，动手能力强的同学就会想到找一辆小车，实际观察、测试小车前车灯光照射图像的情形.

总之，高职数学教学不能只是“书本”与“理论”. 而且要强调“实际”与“动手”.

三、关于创新教育的实践

职业教育要贯彻我国“坚持走中国特色自主创新道路，建设创新型国家”的发展战略，必须高度重视创新能力教育.

1. 重视高中生思维的转变

中学教育由于受中国传统教育的影响和受现实“高考”的负面影响，高中生创新精神与能力很缺乏. 许多同学的思维表现出：“思维保守”、“缺乏主动”、“死记硬背”、“理想化”等特点. 这种思维既不符合高职生工作实际和社会实际的要求，更不符合创新人才的要求.

二十一世纪，数学已被视为一种思维科学. 高职数学课程应该更多承担起学生思维培养的重任：将高中生思维转化为高职生思维. 如从第一堂起，就要与同学一起分析他们的思维特点及弱点，分析高职生今后工作与生活的思维特点，进行“洗脑”. 并在教学中注意使学生思维从“理论思维”向“实际思维”转变、从“思维保守”向“思维灵活”转变.

2. 创新教育的基础：探究式学习

探究式学习是实行创新教育的有效方式，这就要求从灌输式教学向探究式转变. 首先要建立探究式学习的环境、氛围，如让学生从重视做题、考试为价值取向转变为重视问问题、分析问题和有所创新，被动学习转变为主动学习.

其次是问题驱动，我们的新教材和探究式教学，都是以具体问题来引出教学；再次是问答启发，教师在教学中要善于提出问题，引导学生动脑思考和探索. 例如讲极限，我们要求学生对极限 $\lim\limits_{n\to\infty}\frac{1}{n}=0$ 举实际例子来表示(有同学说：我们做一件难事，第一次做很难，第二次难度减少，以后逐渐减少趋于 0)，又如举实际例子来说明连续 $\lim\limits_{\Delta x\to 0}\Delta y=0$、导数 $f'(20)=-2$ 等，对学生思维很有启发.

3. 高等数学与创新精神培养

微积分在数学发展史上是里程碑式的创新，在人类思想史上则被恩格斯誉为人类思维的伟大胜利. 微积分充分显示出“求实、求新、求异”的科学精神.

微积分中荡漾着一种科学精神，这就是运动的、辩证的、创新的、合理的革命精神，这种科学精神是对宗教神学、封建文化的革命，对人类文明有着重要影响.

讲微积分不仅讲微积分的知识方法，更重要的是讲微积分中蕴藏的科学精神.

4. 高等数学与创新技法能力培养

微积分对我们的创新思维、创造发明有许多启示.

微积分是牛顿、莱布尼茨在前人基础上的创造——总结概念、提炼方法、改变形式、创设符号.所以牛顿说他是“站在前人的肩上”,也说明“学习是创新的基础”.

牛顿、莱布尼茨创立微积分,分别是从物理与几何的不同思想基础、不同研究方向,同时攀上光辉的顶峰.说明同样的创新可能有不同的方向.

微积分发明的一个关键,是牛顿、莱布尼茨发现了表面上完全不同的微分与积分的联系,建立了牛顿-莱布尼茨公式,找到了求积分的简易方法.启示我们,创新往往是发现“异中之同”、所谓“风马牛效应”.

在微积分教学中,还可依据数学内容培养学生的发散思维、反向思维和联想思维.

四、关于素质教育的实施

1. 素质教育的认识

1.1　素质教育的必要性

为什么我们要十分重视素质教育?素质教育是世界教育发展的潮流,是我国教育改革的方向.胡锦涛主席在 2006 年 4 期《求是》杂志发表的长篇文章中说得十分清楚:国家竞争说到底是国民素质的竞争,教育首先是素质教育.这也反映了社会发展的需要,企业对毕业生的专业、能力、素质各方面,首先看重的是人的素质.相应地,我们的学生能否找到工作、能否在工作上有持续的发展后劲,在于自身的素质.此外,我院发展的思路(理念)是:体制创新、开放办学,为行业与地方培养高技能高素质人才,也落足于学生的素质教育问题.

1.2　素质教育的可能性

首先,中学贯彻素质教育有困难,因为要高考,“应试教育”是实际需要.高职学院没有“高考”、没有应试教育的内在需要,也就客观存在素质教育的可能.

其次,高职的数学课程区别于大学本科的数学课程,即可以不需要数学系统性、严密性、理论性,而可以有“非数学讲法”,从中有进行素质教育的广阔天地.

再次,数学是一门特殊的科学,数学是一种文化,它属于甚至代表了科学文化;数学充分显示出一般科学精神、思想和方法;数学是最富创造性的科学;数学是推动人类进步的最重要的思维科学之一.即数学课程有进行素质教育的丰富的内容和特殊价值.

1.3　素质教育的内涵

人的素质主要有思想素质、文化素质、智慧素质、身体素质等.思想素质包括政治思想、道德品质等;文化素质,主要是科学文化、人文文化两方面;智慧素质包括智力因素与非智力因素方面.

数学课程对人的素质的培养是多方面的和富于特色的.如微积分的合理性、科学精神培养人的正义感、诚实守信等;高等数学学习的思维活动培养人的恒心、信心、耐心、细心等思维素质和逻辑思维、抽象思维等思维素质;微积分充分显示了科学文化能直接培养人的科学文化素质.

其中,作为高职数学课程素质教育的重点是培养学生的科学文化素质与思维能力素质.其中一个关键理念是,通常人们认为数学课程的素质教育就是数学素质的教育,但由上面分析,我们认为,数学课程的素质教育应有“数学素质”与“一般素质”的双重含义.数学素质即数学观念、数学思维、数学语言、数学技能及其应用能力等数学科学素质;一般素质包括思想素质、文化素质、思维素质、创新素质、审美素质等人的综合素质的各方面.因此,我们的数学素质教育观是重视数学(学科)素质教育并努力使其扩大为人的一般素质、全面素质.我们在重视数学知识、方法学习的同时,应当重视探讨这些知识、方法背后的一般意义,在数学学习中使学生主动感受其科学文化,进行思维开发和智慧发展.

1.4　素质教育的体系

我院办学理念是:体制创新、开放办学,为行业与地方培养高技能高素质人才,因而,素质教育是全院性的工作.其素质教育的实施与展开,包括环境育人、服务育人、管理育人、活动育人、教书育人等相互联系的育人体系.我们数学课程的素质教育主要是教书育人.

2. 素质教育的实施

我们发现,数学课程素质教育的实施有两类:潜在的素质教育与显在的素质教育.

2.1　潜在的素质教育

“潜在的素质教育”就是数学教学中自然存在的素质教育内容与作用,包括如下三方面.

(1) 逻辑思维等思维素质培养:数学学习是一项富有难度的思维活动、智力活动,其中包括逻辑思维、抽象思维、形象思维、辩证思维、创新思维等,尤以逻辑思维为主要形式与内容,以至人们认为“数学学习是逻辑思维的体操”.从做一般数学题到数学建模,有各种难度(以至无穷)的问题,极有利于培养提高人的分析问题、解决问题的能力.

日本数学教育家米山国藏曾总结说:学生在学校接受的数学知识,因毕业进入社会后几乎没有什么机会应用这种作为知识的数学,所以通常是出校门后不到一两年,很快就忘掉了.然而,不管他们从事什么业务工作,唯有深深地铭刻于头脑中的数学精神、数学思维方法、研究方法、推理方法等,却随时随地发生作用,使他们受益终生.

同学的思维能力是他们专业学习的基础和工作的基础、生活的基础.

(2) 非智力因素的培养:数学学习、数学做题的难度,潜在地培养了学生的学习自觉性、顽强精神(不畏难、不服输)和细心、一丝不苟的精神.

(3) 科学方法、科学文化的影响:数学文化代表着科学文化,微积分等数学知识、方法的学习中,潜在地对学生的科学精神、科学文化有影响.

2.2　显在的素质教育

“显在的素质教育”是教师在数学教学中“人为地”进行素质教育.即我们不满足于数学课程对人的素质的潜在作用,而要主动地、积极地进行素质教育,真正实现素质教育成为高职数学课程的教学目标,真正实现素质教育进课堂、教书育人.

(1) 方法:立足于数学知识、方法、应用,而研究这些数学教学内容,从中开发和推广成为素质教育的内容,如

数学知识⟶科学知识、一般知识;
数学方法⟶科学方法、一般方法;
数学思维⟶科学思维、一般思维;
数学精神⟶科学精神、一般精神;
数学创造⟶科学创造、一般创新;

数学之美──→科学之美、世界之美；

………

然后，将数学素质教育内容进教材、进课堂.

(2) 例子：经过我们对数学课程素质教育的研究开发与教学实践，已做到了高等数学每次上课时都有合适的素质教育内容，下面是几个例子.

例 1　序言：数学学习观念(与同学讨论学数学的目的意义；讨论人的素质及数学教学中的素质教育).

例 2　极限：极限的概念要涉及“无限”，由此向学生讲解什么是“无限”；科学家发现无限的经历；人类从认识有限到无限的观念变化；有没有最小的无限；有没有最大的无限等. 从而使学生认识高等数学与初等数学的区别、普及科学知识、并开阔同学的思想、思维，以及引向好奇、探索.

例 3　连续：由连续与间断的内容与同学讨论事物变化、量变与质变的不同类型.

例 4　导数：①引导同学考虑研究导数概念的矛盾性$\left(\frac{0}{0}\right)$，如从哲学理论规律(量变到质变、否定之否定等)来分析导数；②讲导数发明的历史，牛顿、莱布尼兹等科学家的奋斗过程、创新过程；③作为同时代的中外杰出人物，牛顿(1642—1727 年)与康熙(1644—1722 年)比较，从中还可发展开来介绍中西方文化、中西方科学、中西方社会；④引导同学探讨导数的科学思想；⑤介绍马克思、恩格斯对导数(以及整个微积分)的研究与独到的见解.

例 5　求导方法：由复合函数求导，讲事物的相对性(还可引发展开介绍爱因斯坦的相对论).

例 6　积分：分析积分概念、方法的一般意义，提示说明如同“曹冲称象”一样.

例 7　求积分：由换元积分法分析其解决问题的一般规律，并由此列举科学、工程、生活、军事各领域，类似的聪明智慧的方法.

例 8　微积分科学思想分析.

例 9　微积分之美欣赏.

……

(资料二)“以人为本”的职教特色教材探讨

——中美职教教材比较

李以渝

摘要：美国教材面向实际、面向学生，有“结构新颖”、“联系实际”、“信息量大”、“形象直观”、“问题驱动”等特点，而我国同类教材则面向理论，重视理论系统性与严密性、联系实际差、缺乏直观解释、缺乏学习互动性. 这是“以人为本”与“以理论为本”两种不同教材教法的理念与样式.

关键词：职业教育　教材教法　以人为本

建立符合职业教育特点的新教材体系，是我国职业教育改革发展的一项重要工作. 笔者参加全国十一五规划教材及精品教材评选工作，感到现有职教教材还比较传统、缺乏特色，许多还是大学教材的压缩本.

那么，具有我国职业教育特色的教材该有怎样的理念、样式及内容选取与讲法？美国社区学院的教材有重要的启示. 以美国的《微积分》[1] 为例该教材有 4 个显著特点.

特点一:**"结构新颖,突出重点"**,该教材结构创新,改变了传统微积分教材的顺序与注意中心. 如编者所言:"我们设计这一课程时,不受任何传统想法的限制."教材第一章复习了"函数"之后,第二章导数,第三章定积分,以后各章为求导方法、导数应用、求积分、积分应用、……编者在传统的极限、连续内容之前直接介绍微积分的主要概念:导数、积分,而将极限与连续等内容弱化,且分散在需要的地方. 全书还呈现"循环递进"的结构特点,先讲较为直观的微积分,再讲较为理论化的微积分,两部分内容又自然交融、循环发展.

与我们教材的传统结构相比[2],优点一是突出微积分主干、关键概念,使学生容易及较快产生对微积分的整体认识;优点二是弱化极限、连续等枝叶、减少学习难度;优点三"循环递进"反复学习,符合学习规律.

特点二:**"实际出发,突出实用"**,该教材编写原则是所谓"阿基米德方法——正式的定义与方法是根据实际问题的调查研究而得出的,"即总是从实际问题出发,从实际到理论,追求突出微积分的实际价值;内容上则"课程的每一主题都是从几何、数值和代数三方面加以体现",而不是如传统强调代数内容的"纯数学理论",认为如导数、微分、积分的"几何意义"、"数值意义"有更为实际的意义;再就是实际例子极为丰富,例如有关于"美国菲尼克斯城 1990 年 6 月的温度"、"患者的心电图"、"微波炉烤鸡的最佳温度"、"购房还贷计划"、"美国环境污染速度"、"1990 年到 1995 年美国石油消费总量"等问题. 对于课后作业还要求学生口头解释他们答案的实际意义.

我们教材的特点,理论严密、系统性强,即从数学推演数学,从一般推到特殊. 例如导数概念的引出,求"直线运动的速度",是从一般的运动函数 $s=f(t)$ 求 t_0 时刻的速度[3]. 而美国教材是从具体例子一棵葡萄柚抛到空中,求 1 秒钟时的速度. 此外我们教材有"纯数学"特点,强调微积分的代数意义,对几何意义、数值意义重视不够. 例题、习题同样是理论化,缺乏实际问题,少数应用题也是人为编写.

特点三:**"形象说明,突出直观"**,该教材中图形多,尽量用直观图形说明抽象的理论. 除了传统的数学函数图像外,由于强调各知识点的几何意义,相应有几何图形,例如为帮助理解重要极限 $\lim\limits_{x\to 0}\dfrac{\sin x}{x}=1$,给出了此极限的图像;更重要的是为了帮助学生理解高深抽象的理论,编者极富创意地研究设计了一些微积分"原理示意图",典型如附图 3.1 所示(通过"放大"来表现微积分的基本思想).

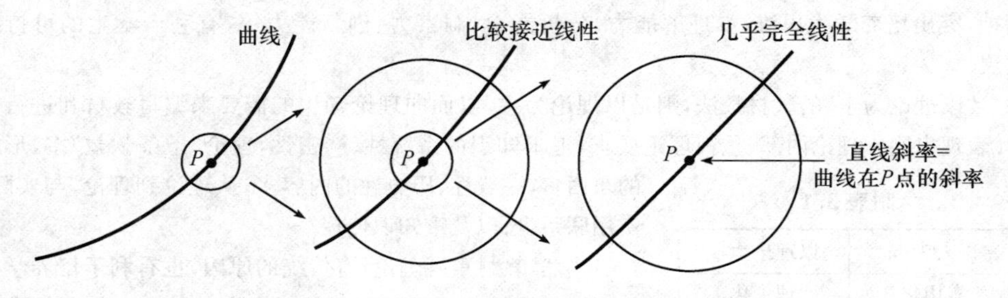

附图 3.1　通过放大求曲线在某一点上的斜率

此外,还要求学生做作业要用图像来解释答案.

相比较我们教材中,微积分理论完全用数学语言叙述,缺乏直观图示,缺乏想象.

特点四:**“问题驱动,突出探究”**,什么是探究式学习？该教材每个概念的引出都是从实际问题开始,并且例题、习题中大量探究式问题,包括“开放式”问题,如问你定性的结果怎样(答案并非完全定量)、可能的结果怎样(答案并非完全必然、唯一).例如“从一个铜矿中开采 T 吨矿石需花费 $C=f(T)$ 美元,意味着什么?”,“由数表给出 $f(x)$ 的一些值,估算 $f'(x)$ 的可能值”.以及直观分析题较多,如“由下列 $y=f(x)$ 的导数的信息,画出原来函数的可能图像”,“给出各种的 $f(x)$ 图像,要求画出其导函数的图像,使它们的一些重要特征相一致”,“请画出一条曲线,使得它的一阶、二阶导数处处为正”.此外“互动式学习”,包括“问题驱动”、“小组讨论”、“动手观察”等栏目.“动手观察”即运用有绘图功能的计算器直观观察,这也是为探究式学习提供一种技术手段.

相比较,我们的教材,基本上都是纯数学问题,并且是“封闭式问题”,条件明确、条件不多不少、答案唯一,等等.

专业教材也如此,如美国的《信息时代的管理信息系统》[4],此教材突出的特点同样一是**“实用性”**,如密切结合社会实际、案例丰富,有“先行案例”、“综合案例”等,都是美国近年信息技术发展及知名企业的实际例子;又如**“信息量大”**,每章节设置“热点话题”(如电子商务热点话题等)、“行业透视”、“全球视角”、“事业契机”(具体给学生提供就业及发展的建议),还有实用的相关“网络站点”,克服了传统管理专业教材泛泛而论的情形;第三是**“互动性”**,该教材创立“学生一教师一技术”的互动学习环境,包括学生作案例短评、独立思考、小组讨论、常用管理软件使用等.

两种教材表现出大相径庭的编写理念及样式,具有代表性.笔者认为,两种教材与相应的教法本质区别可括为:“以人为本”的理念与“以理论为本”的理念.

“以人为本”的教材教法,就是以面向学生来编写教材和教学,有三个特点.

(1)**“以人的实用为本”**,教材教法的目的是学生的实用,即着眼于社会需求什么？学生需要什么？这就是以职业为本位,有人认为“大学教学的质量,在一定程度上取决于教材与社会生活的接近性”.于是教材面向实际、面向实践、追求实用,有丰富的实例,即时信息多.

(2)**“以人的学习为本”**,教材教法的再一个着眼点是让学生容易学,面向学生的学习实际、学习困难,基于学生认知规律、生活经验,于是职教教材内容不是讲得越复杂越好而是由浅入深、甚至一目了然.

(3)**“以人的发展为本”**,重实用,实际信息量大和理论密切联系实际,有利于学生的发展,如美国的《微积分》贯穿问题驱动和互动式,小组讨论、动手实验、直观观察,有利于培养探索精神,突出培养学生思维,如理解能力、分析能力、洞察力、创新能力等,有利于学生的可持续发展.

“以理论为本”的教材教法,则是以理论为主,以面向理论知识的需要来编写教材和进行教学.表现出囿于理论内部、重视理论要求,追求知识的系统性、严密性,理论“条条款款”多,形式的东西多,一般性、历史性的内容多;从理论到理论,与实际、实用联系少;以及重知识传授.

附表 3.1

以人为本	以理论为本
实用化	理论化
具体化	一般化
互动性	传授性

当然,教材重视理论,有传统的原因,也有利于培养学生的理论思维、抽象思维等(比较适合大学教育),但不符合职业教育的特点与要求.

可概括两种教材教法不同理念的差异如附表 3.1 所示.

职教教材，正是以实用、具体、互动为特征的，美国等发达国家的同类教材可作借鉴.

参 考 文 献

[1] [美]D. 休斯. 哈雷特，等. 微积分[M]. 邵勇，等译. 北京：高等教育出版社，1997.
(可用于美国文科大学和社区学院)
[2][3] 同济大学应用数学系. 高等数学. 5 版[M]. 北京：高等教育出版社，2001.
(我国职教高等数学教材是类似的结构与讲法)
[4] [美]斯蒂芬. 哈格，等. 信息时代的管理信息系统[M]. 严建援，等译. 北京：机械工业出版社，2000.

(资料三) 高等数学探究式教学案例设计及类型分析

李以渝

摘要：探究式教学是培养学生综合素质的有效方式，但其难点和基础是依据教学内容设计出合适的探究式问题. 本文开发设计高等数学各类探究性问题，题目新颖、富有启发，成为高等数学课程实施探究式教学的重要基础，并分析了探究式教学问题设计、实施形式与教师作用等问题.

关键词：高等数学　探究式教学　案例设计

探究式教学是激发学生学习主动性、积极性、培养学生创新能力和提高综合素质的重要教学方式. 探究式教学是在教师的启发引导下，以学生自主学习和合作讨论为前提，以现行教材为基本探究内容，以学生周围世界和生活实际为参照对象，为学生提供充分自由表达质疑、探究、讨论问题机会，使学生将自己所学知识应用于解决实际问题的教学形式[1]. 高等数学课程如何依据高等数学学科特点，密切结合教学内容，实施探究式教学呢？其难点与关键是设计与高等数学有关的合适的问题情景. 在我们的研究与实践中，开发设计以下各类探究性问题，具体实现了探究式教学.

一、高等数学探究式教学案例设计

1. 数学概念推广化、生活化探究

例 1　学习微分概念，请列举自然、生活、社会中的微分.

典型答案：恩格斯曾举例说水的蒸发，是从上面一层层蒸发，每蒸发一层就使水的高度(x)减少一层的高度(dx)，因此水蒸发的过程就是微分[2]. 类似，人的消化过程、化学变化分子分解为原子、甚至"曹冲称象"中的大象变石头等都是微分.

例 2　请列举自然、生活、社会中的积分.

典型答案：恩格斯曾举例说(与上述自然的微分相反)水蒸气受一定的压力和冷却，一层层凝结为水，又是积分[3]. 原子重新组合为分子的过程为积分.

例 3　试用非数学语言举例说明极限$\lim\limits_{n\to\infty}\dfrac{1}{n}=0$的情形.

参考答案：我国著名数学家徐利治举例说唐诗李白的名句"孤帆远影碧空尽，唯见长江天际

流”中,“帆影”是一个随时间变化而趋于零的变量[4].

例 4　请探讨自然、社会、生活等领域中的连续与间断.

富于启发的答案:人跑过马路($\Delta t \to 0$)若“有惊无险”出一身汗($\Delta y \to 0$)连续;若出了车祸如压断一条腿(Δy 很大了),则人(体)不连续、发生了间断.

这里我们的教学理念是,强调数学教学不要囿于数学内部,要将数学与学生的周围世界和生活实际联系起来.如此,让学生体会到“数学就在我们身边”,同时可以帮助学生直观、生动地理解抽象复杂的数学内容,活化数学理论,也是理论联系实际.正如我国知名数学教育专家张奠宙认为,徐利治先生上述用李白诗句来比喻极限的动态过程,使抽象的极限具象化了[5].这种讨论是开放式的,有充分的讨论、想象空间.

2. 数学概念思想性、哲学性探究题

例 5　无穷小量有“多小”?

参考答案:无穷小量不是初等数学的孤立的、静止的 0,而是有丰富的内容,可视为“无穷小空间”、“无穷小世界”(可参考高等数学级数内容).

例 6　如何理解导数的定义?①试对导数概念作哲学分析;②导数都是$\frac{0}{0}$型极限,如何认识“$\frac{0}{0}$”;③由此探究高等数学与初等数学的区别.

参考答案:微积分之中充满辩证法,可从量变到质变、否定之否定等哲学原理分析导数定义,加深认识.从研究对象与内容看,高等数学显著特点是“变化”与“无限”,初等数则相对“静止”与“有限”[6].

例 7　分析复合函数求导法则($y'_x = y'_u u'_x$)为什么“y 要关于 x 求导”?如何理解这里的“关于”及“为什么要关于 x”?探究其中反映出的事物的相对性.

参考答案:导数是变化率,是相对概念,必须相对某个参照物,如单独说某个物体在运动没有、速度多大?没有意义.x 是自变量,一般要相对 x 求变化率.这如同我们说动物、汽车、火车、飞机速度是多快,都相对(关于)地球.

例 8　基于微积分的基本思想方法,探究“变”与“不变”、曲线与直线的辩证关系.

参考答案:见附图 3.2 的直观意义[7].

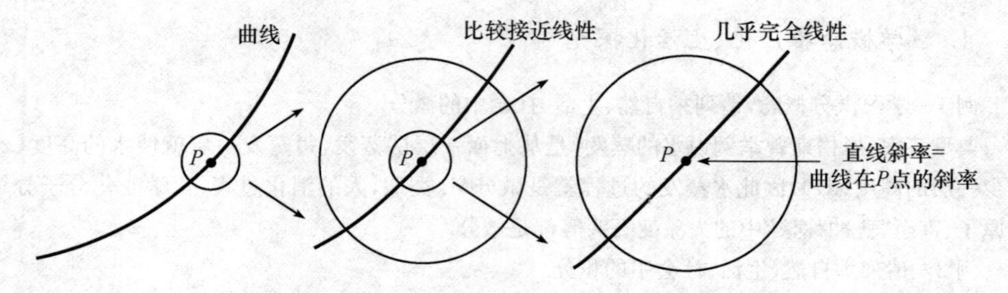

附图 3.2　通过放大求曲线在某一点上的斜率

3. 数学理论的创新性探究题

高等数学充满创造性,可探究总结其创新精神、创新思维和创新技法.

例 9 回顾微积分的创立史，从导数概念的创立，探究牛顿、莱布尼茨的不同创新之路及不同创新特点.

例 10 从微积分基本公式 $\int_a^b f(x)\mathrm{d}x = F(b) - F(a)$ 的创立探究对创造发明的种种启示.

4. 数学方法一般化、推广化探究题

例 11 一般地探讨定积分定义中“无限细分，以直代曲”的思想方法. 这是微积分的基本思想方法.

参考答案：如我国古代著名的“曹冲称象”，将大象“细分”为小石头，以石头重量代替大象重量. 又如机械制造、机械加工基本的工程思想方法(将曲线细分为若干直线段加工).

例 12 试探究总结换元积分法的一般方法意义，举出各方面类似的例子.

参考答案：换元积分法的奥妙是将一个复杂的、困难的问题 A，变成一个较简单的、易于解决的问题 B，解出 B，由 B 的答案反变回去就是 A 的解. 如电流运距离传输(低压变高压、传输后高压变回低压)、又如著名的“围魏救赵”、“草船借箭”等.

例 13 “解题就如解决问题，解法就是做事情的做法、方法”，以此理念探究学数学的一般意义.

5. 从数学内容联系提出“一般智力问题”

例 14 对于定积分 $\lim \sum f(\xi_i)\Delta x_i$，为什么要记为$\int_a^b f(x)\mathrm{d}x$?有何合理性?

例 15 对于速度函数 $v=v(t)$，为什么 $v(t)$曲线下面的面积的大小正好等于这段时间物体走过的路程(即高中学过的“图解法”的道理何在)?

例 16 学习微分的定义，其中为什么把 $f'(x)\Delta x$ 称为微分?

例 17 分部积分中讲例题，$\int x\sin x\mathrm{d}x = \int -x\mathrm{d}\cos x = -x\cos x + \int \cos x\mathrm{d}x$，提出问题：上式最后的 $\mathrm{d}x$ 与 $\mathrm{d}\cos x = -\sin x\mathrm{d}x$ 中的 $\mathrm{d}x$ 是否一样?为什么?

所谓与数学内容相联系的“一般智力问题”，也是不囿于数学内部，而是对数学学习内容涉及的一些难点、重点，提出一些一般性的、思想性的问题，进行思考讨论. 希望培养学生数学思维能力中拓展为一般思维能力. 如例 17 中，需要学生的“智力”区分微分、积分及其分部积分公式几者的联系与区别. 高等数学的教学中有许多这些“细节问题”，既是数学问题，也是一般智力问题.

6. 数学综合性探究题

这是在高等数学内部，对比较灵活或比较综合的数学问题探究.

例 18 如果$\lim\limits_{x\to\infty} f(x)=50$，且 $f'(x)$对所有的 x 都是正数，那么$\lim\limits_{x\to\infty} f'(x)=50$ 等于什么(假设极限存在)? 并用图像来解释你的答案.

例 19 画出 $0\leqslant x\leqslant 10$ 上满足下列条件的光滑曲线 $f(x)$ (1) 对一切 x，$|f''(x)|\leqslant 0.5$；(2) $f'(\mathrm{x})$在某处取值-2，在某处取值$+2$；(3) $f''(x)$不是常数.

7. 数学开放式探究题

例 20　如图曲线描述出一物体运动速度 v(m/s)的变化，请对这一物体在 $t=0$ 到 $t=6$ 之间走过的总距离进行估算，如附图 3.3 所示.

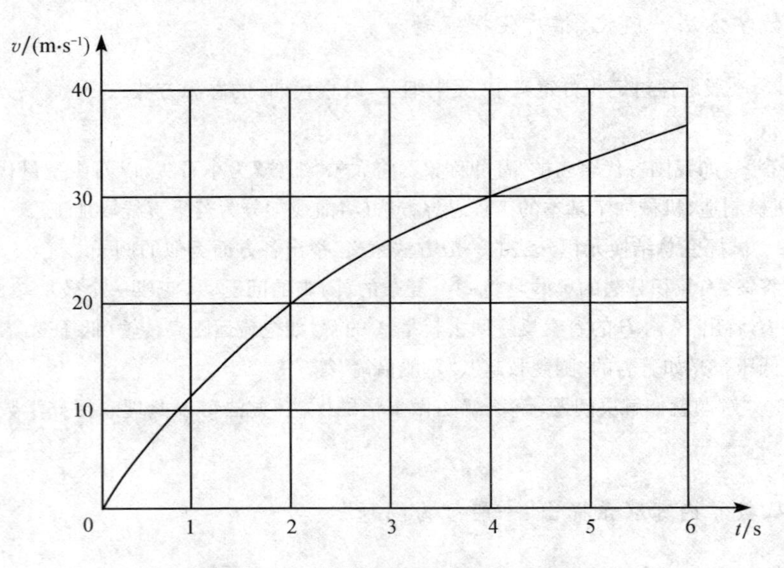

附图 3.3　曲线描述运动速度的变化

参考答案：此题没有唯一答案，有多种算法，(1) 可由图解法对面积直接估算(如估算多少个小方格)；(2) 同样是估算面积，但可分为时间(0,1)与(1,6)两段上面三角形与梯形两个面积；(3) 由曲线形态假设 $v=k\sqrt{t}$，由坐标(4,30)算出 k，再由定积分算出路程；(4) 类似可假设 v 为二次函数计算.

此题解法(1) 对习惯“理论思维”、习惯“精确计算”的同学有启发；此题还说明好的数学探究题可以“一题多解”，同学有充分的探究余地.

8. 数学应用探究题

例 21　设函数 $p(t)$表示某种产品在时刻的价格，则在通货膨胀期间，$p(t)$将迅速增加，试用 $p(t)$的导数表示以下情形：①通货膨胀仍然存在；②通货膨胀率正在下降；③在不久的将来物价将稳定下来.

例 22　据称这个月物价涨幅下降 3%，试讨论这个月的物价是如何随时间变化的.

例 23　某公司用二阶导数来评价不同广告策略的相关业绩. 假设所有的广告都能提高销量，如果在一次新的广告中，销量关于时间的曲线是凹的，这表明这家公司的经营情况如何？为什么？若曲线是凸的呢？

解数学应用探究题，使学生数学学习能理论联系实际，培养提高他们的应用数学能力. 探究较复杂的应用题就是数学建模了.

9. 数学实验探究题

利用数学软件强大的作图、数值计算及模拟等功能，对数学问题在计算机上作数学实验探究.

例 24　可以从理论上证明$\lim\limits_{x\to 0}\frac{\sin x}{x}=1$、$\lim\limits_{x\to\infty}\left(1+\frac{1}{x}\right)^{x}=\mathrm{e}$，也可通过计算机数值计算来检验及作图直观观察其变化趋势.

例 25　从比较 f、f'、f''图像，导数告诉我们什么？分析这些图像，能得出一些什么结论.

例 26　探讨函数 $y=x^{n}$ 有多少道弯？

例 27　设 $f(x)=x^{10}-10x,0\leqslant x\leqslant 2$，求 $f(x)$增长最快和减少最快的值. 对此问题可作一般探讨，然后用计算机作图来参考验证.

10. 网上查资料探究

例 28　网上查阅“马克思、恩格斯对微积分的研究”，并谈一下你的学习体会.

例 29　网上查找并分析“微积分的历史及比较牛顿、莱布尼茨的创新贡献”.

例 30　网上查阅分析“关于无穷及微积分与无穷的关系”.

例 31　从网上查找并分析“电学中微分电路、积分电路与高等数学中微分、积分的关系”.

例 32　网上查找“微积分在科学研究、工程技术、经济生活等各方面的应用”.

二、探究式教学问题设计、实施形式与教师作用

1. 探究题设计的要点

(1) 联系教学内容：即必须以教学内容为探究的基础；

(2) 探究余地大：问题开放式，多种可能实际背景，多种可能解题方法，多种可能答案；

(3) 问题难度适当：问题要有难度、有冲击，但不能太难，如现在全国大学生数学建模竞赛题就太难，不适合课堂探究；

(4) 有趣味性：问题内容的趣味(如广泛联系可以从理论、实际、学习、应用以及自然、社会、人生等多方面提问题)、问题形式产生趣味、问题难度产生趣味等.

2. 探究式教学实施的形式

①课堂探究；②课外探究；③个人探究；④小组合作探究；⑤例题或作业；⑥学生自己找问题提问题探究.

3. 教师在探究式教学中的作用

①提出问题；②引导探究；③组织讨论；④主持争议；⑤适时评价；⑥引申提高.

我们的教学实践表明，在高等数学课程中实施探究式教学，以及数学教学不囿于数学内部而是广泛联系于自然、社会、工程、生活以及哲学、美学、文学等，所谓“从冰冷的美丽到火热的思考”[8]. 对于从中学、从高考过来的同学具有重要的意义，使他们从数学到生活、从理论到实际、从被动到主动、从死板到灵活、从枯燥学习到快乐学习，甚至从会做题到会做事、会做人，从数学

学习到人的素质提升发展.

参 考 文 献

[1] 韦钰、[加]P. Rowell. 探究式科学教育教学指导[M]. 北京:教育科学出版社,2005.

[2][3] 恩格斯. 自然辩证法[M]. 北京:人民出版社,1971.

[4][5][8] 张奠宙. 微积分教学:从冰冷的美丽到火热的思考,大学数学课程报告论坛 2005 论文集[M]. 北京:高等教育出版社,2006.

[6] 李以渝. 微积分中的哲学思想及马克思恩格斯对高等数学的研究[J]. 四川工程职业技术学院学报,2008(4).

[7] [美]休斯. 哈雷特,等. 微积分[M]. 邵勇,等译. 北京:高等教育出版社,1997.

(资料四)数学教学与学生应用能力的培养

李传伟

摘要:我们在数学教学中,要更新观念,注重培养学生应用数学的意识和能力. 本文试图从教学实践出发,探讨几种培养学生应用数学的意识和能力的方式. 具体从转变教学观念,增强应用意识、指导学生掌握应用方法、开展课外活动、考核措施等方面进行阐述.

关键词:高职　数学教学　数学应用意识　应用能力　培养

随着现代科学技术的发展,应用数学已经从传统的纯理论中脱颖而出,因此,学习了数学知识而不能将这些知识转化为应用能力,将很难适应现代社会实际工作对当代人才的要求. 也只有学会了数学的应用,才能使所学的数学知识富有生命力,实现数学学习的真正价值. 而欲达到这个目标,就要求教师在教学中必须重视培养学生的数学应用意识与应用能力. 笔者在本文中,试图通过自身的教学实践,探讨如何在高职高等数学教学中,更好地服务于培养目标,增强学生的数学应用能力的方法.

1. 更新观念,把解决实际问题的能力看成应用数学教学的灵魂

剖析一下我们过去的数学教学,由于忽视了生活实际是数学应用题教学的来源和归属;忽视了解决问题是应用数学教学的灵魂所在. 这种数学教学理念的错位,造成了学生思维上的惰性,缩小了学生思维和实践的空间. 要想改变这种局面,就得更新教师的教学观念,改变学生的学习方式,使学生在解决实际问题的过程中去学习数学知识,逐渐形成应用数学的意识和能力.

提倡素质教育,注重能力培养与智力开发并重,改变单纯传授知识的教学方法,在数学教学中把问题解决问题的意识贯穿于教学的全过程,以培养学生的实际能力. 有这样一则报道:一学生在家中与其父亲安装一幅壁画,他想把画装在墙壁的正中央,可其就是无论如何也找不到正确的位置. 类似情况在生活中司空见惯. 之所以会出现这样的问题,反思一下我们的数学教学,就可以得出这样的结论:提高学生用数学知识解决实际问题的能力,当然是应用数学教学的灵魂.

2. 引入生活情景,增强应用意识

数学是人们对客观世界定性把握和定量刻画、逐渐抽象概括、形成方法和理论,并广泛应用

的过程. 数学教学活动必须建立在学生现实的认知水平和已有的知识基础上，以真实贴近学生生活实际的问题，设置情景引入课题，不但能将学生分散的注意力迅速集中起来，增强其学习数学的兴趣. 而且能使学生理解和体会到数学来源于生活又服务于生活，许多生活中的现象都可以转化为数学问题来解决.

例如关于汽车行驶的速度问题：一汽车以 100km/h 行驶，这时司机看到前方 80m 处发生事故，便开始刹车. 问汽车应该以多大的加速度才能避免与事故地点相撞？

我们选择定积分的计算就可以解决此问题. 通过实例，让学生感到数学就在身边，现实生活中有许多问题需要我们用所学的数学知识去解决. 作为教师，教学中我们要把数学生活化的一面展现在学生面前，让学生真正认识数学，理解数学并运用数学为社会服务，感受到数学的作用，从而产生对数学学习的兴趣，使学生在解决问题的过程中，逐步形成应用数学的意识和能力.

3. 加强数学建模的训练，引入案例教学，指导应用方法

案例教学法是指教师以教学案例为基础，在课堂中帮助学生达到特定学习目的的一整套学习方法与技巧. 案例教学的模式为"实际问题（希望解决）→数学建模→选择方法→选择软件（或自行编程）→计算（求解）→结果检验→推广". 我们在教学中引入数学建模的教学模式，引导学生大胆构建数学模型，运用模型解决生活中的实际问题.

例如：在导数的应用中，引入电影院座位的设计问题. 附图 3.4 为电影院剖面图，座位的满意程度主要取决于两个因素：①视角 θ，即观众眼睛到屏幕上下两边的视线的夹角，θ 越大越好. ②仰角 ω，即观众为看见屏幕上边需上仰头部的角度，ω 太大，观众有不舒适感，一般要求 $0°\leqslant\omega\leqslant30°$. 记地板线倾角为 α，第一排座位在离屏幕 d 处，最后一排在离屏幕 D 处，c 为观众坐高.

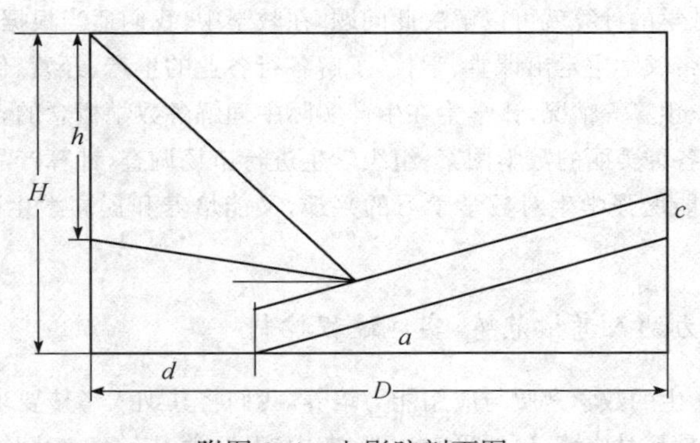

附图 3.4　电影院剖面图

(1) 已知参数 c、d、D、H、h 及 α，问最佳座位在何处（用上述参数表示）？并讨论这些参数应满足什么条件你的结果才合理？

(2) 已知附表 3.2 数据，试求出地板线倾角 α，使所有观众的平均满意度最大，并给出相应的最佳座位的位置.

(3) 问地板线设计成什么形状，可以进一步提高观众的满意度？

附表 3.2 给出了参考数据.

附表 3.2(单位:m)

H	h	d	D	c
4.50	1.20	5.91	18.81	1.10

利用解析几何中解三角形的知识可以建立关于座位的横坐标的函数关系,利用导数的知识,就解决了最佳座位的问题(1).要解决问题(2),就需要从实际出发,测量座位间的横向距离.通过建立所有座位的最大视角和 $\sum\theta_i$ 的函数关系,同样用导数求解,具体的计算需要利用计算机软件通过编程完成.问题(3)的解决,需要拓宽学生的知识面,发挥学生的想象力和聪明智慧.不难发现地板线设计成凹曲线形状时,电影院的总体效果会更好.

学生通过数学建模确定的数学模型,解决了实际问题.从而体会到了数学知识的应用性,增强了应用数学知识解决生活实际问题的意识和能力.

4. 通过课外活动,培养学生的应用数学的意识和能力

在传统作业的基础上,尝试给学生一些发挥其创造力的题目,让学生一起探索、研究.

在教学中应尽量引入一些贴近生活,联系实际开放性问题,,指导学生通过实践活动探索问题的解决方案,在探索中进一步提高学生处理实际问题的能力.数学本身是开放的,培养学生运用数学来应对社会生活,当然需要有开放的数学教育.如洗衣机洗涤效果分析:洗衣机的洗衣过程为以下几次循环:加水—漂洗—脱水,假设洗衣机每次加水量(单位:L)为 C,衣物的污物质量(单位:kg)为 A,衣物脱水后含水量(单位:kg)为 m.问:经过 n 次循环后,衣物的污物浓度为多少(污物浓度为污物的质量与水量之比)?能否100%地清除污物?为什么我们日常的全自动洗衣机都放三次水?

我们利用初等数学的计算就可以解决此问题.在教学中,我们适当根据教学内容组织学生参加社会实践活动.带领学生走出课堂、学校,了解各行各业的生产、经营、供销、成本、产值、利润和工程设计、立项、预算等情况,让学生在生产实际中理解各数学概念的含义.如开展图案设计活动,让学生设计各种美丽的数学图案;组织学生进行市场调查,计算产品的产值与利润等.这些活动的开展,既能增强学生对数学学习的兴趣,又能培养和提高学生的数学应用能力与意识.

5. 将应用能力纳入考核范畴,实施过程控制

为适应加强对学生的数学素质与应用能力培养,我们将其纳入考核要求,即将学生的总评成绩分为三部分:一是平时成绩,包括平时作业、期中考试、学习态度、考勤等方面;二是开放式考核成绩,这部分考核以探究性作业的形式,教师给出若干个题目,学生独立完成,也可以由两个或三个学生共同完成,规定完成的最后期限,学生可以根据需要查阅相关资料,并对计算结果进行分析,结合实际情况给出可行性建议或心得,以论文的形式呈交给老师评分;三是期末闭卷考试,按传统的方式进行.笔者认为,这种考核方式既可以考查学生对所学知识的理解和掌握程度,又可以改变学生考试成绩不及格逐年增加的现象.

总之,如果我们在高职数学应用能力教学中,做到了更新观念、情景教学、利用建模引入案例、采取措施培养实际应用能力、过程控制保障应用能力培养实施,必将有利于帮助学生端正学习态度、树立学习信心;有利于培养学生运用所学知识解决现实问题的主动性和积极性;有利于

培养学生的自学能力,为其终生学习打下基础.

参考文献

[1] 赵绪福.案例教学法在工科专业数学教学中应用探讨[J].湖南师范大学学报,2006(7).
[2] 王利红.注重教学实效,培养应用能力[J].中国教育研究与创新杂志,2006(4).
[3] 黎忠实.如何培养学生的数学应用能力[J].数学思考,2006(5).
[4] 任丽华.谈高职学生数学应用意识和能力培养的教学策略[J].教育与职业,2006(8).
[5] 颜文勇.高等应用数学[M].北京:高等教育出版社,2004.
[6] 马泽昌.数学教学与能力培养[J].中国教育发展研究杂志,2006(6).

(资料五)数学教学如何教书育人

李以渝

教书育人是素质教育的主要方面与重要途径.由于数学学科的特殊性,数学内容中蕴涵有进行素质教育的良好素材,数学教学过程是进行素质教育的良好机会.数学教学过程中,结合这些素材,可以有效地提高、发展学生的全面素质.

一、思想素质 1:实事求是教育

数学,显著地特点是逻辑性强,从定义、公理到定理推演建立的理论大厦是严密的逻辑体系,容不得半点空话、假话,是就是是,非就是非.比如,你要定义一个数学概念,首先需要证明其存在性,不然是在说空话;你要建立一个公理(体系),就要看它是否符合实际,是否概括了各种情况.又如,微积分显著的特点是求实、求真.如微积分用导数"真实"地计算了运动——"既在这里又不在这里".即,微积分用导数、连续、微分、积分等真实刻画了事物运动变化的性质、规律.这就是实事求是.

于是,数学逻辑严密性特点的德育价值,在于影响、培养学生实事求是的思想素质.这一点,还表现在学生大量的数学解题练习中,其思维方式、过程都是求是、求真的过程.

实事求是是大智慧.理论联系实际,重视实际,重视实践,重视动手,对于我们的学生尤其重要,甚至是高素质、高技能人才十分重要的思想基础.

二、思想素质 2:辩证法教育

恩格斯说过"数学:辩证的辅助工具和表现方式".确实,高等数学中充满了辩证法.

(1) 事物普遍联系、变化发展.数学本身就是从数量的侧面研究事物普遍联系、变化发展的.如代数式、函数、方程、不等式等数学内容都是表示事物的相互联系.数学中许多定理是揭示事物相互联系的规律,而微积分等则是对事物运动、变化的定量刻画.

(2) 对立统一规律.数学中如+与−、×与÷、乘方与开方、微分与积分等是运算与逆运算的对立统一,还如已知与未知、常量与变量、直与曲、有限与无限等众多的对立统一关系.它们反映事物对立统一规律.如有理数与无理数这对矛盾,它们相互对立、相互排斥,但又相互联系、相互转化,并在高层次(实数)上统一.

(3) 质量互变规律.建立函数(方程)解决实际问题,其定义域为事物量变区域,求出 X 的解

X_0，常常是事物的质变点. 微积分中质量互变十分精彩，如何定量刻画运动？方法是“以常代变”，但 $\Delta Y/\Delta X$ 是近似值，$\Delta X/\Delta Y$ 的量变中 $\Delta Y/\Delta X$ 都是近似值，而当 $\Delta X \to 0$，$\Delta Y/\Delta X$ 才发生质变，$\lim\limits_{\Delta X \to 0}\Delta Y/\Delta X$ 精确地刻画了运动. 积分同样如此

(4) 否定之否定规律. 首先是辩证的否定观，如零是对正数、负数的否定，但它不是绝对的无. 恩格斯对此说：“零比其他一切数都有更丰富的内容.”事物的变化发展一般有否定之否定的过程. 数学中如对数方法，要计算一个式子，如代数式，取对数是对原式的否定，对数易于计算，算出对数值，再取反对数，这是对对数的否定，得原式的解. 对数求导法、换元积分法等高等数学中许多方法都是如此“否定之否定”.

马克思的“数学手稿”是很有名的，其中既是用辩证法研究微积分，也是揭示微积分中的辩证法.

揭示数学中的辩证内容，可提高学生的思想素质以及培养学生思维的灵活性，并且由于数学内容的辩证性，要讲清数学道理，还需要借助辩证法哲学原理. 这是数学中讲辩证法的必要性(请参考本教材相关阅读：高等数学中的哲学和马克思恩格斯对微积分的研究).

三、思想素质 3：品德操行教育

许多数学家个人的品德操行，是十分优秀的，似乎与数学世界特殊的“气候”、环境有关.

(1) 追求真理的使命感. 陈景润的故事广为流传后，许多人不理解，数学家拼命搞着那些枯燥乏味的东西是为什么，其实是使命感使然. 非欧几何的创始人之一匈牙利年轻的数学家亚诺什 · 鲍耶，他父亲已将自己毕生精力倾注于证明欧氏几何第五公设，结果一无所获，当得知自己的儿子也投入这一工作时，他在对儿子的信中说：“老天啊！希望你放弃这个问题，因为它会剥夺你的一切余暇、健康、休息和所有的幸福.”但亚诺什义无反顾，后来创立了非欧几何，但临死也未获得他应该获得的荣誉.

许多数学家，终身贫困、际遇坎坷，但奋斗不已，卓有贡献，显示了一种崇高的人生观、价值观.

(2) 不屈不挠的奋斗精神. 数学研究本身十分困难，有理论创新思想的困难、方法的困难，有研究过程繁琐复杂的困难，还有理论成果为世人理解承认的困难等. 如康托创立集合论、伽罗华的群论、非欧几何的诞生等，都受到传统观念的束缚、数学权威的压制，都有十分曲折的经历. 如我国古代数学家祖冲之，为计算 π 值，曾计算了 24 576 边形的边长，更何况当时的运算工具是筹算，即用小棍算；据说陈景润在研究“哥德巴赫猜想”中所用的演草纸就装了一大口袋.

从数学家的精神和学生自己解数学难题的过程中，可以培养学生不畏疑难和烦琐、知难而进的奋斗精神.

(3) 严谨的工作作风. 要作出贡献，需要志向远大、具有奋斗精神，还需要严谨的工作作风. 数学逻辑严密性的特点，使得数学家在工作中十分仔细严谨，可谓丝丝入扣. 平时学生的数学作业，要求他们仔细严谨，也可以培养他们良好的工作作风.

四、思想素质 4：爱国主义教育

中国古代文化曾在很长时期处于世界文明的前列，其中数学成就也十分灿烂.

英国科学家罗伯特 · 坦普尔曾著书介绍了中国的一百个“世界第一”. 如公元三世纪的刘徽，算出 π 值为 3.141 59，其精确度超过了古希腊人. 公元五世纪，祖冲之父子求得 π 值为 3.141 592 920 3 达十位小数，此项成就领先欧洲 1 200 年之久. 数字“0”的出现在数学史上有

重要意义，使用空位来表示零是中国人的发明，并且中国人也很早使用了“0”符号. 同样，负数也是中国最早用的，公元一世纪就已有了，而西方一直认为“负数”是“荒谬的东西”.

此外，还如4 000多年前，中国人就了解了勾股定理. 著名的“杨辉三角”记载于1261年杨辉的著作中，400年后西方才有同样的发现. 还有驰名世界的“中国剩余定理”.《易经》被誉为“宇宙代数学”，其中阴阳八卦可认为是二进制的源头.

今天，中国数学家在现代数学中也有许多贡献. 如以中国数学家名字命名的成果有“华罗庚定理”、“华氏不等式”、“华－王方法”、“华氏算子”、陈景润的“陈氏定理”、杨乐、张广厚的“张杨定理”、侯振廷的“侯氏随机过程”、王选的“数据压缩方法”等. 当今中国数学家在许多数学领域处于国际先进水平.

中国人爱好数学，中国人聪明智慧. 中国古今数学成就，可以激发学生的民族自尊心、自信心和爱国热忱.

又例如，高等数学主要源于西方，微积分在中国普及也是最近三十多年的事情，但中国人奋起直追. 改革开放三十年来，中国制造遍布全世界，中国神舟飞船、载人航天、尖端军事武器等震惊世界.

（请参考本教材相关阅读序3：重视高中生到高职生思维模式的转变）

五、科学素质：科学精神教育

培养学生尊重知识、尊重人才和探索创新等科学精神，应该是素质教育的重要内容. 我国当前以经济工作为中心，强调科学技术是第一生产力，因而科学精神教育更有现实意义.

(1) 理性化教育. 数学第一次危机为“$\sqrt{2}$是不是数?”的问题. 过去人们认为宇宙间一切现象都能归结为整数或整数之比. 无理数的发现，打破了这一神话. 但这不是直接源于经验事实，而是理论自身发展的结果. 无理数是人类思想空间的一颗彗星，它带来了理性化精神——经验不一定靠得住，要重视理论. 受第一次数学危机的影响，产生了亚里士多德的古典逻辑和欧几里得的几何学，它们为理性化精神奠定了基石和设计了模式. 又如微积分理论系统的基本精神就是理性化. 当时的人们还在对微积分这种新数学充满争辩时，牛顿已将微积分用于推算出海王星和研究流体阻力、声、光、潮汐、彗星等，前所未有地显示了数学的、理论的巨大威力.

(2) 创新精神. 创新是科学的生命，创造发明是社会经济发展的有力杠杆，时代呼唤创新精神. 而数学又一个显著特点是极富创造性. 大数学家康托甚至认为：“数学的本质在于思考的充分自由.”从简单的＋、－、×、÷到微积分、再到十分抽象的现代数学，都是数学创造的结晶. 恩格斯曾盛赞微积分的创立，认为导数是撼人心灵的智力奋斗的结晶，是人类思维的最高胜利（还可参考本教材相关阅读：从微积分的诞生看创造发明）.

创新与独立钻研、独立思考的精神分不开，因此学生解题过程中也可培养他们的创新精神.

还如前述的求是（实事求是）、求真（坚持真理）也是重要的科学精神.

(3) 科学思想：科学精神是一种科学意识、态度，科学思想是较为具体的科学认识、观念. 如，讲清指数函数 $y=a^x$ 的内容之后，我们说明事物的变化与增长一般有两类：算术增长与指数增长. 举例说，随便一张纸，将它对折50次（忽略技术细节），问对折后纸的厚度将是多少？同学的回答是几分米、几米等. 当你说出结果：这个厚度的数值（大约）是 10^7（千米），即比地球到月亮的距离还大，会使学生对指数增长有深刻的印象.

还如由数学求极值的内容讲“最优化思想”，以及讲定性与定量的关系、绝对数与平均数的关系等.

这里是从数学内容、思想阐发延伸为一般科学思想.

(4) 科学方法:科学是由科学精神、科学知识、科学方法等构成的.相应的,数学教学不仅要教(学)知识,还要教(学)方法;不仅要教(学)数学方法,还要从中引申为一般科学方法.这方面的教育如:"重视方法的教育",让学生明确知识与方法的关系,有"方法意识",所谓"方法对头,事半功倍";从数学学习方法发展一般学习方法;从数学思维方法发展一般思维方法等.

六、人文素质:人文精神教育

人文精神包括自由民主、社会正义、以人为本等.如果说科学精神主要在求真,那么人文精神就主要在求善、求美.

微积分及其影响(在力学、天文学、光学等的广泛应用)的人文意义,首先是促进当时的人们从神学的桎梏下解放出来,"神知道,人也知道",如牛顿居然月微积分能计算出海王星来,当时的人们十分惊讶.极大提高了人的尊严与自信,促进了思想解放.

科学与人文是有相通的、真善美是相通的.微积分真理的光辉影响人们崇尚真理、服从真理、"真理面前人人平等".微积分充满逻辑性、合理性,谈到微积分的合理性,我们感到有如贝多芬的交响乐;甚至有人认为正是接触到微积分等科学知识使中国旧民主主义革命人士有了社会合理性的追求.譬如人们在回顾中国近代史上启蒙思想家严复等人的思想经历时,认为"微积分激发他对合理化思考的追求,……".(陈赵光,等.摇篮与墓地——严复的思想和道路[M].成都:四川人民出版社,1985.)

(还可参考本教材相关阅读:微积分的科学精神与人文精神)

七、思维素质:思维能力培养

思维能力培养包括思维方法与思维品质培养两方面.思维方法主要有:①逻辑——抽象思维;②形象——直觉思维;③辩证——系统思维.人们常说"数学是思维的体操",但往往是指逻辑思维.其实,数学教育同样十分有效地训练认得形象思维、直觉思维、辩证思维,而在一般分析问题、解决问题中,人的逻辑思维是基础,形象、直觉辩证思维更为重要与关键.数学知识是系统的整体,学好数学需要系统地总结知识,不仅学各个知识点、方法点,还要注意知识的整体结构,以及用系统思维帮助融会贯通.数学复习课和学生自己复习中,需要系统思维.解一道复杂的题,也常常需要整体思维.

思维品质包括思维的主动性、批判性、灵活性、独创性等.数学教育可以通过教学方式的改革来培养发展学生的思维品质.

① 开放式教学,培养思维的主动性.

② 讨论式教学,培养思维的批判性.

③ 探究式教学,培养思维的独创性.

④ 启发式教学,培养思维的灵活性.

八、智慧素质1(智力因素发展)

知识不等于智慧.现代社会日新月异、竞争激烈,是"智慧比知识更有力量",要求学生有相当的智力水准.从数学知识中可以发掘出一般智慧,并提升学生的智慧.

(1) 智慧认识:知识的"活化"、"一般化"可转化为智慧.例如笔者曾给学生讲"乘法的智慧":

同样两个数，如8和9，为什么 $8+9=17$、$8\times9=72$ 相差很大？说明加法、乘法是人们做事情的两种基本做法："加法"是一个一个的做，"乘法"是一批一批的做，即串行处理与并行处理；并且加法与乘法是事物之间两种基本关系："加法"是简单加和关系，"乘法"具有相互作用. 对这些做法和关系，可举许多实际例子. 发掘数学知识中的智慧，可开阔学生思路、启迪学生智慧，如做事情可想一想，自己是在做"加法"还是在做"乘法"？哪种做法更聪明？（参考本教材的相关阅读：在数学的智慧里散步）.

（2）一般智谋：如果说知识是对世界的认识，那么智慧更主要是分析问题解决问题的能力，具体说来分析问题解决问题有一定的智谋，例如从换元积分法我们可以总结出一般智谋术，即解决问题的一般模式（参考本教材求定积分的相关阅读：由积分变换谈智慧在于变化）.

九、智慧素质2（非智力因素发展）

（1）智慧＝智＋慧：中国文字是方块字、象形字、寓意字，可以拆字，富于智慧与趣味. 例如什么是智慧？"智慧＝智＋慧"，即智力因素方面与非智力方面. 进而，"智＝知＋日"：智慧以知识为基础，没有知识不聪明，但光有知识也不聪明，需要会用知识，运用知识像太阳燃烧、发光一样发挥无穷的作用！"慧＝丰＋心"，即非智力因素是许许多多的心：雄心、爱心、热心、信心、恒心、虚心、细心等.

（2）学数学长智慧：学数学既增长智力，如增长发展你的逻辑思维、形象思维、灵活思维、创新思维，又训练培养非智力方面的素质，特别是如人的恒心与细心——细节决定成败. 例如，做一道复杂的数学题，步骤多、计算量大、难度大，其中就是在培养你的恒心、耐心与细心.

一个人只会做数学题、只会考试，意义不大，有意义的是将做题的能力转化发展为我们做事、做人的能力.

十、数学美——美育教育

英国著名哲学家、数理逻辑学家罗素曾指出："数学，如果正确地看它，不但拥有真理，而且也具有至高的美."

现代商品经济社会，要求技术人员有一定的美感能力和技术美学基础.

（1）美感能力：数学中充满美，数学美在于数学概念、定理、公式、图形、推理等中的简单、统一、和谐、奇异等. 如数学公式 $a^2=b^2+c^2$、$\int_a^b f(x)\mathrm{d}x=F(b)-F(a)$ 等带来美感；数学图形美，正如毕达哥拉斯学派的看法"一切立体图中最美的是球形，一切平面图形中最美的是圆形"；还如数学推理的美，有人说，如果音乐美在于它鲜明的节奏的话，那么数学美在于它严密的逻辑结构；还有数学理论结果的奇异美等. 揭示数学中蕴藏的美，可培养学生的美感和审美能力，也会激发学生学习兴趣，有利于学好数学.

（2）技术美学基础："黄金分割及其应用"可作为"应用数学"专门讲. 此外还可结合数学几何知识，介绍一些空间造型及其形态美学基础知识. 日本中专的教学计划中《工业数理》课程，就专门开设有"黄金分割法"、"空间造型的形态美"，应为我们借鉴.

学生常常问道：我们学习这么多数学知识有什么用处？为什么要学这么难学的数学？是啊，我们数学教师应多想一想我们工作的价值何在？意义何在？现代社会的发展要求我们明确数学教育的技术教育与素质教育两方面的功能，事实上后者往往更重要.

附录4 学生学习参考资料

（资料一）深刻影响人类思想的若干数学内容

——从数学发展里程碑到人类思想里程碑

李以渝

摘要：分析欧氏几何、微积分、非欧几何、概率论、哥德尔定理、混沌论等数学发展里程碑，对人类科学和人类社会的影响，表明数学发展与革命是科学新思想及科学革命产生的源泉，甚至直接影响到人类思想的发展与变革.

关键词：数学思想 科学思想 人类思想

在人类的智力攀登中，数学不但是理性的阶梯，也是神秘思想的阶梯.

—J. 布巴诺夫斯基

回顾人类思想的发展，不难发现数学理论、思想的创新变革，给人类科学乃至整个人类社会，带来新思想的启迪与变革.

一、欧氏几何：科学的原始种子

欧氏几何的创立被视为数学史上的第一座里程碑. 主要原因是欧几里德的《几何原本》一书，开创性地用公理化方法将以往丰富而零散的几何学知识整理成了一个严密的、有组织的理论系统.

欧氏几何对人类科学的影响，在于它直接或间接影响了近代科学规范. 由于几何学是专门研究空间形式的科学，几何学成为人类科学空间观的来源、基础. 欧氏几何的空间观，体现在它的定义与公理之中，简单说是"点体自然观"，空间是由点构成的，由点有线、面、体等各种空间形式. 如著名的牛顿绝对空间：宇宙中所有的物理现象都发生于三维欧氏空间. 而牛顿的时间观与空间观一致，宇宙中不论何处发生的一切事件都按照单一的、有序的序列排列起来. 时间，也如欧氏几何的由点到线，是均匀的"流". 总之，"点体自然观"影响到科学认为全部实在是由或多或少机械地共同作用的"原子的建筑砖块构成的"[1].

欧氏几何对人类科学的重大影响，还在于它开创了一种以公理化结构来建立科学理论的模式. 即从经验中抽取公理，再从公理体系推出定理，由此建立科学. 爱因斯坦评价说："西方科学的发展是以两个伟大的成就为基础，那就是，希腊哲学家发明形式逻辑体系（在欧几里德几何学中），以及通过系统的实验发现有可能找出因果关系（在文艺复兴时期）. [2]"事实上近代以来最伟大的科学家都是在这种科学结构示范作用下，进行研究与创作的. 如17世纪牛顿的巨著《自然哲学的数学原理》、18世纪拉格朗日的《解析力学》、19世纪克劳修斯的《热的机械运动理论》，直到爱因斯坦的相对论等，都是用公理化方法总结本门学科的成果而写成的. 公理化方法还影响到哲学社会科学，如荷兰的斯宾诺莎的《伦理学》、克拉克. 赫尔的《行为的原理》等. 以致人们认为：欧氏几何是科学的原始种子[3].

甚至欧氏几何还深刻影响到人类社会的广泛领域. 在古希腊文明以来的 2000 多年中,《欧氏几何》有 1000 多种版本,到今天仍是人们接触(学习)科学的最初材料之一,也是大多数人学过的唯一几何学. 欧氏几何显示的逻辑力量、理性楷模,深刻影响了人们的思维、思想. 还如,欧氏几何公理化思想,还影响到世界各国的宪法、联合国宪章等人类基本政治文献. 如美国独立宣言中的不证自明的公理"人皆生而平等".

二、微积分:理性思维最伟大的胜利

由于微积分在事物运动与变化的定量表述方面取得了突破,微积分成为数学史上的第二座里程碑,由此数学从初等数学发展到高等数学. 微积分对人类科学的影响首先是提供了崭新的数学工具,即微积分对于描述具有必然性规律的物质运动是绝妙的、不可或缺的工具. 牛顿在发明微积分以后,立即将它应用于他的科学研究之中,如推导万有引力理论、对开普勒行星运动定律严格推导证明,并用微积分研究流体阻力、声、光、潮汐、彗星乃至整个宇宙体系,前所未有地显示了数学的巨大威力. 进而引导像拉普拉斯的《天体力学》、拉格郎日的《解析力学》这样的研究,以及高斯、麦克斯韦等的电磁理论研究. 后来爱因斯坦总结说,牛顿的微积分概念为后来的发展构成了第一个决定性的步骤.

微积分的诞生与应用同样深刻地影响人们的思想和人类社会. 首先是理性思维的胜利,用微积分居然能精确计算运动、变化——"神知道,人也知道",到牛顿用微积分算出海王星后,对人们的惊讶就不难想象了,并促进了当时的人们从神学的桎梏下解放出来. 即微积分不仅是数学发展史上的一座里程碑,而且微积分中荡漾着一种科学精神,这就是运动的、辩证的、革命的精神. 这种精神是对宗教神学、封建文化的革命,对人类文明有重大影响. 譬如人们在回顾中国近代史上启蒙思想家严复等人的思想经历时,认为"微积分激发起他对合理化思考的追求,……[4]"

三、非欧几何:世界的多样性

非欧几何的诞生被视为数学史上的第三个里程碑. 在此之前,欧氏几何的概念和公理体系一直被认为是几何学唯一正确的、永恒不变的真理. 然而 19 世纪罗巴切夫斯基等人冲破这种传统观念,建立起了与欧氏几何平行公理并行不悖的新公理,开创了新几何.

非欧几何表明,任何一组几何假设,如果不导出矛盾,那就一定提供一种可能的几何学. 非欧几何被称为"想象几何". 于是新几何的出现带来新的数学思想、新的数学观. 非欧几何宣告欧氏几何空间绝对真理的破产,并把物理真理性从数学中剥离出来,使数学从原先的物理真理和逻辑真理的和谐统一转变为单纯的逻辑真理. 克莱因说,非欧几何"最重要的影响是迫使数学家改变对数学性质的理解以及它与物质世界关系的理解.[5]"

非欧几何必然对人类的自然观、科学观带来深刻影响. 如使人们从单一空间形式的认识发展为空间多样性的认识;从物质决定空间形式的认识进一步认识到空间形式对物质运动的反作用;也使人们认识到感性直观的可谬性,科学想象与日常直观同样重要,发展了人们对真理的相对性和实践标准的新认识.

历史上人们将非欧几何的诞生与"哥白尼革命"相媲美,此后许多科学分支都生长出"同构性互补性"革命成果. 如人们熟知的相对论力学、量子力学,即牛顿力学与相对论力学、物质与物质波、粒子与反粒子显秩序与隐秩序、宇称守恒与宇称不守恒等理论,还如列维·布留尔对原始思维的研究、凯恩斯的经济学革命、皮亚杰的发生认识论等.

非欧几何在数学及整个人类科学中的革命,极大地影响到人们思想解放、科学精神提升,并影响到人们对世界多样性的认识.

四、概率论:世界的不确定性

19世纪,概率论与数理统计的诞生,使数学从必然数学发展出或然数新分支,这是数学的研究对象、思想方法又一次重大转折.

或然数学给自然科学如量子力学等以及各门社会科学提供了新工具,促进了人类科学的新发展,并且由概率革命带来人类思维观念的新变革.首先是自然观的变革,近代科学诞生以来,普遍流行的是牛顿机械决定论乃至推广到全宇宙的拉普拉斯决定论:我们所处的世界是一个由严格的因果原理所决定的世界.随着概率统计的发展与广泛应用,使人们看到随机性的普遍性和重要性.从中折射出一种新的科学思想:关于事物的或然性和规律的统计性质,于是非决定论兴起.其次,概率思想影响到人们的认识论,将概率思想上升到哲学高度,使人们看到存在一个可能性的世界,概率作为认识论的范畴,不再是认识局限性的表征,而表明人们在认识过程中的相对位置、能动作用和选择功能.

五、哥德尔定理:事物的不完备性

非欧几何的诞生和微积分的理论严密化运动,使数学家日益重视数学的基础问题及数学的真理性问题.其中重要的研究是20世纪初提出的著名的希尔伯特纲领:将各门数学形式化,构成形式系统,然后证明各个形式系统的无矛盾性(一致性),从而导出全部数学的无矛盾性.这就是要证明各个形式系统是一致的并且是完备的,即对系统中任一命题都可证明是对还是错.

然而1930年,奥地利数学家哥德尔(K. Godel,1906—1978年)发表了著名的哥德尔不完备性定理:在包含初等数论的形式系统,如果是无矛盾的,那么一定不完备,即系统中总存在不可判定命题.该定理出人意料,打破了希尔伯特纲领的幻想,深刻影响了数学、逻辑学的研究方向.

由于哥德尔定理的科学思想涉及一个既定系统的整体性与解决问题的能力问题,使它成为人类探索思维奥秘、设计新计算机及研究人工智能、乃至研究一般系统理论的重要基础.因而哥德尔不完备性定理被誉为"一切知识的中心".

哥德尔定理深刻的思想性,对于哲学及人类思想的启示,如一般地表明事物具有内在的不确定性、不完备性,和自我相关,对于确定性、决定论等传统观念都是革命性的,以及对人类传统的无限理智观是一次大震动和警告[6].

六、混沌学与分形数学:世界的复杂性

20世纪后半叶以来,混沌论、分形数学、突变论等新数学纷纷诞生.混沌论发现,通过简单的数学迭代就能描述复杂的混沌运动,并从中揭示出具有广泛实际背景的混沌运动的规律,如内随机性、蝴蝶效应、奇异吸引子、非整数维、标度律、普适常数等.相应地,分形数学揭示了非线性的分形结构、分数维以及分形几何是大自然本身的几何等新认识.

混沌论、分形几何的诞生,表明复杂事物有规律,从而颠覆了传统的自然观,形成了崭新的科学观:传统科学所谓的"病态"现象或忽略不计的部分,有丰富的内容,它们常常是理解事物本质的关键.人类科学从简单性走向复杂性.

复杂性科学还影响到人们的科学思维和社会思维，这就是复杂性思维兴起. 即面对自然的复杂性、社会的复杂性、人的复杂性、经济的复杂性、教育的复杂性……不能完全是通过将其还原为简单事物来认识，而应树立多元的、开放的、动态的、非线性的复杂性思维与思想.

可见，数学的发展与变革的影响往往不囿于数学内部，而是会深刻影响整个人类科学乃至人类社会. 这种影响不仅在于提供新理论、新工具的作用，还在于提供新思想、引导新方向的作用. 这种影响只有哥白尼日心说、牛顿力学、爱因斯坦相对论等少数物理学成果能与之媲美. 其中，数学新思想对人类科学及人类社会的影响，可能是思想认识的提升、可能是开拓新发展方向、可能是新思维的树立以及更重要的是思想革命、思想解放.

为什么数学科学的发展会对整个人类科学、社会有如此重大的影响？一个重要原因，在于数学科学的特殊性，数学区别于各门自然科学，数学是研究一切可能结构的科学. 对于认识世界，这决定了数学天生具有超然性(一般性)和超前性，即数学认识、数学思想同时具有现实与超现实、自然与文化两种品质. 所以从古希腊开始，西方文化中把数学和世界的本质结构联系起来的思想，是天才的猜察.

参考文献

[1] D. 玻姆. 整体与隐秩序 第一章[J]. 自然科学的哲学问题，1986(4)：66.

[2] 爱因斯坦. 爱因斯坦文集 第一卷[M]. 北京：商务印书馆，1983.

[3] 李以渝. 对欧氏几何的新认识[J]. 科学技术与辩证法，1993(3)：9.

[4] 陈赵光，等. 摇篮与墓地——严复的思想和道路[M]. 成都：四川人民出版社，1985.

[5] M. 克莱因. 古今数学思想 第三卷[M]. 上海：上海科技出版社，1983.

[6] 李以渝. HAG：不可能性定理探微[J]. 自然辩证法研究 1994(8)：28.

(资料二) 在数学的智慧里散步

李以渝

数学知识给人的印象是抽象枯燥，逻辑刻板，似乎与灵活多变的智慧聪明有一定的距离. 确实，一般说来知识较为专门、刻板，智慧较为广泛、灵活. 但知识是智慧的结晶，透过知识逻辑刻板的外表，其深处是蕴藏着智慧的. 这里，我们来发掘、欣赏数字知识背后的智慧.

先看"记数法"，无穷无尽的数如何表示？数学中只用 0、1、2、…、9 这十个符号就都能表示. 大数学家拉普拉斯感叹道："难以想象，用十个符号来表达数，它会简单到什么样的离奇程度". 其奥妙在于这十个数字以数位来排列表示. 如 386.2 表示 $3\times10^2+8\times10^1+6\times10^0+2\times10^{-1}$.

每个数位上的简单十个数字重复带来了简单性、规律性. 相反，如果每个数字用一个符号来表示的话，无穷多的数有无穷多不同的符号，有不可想象的复杂程度、混乱程度. 果真是如此的话，人类就太缺少智慧了.

奥妙之中有智慧. 数学记数法中的智慧是什么呢？我们可这样欣赏，整个自然数乃至整个实数像一座摩天大厦，记数法是它的建造方法，这幢万丈高楼是按分位、个位、十位、百位……分为许多层，每层只用 0、1、2、…、9 这十个基本材料来修建. 记数法的分层原理启迪我们，用分层的方法去组织事物，会带来组织的简单、灵活与秩序. 古罗马人曾经按照数的分层原理去组织军队，把 100 个士兵组成一个"百人队"，六个百人队组成一个"步兵队"，十个步兵队组成一个"军团”. 由于他们这种军队组织灵活性较大，从而最终打败了希腊人. 因为希腊人的军队是大量士兵组成的“方阵”，不利于分散作战和灵活多变.

再来欣赏“乘法的智慧”. 加法、乘法大家十分熟悉，不知想过没有：为什么同样两个数，作乘法比作加法大许多？如 $9+5=14$，$9\times5=45$，其中有奥妙，其中有智慧. 笔者发现，加法、乘法反映我们人类做事情的两种基本做法：加法是一个一个地加，是一个一个地“做”；乘法是一批一批地“加”，是一批一批地“做”. 用计算机语言讲，“加法”是串行处理方法、“串行”做事情；“乘法”是是并行处理方法、“并行”做事情. 儿童玩耍切萝卜丝，是切一片在一刀一丝，“作加法”，大人聪明是切多片叠在一起在一刀多丝，“作乘法”. 一般说来，“作乘法”比“作加法”效率高.

我们做事情应想一想，是在“作加法”还是在“作乘法”，应争取“作乘法”以提高效率.

乘法还告诉我们，$9\times5=45$ 中 9 为被乘数是单位，即“批量”，单位越大作乘法效率越高（如 $9\times5=45$ 与 $20\times5=100$）. 说明，同样是作乘法，还要看批量大小. 如学校教育比私塾“批量”大、效率高，到现代社会又有电视大学，一个教师同时教成千上万的学生，“批量”更大、效率更高. 而现代企业之间的竞争，除技术、管理的较量外，还有企业规模的较量，现代企业必须追求“规模效应”，规模出效率，这就是“乘法效应”. 如汽车制造厂，当今世界上的规模是年产数十万辆.

此外，我们还发现，$a+b=c$ 中 a、b、c 单位相同，5 个苹果＋3 个苹果＝8 个苹果，而乘法则不同，$a\times b=c$ 中 a、b、c 单位都不同，如长×宽＝面积、价格×销量＝收入. 说明，加法是简单累加、合在一起，相加的元素之间基本无“相互作用”，乘法不同，相乘的元素之间有“相互作用”，$a\times b=c$ 是 a 与 b 相互作用的结果. 于是事物之间的关系可归结为两种基本关系：“加法关系”与“乘法关系”. 例如，前面我们说智慧与知识、能力等因素有关，即智慧＝知识○能力，其中○是“加”还是“乘”呢？显然不是二者简单相加，而是二者相互作用，智慧是灵活运用知识的能力，即智慧＝知识⊗能力. 又如事物原因中内因与外因的关系、教学质量中教师与学生的关系等都是如此. 乘法 $a\times b=c$ 是异质之间的相互作用，会产生创造作用，或说产生“整体大于部分之和”的系统效应、乘法效应. 看来俗话说“三个臭皮匠当得一个诸葛亮”，说人多智慧多，就不一定正确. 三个“皮匠”“同质”：他们的知识水平、实践经验等大致相同，在一起，基本是“加法关系”，不易有大的突破、创见. “不同质”的人在一起，相互作用会产生“乘法效应”、产生“头脑风暴”. 所以说一个单位的兴旺发达，人才为基础，而人才又要求各有特色.

类似的数学智慧还如四则运算律说明做事要讲究顺序，数学归纳法提示“先退后进的谋略”、对数方法有如曹冲称象、草船借箭，直角坐标系说明如何分解综合而创新……. 初等数学和高等数学之中都具有丰富的智慧宝藏.

现代社会是“智慧比知识更有力量”，现代社会又是寻找智慧的社会，人的智慧从哪里来？如同哲人说：美是到处都有的，只在于我们的眼光；智慧是到处都有的，也在于我们的眼光.

（资料三）细节决定成败：学数学的非智力因素影响

李以渝

（1）智慧＝智＋慧：中国文字是方块字、象形字、寓意字，可以拆字，富于智慧与趣味. 例如什么是智慧？“智慧＝智＋慧”，即智力因素方面与非智力方面. 进而，“智＝知＋日”：智慧以知识为基础，没有知识不聪明，但光有知识也不聪明，需要会用知识，运用知识像太阳燃烧、发光一样发挥无穷的作用！“慧＝丰＋心”，即非智力因素是许许多多的心：雄心、爱心、热心、信心、恒心、虚心、细心等.

(2) 学数学长智慧:学数学既增长智力,如增长发展你的逻辑思维、形象思维、灵活思维、创新思维,又训练培养非智力方面的素质,特别是如人的恒心与细心——细节决定成败. 例如,做一道复杂的数学题,步骤多、计算量大、难度大,其中就是在培养你的恒心、耐心与细心.

一个人只会做数学题、只会考试,意义不大,有意义的是将做题的能力转化发展为我们做事、做人的能力.

(资料四) 数学课可以有效地培养学生的口才

李以渝

摘要:职教数学课程教学的重要意义之一是培养学生的素质,口才是人的全面素质及综合职业能力的一个重要内容,本文从人的左右脑及数学与语文的联系与区别等方面,探讨论述了口才与数学教学的内在联系,得出一个新观点:数学教学过程是培养学生口才的良好机会并有其特殊作用. 进而从教学方式方法上探讨分析数学教学中培养学生口才的几种方式与类型,分别有若干实例说明.

关键词:职教数学　素质教育　口才培养

现代社会重视交往、合作,因而口才是一个人的全面素质以及综合职业能力的重要内容之一. 但现在许多学生的口才很差,一件事情、一个意思,说不正确、说不清楚,这是教育的一种缺陷.

如何培养学生的口才? 我们在教学探索中发现,数学课可以有效地培养学生的口才.

(1) 首先是认识问题:通常人们认为,语文课才是培养学生口才的课程(现在高职学院开有"口才与写作"). 认为语文联系形象思维、联系人的右脑,数学联系逻辑思维、联系人的左脑,其实脑科学揭示大脑语言功能在左脑,即左脑主要具有语言、理念、分析、计算等功能. 说明数学教育通过密切联系人的左脑会影响人的语言能力. 而且通过具体分析,我们发现,对于培养学生的口才,语文课与数学课各有侧重、各有优势. 大体上是,语文课培养学生的口才是侧重于说话的语言形式和艺术性方面,如字正腔圆、语速语感等说话语言形式技巧及如何朗诵、演讲、论辩的方法. 而数学课培养学生的口才可以更侧重说话的内容和说话的科学性,即内容的正确性、逻辑性、完整性、变通性等. 现代社会纷繁复杂,在人际交往、面试推销以及人际纠纷、经济纠纷、法律纠纷等之中,如何说明事情的是非曲直、如何说清事情的重点要点、如何说服对方或驳斥对方、如何揭穿骗局等,说话的内容更为重要,是第一位的.

为什么许多学生的口才差? 除了心理上羞于启齿外,更主要是思维问题,是想不正确、想不清楚,从而说不正确、说不清楚. 说明口才训练应与思维训练密切联系,而数学学习是训练人思维的"体操"(脑操),因而培养学生口才与数学教育是内在联系:整个数学教学过程,在培养学生的一般思维中同时可以有效地培养学生的口才,这是数学课素质教育的一项重要内容.

(2) 关于方法问题,数学教学培养学生口才的基本方式、方法有以下几种。

① 简单复述:请学生将老师讲的课(如数学基本概念、主要结论等)复述一遍,以训练学生的注意力、记忆力、复述能力.

② 一般表述:如要求学生用自己的话把一个数学概念、数学公式、数学图像等表述出来. 例如"你能用自己的话说一说'定积分'的意思吗?""你能用非数学语言(生活的、文学的、哲学的语

言等)说明极大值与最大值的区别吗?”

③ 归纳表述:要求学生将所学的数学知识(如学习体会、解题方法等)归纳表述,例如归纳说明“函数不可导有哪些情形”、“高等数学作图的一般步骤”、“求不定积分有哪些方法”等.

④ 分析陈述:说明是非曲直、说明原因、说明因果关系等. 如“说明微积分中极值与最值的区别与联系”、“说明一个问题是排列问题还是组合问题,为什么”?

⑤ 讨论论辩:对同一数学知识或对同一数学题学生会有不同理解、不同分析、不同方法乃至不同结论,可引导学生相互讨论或论辩. 例如“讨论什么是连续性”、“讨论导数的概念”、“讨论复合函数求导难点在哪里”等.

教师在数学课中可通过课堂提问、组织讨论或辩论等方式,来训练学生的口才. 要求教师备课应注意“备问题”,注意研究设计学生口才训练的内容与方法. 相应要求数学教师掌握具备一些口才知识,可随时在教学中向学生介绍. 例如结合学生的回答,说明表述一个意思或反驳一个观点,可以正面阐述、可以反面阐述,还可以举例说明等. 并注意对学生的回答与发言,从口才方面进行分析、纠正. 另一方面应看到,提问与讨论是启发式教学的重要方法,可加深学生对数学知识的理解与记忆. 作为基础,学生口才训练培养应进入数学教学大纲、计划、教材.

我们应该有一个重要的认识:数学教学过程是培养学生口才的良好机会,并有其特殊的作用.

参考文献

张波. 口才训练教程[M]. 北京:机械工业出版社,1999.

专升本高等数学试题

一、单项选择题

1. 数列$\frac{1}{n^2+1}+\frac{1}{n^2+2}+\cdots+\frac{1}{n^2+n}$的极限是(　　).

A. 0　　B. 1　　C. 2　　D. 不存在

2. 函数 $f(x)=\begin{cases} x^2\cos\frac{1}{x}+\sin x & x>0 \\ x & x\leqslant 0 \end{cases}$ 在处的连续性与可导性是(　　).

A. 不连续也不可导　　B. 不连续但可导

C. 连续也不可导　　D. 连续且可导

3. 曲线 $y=\frac{x+4\sin x}{5x-2\cos x}$的水平渐近线方程为(　　).

A. $y=0$　　B. $y=-2$　　C. $y=\frac{1}{5}$　　D. 不存在

4. 方程 $x^2+y^2-z^2-2z=0$ 表示的曲面是(　　).

A. 椭圆抛物面　　B. 锥面　　C. 单叶双曲面　　D. 双叶双曲面

5. 与平面 $x+y+z=0$ 平行又与直线$\begin{cases} x+2y-z=1 \\ 3x-y+5=0 \end{cases}$垂直的直线的一个方向向量为(　　).

A. $(-1,-16,17)$　　B. $(5,-3,-2)$

C. (2,－3,1)　　D. (5,4,2)

6. 设 $z=\left(\frac{y}{x}\right)^{\frac{x}{y}}$,则 $\left.\frac{\partial z}{\partial x}\right|_{(1,2)}=$(　　).

A. $\frac{\sqrt{2}}{8}$　　B. $-\frac{\sqrt{2}}{2}$　　C. $\frac{\sqrt{2}}{2}(\ln 2-1)$　　D. $-2\sqrt{2}\ln 2$

二、填空题

1. 当 $x\to 0$ 时,$\ln(1-x)+x+\frac{1}{2}x^2$ 是 x 的高阶无穷小,具体是________阶无穷小.

2. 设 $f(0)=0, f'(0)=3$,则 $\lim\limits_{x\to 0}\frac{f(\tan x-\sin x)}{x^2\ln(1-x)}=$________.

3. 设 $y=x^{\sin^2 x}$,则 $\mathrm{d}y=$________.

4. $\int_1^{+\infty}\frac{\mathrm{d}x}{x(x^2+1)}=$________.

5. 交换二重积分的积分次序:$\int_0^1\mathrm{d}x\int_x^1 f(x,y)\mathrm{d}y=$________.

6. 在 xoy 面上,过点(4,0)向椭圆 $\frac{x^2}{4}+\frac{y^2}{3}=1$ 作切线,则该切线绕 x 轴旋转一周而成的旋转曲面的方程是________.

三、计算题

1. 求函数 $y=\frac{x^3}{3(2+x)^2}$ 的单调区间与凹凸区间.

2. 求椭球面 $x^2+2y^2+3z^2=21$ 的切平面方程,使得该切平面与平面 $x+4y+6z=30$ 平行.

3. 计算二重积分 $\iint\limits_D |y-x^2|\,\mathrm{d}\sigma$,其中 $D=\{(x,y)\mid |x|\leqslant 1, 0\leqslant y\leqslant 2\}$.

4. 计算曲线积分 $\int_L (x^2-y)\mathrm{d}x+(x+\sin^3 y)\mathrm{d}y$,其中 L 为曲线 $y=\sqrt{4x-x^2}$ 上从点 $O(0,0)$ 到点 $A(4,0)$.

5. 设幂级数 $\sum\limits_{n=1}^{\infty}nx^{n-1}$,求此级数的收敛域和和函数.

6. 求微分方程 $(x^2-1)\frac{\mathrm{d}y}{\mathrm{d}x}+2xy-\sin x=0$ 的通解.

四、应用题

1. 一浴缸,其竖截面为半圆形,内壁的表面积为 $6\mathrm{m}^2$,问浴缸的半径和长度为多少时,它有最大的容积?

五、证明题

2. 设函数在闭区间[0,1]上可微,对于[0,1]上的每一个 x,函数 $f(x)$ 的值都在区间[0,1]内,且 $f'(x)\neq 1$,证明:在(0,1)内有且仅有一个 x,满足 $f(x)=x$.

专升本高等数学试题

一、选择题

1. 当 $x\to 0$ 时,$\sec x-1$ 是 $\frac{x^2}{2}$ 的(　　).

A. 高阶无穷小　　B. 同阶但不是等价无穷小

C. 低阶无穷小　　D. 等价无穷小

2. 若两个函数 $f(x)$、$g(x)$在区间(a,b)内各点的导数相等，则它们的函数值在区间(a,b)内(　　).

A. 相等　　B. 不相等　　C. 相差一个常数　　D. 均为常数

3. 设 $f(x)$在区间(a,b)内有二阶导数，且 $f''(x)<0$，则 $f(x)$在区间(a,b)内(　　).

A. 单调非增　　B. 单调非减　　C. 先增后减　　D. 上述 A、B、C 均可能

4. 设 $f(x)=x^4-2x^2+6$，则 $f(0)$为 $f(x)$在区间$[-2,2]$上的(　　).

A. 最大值　　B. 最小值　　C. 极大值　　D. 极小值

5. 设 $f(x)$在$[-l,l]$连续，则定积分 $\int_{-l}^{l}[f(x)-f(-x)]\mathrm{d}x=$ (　　).

A. 0　　B. $\int_{-l}^{l}f(x)\mathrm{d}x$　　C. $2\int_{-l}^{l}f(x)\mathrm{d}x$　　D. 不能确定

6. 方程 $x^2+y^2+z=2$ 表示的二次曲面是(　　).

A. 椭球面　　B. 抛物面　　C. 锥面　　D. 柱面

7. 函数 $y=(x^2+1)\sin x$ 是(　　).

A. 奇函数　　B. 偶函数　　C. 有界函数　　D. 周期函数

8. 级数 $\sum\limits_{n=1}^{\infty}\frac{(-1)^{n-1}10^{-100}n}{n+1}$ 必然(　　).

A. 绝对收敛　　B. 条件收敛　　C. 发散　　D. 不能确定

二、填空题

1. 极限 $\lim\limits_{x\to0}\frac{x^2-x-6}{x^2-2x-3}=$________.

2. 若级数 $\sum\limits_{n=1}^{\infty}u_n$ 条件收敛，则，级数 $\sum\limits_{n=1}^{\infty}|u_n|$ 必定；

3. 过点$(3,-2,1)$且与直线 $\frac{x-8}{5}=\frac{y+6}{4}=\frac{z+1}{3}$ 垂直的平面方程为________.

4. 在求解微分方程 $y''+3y'+2y=x^2\mathrm{e}^{-x}$ 时，其特解应该假设为________的形式.

5. 设 $f(x)=(x^{2009}-1)g(x)$，其中 $g(x)$连续 $g(1)=1$ 且，则 $f'(1)=$________.

三、解答题

1. 设函数 $f(x)=\begin{cases}\sqrt{2x-x^2} & x\geqslant0\\ x\mathrm{e}^{-x} & x<0\end{cases}$，求 $\int_{-2}^{2}f(x-1)\mathrm{d}x$.

2. 设 $z=\ln(x^2+y^2+1)$，求 $\mathrm{d}z$.

3. 求曲线 $x=\mathrm{e}^t\cos t, y=\mathrm{e}^t\sin t, z=3t$ 对应于 $t=\frac{\pi}{4}$ 的切线.

4. 计算极限 $\lim\limits_{x\to0}\frac{\int_{x^2}^{x}\tan t\mathrm{d}t}{1-\cos x}$.

5. 计算二重积分 $\iint\limits_{D}(y-x)\mathrm{d}\sigma$，其中 D 是由曲线 $y=2-x^2$ 及 $y=2x-1$ 所围成的闭区域.

6. L 是顶点分别为 $\left(-\frac{1}{2},\frac{5}{2}\right)$，$(1,5)$，$(2,1)$的三角形正向边界，试计算曲线积分 $\oint_L(2x-$

$y+4)\mathrm{d}x+(5y+3x-6)\mathrm{d}y$.

7. 判断级数 $\sum\limits_{n=1}^{\infty}\dfrac{n\cos\dfrac{n\pi}{5}}{2^n}$ 的收敛性，并指出它是绝对收敛还是条件收敛.

8. 将函数 $\dfrac{1}{x^2-3x+2}$ 展开为 x 的幂级数.

9. 求微分方程 $(x^2+2xy)\mathrm{d}x+xy\mathrm{d}y=0$ 的通解.

四、证明题

设函数 $f(x)$ 在 $[a,b]$ 上连续，在 (a,b) 内可导，且 $f(a)=f(b)=0$，但在 (a,b) 内 $f(x)\neq0$，试证明：在 (a,b) 内至少存在一点 ξ 使 $\dfrac{f'(\xi)}{f(\xi)}=2009$.

参 考 文 献

[1] [美]休斯·哈雷特 D. 微积分[M]. 邵勇,等译. 北京:高等教育出版社,1997.
[2] 李以渝. 数学(第一册、第二册、第三册、第四册)[M]. 重庆:重庆大学出版社,1998.
[3] 李以渝. 高等数学基础分册[M]. 北京:北京理工大学出版社,2007.
[4] 天津中德职业技术学院数学教研室. 高等数学简明教程[M]. 北京:机械工业出版社,2003.
[5] 西部、东北高职高专数学教材编写组. 高等数学[M]. 北京:高等教育出版社,2002.
[6] 李心灿. 高等数学应用 205 例[M]. 北京:高等教育出版社,1997.
[7] 颜文勇,柯善军. 应用高等数学[M]. 北京:高等教育出版社,2003.
[8] 陈鼎兴. 数学思维与方法(研究式教学)[M]. 南京:东南大学出版社,2001.
[9] 姜启源,等. 数学模型[M]. 3 版. 北京:高等教育出版社,2003.
[10] 杨振华,等. 数学实验[M]. 北京:科学出版社,2002.
[11] 查有梁,李以渝. 数学智慧的横向渗透(数学思想方法论)[M]. 四川:四川教育出版社,1990.
[12] 李以渝. 从数学到创造发明[M]. 成都:成都科大出版社,1992.
[13] 李以渝. 试论数学教育的特殊价值及对人的素质的影响[J]. 中华教育论文撷英,2003.
[14] 李以渝. 数学智慧欣赏[J]. 思维与智慧,1996(1).
[15] 李以渝. LAL^{-1}智慧术[J]. 思维与智慧,1995(3)(4)(6).
[16] 李以渝. 数学建模竞赛与学生能力培养[J]. 中国职业技术教育,2003(4).
[17] 李以渝. 数学建模思维方法论[J]. 大学数学,2007(10).
[18] 李以渝. 中美职教数学教材比较[J]. 机械职业教育,2008(1).
[19] 李传伟. 数学教学与学生应用能力的培养[J]. 机械职业教育,2007(1).
[20] 李以渝. 高职数学课程教学改革与高素质人才培养,载创新型人才培养的理论与实践:四川省高等教育学会 2006 年学术年会论文集[M]. 成都:四川科学技术出版社,2007.
[21] 李以渝. 人生三定律[J]. 思维与智慧,2006(7).

高等职业教育“十三五”规划教材

高等数学习题集

（上册）

主　编　郑凯源

副主编　林志锋　李　硕

北京理工大学出版社

BEIJING INSTITUTE OF TECHNOLOGY PRESS

图书在版编目（CIP）数据

高等数学：含习题集. 上册 / 郑凯源主编. —北京：北京理工大学出版社，2017.7（2019.8重印）

ISBN 978-7-5682-4468-8

Ⅰ.①高…　Ⅱ.①郑…　Ⅲ.①高等数学－高等学校－教材　Ⅳ.①O13

中国版本图书馆 CIP 数据核字（2017）第 181862 号

出版发行 / 北京理工大学出版社有限责任公司
社　　址 / 北京市海淀区中关村南大街 5 号
邮　　编 / 100081
电　　话 /（010）68914775（总编室）
（010）82562903（教材售后服务热线）
（010）68948351（其他图书服务热线）
网　　址 / http：//www. bitpress. com. cn
经　　销 / 全国各地新华书店
印　　刷 / 唐山富达印务有限公司
开　　本 / 710 毫米×1000 毫米　1/16
印　　张 / 6
字　　数 / 109 千字
版　　次 / 2017 年 7 月第 1 版　2019 年 8 月第 2 次印刷
总 定 价 / 49.80 元

责任编辑 / 江　立
文案编辑 / 江　立
责任校对 / 周瑞红
责任印制 / 施胜娟

序言　学习与成才建议

1. 认识“走职业技术成才之路”

（1）“条条道路通罗马”，成才的道路是多种多样的，随着大学教育的普及，近年来，大学毕业生就业率不及高职学生就业率。因而，学技术、走职业技术发展之路有一定的现实性与优势。

（2）对于一个人的就业与发展来说，知识、文凭、技术、素质各项的重要性从高到低依次是：素质、技术、文凭、知识。

2. 认识自己：从高中生到高职生

（1）中学学习搞“题海战术”，容易使人“理想化”“理论化”，而高职是培养生产一线的高技术工人，因此需要我们更实际、实干，重视动手、实践、观察。

（2）如果说高中学习主要针对高考、应试教育，那么高职学习应该主要针对就业、提升素质。

3. 认识高等数学：高等数学学习与初等数学学习的区别

（1）相对静止与运动变化。

（2）有限与无限。

4. 做学生（做人）的底线：不抄作业、考试及格

目　录

第一讲　高等数学学习介绍、函数

【课堂模仿练习】

1. 设 $f(x)=\begin{cases} x^2+1, & 0\leqslant x<1 \\ 0, & x=1 \\ 1-x, & 1<x<2 \end{cases}$，求 $f(0)$，$f(1)$，$f\left(\dfrac{5}{4}\right)$.

解：因为 0 属于范围 $0\leqslant x<1$，故 $f(0)=0^2+1=1$. 类似地，$f(1)=(\quad)$，$f\left(\dfrac{5}{4}\right)=(\quad)$.

2. 求下列函数的定义域.

(1) $y=\sqrt{1-x^2}$　　(2) $y=\log_3(x-1)$　　(3) $y=\sqrt{x}+\dfrac{1}{x-1}$

解：(1)要使函数表达式有意义，应有 $1-x^2\geqslant 0$，即 $x^2\leqslant 1$，

所以，函数的定义域为不等式$(\quad)\leqslant x\leqslant(\quad)$，即$[-1,1]$.

(2)

(3)

3. 作下列函数的图像.

(1) $y=2-x^2$　　(2) $y=x^2$　　(3) $y=2^{-x}$

解：(1)定性：图形为开口向下的抛物线；

取点：$(-2,\quad)$，$(-1,\quad)$，$(0,\quad)$，$(1,\quad)$，$(2,\quad)$，描点，成图.

(2)

(3)

【课堂提高练习】

1. 分解下列复合函数.

(1) $y=(1-2x)^5$

(2) $y=2^{\sin x}$

(3) $y=\log_2(1+x^2)$

(4) $y=\sin^2(2x)$

2. 设 $f(x)=\lg x$，$g(x)=1+x^2$，求 $f[g(x)]$，$g[f(x)]$.

3. 判定函数 $y=\lg\left(x+\sqrt{x^2+1}\right)$的奇偶性.

【课后练习(函数)】

1. 写出由下列函数构成的复合函数.

(1) $y=\sqrt{u}$，$u=\sin x$

(2) $y=2^u$，$u=x^2$

(3) $y=\log_3 u$，$u=3+x^2$

(4) $y=u^2$，$u=\cos v$，$v=2x$

2. 分解下列复合函数.

(1) $y=10^{-x}$

(2) $y=\arctan x^2$

(3) $y=\sqrt{\sin 2x}$　　　　(4) $y=\lg^2(1-x^2)$

3. 设 $g(x-1)=2x^2-3x-1$.

(1)求 a，b，c 的值，使 $g(x-1)=a(x-1)^2+b(x-1)+c$；

(2)求 $g(x+2)$的表达式.

4. 求函数 $y=\sqrt{2-x}+\log_2 x$ 的定义域.

5. 已知 $f(x)=\dfrac{x-1}{x+1}$，求 $f(-x)$，$f\left(\dfrac{1}{x}\right)$，$f[f(x)]$.

6. 设正弦交变电流强度 $i(t)=5\sin\left(100\pi t+\dfrac{\pi}{4}\right)$(单位为安培 A)，求此正弦交变电流强度的幅值、周期、频率及初相.

第二讲　极　　限

【课堂模仿练习】

1. 考察下列函数当 $|x|$ 增大时函数值的变化情况.

(1) $y=\dfrac{1}{x}$(见图 2－1)　　　　(2) $y=2^x$(见图 2－2)

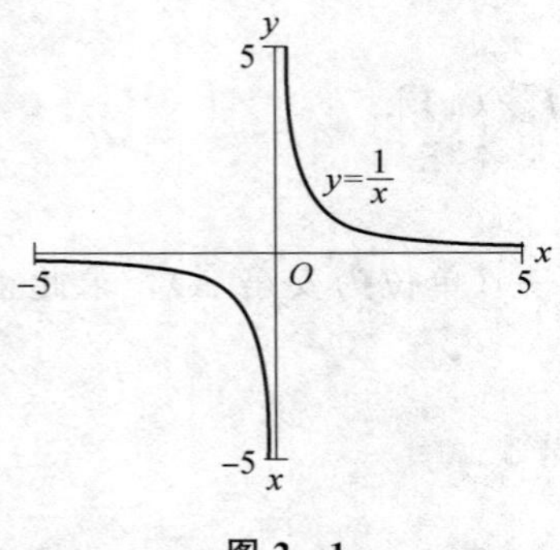

图 2－1

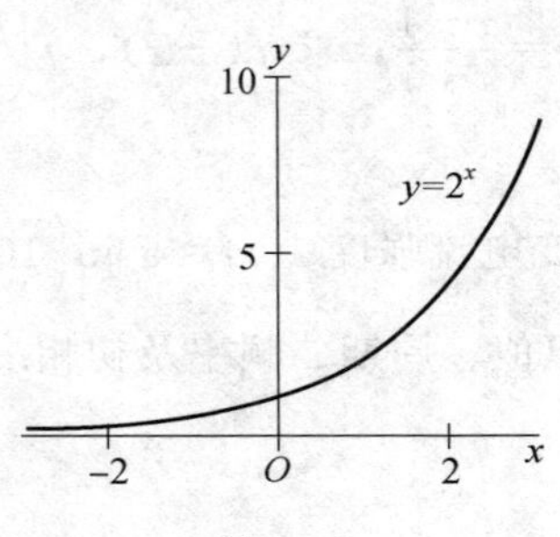

图 2－2

(3) $y=\arctan x$(见图 2－3)

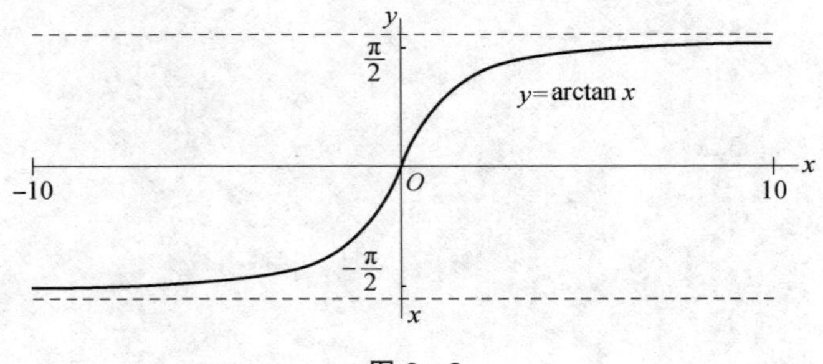

图 2－3

解：(1) $x\to+\infty$ 或 $x\to-\infty$，函数值均趋于 0，即有 $x\to\infty$(当 $|x|$ 无限增大)，$y\to$(　　).

(2)

(3)

2. 求极限方法举例.

(1) $\lim\limits_{n\to\infty}\dfrac{n^2-1}{3n^2+n+1}$　　(2) $\lim\limits_{x\to 1}\dfrac{x^2-1}{x-1}$

(3) $\lim\limits_{x\to 0}\dfrac{\tan 3x}{2x}$　　(4) $\lim\limits_{x\to\infty}\left(1+\dfrac{2}{x}\right)^{3x}$

解：(1) $\lim\limits_{n\to\infty}\dfrac{n^2-1}{3n^2+n+1}=\lim\limits_{n\to\infty}\dfrac{\dfrac{n^2-1}{n^2}}{\dfrac{3n^2+n+1}{n^2}}=\lim\limits_{n\to\infty}\dfrac{1-\dfrac{1}{n^2}}{3+\dfrac{1}{n}+\dfrac{1}{n^2}}$

$$=\frac{\lim\limits_{n\to\infty}\left(1-\dfrac{1}{n^2}\right)}{\lim\limits_{n\to\infty}\left(3+\dfrac{1}{n}+\dfrac{1}{n^2}\right)}=\frac{\lim\limits_{n\to\infty}1-\lim\limits_{n\to\infty}\dfrac{1}{n^2}}{\lim\limits_{n\to\infty}3+\lim\limits_{n\to\infty}\dfrac{1}{n}+\lim\limits_{n\to\infty}\dfrac{1}{n^2}}=(\qquad).$$

(2)

(3)

(4)

【课堂提高练习】

1. 求下列极限.

(1) $\lim\limits_{n\to\infty}(\sqrt{n^2+n}-n)$　　(2) $\lim\limits_{x\to 0}\dfrac{x-x^2}{x+x^3}$　　(3) $\lim\limits_{x\to\pi}\dfrac{\sin x}{\pi-x}$

2.(连续复利问题)设存款本金为A_0，年利率为r，以复利计息，试计算在下列情形下，n年后的本利和A_n：

(1)每年结算一次；(2)每月结算一次；(3)结算周期无限缩短.

【课后练习(极限)】

1. 计算下列极限.

(1)$\lim\limits_{x\to 1}\dfrac{x^2-3}{x^2+1}$　　(2)$\lim\limits_{x\to 1}\dfrac{x^2-2x+1}{x^2-3x+2}$　　(3)$\lim\limits_{x\to 0}\dfrac{x^2}{1-\sqrt{1+x^2}}$

(4)$\lim\limits_{n\to\infty}\dfrac{(n-1)^2}{n^2+1}$　　(5)$\lim\limits_{x\to\infty}\dfrac{2x^2+x-5}{x^2-2x+1}$　　(6)$\lim\limits_{x\to\infty}\left(1-\dfrac{1}{x}\right)^{2x}$

(7)$\lim\limits_{x\to 0}\dfrac{x-\sin 2x}{3x}$　　(8)$\lim\limits_{x\to 0}\dfrac{\tan 2x}{\sin 3x}$　　(9)$\lim\limits_{x\to 0}\dfrac{2-\sqrt{4-x^2}}{\sin^2 x}$

2. 填空.

(1)如果$\lim\limits_{x\to\infty}\dfrac{3x^2+4x-1}{ax^n+x+\sqrt{2}}=\dfrac{3}{5}$，那么$n=$________，$a=$________.

(2)$\lim\limits_{x\to\infty}\left(1+\dfrac{a}{x}\right)^{bx+c}=$________；$\lim\limits_{n\to\infty}2^{n+1}\sin\dfrac{1}{2^n}=$________.

3. 已知$\lim\limits_{x\to\infty}\left(\dfrac{x^2+ax+2}{2x+1}-bx\right)=1$，求$a$，$b$的值.

4. 设 $f(x)=a^x(a>0,\ a\neq1)$，求极限$\lim\limits_{n\to\infty}\dfrac{1}{n^2}\ln[f(1)f(2)\cdots f(n)]$[提示：4～6题中符号 ln 为自然对数名(以无理数 e 为底)].

5. 求极限$\lim\limits_{n\to\infty}n\ln[\ln(n+1)-\ln(n-1)]$.

6. 设 $f(x)=\ln x$，求极限$\lim\limits_{h\to0}\dfrac{f(x+h)-f(x)}{h}$.

第三讲　导数的概念(一)

【课堂模仿练习】

1. 已知 $f(x)=x^2-2x+1$，求：(1)当 x 从 0 变到 1 时函数的改变量；(2)当 x 从 1 变到 2 时函数的改变量；(3)当 x 从 1 变到 -1 时函数的改变量.

解：(1)$\Delta x=1-0=1$，

$\Delta y=f(x+\Delta x)-f(x)=f(\quad)-f(\quad)=(1^2-2\times1+1)-(0^2-2\times0+1)=-1$，

或 $\Delta y=f(x_2)-f(x_1)=(1^2-2\times1+1)-(0^2-2\times0+1)=-1$. 视 $x_1=(\qquad)$，$x_2=(\qquad)$.

(2)

(3)

2. 求函数 $f(x)=\dfrac{1}{x}(x\neq0)$ 在任意 x 处的导数.

解：对 $f(x)=\dfrac{1}{x}(x\neq0)$，有 $\Delta y=f(x+\Delta x)-f(x)=(\qquad)-(\qquad)=(\qquad)$，

$$\lim_{\Delta x\to0}\frac{\Delta y}{\Delta x}=\lim_{\Delta x\to0}\left(\frac{\qquad}{\Delta x}\right)=\lim_{\Delta x\to0}(\qquad)=(\qquad).$$

即 $\left(\dfrac{1}{x}\right)'=(x^{(\ )})'=(\qquad)x^{(\ )}$.

3. 函数 $f(x)=\dfrac{1}{x}$，$(x\neq0)$在$(-1，-1)$与$\left(3，\dfrac{1}{3}\right)$处的切线斜率分别为________和________.

4. 设物体的运动方程为 $s=t^2-3t+\sqrt{t}$，求物体在 $t=1$ 秒、$t=t_0$ 秒时的瞬时速度?

解：第①步　求导：$s'=(\quad)$，设 $v(t)=s'$；

第②步　求在 $t=1$ 秒的瞬时速度：$v(1)=(\quad)$.

求在 $t=t_0$ 秒的瞬时速度：$v(t_0)=(\quad)$.

【课堂提高练习】

1. 若函数 $f(x)$ 在 $x=1$ 处可导且 $f'(1)=6$，求极限$\lim\limits_{h\to 0}\dfrac{f(1+h)-f(1)}{2h}$.

2. 设 $y=\sin x$，利用导数定义求 y'. [提示：$\sin(\alpha+\beta)=\sin\alpha\cos\beta+\cos\alpha\sin\beta$]

3. 设 $y=\ln x$，利用导数定义求 y'. [提示：第二个重要极限]

【课后练习(导数概念一)】

1. 用导数定义，求函数 $f(x)=x^2-2x$ 在 $x=1$ 处的导数.

2. 设物体的运动方程为 $s=t^2+3$，求：(1)物体在 $t=2$ 秒和 $t=3$ 秒间的平均速度；
(2)求物体在 $t=2$ 秒时的瞬时速度.

3. 求下列函数的导数.

(1)$y=1-\sqrt[2]{x^3}$　　(2)$y=x^2+2^x+2$　　(3)$y=2\sin x-\cos x$

(4)$y=x^2\sqrt[5]{x^3}$　　(5)$y=3x+\sqrt{x}-\dfrac{1}{x}$　　(6)$y=x^e+e^x+\ln x$

4. 求曲线 $y=x^2-\ln x$ 在点(1，1)处的切线方程.

5. 设曲线 $y=f(x)$ 过点(x_0，y_0)的切线垂直于直线 $y=5x-1$，求 $f'(x_0)$.

6. 设 $f'(1)=1$，求极限$\lim\limits_{x\to 1}\dfrac{f(x)-f(1)}{1-x^2}$.

第四讲　导数的概念(二)

【课堂模仿练习】

1. 求函数的导数.

(1) $y=x^5-2x^2+1$　(2) $y=2x-\sqrt[3]{x}+3\sin x-\ln 3$　(3) $y=\dfrac{\sqrt[3]{x}}{\sqrt{x}}$，求 $y'\Big|_{x=1}$

解：(1) $y'=(x^5-2x^2+1)'=(\quad)'-(\quad)(x^2)'+(\quad)'=(\quad)$.

(2)

(3)

2. 变速直线运动的速度 $v(t)$ 是位置函数 $s(t)$ 对时刻 t 的变化率——导数 $v=(\quad)'$，而加速度 a 则是速度 v 对时刻 t 的变化率：$a=(\quad)'$，于是有 a 是 $s(t)$ 的(　　)，记号为：(　　). 一般地，函数 $y=f(x)$ 的导数 $f'(x)$ 的导数称为 $y=f(x)$ 的(　　)，记作 y'' 或 $\dfrac{(\quad)}{(\quad)^2}$，即 $y''=(\quad)'$ 或 $\dfrac{(\quad)}{(\quad)^2}=\dfrac{\mathrm{d}}{\mathrm{d}x}(\quad)$.

3. 求 $y=3x^2-4x+2$ 的二阶导数.

解：$y'=(\quad)$，$y''=(\quad)'=(\quad)$.

4. 某厂生产某产品日产量 x 件时的利润 $L(x)=250x-5x^2$(元)，求日产量为 20 件、25 件、35 件时的平均利润和边际利润. 从提高单位产品利润角度看，日产量为 20 件、25 件、35 件时分别有何微观发展预测？

【课堂提高练习】

1. 设通过某导体的电量 Q 的变化规律为：$Q=9t+3t^2-t^3$（单位：库仑），求 $t=2$ 秒时通过该导体的电流强度(安培 A).

2. 已知 $y^{(n-2)}=1-2\sqrt[3]{x}$，求 $y^{(n)}$.

3. 设曲线 $y=x^n$ 在点(1，1)处的切线与 x 轴的交点为$(x_n，0)$，求极限 $\lim\limits_{n\to+\infty} f(x_n)$.

【课后练习(导数概念二)】

1. 设 $f(x)=x^2+2\sin x+3$，求 $f'(0)$，$f'\left(\frac{\pi}{2}\right)$.

2. 求 $y=x^3-4\sin x+2\ln x$ 的二阶导数.

3. 设物体的运动方程为 $s=t^3+3t^2-1$，求物体在 $t=2$ 秒时的速度和加速度.

4. 某产品的总成本 C 是产量 x 的函数：$C(x)=0.1x^2+5x+200$.
求：(1)平均成本函数；(2)生产 50 个单位产品时的边际成本.

5. 设曲线 $y=f(x)$ 过点(1，2)，且过该点的法线平行于直线 $y=2x$，求曲线 $f(x)$ 过点(1，2)的切线方程.

6. 验证：函数 $y=c_1\cos x+c_2\sin x$(c_1，c_2 为常数)满足微分方程 $y''+y=0$.

7. 设 $y=1+x+x^2+\cdots+x^n$，求 $y'(1)$ 和 $y''(0)$.

第五讲　求导公式与求导法则

【课堂模仿练习】

1. 填空.

$(C)'=(\qquad)$，$(\sqrt{x})'=(\qquad)$，$\left(\dfrac{1}{x}\right)'=(\qquad)$，$(\sin x)'=(\qquad)$，$(\cos x)'=(\qquad)$.

2. 利用导数定义证明$(\mathrm{e}^x)'=\mathrm{e}^x$.

证：设 $y(x)=\mathrm{e}^x$，有 $\Delta y=y(\qquad)-y(x)=(\quad-\mathrm{e}^x)=\mathrm{e}^x(\qquad)$.

令 $\Delta x=\ln(t+1)$，于是$(\mathrm{e}^x)'=\lim\limits_{\Delta x\to 0}\dfrac{\Delta y}{\Delta x}=\lim\limits_{t\to(\ )}\dfrac{(\qquad)}{\ln(1+t)}=\lim\limits_{(\ )}(\qquad)=\mathrm{e}^x$.

3. 设 $y=x\ln x$，求 y'.

解：$y'=(x)'\ln x+(\qquad)=(\qquad)\ln x+(\qquad)=(\qquad)$.

4. 设 $y=\tan x$，求 y'.

解：$y'=\left(\dfrac{\sin x}{\cos x}\right)'=\dfrac{(\sin x)'\cos x(\qquad)\sin x(\cos x)'}{(\qquad)}$

$=\dfrac{(\qquad)}{(\quad)^2}=(\qquad)$，

即$(\tan x)'=(\qquad)^2=\left(\dfrac{1}{\qquad}\right)^2$.

【课堂提高练习】

1. 设函数 $y=\dfrac{3\ln x}{x^2}$，求 y'.

2. 设 $f(0)=0$，且$\lim\limits_{x\to 0}\dfrac{f(3x)}{x}=3$，求 $f'(0)$.

3. 设 $f'(x_0)=2$，求极限$\lim\limits_{h\to 0}\dfrac{f(x_0+h)-f(x_0-2h)}{h}$.

4. 求下列导数.

(1) $y=1+x^2\ln x$　　(2) $y=\dfrac{\sin x}{1+\cos x}$　　(3) $y=x^2\cdot 2^x$

【课后练习(求导公式与法则)】

1. 求下列函数的导数.

(1) $y=x\sin x$　　(2) $y=\dfrac{2x}{1+x}$　　(3) $y=x^2\ln x-\sqrt{x}$

(4) $y=\dfrac{\sin x}{1+x}$　　(5) $y=\dfrac{\mathrm{e}^x}{1+\mathrm{e}^x}$　　(6) $y=\dfrac{\cos x}{1+\sin x}$

2. 设 $y=\cos x\sin x$，求 $y'\left(-\dfrac{\pi}{3}\right)$，$y'\left(\dfrac{\pi}{4}\right)$.

3. 设 $f(x)=\dfrac{\cos x}{1-\sin x}$，且 $f'(x_0)=2\left(0<x_0<\dfrac{\pi}{2}\right)$，求 $f(x_0)$.

4. 设 $f(x)=x(x+1)(x+2)\cdots(x+50)$，求 $f'(0)$.

5. 设 $f(x)=x^2\varphi(x)$，$\varphi(x)$二阶连续可导，且 $\varphi(0)=1$，求 $f''(0)$.

6. 设函数 $y=a_nx^n+a_{n-1}x^{n-1}+\cdots+a_1x+a_0$，求 $y^{(n)}$ 和 $y^{(n+1)}$.

7. 利用$(\ln x)^{(n)}=(-1)^{n-1}\dfrac{(n-1)!}{x^n}$，求函数 $y=\dfrac{1}{x}$的 n 阶导数.

第六讲　连续与导数

【课堂模仿练习】

1. 初等函数在其(　　)内都是连续的；函数 $y=e^{\sin x}$ 的连续区间为(　　).

2. 求下列函数的连续区间.

(1) $y=\dfrac{x}{\sqrt{x^2-1}}$　　(2) $y=\ln(2-x^2)$　　(3) $y=\sqrt[3]{x^2}$

【课堂提高练习】

1. 设函数 $f(x)=\sqrt[3]{x^2}$，则 $f(x)$ 在 $x=0$ 处(　　).

A. 连续且可导　　B. 连续但不可导

C. 不连续但可导　　D. 不连续且不可导

2. 设 $f(x)=\begin{cases}\dfrac{1-\cos x}{x^2}, & x\neq 0\\ a+1, & x=0\end{cases}$，问 a 为何值时，函数在 $x=0$ 处连续.

3. 讨论函数 $f(x)=\begin{cases}x\sin\dfrac{1}{x}, & x\neq 0\\ 0, & x=0\end{cases}$ 在 $x=0$ 处的可导性和连续性.

【课后练习(连续与导数)】

1. 求函数 $y=\ln(4-x^2)+\sqrt{x-1}$ 的连续区间.

2. 试定义 $f(0)$ 的值，使函数 $f(x)=\dfrac{2x^2}{\sqrt{1+x^2}-1}$ 在 $x=0$ 处连续.

3. 曲线 $y=ax^2+bx+c$ 过点（1，2），并与直线 $y=x$ 相切于原点，求 a，b，c.

4. 设函数 $f(x)=\begin{cases} a+\dfrac{\sin 2x}{x}, & x<0 \\ b+1, & x=0 \\ (1+x)^{\frac{1}{x}}, & x>0 \end{cases}$ 在 $x=0$ 处连续，求 a，b 的值.

5. 设 $f(x)$ 在 $x=2$ 处连续，且 $\lim\limits_{x\to 2}\dfrac{f(x)}{x-2}=2$，求 $f'(2)$.

第七讲　复合函数求导(一)

【课堂模仿练习】

1. 分解下列复合函数.

(1) $y=(1-x^2)^5$　　(2) $y=\mathrm{e}^{\sin^2 x}$

(3) $y=\sin\sqrt{x^2-1}$　　(4) $y=\dfrac{1}{x^2+x}$

解：(1) $y=u^5$　$u=(\quad)$；

(2) $y=\mathrm{e}^u$，$u=(\quad)$，$v=\sin x$，这是三层复合；

(3) $y=(\quad)$，$u=\sqrt{v}$，$v=(\quad)$；

(4) 将 $y=\dfrac{1}{x^2+x}$ 看作复合函数 $y=(x^2+x)^{(\quad)}$，则有 $y=(\quad)$，$u=(\quad)$.

2. 设函数 $u=g(x)$ 在点 x 处可导，而 $y=f(u)$ 在与 x 对应的 u 点可导，则复合函数 $y=f[g(x)]$ 在 x 点可导，且 $y'=f'(u)g'(x)$ 或 $\dfrac{\mathrm{d}y}{\mathrm{d}x}=\dfrac{\mathrm{d}y}{\mathrm{d}u}\cdot(\quad)$.

简记为 $y'_x=(\quad)\cdot u'_x$.

用语言表述：复合函数的导数等于(　　)的导数(　　)内函数的导数.

3. 求函数 $y=\sin^2 x$ 的导数 y'.

解：第①步　将复合函数一层一层展开：

$y=(\quad)$，$u=(\quad)$.

第②步　将 y，u 代入复合函数求导法则 $y'_x=y'_u\cdot u'_x$：

$y'=(\quad)'(\quad)'$.

第③步　分别求出导数并化简，将中间变量 u 换成 x：

$y'=(\quad)$.

【课堂提高练习】

1. 求下列函数的导数.

(1) $y=\ln\ln x$　　(2) $y=\mathrm{e}^{\sin x}$　　(3) $y=(1+2x^3)^4$

2. 验证函数 $y=\ln\dfrac{1}{1+x}$满足关系 $x\dfrac{dy}{dx}+1=e^{y}$.

3. 求函数 $y=e^{\sin\ln x^{2}}$ 在 $x=1$ 处的导数值.

【课后练习(复合函数求导一)】

1. 求下列函数的导数.

(1)$y=(3x-1)^{5}$　　(2)$y=\sqrt{2-x^{2}}$　　(3)$y=\sin^{2}x+\sin 2x$

(4)$y=x^{2}\cdot e^{2x}$　　(5)$y=x\cos\sqrt{x}$　　(6)$y=\ln(1+2x^{2})$

2. 求函数 $s=3\sin\left(2t+\dfrac{\pi}{3}\right)$在 $x=\dfrac{\pi}{4}$处的导数值.

3. 已知物体运动方程为 $s=3\sin\left(2t+\dfrac{\pi}{3}\right)$，求 $t=\dfrac{\pi}{4}$时物体运动的速度与加速度.

4. 设 $y=x^{\pi}+\pi^{x}+\pi^{x^{\pi}}+\pi^{\pi}$，求 y'.

5. 设函数 $y=\sqrt{x+\sqrt{x+\sqrt{x}}}$，求 y'.

6. 设函数 $y=x^{\sin x}$，求 y'.（利用 $x=e^{\ln x}$转化为复合函数）

第八讲　复合函数求导(二)

【课堂模仿练习】

1. 求复合函数的导数，熟悉求导法则后，也可不必设中间变量，直接由外往里逐层求导.

如求 $y=\ln\sqrt{\sin(2x-1)}$ 的导数.

解： $y'=(\ln\sqrt{\sin(2x-1)})'=1/\sqrt{\sin(2x-1)}\cdot(\sqrt{\sin(2x-1)})'$

$$=\frac{1}{\sqrt{\sin(2x-1)}}\cdot\frac{1}{2\sqrt{\sin(2x-1)}}(\qquad)'$$

$$=\cos(\qquad)\cdot\frac{1}{2\sin(2x-1)}(\qquad)'$$

$$=(\qquad\qquad).$$

2. 同时运用函数的四则运算求导法则(和、差、积、商)和复合函数求导法则时，需要考虑使用法则的先后，例如：$y=\sin x\cos nx$，求导时先用(　　)法则，再用(　　)法则；$y=\ln(x^2-\sqrt{x})$，求导时先用(　　)法则，再用(　　)法则；而 $y=\ln\left(\frac{x+2}{x-1}\right)$，直接求导时先用(　　)法则，再用(　　)法则；还可以先利用商的对数初等变形，求导时先用(　　)法则，再用(　　)法则.

【课堂提高练习】

1. 求下列导数.

(1) $y=(2x+1)^2\ln x$　　　　(2) $y=\sqrt{1+2\sqrt{x}}$

(3) $y=(\sin5x^5)^5$　　　　(4) $y=\sin^n x\cos nx$

(5) $y=\ln \dfrac{x+\sqrt{1+x^2}}{x}$　　(6) $y=x(x+2)\ln(2+x)$

2. 求下列函数的二阶导数.

(1) $y=x^2\ln x$　　(2) $y=e^{2x}-\cos 3x$　　(3) $y=\ln(x+\sqrt{x^2+1})$

3. 已知 $y=f\{f[f(x)]\}$可导，求 y'.

4. 设 $y=f(\ln x)$，$f'(x)=e^x$，求$\dfrac{dy}{dx}$.

5. 设 $f(x)$具有任意阶导数，且满足 $f'(x)=f^2(x)$，求 $f^{(n)}(x)$.

【课后练习(复合函数求导二)】

1. 求下列函数的导数.

(1) $y=x\sin\dfrac{1}{x}$　　(2) $y=\ln\sqrt{x}-\sqrt{\ln x}$　　(3) $y=\sqrt{x+\sqrt{x}}$

2. 设函数 $y=\ln\ln\ln(x+1)$，求导数 y'.

3. 设 $f(x)$可导，求下列函数的导数.

(1)$y=\ln(1+f^2(x))$　　(2)$y=f(\sqrt{x}+1)$　　(3)$y=f(\sin^2 x)+f(\cos^2 x)$

4. 设球的半径以 2cm/min 的速率增加，问：当半径达 6cm 时，球的体积以多大的速率增加？

5. 求函数 $y=\dfrac{1}{x^2-2x-3}$的 n 阶导数.

第九讲　隐函数求导

【课堂模仿练习】

1. $e^{x+y}=2xy$，$x^2+y^2=25$，$x=y^2-\cos xy$ 等方程所确定的 y 是 x 的(　　)函数.

隐函数求导方法：方程 $F(x, y)=0$ 两边关于(　　)求导(按复合函数求导法求导).

2. 已知 $x^2+y^2-2xy=\sin y$，其中 y 是 x 的隐函数，求 y'.

解：第①步，等式两边关于 x 求导：

$$(\qquad\qquad)'=(\qquad\qquad)'.$$

第②步，分别各项求导，注意其中 x 是自变量，y 是函数，如 $(x^3)'=3x^2$，$(y^3)'=3y^2y'$.

第③步，化简求出 y'：

$$y'=(\qquad\qquad).$$

3. **对数求导法的步骤为**：幂指函数 $y=u^v$(其中 u，v 是 x 的函数)，或由多项式乘除运算和乘方、开方所得的函数，首先对方程两边取(　　)，然后用(　　)求导法求导数. 如求函数 $y=(\sin x)^x$ 的导数.

解：第①步，等式两边(　　)：

$$\ln y=(\qquad\qquad).$$

第②步，在方程的两边各项分别对 x 求导，则有

$$(\qquad)\cdot(\qquad)'=(\qquad)+(\qquad).$$

第③步，化简求出 y'：

$$y'=y\cdot(\qquad\qquad).$$

第④步，将 y 用原函数换掉：

$$y'=(\qquad\qquad\qquad).$$

4. 求函数 $y=\left(\dfrac{x}{1+x}\right)^x$ 的导数.

【课堂提高练习】

1. 利用对数求导法证明公式：$(x^a)'=ax^{a-1}$，$(a^x)'=a^x\ln a$，并猜测$(x^x)'$.

2. 利用隐函数求导法证明公式.

(1)$(\arctan x)'=\dfrac{1}{1+x^2}$　　(2)$(\arcsin x)'=\dfrac{1}{\sqrt{1-x^2}}$

3. 求 $y=x^y$ 的导数.[思考：如何求 $y=x^{x^x}$ 的导数]

4. 求由方程$\dfrac{y^2}{x+y}=y^2-x^2$ 所确定的函数 y 在点(0，1)处的导数.

【课后练习(隐函数求导)】

1. 设下列方程确定隐函数 $y=y(x)$，求导数 y'.

(1)$y+xy-x^3+1=0$　　(2)$y=x+\ln y$　　(3)$xy=\mathrm{e}^{x+y}-2$

2. 设 $f(x)=\ln\sqrt{\dfrac{1-x}{1+x^2}}$，求 $f''(0)$.

3. 求曲线 $x^3+y^3-xy=7$ 在点(1，2)处的切线与法线方程.

4. 设 $y=(x+1)(x+2)(x+2^2)(x+2^3)\cdots(x+2^n)$，求 $y'(0)$.

5. 设方程 $x^y=y^x$ 确定隐函数 $y=y(x)$，求导数$\frac{\mathrm{d}y}{\mathrm{d}x}$.

6. 设方程 $y=1+x\mathrm{e}^y$ 确定隐函数 $y(x)$，求二阶导数$\frac{\mathrm{d}^2y}{\mathrm{d}x^2}$.

7. 设 $f(x)=\arctan\frac{1-x^2}{1+x^2}$，$g(x)=\arctan(x^2)$.

(1)求 $f'(x)$，$g'(x)$；(2)求出 $f(x)$与 $g(x)$的关系式.

第十讲　习题课、微积分的历史

【基本知识】

一、基本导数公式(常用)

$(C)'=0$；　$(x^\mu)'=\mu x^{\mu-1}$；　$(e^x)'=e^x$；　$(\ln x)'=\frac{1}{x}$；

$(\sin x)'=\cos x$；　$(\cos x)'=-\sin x$；　$(\tan x)'=\sec^2 x$；

$(\sec x)'=\sec x\tan x$；　$(\arcsin x)'=\frac{1}{\sqrt{1-x^2}}$；$(\arctan x)'=\frac{1}{1+x^2}$.

二、四则运算法则(u，v 可导)

$$(u\pm v)'=u'\pm v',\quad (uv)'=u'v+uv',\quad \left(\frac{u}{v}\right)'=\frac{u'v-uv'}{v^2}.$$

三、复合函数的导数

设函数 $y=f(u)$，$u=\varphi(x)$复合成函数 $y=f[\varphi(x)]$，则

$$y'=f'(u)\cdot\varphi'(x)\text{ 或}\frac{dy}{dx}=\frac{dy}{du}\cdot\frac{du}{dx}.$$

四、隐函数的导数法、对数求导法(略)

【基本方法】

方法介绍一：设函数 $y=f(x)$是由方程 $F(x,y)=0$ 所确定的隐函数，则

$$y'=-\frac{F_x'}{F_y'}\quad (F_y'\neq 0).$$

如求由方程 $xy^3+4x^2y-1=0$ 所确定的隐函数 y 的导数.

设 $F(x,y)=xy^3+4x^2y-1$，则 $F_x'=($　　　　$)$，$F_y'=($　　　　$)$，

所以
$$y'=-\frac{F_x'}{F_y'}=\left(\qquad\qquad\right).$$

方法介绍二：参数方程的导数.

设函数是由参数方程$\begin{cases}x=\varphi(t)\\y=\phi(t)\end{cases}$确定，则

$$\frac{dy}{dx}=\frac{\varphi'(t)}{\phi'(t)}$$

如已知抛射物的运动轨迹方程为：

$$\begin{cases} x = v_1 t \\ y = v_2 t - \dfrac{1}{2} g t^2, \end{cases}$$

求抛射物在任何时刻 t 的运动速度的大小和方向.

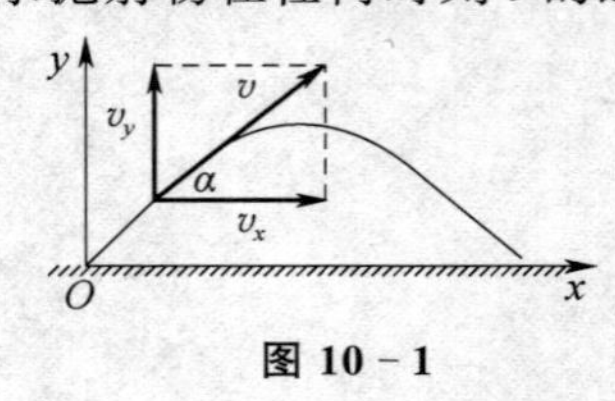

图 10-1

物体的运动速度 v 是一个向量. 如图 10-1 所示，本例中抛射物速度 v 的水平分速度 v_x 和铅直分速度 v_y 的大小分别为 $\dfrac{dx}{dt} = ($　　　$)$ 和 $\dfrac{dy}{dt} = ($　　　$)$，合速度 v 的大小为

$$v = \sqrt{\left(\frac{dx}{dt}\right)^2 + \left(\frac{dy}{dt}\right)^2} = (\qquad\qquad).$$

合速度 v 的方向，也就是轨道的切线方向.

设轨道对应于时刻 t 的切线的倾斜角为 α，则由导数的几何意义得

$$\tan\alpha = \frac{dy}{dx} = \frac{dy}{dt}\Big/\frac{dx}{dt} = \frac{v_2 - gt}{v_1}.$$

方法介绍三： 反函数的导数.

设 $x=\varphi(y)$ 是单调函数 $y=f(x)$ 的反函数，且 $x=\varphi(y)$ 在 y 处有导数 $\varphi'(y)\neq 0$，则 $f'(x)=\lim\limits_{\Delta x\to 0}\dfrac{\Delta y}{\Delta x}=\lim\limits_{\Delta x\to 0}\dfrac{1}{\dfrac{\Delta x}{\Delta y}}=\dfrac{1}{\lim\limits_{\Delta y\to 0}\dfrac{\Delta x}{\Delta y}}=\dfrac{1}{\varphi'(y)}$，即有

$$f'(x) = \frac{1}{\varphi'(y)}.$$

如设 $y=\arcsin x\ [x\in(-1,\ 1)]$，求 y'.

解： $y = \arcsin x\ [x \in (-1,\ 1)]$ 的反函数是 $x = ($　　　　　$)$，$y \in \left(-\dfrac{\pi}{2},\ \dfrac{\pi}{2}\right)$，且 $\dfrac{dx}{dy}=($　　　　$)$，

所以
$$y'=\frac{dy}{dx}=\frac{1}{(\qquad\qquad)}=\frac{1}{(\qquad\qquad)}=\frac{1}{\sqrt{1-x^2}},$$

即
$$(\arcsin x)'=\frac{1}{\sqrt{1-x^2}}[x\in(-1,\ 1)].$$

【基本练习】

一、选择题

1. 计算 $\lim\limits_{x\to 0}\dfrac{\sin 3x}{x}=($　　$)$.

A. 2　　　　B. 3　　　　C. 4　　　　D. 1

2. 计算$\lim\limits_{x\to\infty}\left(1+\frac{1}{2x}\right)^x=$(　　).

A. e　　B. e^2　　C. $e^{\frac{1}{2}}$　　D. 1

3. 函数 $f(x)$在点 $x_0=0$ 的导数 $f'(0)$可定义为(　　).

A. $\frac{f(\Delta x)-f(0)}{\Delta x}$　　B. $\frac{f(\Delta x)+f(0)}{\Delta x}$

C. $\lim\limits_{\Delta x\to 0}\frac{f(\Delta x)-f(0)}{\Delta x}$　　D. $\lim\limits_{\Delta x\to 0}\frac{f(\Delta x)+f(0)}{\Delta x}$

4. 已知 $f(x)=x^2e^x$，则 $f'(2)=$(　　).

A. $2e^2$　　B. $4e^2$　　C. $8e^2$　　D. $16e^2$

5. 设函数 $y=xe^x$，则二阶导数 $y''=$(　　).

A. $(1+x)e^x$　　B. $(1+2x)e^x$　　C. $(2+x)e^x$　　D. $(3+x)e^x$

二、填空题

1. 复合函数 $y=\sqrt{\sin(2x+1)}$分解为________；

2. 设 $f(x)=\begin{cases}2x, & x\geqslant 0\\ 1-x, & x<0\end{cases}$，则 $f[f(-1)]=$________；

3. $\lim\limits_{x\to 1}(x^2+x+3)=$________，$\lim\limits_{x\to 2}\frac{x-1}{x+1}=$________；

4. $(\ln x+2)'=$________，$(2e^{2x})'=$________；

5. 曲线 $y=x^2-1$ 在点(1，0)处的切线方程为________；

6. 函数 $y=\frac{x+1}{x-1}$的连续区间为________；

7. 设函数 $y=(2x+1)^3$，则 $y'=$________；

8. 设 $f(x)=xe^{2x}$，则二阶导数值 $f''(0)=$________.

三、计算题

1. 求下列极限.

(1) $\lim\limits_{x\to 1}\frac{x^2-1}{x^2+x-2}$　　(2) $\lim\limits_{x\to\infty}\frac{2x^2+2x+1}{x^2+x+5}$

(3) $\lim\limits_{x\to 0}\frac{x-\sin 3x}{2x}$　　(4) $\lim\limits_{x\to\infty}\left(1+\frac{2}{x}\right)^x$

2. 求下列导数.

(1) $y=x^2+2^x+\log_2 x+\sin 2$　　(2) $y=\dfrac{x}{1+x}$　　(3) $y=x(x+1)^5$

3. 已知 $y=y(x)$ 是由方程 $e^y-x^2y=e^x$ 确定的隐函数，求导数 $\dfrac{dy}{dx}$.

4. 求参数方程 $\begin{cases}x=t+t^2\\y=1-t^3\end{cases}$ 的导数 $\dfrac{dy}{dx}$.

5. 设函数 $y=x^2+2^x+2xe^{2x}$，求二阶导数 y''.

6. 设物体的运动规律为 $s=2t^3+3t-5$，求 $t=1$ 时的速度和加速度.

7. 设 $y=f(\ln x)$，且 $f'(x)=e^x$，求 y'.

8. 求幂指函数 $y=\left(1+\dfrac{1}{x}\right)^x$ 的导数 y'.

9. 证明：函数 $f(x)=\begin{cases}x^2\sin\dfrac{1}{x}, & x\neq 0\\ 0, & x=0\end{cases}$ 在 $x=0$ 处可导，并求 $f'(0)$.

10. 若以 $10\text{cm}^3/\text{s}$ 的速率给球形气球充气，当气球半径为 2cm 时，它的表面积的增长速率为多少？

第十一讲　函数的单调性

【课堂模仿练习】

1. 求函数 $y=x^3-3x^2+1$ 的单调区间.

解：第①步　求导：$y'=$(　　)；

第②步　求 $y'=0$ 和 y'不存在的点 x_i：$x_1=$(　　)，$x_2=$(　　)；

第③步　讨论 x_i 分段后各区间 y'的正负；

第④步　结论：$(-\infty,$　　$)y$ ____，(　　，　　)y ____，(　，$+\infty)$ y ____.

（依据：$y'>0$，$y\uparrow$；$y'<0$，$y\downarrow$）

2. 证明不等式：$x>\ln(1+x)$，$(x>0)$.

证明：(方法一)令 $f(x)=\ln(1+x)$，则 $f(x)$在$[0,x]$上满足拉格朗日中值定理，

则 $f(x)-$(　　)$=f'(x_0)$(　　)，其中(　　)$<x_0<$(　　).

$\ln(1+x)-\ln(1+0)=$(　　)$(x-0)$，即 $\ln(1+x)=$(　　).

因为$\frac{x}{1+x_0}<\frac{x}{1+(\quad)}=$(　　)，所以，$\ln(1+x)<x$.

(方法二)令 $f(x)=\ln(1+x)-x$，$f'(x)=$(　　).

当 $x>0$，有 $f'(x)>0$，$f(x)\uparrow$，即有 $x>0$，$f(x)>f(0)=$(　　)，所以，$x>\ln(1+x)$.

【课堂提高练习】

1. 设 $f(x)=5+2x+3x^2$ 在$[2,3]$上满足拉格朗日中值定理的条件，求 ξ.

2. (用罗比达法则)求下列极限.

(1)$\lim\limits_{x\to0}\frac{(1+x)^{\alpha}-1}{x}$　　(2)$\lim\limits_{x\to0}\left(\frac{1}{x}-\frac{1}{e^x-1}\right)$　　(3)$\lim\limits_{x\to0^+}x^x$

3. 判定正误.

(1)若 $f(x)$在(a, b)内单调递增，则$-f(x)$在(a, b)内单调递减.　(　　)

(2)若 $f'(x_0)=0$，则 x_0 必为驻点.　(　　)

(3)若 x_0 为函数 $f(x)$的驻点，则曲线 $y=f(x)$在点$(x_0, f(x_0))$处的切线方程为 $y=f(x_0)$.　(　　)

4. 判定函数 $y=x+\cos x$ 的单调性.

5. 求函数 $y=(x-1)\sqrt[3]{x^2}$ 的单调区间.

【课后练习(函数的单调性)】

1. 求下列函数的单调区间.

(1)$f(x)=x^3-3x^2-9x$　　(2)$f(x)=x-\mathrm{e}^x$

(3)$f(x)=\ln(1+x)-x$　　(4)$f(x)=\dfrac{x}{1-x^2}$

2. 设函数 $f(x)=x^3+ax^2+bx$ 在$(-\infty, +\infty)$内单调递增，试确定 a，b 间的关系.

3. 求下列极限.

(1)$\lim\limits_{x\to 0}\dfrac{x-\sin x}{x^3}$　　(2)$\lim\limits_{x\to 0}\left(\dfrac{1}{x}-\dfrac{1}{\sin x}\right)$　　(3)$\lim\limits_{x\to 0^+} x^{\tan x}$

4. 证明：当 $x>0$ 时，$1+x\ln(x+\sqrt{1+x^2})>\sqrt{1+x^2}$.

*5. 证明：曲线 $f(x)=x^3+2x+1$ 与 x 轴有唯一交点.

第十二讲　函数的极值

【课堂模仿练习】

1.（极值存在的第一充分条件）：若函数 $y=f(x)$ 在点 x_0 及近旁有定义，当 $y'=f'(x)$ 通过 x_0 时符号由负变正，则 $f(x_0)$ 为函数的极（　　）值；当 $y'=f'(x)$ 通过 x_0 时符号由正变负，则 $f(x_0)$ 为函数的极（　　）值，相应地，x_0 为函数的极（　　）点；而当 $y'=f'(x)$ 通过 x_0 时符号不变，则 $f(x_0)$ 不是函数的极值.

2. 求 $y=x^3-3x^2+1$ 的极值.

解：第①步　求导：$y'=$（　　）；

第②步　求 $y'=0$ 和 y' 不存在的点 x_i：$x_1=$（　　），$x_2=$（　　）；

第③步　讨论 x_i 分段后各区间 y' 的正负：（　　　　　　　　　　　　）；

第④步　结论：（　　　　　　　　　　　　　　　　）.

3. 极值存在的第二充分条件.

设 $f(x)$ 在 x_0 点有一、二阶导数，且 $f'(x_0)$（　　）0，$f''(x_0)$（　　）0，则：

(1)若 $f''(x_0)$（　　）0，则 $f(x_0)$ 为极小值；

(2)若 $f''(x_0)$（　　）0，则 $f(x_0)$ 为极大值；

(3)若 $f''(x_0)$（　　）0，无法判断.

4. 用适当的方法讨论函数 $f(x)=(x-1)^2(x+1)^3$ 的极值.

【课堂提高练习】

1. 设函数 $y=x^3+ax^2+bx$ 在 $x=1$ 处有极值 -2，求 a，b 的值.

2. 试问 a 为何值时，函数 $f(x)=a\sin x+\frac{1}{3}\sin 3x$ 在 $x=\frac{\pi}{3}$ 处取得极值，它是极大值还是极小值，并求此极值.

3. 已知 $y=f(x)$ 对一切 x 都满足 $xf''(x)+2x[f'(x)]^2=1-e^{-x}$，若 $f'(x_0)=0$ $(x_0\neq 0)$，则(　　).

A. $f(x_0)$ 为极小值　　　　B. $f(x_0)$ 为极大值

C. $f(x_0)$ 不是极值　　　　D. $(x_0, f(x_0))$ 为拐点

4. 设 $y=y(x)$ 由方程 $2y^3-2y^2+2xy-x^2=1$ 所确定，求 $y=y(x)$ 的驻点，并判别其是否为极值点.

【课后练习(函数的极值)】

1. 求下列函数的极值点和极值.

(1) $f(x)=2x^3-6x^2-18x+7$　　　　(2) $f(x)=x^4-8x^2+2$

(3) $f(x)=x+\frac{1}{x}$　　　　(4) $f(x)=\frac{x}{\ln x}$

2. 证明：若函数 $y=ax+bx^2+cx+d$ 满足 $b^2-3ac<0$，则函数没有极值.

3. 在函数 $f(x)=axe^{bx}$ 中选择常数 a，b，使 $f\left(\frac{1}{3}\right)=1$，且使该函数在 $x=\frac{1}{3}$ 处有极大值.

第十三讲　曲线的凹凸性

【课堂模仿练习】

1. 判定定理：若函数 $y=f(x)$ 在 (a,b) 内有二阶导数，且对于任意 $x\in(a,b)$ 有

　(1) $f''(x)>0$，则 $y=f(x)$ 在 (a,b) 内是(　　)的；

　(2) $f''(x)<0$，则 $y=f(x)$ 在 (a,b) 内是(　　)的；

　(3)凹与凸(或凸与凹)的分界点，称为(　　).

2. 求 $y=3x^4-x^3+x+1$ 的凹凸区间与拐点.

解：第①步　求一阶导数：$y'=($　　$)$；

　　第②步　求二阶导数：$y''=($　　$)$；

　　第③步　求 $y''=0$ 的点和 y'' 不存在的点 x_i：$x_1=($　　$)$，$x_2=($　　$)$；

　　第④步　以 x_i 分区间讨论 y'' 的正负；

　　第⑤步　得结论：$(-\infty,$　　$)y$ ____，(　　,　　) y ____，(　　, $+\infty$) y ____；拐点(　　,　　)，(　　,　　).

(依据：$y''>0$，$y\cup$，$y''<0$，$y\cap$)

3. 若 $(0,1)$ 是曲线 $y=x^3+bx^2+c$ 的拐点，则 $b=$________；$c=$________.

4. 若 $f''(x_0)$ 不存在，则点 $(x_0,f(x_0))$ ________是曲线的拐点.

【课堂提高练习】

1. 列举函数满足下述条件.

(1) $f'(x)>0$ 而 $f''(x)<0$；

(2) $f'(x)>0$ 而 $f''(x)>0$.

2. (1)画出一段光滑曲线，使得它的一阶和二阶导数处处为正且逐渐递增；

(2)画出一段光滑曲线，使得它的一阶和二阶导数处处为正且逐渐递减.

3. 曲线 $y=(ax-b)^3$ 上点(1，$(a-b)^3$)为拐点，求 $a-b$ 的值.

4. 设水以常速 $a\text{m}^3/\text{s}(a>0)$注入图 13－1 所示的容器中，请作出水上升的高度关于时间 t 的函数 $y=f(t)$的图像，阐明凹向，并指出拐点.

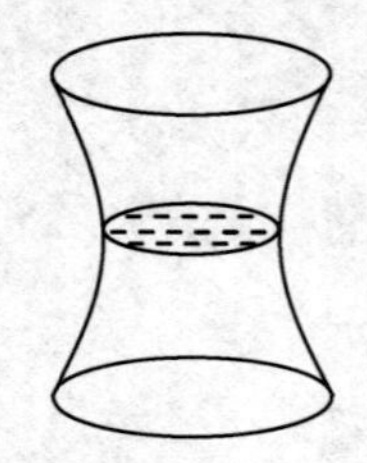

图 13－1

【课后练习(曲线的凹凸性)】

1. 求下列曲线的凹凸区间及拐点.

(1)$y=x^3-3x^2+2x-1$

(2)$y=x+\dfrac{1}{x}(x>0)$

(3)$y=xe^x$

(4)$y=\ln(x^2+1)$

2. 已知点(1，2)为曲线 $y=ax^3-bx^2$ 的拐点，求 a，b 的值.

3．试确定函数 $y=k(x^2-3)^2$ 中的 k 值，使该曲线拐点处的切线通过原点.

4．求曲线 $y=x^3-3x^2+3x$ 的单调区间和极值、凹凸区间及拐点.

5．某项目的利润有两个方案可供选择，它们的关系分别为：$L_1(t)=\dfrac{3t}{t+1}$，$L_2(t)=\dfrac{t^2}{t+1}+1$，其中 t 为时间，问：$t=1$ 时，哪个方案最优？

第十四讲　函数的最值

【课堂模仿练习】

1. 关于函数的最大值与最小值的几个常用结论：

(1)如果函数 $y=f(x)$ 在闭区间 $[a, b]$ 上连续，则 $y=f(x)$ 在 $[a, b]$ 上(　　)最大值和最小值.

(2)函数 $y=f(x)$ 在闭区间 $[a, b]$ 上的最大值(最小值)可能是区间端点函数值，否则是(　　).

(3)如果函数 $y=f(x)$ 在闭区间 $[a, b]$ 上的全部可能极值点((　　)或导数不存在的点)是 x_k，$k=1,2,\cdots,n$，则 $y=f(x)$ 在闭区间 $[a, b]$ 上的最大值是

$$\max\{f(x_1), f(x_2), \cdots, f(x_n), f(a), f(b)\},$$

最小值是　　(　　　　　　　　　　　　　　　　　　).

(4)如果函数 $y=f(x)$ 在闭区间 $[a, b]$ 上连续，且在开区间 (a, b) 内只有一个极大值(极小值)点 x_0，没有极小值(极大值)点，则 x_0 是 $y=f(x)$ 在 $[a, b]$ 上的最大值点.

(5)如果函数 $y=f(x)$ 有最大值(最小值)，且在开区间 (a, b) 内取到，而在 (a, b) 内只有一个可能极值点 x_0，则 x_0 是 $y=f(x)$ 的最大值(最小值).

2. 求 $f(x)=x+2\sqrt{x}$，$x\in[0, 4]$ 的最大值和最小值.

解： 函数最值只可能在函数极值或区间端点处，于是求函数最值的方法是先求 $f(x)$ 的(　　)，再求 f(　　)和 f(　　)，f(　　)，其中最大的为最大值，最小的为最小值.

$y'=$(　　　　)$=$(　　　　)，令 $f'(x)=0$，

得驻点：(　　　　)，奇点：(　　　　).

计算函数值有：(　　　　　　　　　　　　　　　　　　　　).

比较得函数在 $[0, 4]$ 上的最大值为 f(　)$=$(　　)，最小值为 f(　)$=$(　　).

【课堂提高练习】

1. 求函数 $y=\mathrm{e}^{-x^2}$ 在[1，2]上和 **R** 上的最值.

2. 要做一个容积为 16π 的圆柱形罐头筒，问：怎样设计其尺寸才能使其用料最省？

3. 某公司在市场上推出一种产品时发现需求量由方程 $x=\dfrac{2500}{p^2}$ 确定，总收益 $R=xp$，且生产 x 单位的成本为 $C=0.5x+500$，求获得最大利润的单位价格 p.

4. 一条 1m 宽的通道与另一条 2m 宽的通道相交成直角，求可以水平绕过拐角的梯子的最大长度是多少？[约 4.162m]

【课后练习(函数的最值)】

1. 求下列函数在指定区间上的最值.

(1) $y=x^3-3x+2$，$[-2,\ 2]$　　(2) $y=x^4-2x^2+5$，$[-2,\ 3]$

2. 设 $f(x)=ax^3-6ax^2+b(a>0)$ 在 $[-1,\ 2]$ 上的最大值为 3，最小值为 -29，求 a，b.

3. 有一矩形纸板的长、宽分别为 16cm 和 10cm，现从矩形的四角截去四个相同的正方形，作成一个无盖的盒子. 问：截去的小正方形的边长为多少时，盒子的容积最大？

4. 设有一段长为 l 的细丝，将其分为两段，分别构成圆和正方形，若记圆的面积为 s_1，正方形的面积为 s_2. 证明：当 s_1+s_2 为最值小时，有 $\frac{s_1}{s_2}=\frac{\pi}{4}$.

第十五讲　微分(一)

【课堂模仿练习】

1. 设函数 $y=f(x)$ 在 x_0 点可导，则称 $f'(x_0)\Delta x$ 为函数 $f(x)$ 在点 x_0 的**微分**，记作 $\mathrm{d}y$，即 $\mathrm{d}y=f'(x_0)\Delta x$，或 $\mathrm{d}y=y'\mathrm{d}x$. 函数的微分等于函数的(　　)乘上自变量的微分，而自变量的微分就是(　　). 函数的导数 $f'(x)$ 等于(　　)与(　　)之商，所以导数又称为**微商**.

2. 设 $y=f(u)$，$u=g(x)$ 复合而成函数 $y=f[g(x)]$，则

$$\mathrm{d}y=f'(u)g'(x)\mathrm{d}x=f'(u)\mathrm{d}u.$$

不论 u 是中间变量还是自变量，微分的形式都可表示为

$$\mathrm{d}y=f'(u)\mathrm{d}u(\text{一阶微分的形式不变性}).$$

如 $\mathrm{d}(\ln(3x+2))=(\quad)\mathrm{d}(3x+2)=(\quad)\mathrm{d}x$，$\mathrm{d}(\cos^2 x)=(\quad)\mathrm{d}(\cos x)=(\quad)\mathrm{d}x$.

【课堂提高练习】

1. 设 $y=\ln\sin\sqrt{x}$，则 $\mathrm{d}y=$________ $\mathrm{d}\sqrt{x}=$________ $\mathrm{d}x$.

2. 作两个图，使之分别满足条件 $\mathrm{d}y>\Delta y$ 和 $\mathrm{d}y<\Delta y$.

3. 设 $f(x)$ 可微，求 $y=f(\mathrm{e}^x)\mathrm{e}^{f(x)}$ 的微分.

4. 求隐函数的导数(用微分法)：$\mathrm{e}^y+xy=x^2$.

【课后练习(微分一)】

1. 求下列函数在指定点的微分.

(1)$y=\dfrac{x-1}{x+1}$，$x=1$　　　　(2)$y=\dfrac{\sin x}{x}$，$x=\pi$

2. 求下列函数的微分.

(1)$y=\sin x+\cos x$　　　(2)$y=\arccos\sqrt{x}$　　　(3)$y=x\mathrm{e}^{-x}$

3. 设函数 $y=y(x)$ 由方程 $xy+x^2+y^3=\sin(x-y)$ 所确定，求 $\mathrm{d}y$.

4. 求隐函数 $\mathrm{e}^y-y\sin x=\mathrm{e}$ 在点(0，1)处的微分 $\mathrm{d}y\Big|_{(0,1)}$.

5. 若 $f'(x)<0$，$f''(x)<0$，$\Delta x>0$，$\Delta y=f(x+\Delta x)-f(x)$，$\mathrm{d}y=f'(x)\Delta x$，试将 0，$\Delta y$，$\mathrm{d}y$ 按从小到大的顺序排列.

第十六讲　微分(二)

【课堂模仿练习】

1. 填空(凑微分)：

$dx=$________ $d(2x+1)$　$xdx=$________ $d(x^2)$　$\frac{1}{x}dx=$________ $d(\ln x)$

$e^x dx=$________ $d(e^x)$　$\cos x dx=$________ $d(\sin x)$　$\frac{1}{x^2}dx=$________ $d\left(\frac{1}{x}\right)$

$\frac{1}{1+x^2}dx=$________ $d(\arctan x)$　$\sec^2 x dx=$________ $d(\tan x)$

2. 对可导函数 $y=f(x)$，当 $|\Delta x|$ 很小时，由 $\Delta y\approx dy$，有 $\Delta y=($　　$)\approx f'(x_0)($　　$)$，即 $f(x_0+\Delta x)\approx f(x_0)+f'(x_0)\Delta x(|\Delta x|($　　$))$. 令 $x=x_0+\Delta x$，有 $f(x)\approx($　　$)$.

若在式中以 0 替换 x_0，则 $f(x)\approx($　　　$)$，其中 x 必须(　　).

3. $|x|$ 充分小时，有一系列近似公式可在工程实际中直接使用：

(Ⅰ) $\sqrt[n]{1+x}\approx 1+\frac{1}{n}x$；　(Ⅱ) $e^x\approx 1+x$；　(Ⅲ) $\ln(1+x)\approx x$；

(Ⅳ) $\sin x\approx x$(x 用弧度作单位来表达)；　(Ⅴ) $\tan x\approx x$(x 用弧度作单位来表达).

如 $\sqrt[3]{1.02}\approx($　　$)$，$\tan 44°\approx($　　　$)$.

【课堂提高练习】

1. 当 $|x|$ 充分小时，证明：$\arcsin x\approx x$.

2. 设正方体铁箱外沿为 1 米，铁皮厚为 2 毫米，求所装液体体积的近似值.

【课后练习(微分二)】

1. 求下列函数的近似值.

(1)$\tan 45°30'$　　(2)$\sqrt[4]{1.002}$　　(3)$\arctan 0.98$　　(4)$\ln 1.004$

2. 一金属圆管，其半径为 r，厚度为 h，当 h 很小时，求圆管截面积的近似值.

3. 当 $|x|$ 较小时，证明下列近似公式.

(1)$\tan x \approx x$　　(2)$e^x \approx 1+x$　　(3)$\ln(1+x) \approx x$

4. 有一批半径为 1cm 的球，为了提高球面的光洁度，要镀上一层铜，厚度定为 0.01cm，估计一下每只球需用铜多少克？(铜的密度是 $8.9\mathrm{g/cm^3}$)

第十七讲　习题课与测验

【知识点】

(1)拉格朗日中值定理、罗比达法则.

(2)导数的应用：单调区间、极值、凹凸区间及拐点、最值及应用.

(3)微分的定义、求微分、微分的形式不变性；微分的应用(近似计算).

【基本题型】

一、选择题

1. 在区间(a,b)内，若$f'(x)=g'(x)$，则必定有(　　).

A. $f(x)=g(x)$　　B. $f(x)=g(x)+c$

C. $df(x)=g(x)$　　D. $f(x)=dg(x)$

2. 函数$y=x-\ln(1+x^2)$在$(-\infty,+\infty)$内是(　　).

A. 增函数　　B. 减函数　　C. 奇函数　　D. 偶函数

3. 设$f(x)$在$x=0$处连续，当$x<0$时，$f'(x)<0$，当$x>0$时，$f'(x)>0$，则(　　).

A. $f(0)$是极小值　　B. $f(0)$是极大值

C. $f(0)$不是极值　　D. $f(0)$既是极大值又是极小值

4. 函数$y=2x^3-3x^2$在$[-1,1]$上的最大值是(　　).

A. 0　　B. 1　　C. -1　　D. 2

5. 设函数$y=e^{2x}$，则微分$dy=$(　　)

A. $e^{2x}dx$　　B. $2e^{2x}dx$　　C. $2e^{2x}$　　D. e^{2x}

二、填空题

1. $d(x^3+2x)=$________ dx，d ________ $=x^4dx$.

2. 设$y=\ln\sin x$，则$dy=$________ $d(\sin x)=$________ dx.

3. 函数$y=x+\dfrac{4}{x}$的单调递减区间为________.

4. 函数$y=\sqrt[3]{x}$的凹区间为________，拐点为________.

三、计算题

1. 设函数 $y=\dfrac{\cos x}{1+\sin x}$，求微分 $dy\Big|_{x=0}$.

2. 设函数 $y=y(x)$由方程 $e^y+y=x^2$ 确定，求微分 dy.

3. 求函数 $y=x^3-3x^2+3$ 的单调区间和极值.

4. 求曲线 $y=x^3-6x^2$ 的凹凸区间和拐点.

5. 当 $|x|$ 较小时，证明：$\ln(1+ax)\approx ax(a>0)$.

6. 制造一个无盖的圆柱形金属薄板容器，其容积为$\dfrac{3}{2}\pi(m^3)$，用作底的金属薄板每平方米 6 元，用作侧面的金属薄板每平方米 4 元，为使造价最低，问容器的底面半径和高各为多少.

7. 用长 200 的线围成一个正方形和一个圆形，问如何分配才能使其构成的平面图形面积之和最小.

第十八讲　定积分的概念

【课堂模仿练习】

1. 用定积分表示如图 18－1 所示各阴影部分的面积.

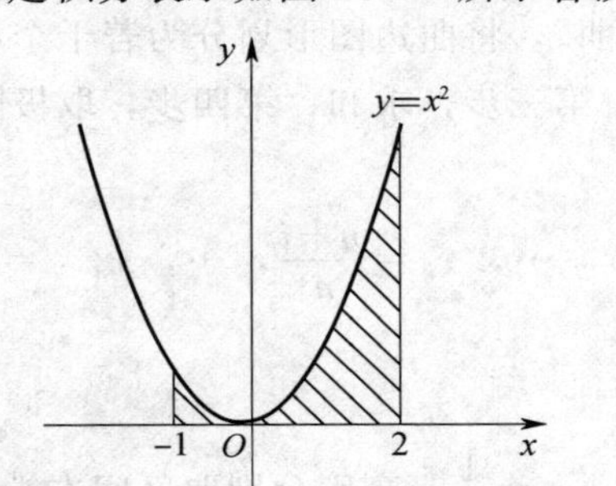

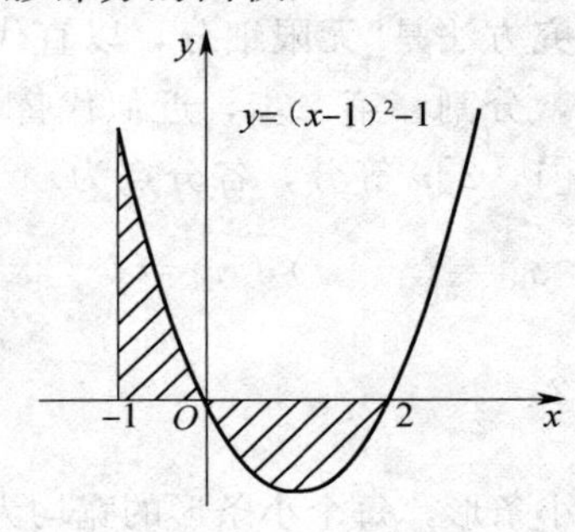

图 18－1

2. 判定正误.

(1)定积分 $\int_a^b f(x)\mathrm{d}x$ 表示曲边梯形的面积.　　　　(　　)

(2)定积分 $\int_a^b f(x)\mathrm{d}x$ 的值与被积函数 $f(x)$、积分区间 $[a, b]$ 及积分变量 x 有关.　　　　(　　)

(3) $\int_1^2 \ln x\mathrm{d}x > 0$.　　　　(　　)

(4) $\left[\int_a^b f(x)\mathrm{d}x\right]' = f(x)$.　　　　(　　)

3. 用定积分表示面积.

(1)曲线 $y=x^3$，直线 $x=-1$，$x=1$ 及 x 轴所围成的面积.

(2)由方程 $x^2+y^2=4$ 所确定的圆的面积.

4. 利用定积分的几何意义，计算定积分$\int_{-1}^{3}\ \mathrm{d}x$.

【课堂提高练习】

1. 由定积分的定义：求直线 $y=2x+1$，$x=1$，$x=2$，$y=0$ 所围成的平面图形的面积.

解：研究方法是“无限细分，以直代曲”，将曲边图形划分为若干个小矩形.

第一步，分割；第二步，近似代替；第三步，求和；第四步，取极限.

将区间[1，2]n 等分，各分点为

$x_0=1$，$x_1=(\quad\quad)$，$x_2=(\quad\quad)$，…，$x_i=\dfrac{n+i}{n}$，…，$x_{n-1}=(\quad\quad)$，$x_n=\dfrac{n+n}{n}=2$.

得 n 个小条形，每个小条形的宽均为 $\Delta x_i=\dfrac{1}{n}$，高则分别取区间右端点 $x_i(i=1,2,\cdots,n)$的函数值 $f(x_i)=(\quad\quad)$，相乘为小条形面积 $S_i=(\quad\quad)$.

待求面积 $S\approx S_1+S_2+\cdots+S_{(\quad)}=\sum\limits_{i=1}^{(\quad)}S_i=\sum\limits_{i=1}^{n}(\quad\quad\quad\quad)=(\quad\quad\quad\quad)$.

容易发现 n 越大则区间分得越细，则此面积误差越小，直到用极限方法令 $n\to\infty$，$S\to(\quad\quad)$. 即

$$S=\lim_{n\to\infty}(\quad\quad\quad\quad)=(\quad\quad).$$

2. 根据定积分的几何意义求下列定积分的值.

(1) $\int_{-1}^{1}x\mathrm{d}x$　　(2) $\int_{0}^{1}\sqrt{1-x^2}\,\mathrm{d}x$

(3) $\int_{0}^{2\pi}\cos x\mathrm{d}x$　　(4) $\int_{-1}^{1}|x|\,\mathrm{d}x$

3. 将下列定积分依从小到大的顺序排列.

$I_1=\int_1^2 \ln x\mathrm{d}x$；　$I_2=\int_1^2 (\ln x)^2\mathrm{d}x$；　$I_3=\int_3^4 \ln x\mathrm{d}x$；　$I_4=\int_3^4 (\ln x)^2\mathrm{d}x$.

【课后练习(定积分的概念)】

1. 用定积分的定义计算定积分$\int_a^b c\mathrm{d}x$，其中 c 为一定常数.

2. 利用定积分的几何意义，判断下列定积分的正负.

(1) $\int_{-1}^2 x\mathrm{d}x$　(2) $\int_{-1}^2 x^2\mathrm{d}x$　(3) $\int_0^{\frac{\pi}{2}} \sin x\mathrm{d}x$　(4) $\int_0^1 (x^3-x^2)\mathrm{d}x$

3. 由定积分的几何意义计算$\int_{-R}^R \sqrt{R^2-x^2}\,\mathrm{d}x$.

4. 设 $f(x)=\begin{cases}x+1, & x\leqslant 1\\ 2-x, & x>1\end{cases}$，由定积分性质及几何意义计算$\int_0^2 f(x)\mathrm{d}x$.

第十九讲　定积分与导数

【课堂模仿练习】

1. 若在某一区间上有 $F'(x)=f(x)$，则称 $F(x)$ 是 $f(x)$ 的一个(　　).

$(x^3)'=3x^2$，则(　　)是(　　)的原函数；

$(\sin x)'=\cos x$，则(　　)是(　　)的原函数；

$(\ln 2x)'=\dfrac{1}{x}$，则(　　)是(　　)的原函数.

2. 设函数 $f(x)$ 在区间 $[a, b]$ 上连续，$F(x)$ 是 $f(x)$ 的一个原函数，即(　　)$'=$(　　)，则

$$\int_a^b f(x)\mathrm{d}x=F(x)\Big|_a^b=\underline{\qquad\qquad}.$$（牛顿—莱布尼茨公式）

3. 求下列定积分.

(1) $\int_0^1 x^2\mathrm{d}x$　　(2) $\int_0^\pi \sin x\mathrm{d}x$　　(3) $\int_1^2\left(3x^2+\dfrac{1}{x}\right)\mathrm{d}x$

解：(1)由导数公式 $(x^n)'=$(　　)逆向推导有(　　)$'=x^2$，

所以，$\int_0^1 x^2\mathrm{d}x=$(　　)$=\dfrac{1}{3}$(　　)$=\dfrac{1}{3}$.

(2)

(3)

4. 设 $f(x)=2x+\int_0^1 f(x)\mathrm{d}x$，求 $f(x)$.

【课堂提高练习】

1. 填空.

(1)$\left(\int_a^b f(x)\mathrm{d}x\right)'=$________；　(2)$\mathrm{d}\int_a^b f(x)\mathrm{d}x=$________；

(3)$\int_a^b f(x)\mathrm{d}x-\int_a^b f(t)\mathrm{d}t=$________；(4)$\frac{\mathrm{d}}{\mathrm{d}x}\int_a^x f(t)\mathrm{d}t=$________.

2. 求下列定积分.

(1)$\int_0^1 x\sqrt{x}\,\mathrm{d}x$　(2)$\int_0^\pi \sin x\mathrm{d}x$　(3)$\int_1^2\left(3x^2+\frac{1}{x}\right)\mathrm{d}x$

3. 计算定积分$\int_0^1 x(x-1)(x-2)\mathrm{d}x$.

4. 计算定积分$\int_{-1}^2 x\,|\,x\,|\,\mathrm{d}x$.

5. 设函数$f(x)=\begin{cases}x^2 & 0\leqslant x<1\\ 1 & 1\leqslant x\leqslant 2\end{cases}$. 讨论：(1)$f(x)$是否连续. (2)$f(x)$是否可导. (3)$f(x)$在[0，2]是否有积分.

【课后练习(定积分与导数)】

1. 计算下列定积分.

(1)$\int_2^3 (x^2-1)\mathrm{d}x$　(2)$\int_0^1 \sqrt{x}(1+\sqrt{x})\mathrm{d}x$

(3) $\int_{1}^{2} \frac{1}{x^3} dx$　　　　(4) $\int_{0}^{\frac{\pi}{2}} (3\sin x - 2\cos x) dx$

2. 设物体以速度 $v=t^2$ 直线运动，求在时间段$[0, 1]$内运动物体所经过的路程.

3. 设 $\int_{0}^{1} (2x+k) dx = 3$，求 k 的值.

4. 求定积分 $\int_{-1}^{2} \max(x^2, x) dx$.

第二十讲　不定积分的概念、直接积分法

【课堂模仿练习】

1. 填空(导数公式与积分公式对照表).

(1) $(x)'=1$ $\longleftrightarrow$ $\int \mathrm{d}x=(\quad)+c$;

(2) $\left(\frac{1}{2}x^2\right)'=x$ $\longleftrightarrow$ $\int x\mathrm{d}x=(\quad)+c$;

(3) $\left(\frac{1}{3}x^3\right)'=x^2$ $\longleftrightarrow$ $\int x^2\mathrm{d}x=(\quad)+c$;

(4) $(2\sqrt{x})'=\frac{1}{\sqrt{x}}$ $\longleftrightarrow$ $\int \frac{1}{\sqrt{x}}\mathrm{d}x=(\quad)+c$;

(5) $(\mathrm{e}^x)'=\mathrm{e}^x$ $\longleftrightarrow$ $\int \mathrm{e}^x\mathrm{d}x=(\quad)+c$;

(6) $(\ln x)'=\frac{1}{x}$ $\longleftrightarrow$ $\int \frac{1}{x}\mathrm{d}x=(\quad)+c$;

(7) $(\sin x)'=\cos x$ $\longleftrightarrow$ $\int \cos x\mathrm{d}x=(\quad)+c$;

(8) $(-\cos x)'=\sin x$ $\longleftrightarrow$ $\int \sin x\mathrm{d}x=(\quad)+c$.

2. 判定正误.

(1) $\int \ln x\mathrm{d}x=\frac{1}{x}+c$.　(　　)

(2) $\int \mathrm{d}x=x+c$.　(　　)

(3) $\int \arctan x\mathrm{d}x=\frac{1}{1+x^2}+c$.　(　　)

3. 设 $f(x)$ 的一个原函数为 $x\ln x$，求 $\int f'(x)\mathrm{d}x$，$F(x)$，$f'(x)$.

4. 求下列积分.

(1) $\int \frac{x^2}{1+x^2}\mathrm{d}x$ (2) $\int \frac{x^2-2x-3}{x^2}\mathrm{d}x$ (3) $\int \frac{(x+1)^2}{x(1+x^2)}\mathrm{d}x$

【课堂提高练习】

1. 在不定积分的性质 $\int kf(x)\mathrm{d}x=k\int f(x)\mathrm{d}x$ 中，为何要求 $k\neq 0$.

2. 求下列不定积分 .

(1) $\int (x^2+1)x\mathrm{d}x$ (2) $\int \frac{\sin 2x}{2\sin x}\mathrm{d}x$

(3) $\int \frac{1+x^4}{1+x^2}\mathrm{d}x$ (4) $\int \tan^2 x\mathrm{d}x$

3. 已知物体的速度 $v=2t^2+1$，当 $t=1$ 时，物体经过的路程为 3，求物体运动规律.

4. 设 $\int f(x)\mathrm{d}x=\ln(1+x^2)+c$，求 $f(x)$.

【课后练习(不定积分的概念)】

1. 计算下列不定积分.

(1) $\int x\sqrt{x}\,\mathrm{d}x$ (2) $\int (\cos x-\sin x)\mathrm{d}x$ (3) $\int \frac{2x^2}{\sqrt{x}}\mathrm{d}x$

(4) $\int \frac{x+2}{\sqrt{x}} \mathrm{d}x$　　(5) $\int \left(\frac{3}{x}+\frac{1}{\cos^2 x}-5\mathrm{e}^x\right) \mathrm{d}x$　　(6) $\int \frac{x^4}{1+x^2} \mathrm{d}x$

2. 已知边际收益 $R'(x)=100-0.02x$，其中 x 为产量，求收益函数.

3. 已知曲线上任一点的二阶导数 $y''=6x$，且曲线在$(0,-2)$点的切线为 $2x-3y=6$，求此曲线方程.

4. 填空.

(1) $\left[\int f(x)\mathrm{d}x\right]'=$____________；　(2) $\mathrm{d}\int f(x)\mathrm{d}x=$____________；

(3) $\int f'(x)\mathrm{d}x=$____________；　(4) $\int \mathrm{d}f(x)=$____________；

(5) $\left[\int_a^b f(x)\mathrm{d}x\right]'=$____________.

第二十一讲　换元积分法(一)

【课堂模仿练习】

1. $\int (3x+2)^5 \mathrm{d}x$.

解：令 $u=($　　　　$)$

$\mathrm{d}u=($　　　　$)$

$\mathrm{d}x=($　　　　$)$

代入，原式 $=\int$

$=$

$=$

2. $\int \frac{\mathrm{d}x}{2+5x}$.

解：令 $u=($　　　　$)$

$\mathrm{d}u=($　　　　$)$

$\mathrm{d}x=($　　　　$)$

代入，原式 $=\int$

$=$

$=$

3. $\int x^3 (x^4+2)^5 \mathrm{d}x$.

解：令 $u=($　　　　$)$

$\mathrm{d}u=($　　　　$)$

$\mathrm{d}x=($　　　　$)$

原式 $=\int$

$=$

4. $\int x^3 \sin(x^4-2) \mathrm{d}x$.

解：令 $u=($　　　　$)$

$\mathrm{d}u=($　　　　$)$

$\mathrm{d}x=($　　　　$)$

原式 $=\int$

$=$

【课堂提高练习】

1. 填空.

$\mathrm{d}x=$______ $\mathrm{d}(ax\pm b)$；　$x\mathrm{d}x=$______ $\mathrm{d}(x^2\pm c)$；　$\frac{1}{2\sqrt{x}}\mathrm{d}x=$______ $\mathrm{d}\sqrt{x}$；

$\frac{1}{x}\mathrm{d}x=$______ $\mathrm{d}(\ln x)$；　$\mathrm{e}^x\mathrm{d}x=$______ $\mathrm{d}(\mathrm{e}^x)$；　$\cos x\mathrm{d}x=$______ $\mathrm{d}(\sin x)$；

$\sin x\mathrm{d}x=$______ $\mathrm{d}(\cos x)$；　$\sec^2 x\mathrm{d}x=$______ $\mathrm{d}(\tan x)$.

2. 求下列不定积分.

(1) $\int (2x+3)^5 \mathrm{d}x$　(2) $\int \mathrm{e}^{1-2x} \mathrm{d}x$　(3) $\int \cos(5x-3)\mathrm{d}x$

(4) $\int \frac{(1+x)^2}{1+x^2}\mathrm{d}x$　(5) $\int \frac{1}{x^2}\sin\frac{1}{x}\mathrm{d}x$　(6) $\int \frac{2}{\sqrt{x}(1+x)}\mathrm{d}x$

3. 比较积分法的异同：$\int \frac{1}{1-x^2}\mathrm{d}x$ 与 $\int \frac{x}{1-x^2}\mathrm{d}x$；$\int \sin^2 x\mathrm{d}x$ 与 $\int \sin^3 x\mathrm{d}x$.

4. 设 $\int f(x)\mathrm{d}x=F(x)+C$，求 $\int f(ax+b)\mathrm{d}x$.

5. 设 $f(x)=2^x$，求 $\int f'(\sin x)\cos x\mathrm{d}x$.

【课后练习(换元积分法一)】

1. 求下列不定积分.

(1) $\int (1+3x)^3 \mathrm{d}x$　(2) $\int \sin(2x+3)\mathrm{d}x$　(3) $\int \frac{2}{2x+3}\mathrm{d}x$

(4) $\int \frac{x}{\sqrt{4-x^2}}\mathrm{d}x$ (5) $\int x^2(1+x^3)^5\mathrm{d}x$ (6) $\int \frac{1}{x^2}\cos\frac{1}{x}\mathrm{d}x$

(7) $\int \frac{x^3}{1+x^2}\mathrm{d}x$ (8) $\int \frac{\cos x}{\sqrt{\sin x}}\mathrm{d}x$ (9) $\int \cos^3 x\mathrm{d}x$

2. 求下列定积分.

(1) $\int_1^3 \frac{1}{1+x}\mathrm{d}x$ (2) $\int_0^{\frac{\pi}{2}} \sin x\mathrm{e}^{\cos x}\mathrm{d}x$ (3) $\int_1^{\mathrm{e}^2} \frac{2\ln x}{x}\mathrm{d}x$

第二十二讲　换元积分法(二)

【课堂模仿练习】

1. $\int \sin x\cos^5 \mathrm{d}x$.

解：令(　　　)$=\mathrm{d}\cos x$

$u=$(　　　　　)

原式$=\int$

$=$

$=$

2. $\int \dfrac{\sin x}{(1+\cos x)^2}\mathrm{d}x$.

解：令 $\sin x\mathrm{d}x=\mathrm{d}$(　　　)

$u=$(　　　　　)

原式$=\int$

$=$

$=$

3. $\int \dfrac{\ln^2 x}{x}\mathrm{d}x$.

解：令 $\mathrm{d}u=$(　　　　　)

$u=$(　　　　　)

$\mathrm{d}x=$(　　　　　)

原式$=\int$

$=$

$=$

4. $\int \mathrm{e}^x(1+2\mathrm{e}^x)^3\mathrm{d}x$

解：令 $\mathrm{d}u=$(　　　　　)

$u=$(　　　　　)

$\mathrm{d}x=$(　　　　　)

原式$=\int$

$=$

$=$

5. 以适当的常数填空，使等式成立.

(1)$\mathrm{d}x=$(　　　)$\mathrm{d}(5x-7)$　　(2)$x\mathrm{d}x=$(　　　)$\mathrm{d}(x^2)$

(3)$x\mathrm{d}x=$(　　　)$\mathrm{d}(1+3x^2)$　　(4)$x^2\mathrm{d}x=$(　　　)$\mathrm{d}(2x^2-1)$

(5)$\mathrm{e}^{3x}\mathrm{d}x=$(　　　)$\mathrm{d}\mathrm{e}^{3x}$　　(6)$\cos 3x\mathrm{d}x=$(　　　)$(\sin 3x)$

【课堂提高练习】

1. 填空.

(1)求积分 $\int \sqrt{1-x^2}\,\mathrm{d}x$ 作代换 $x=$____________；

(2)求积分$\int\sqrt{x^2-1}\,dx$ 作代换 $x=$____________；

(3)求积分$\int\sqrt{1+x^2}\,dx$ 作代换 $x=$____________.

2. 求下列不定积分.

(1) $\int\frac{\ln^2 x}{2x}dx$　　(2) $\int\sin^3(3x)\cos(3x)dx$　　(3) $\int\frac{x^2}{\sqrt{a^2-x^3}}dx$

(4) $\int\frac{e^x-1}{e^x+1}dx$　　(5) $\int\frac{1}{1+e^x}dx$　　(6) $\int\frac{\arcsin\sqrt{t}}{\sqrt{t(1-t)}}dt$

2. 设 $f(x)$的一个原函数为$\frac{\ln x}{x}$，求$\int f'(x)dx$.

3. 求不定积分$\int\sqrt{1-x^2}\,dx$.

4. 求下列积分.

(1) $\int\frac{1}{1+\sqrt{x}}dx$　　(2) $\int\frac{x+1}{3\sqrt{3x+1}}dx$　　(3) $\int\frac{1}{x\sqrt{x^2-1}}dx$

(4) $\int\frac{1}{x^2\sqrt{x^2+1}}dx$　　(5) $\int\frac{1}{\sqrt{1+e^x}}dx$　　(6) $\int\frac{1}{x\sqrt{1-x^2}}dx$

【课后练习(换元积分法二)】

1. 求下列不定积分.

(1) $\int(\sin x+\cos x)^2dx$　　(2) $\int\frac{dx}{4+x^2}$　　(3) $\int\frac{1}{1+\cos x}dx$

(4) $\int \frac{dx}{x\sqrt{1-\ln^2 x}}$　(5) $\int \frac{1}{e^x+e^{-x}}dx$　(6) $\int \frac{1}{\sqrt{x}(1+x)}dx$

(7) $\int \frac{x}{\sqrt{x-2}}dx$　(8) $\int \frac{e^x}{\sqrt{1+e^x}}dx$　(9) $\int \frac{1}{x^2}\sin\left(2-\frac{1}{x}\right)dx$

2. 求下列不定积分.

(1) $\int e^{e^x+x}dx$　(2) $\int \frac{e^{2x}}{2+e^x}dx$

(3) $\int \frac{2x}{\sqrt{x-2}}dx$　(4) $\int \frac{(1+\ln x)^2}{x}dx$

(5) $\int \frac{1}{x(\ln\ln x)\ln x}dx$　(6) $\int \frac{\sqrt{x^2-9}}{x}dx$

第二十三讲　分部积分法

【课堂模仿练习】

1. 填空.

$e^x dx = d(\quad)$　　$xe^x dx = xd(\quad)$　　$x^2 dx = d(\quad)$

$x^2\ln x dx = \ln x d(\quad)$　　$x\sin x dx = xd(\quad)$　　$d(x^3) = (\quad)dx$

$x^2 d(\ln x) = x^2(\quad)dx$　　$xd(\sin x) = x(\quad)dx$　　$xd(e^{-x}) = x(\quad)dx$

2. 求 $\int x\cos x dx$.

（对照分部积分公式 $\int u dv = uv - \int v du$，考虑被积函数 $x\cos x$ 中，哪项看作 $u(x)$，哪项看作 $v(x)$）

解：

第①步 $\int x\cos x dx = \int xd(\quad)$　　将 $\cos x$ 放进 dx，这相当于对 $\cos x$ 积分；

第②步 $=(\quad)(\quad) - \int(\quad)d(\quad)$ 应用分部积分法则 $\int u dv = uv - \int v du$；

第③步 $=(\quad)(\quad) - (\quad)$　　积分得结果.

3. 求 $\int x^5\ln x dx$.

（对照分部积分公式 $\int u dv = uv - \int v du$，考虑被积函数 $x^5\ln x$ 中，哪项看作 $u(x)$，哪项看作 $v(x)$）

解：

第①步 $\int x^5\ln x dx = \int \ln x d(\quad)$　　将 x^5 放进 dx，注意这相当于对 x^5 积分；

第②步 $=(\quad)(\quad) - \int(\quad)d(\quad)$　应用分部积分法则 $\int u dv = uv - \int v du$；

第③步 $=(\quad)(\quad) - (\quad)$　　微分并化简；

第④步 $=(\quad)(\quad) - (\quad)$　　积分得结果.

【课堂提高练习】

1. 求下列不定积分.

(1) $\int xe^{-x}\mathrm{d}x$　　(2) $\int x\arctan x\mathrm{d}x$

(3) $\int x\ln(1+x)\mathrm{d}x$　　(4) $\int xe^{x}\sin x\mathrm{d}x$

2. 试用三种积分法求不定积分 $\int \frac{x}{\sqrt{x-2}}\mathrm{d}x$.

3. 设 $f(x)$ 的一个原函数为 $\frac{\sin x}{x}$，求 $\int xf'(x)\mathrm{d}x$.

【课后练习(分部积分法)】

1. 求下列不定积分.

(1) $\int x\sin x\mathrm{d}x$　　(2) $\int xe^{2x}\mathrm{d}x$　　(3) $\int e^{\sqrt{x}}\mathrm{d}x$

(4) $\int \ln(1+x^2)\mathrm{d}x$　　(5) $\int \frac{\ln x}{\sqrt{x}}\mathrm{d}x$　　(6) $\int \frac{\ln x}{x^2}\mathrm{d}x$

(7) $\int \arctan x \mathrm{d}x$ (8) $\int x\tan^2 x\mathrm{d}x$ (9) $\int \cos 2x \mathrm{e}^x \mathrm{d}x$

2. 求下列定积分.

(1) $\int_1^{\mathrm{e}} Bx\ln x\mathrm{d}x$ (2) $\int_0^1 x^2 \mathrm{e}^{2x}\mathrm{d}x$ (3) $\int_{\mathrm{e}^{-1}}^{\mathrm{e}} |\ln x|\mathrm{d}x$

第二十四讲　定积分的计算

【课堂模仿练习】

1. 设 $f(x)$ 在区间 $[-a, a]$ 上连续，则：

(1)如果 $f(x)$ 为奇函数，则 $\int_{-a}^{a} f(x)\mathrm{d}x=(\quad)$；

(2)如果 $f(x)$ 为偶函数，则 $\int_{-a}^{a} f(x)\mathrm{d}x=(\quad)$.

2. 求定积分 $\int_{0}^{1}(\sqrt{x}-x^2)\mathrm{d}x$.

解：因为 $\int(\sqrt{x}-x^2)\mathrm{d}x=(\quad)$，故有

$$\int_{0}^{1}(\sqrt{x}-x^2)\mathrm{d}x=(\quad)\Big|_{(\ )}^{(\ )}=(\quad).$$

3. 定积分的换元，要求“换元同时(　　)”.

解：$\int_{0}^{\frac{\pi}{2}}\cos^3 x\sin x\mathrm{d}x=\int_{0}^{\frac{\pi}{2}}(\cos x)^3\mathrm{d}(-\cos x)\xlongequal{u=\cos x}\int_{(\ )}^{(\ )}(-u^3)\mathrm{d}u=-\frac{(\quad)}{(\quad)}\Big|_{(\ )}^{(\ )}=(\quad).$

> **注意**：若用凑微分法计算定积分时，就不用换积分限了(因此，尽可能使用凑微分法).

【课堂提高练习】

1. 计算下列定积分.

(1) $\int_{4}^{9}\sqrt{x}(1+\sqrt{x})\mathrm{d}x$　　(2) $\int_{0}^{2}\frac{x\mathrm{d}x}{(1+x^2)^2}$　　(3) $\int_{0}^{1}\frac{(1+x)^2}{1+x^2}\mathrm{d}x$

(4) $\int_{0}^{\pi} x^2 \sin x \mathrm{d}x$ (5) $\int_{0}^{1} x\mathrm{e}^{-x} \mathrm{d}x$ (6) $\int_{-4}^{4} x^4 \sin x \mathrm{d}x$

2. 求定积分 $\int_{0}^{\mathrm{e}-1} \ln(1+x)\mathrm{d}x$.

3. 证明：$\int_{x}^{1} \frac{1}{1+x^2}\mathrm{d}x = \int_{1}^{\frac{1}{x}} \frac{1}{1+x^2}\mathrm{d}x$.

4. 设 $f(x)=\frac{1}{1+x^2}+\sqrt{1-x^2}\int_{0}^{1} f(x)\mathrm{d}x$，求 $\int_{0}^{1} f(x)\mathrm{d}x$.

【课后练习(定积分的计算)】

1. 计算下列定积分.

(1) $\int_{1}^{2} \frac{2}{\sqrt{x}}\mathrm{d}x$ (2) $\int_{1}^{2} \left(x+\frac{1}{x}\right)^2 \mathrm{d}x$ (3) $\int_{0}^{1} \frac{x^4}{1+x^2}\mathrm{d}x$

(4) $\int_{0}^{\pi} \sin^2 x \mathrm{d}x$ (5) $\int_{1}^{\mathrm{e}} \frac{1+\ln x}{x}\mathrm{d}x$ (6) $\int_{-1}^{3} |2x-4| \mathrm{d}x$

2. 计算定积分 $\int_{-1}^{1} (x+\sqrt{1-x^2})^2 \mathrm{d}x$.

3. 设 $f(x)$为连续函数，证明：$\int_a^b f(x)\mathrm{d}x-\int_a^b f(a+b-x)\mathrm{d}x=0$.

4. 设 $f(0)=2$，$f(2)=3$，$f'(2)=5$，求 $\int_0^1 xf''(2x)\mathrm{d}x$.

5. 设 $f(x)=\int_1^x \frac{\ln t}{1+t^2}\mathrm{d}t(x>0)$，求 $f(x)-f\left(\frac{1}{x}\right)$.

第二十五讲　定积分应用：求面积

【课堂模仿练习】

1. 求由曲线 $y=\frac{1}{x}$，$y=x$，$x=2$ 所围成图形的面积.

解：第①步，作图：作 $y=\frac{1}{x}$，$y=x$，$x=2$ 的图形.

第②步，确定交点，确定所求的是哪块面积.

第③步，进行"面积组合"，即将要求的图形的面积划分为几块来求，如划分为矩形、三角形和能用定积分 $\int_a^b f(x)\mathrm{d}x$ 来求的"曲边梯形"面积.

$$S=$$

第④步，求定积分求出面积，即 $S=$

【课堂提高练习】

1. 求椭圆 $\begin{cases}x=a\cos t\\ y=b\sin t\end{cases}$ 的面积 A.

解：先求上半椭圆的面积 A_1，这时 $-a\leqslant x\leqslant a$，$0\leqslant t\leqslant \pi$.

由公式，得

$$A_1=\int_0^\pi(\qquad)\mathrm{d}t=ab\int_0^\pi \sin^2 t\mathrm{d}t$$

$$=\frac{ab}{2}\int_0^\pi(1-\cos 2t)\mathrm{d}t=\frac{ab}{2}(\qquad)\Big|_0^\pi=\frac{1}{2}\pi ab,$$

所以，椭圆的面积为：$A=2A_1=\pi ab$.

2. 求下列曲线所围成图形的面积.

(1) $y^2=x$ 与 $x^2+y^2=2$，$(x>0)$　　(2) $y=\sqrt{x}$，$y=0$，$x+y=2$

【课后练习(定积分的应用一)】

1. 求由下列曲线所围成的平面图形的面积.

(1) $y=2x+3$，$y=x^2$　　(2) $y=\mathrm{e}^x$，$y=\mathrm{e}^{-x}$，$x=1$

(3) $y=\frac{1}{x}$，$y=x$，$y=2$　　(4) $y=x-1$，$y=x^2-1$

2. 求曲线 $y=2-x^2$ 与 $y=|x|$ 所围成的面积.

3. 求曲线 $y=\frac{1}{x^3-x}$ 与 $y=\frac{1}{x^2-x}$ 在区间[2，3]上所围成的面积.

第二十六讲　定积分的应用：求体积

【课堂模仿练习】

1. 求曲线 $y=f(x)$，直线 $x=a$，$x=b$ 及 x 轴所围成的曲边梯形绕 x 轴旋转所成旋转体的体积. 旋转体的体积微元 $\mathrm{d}V=\pi(\qquad)\mathrm{d}x$，

所以旋转体的体积为：$V_x=\int_a^b(\qquad)\mathrm{d}x$.

相似地，曲线 $x=g(y)$，直线 $y=c$，$y=d$ 及 y 轴所围成的曲边梯形绕 y 轴旋转所成旋转体的体积 $V_y=\int_c^d\pi(\qquad)\mathrm{d}(\qquad)$.

2. 求曲线 $y=\sqrt{x}$ 在区间[0，1]上的图形绕 x 轴，y 轴旋转所成旋转体的体积.

3. 求直线 $y=4-2x$，$x=0$，$x=4$ 及 $y=0$ 所围成的图形绕 x 轴旋转而成的立体体积.

【课堂提高练习】

求下列曲线所围成图形绕指定轴旋转所成旋转体的体积：

1. 曲线 $y=\sin x$ 在区间[0，π]上与 x 轴围成的图形绕 x 轴旋转.

2. 曲线 $y=x^2-4$，$y=-x^2+2$ 绕 y 轴旋转.

3. 曲线 $y^2=x$，$y=x^3$ 绕 y 轴旋转.

【课后练习(定积分的应用二)】

1. 计算下列曲线围成的平面图形分别绕 x 轴和 y 轴旋转所成的旋转体的体积：

(1)$y=\sqrt{x}$，$x=2$，$y=0$　　(2)$y=x^2$，$y^2=x$

(3)$y=x^3$，$x=2$，$y=0$　　(4)$x=7-y^2$，$x=3$

2. 分别求由曲线 $y=x^2$ 和 $y=2-x^2$ 所围成的平面图形绕 x 轴和 y 轴旋转所形成的旋转体的体积.

3. 求椭圆 $\frac{x^2}{2}+y^2=1$ 分别绕 x，y 轴旋转所得旋转体的体积.

第二十七讲　习　题　课

【知识点】

1. 不定积分：①基本积分公式；②直接积分法；③第一类换元积分法(凑微分)；④第二类换元积分法；⑤分部积分法.
2. 定积分：①$N-L$ 公式；②定积分的性质；③定积分的计算方法.
3. 定积分的应用：①求平面图形的面积；②求旋转体的体积.

【基本题型】

一、选择题

1. 设 $F_1(x)$，$F_2(x)$是区间 I 内连续函数 $f(x)$的两个不同的原函数，且 $C\neq 0$，则在区间 I 内必有(　　).

   A. $F_1(x)+F_2(x)=C$　　B. $F_1(x)\cdot F_2(x)=C$

   C. $F_1(x)=CF_2(x)$　　D. $F_1(x)-F_2(x)=C$

2. 若 $F'(x)=f(x)$，则 $\int \mathrm{d}F(x)=($　　$)$.

   A. $f(x)$　　B. $F(x)$　　C. $f(x)+C$　　D. $F(x)+C$

3. 下列凑微分式中正确的是(　　).

   A. $\frac{1}{\sqrt{x}}\mathrm{d}x=\mathrm{d}(\sqrt{x})$　　B. $\frac{1}{x}\mathrm{d}x=\mathrm{d}\left(-\frac{1}{x^2}\right)$

   C. $\sin x\mathrm{d}x=\mathrm{d}(\cos x)$　　D. $\mathrm{e}^x\mathrm{d}x=\mathrm{d}(\mathrm{e}^x)$

4. 设 $f(x)=\mathrm{e}^{-x}$，则 $\int \frac{f'(\ln x)}{x}\mathrm{d}x=($　　$)$.

   A. $-\frac{1}{x}+c$　　B. $-\ln x+c$　　C. $\frac{1}{x}+c$　　D. $\ln x+c$

5. 设函数 $y=f(x)$在$[a,b]$上连续，则定积分 $\int_a^b f(x)\mathrm{d}x$ 的值(　　).

   A. 与区间及被积函数有关　　B. 与区间无关，与被积函数有关

   C. 与积分变量用何字母表示有关　　D. 与被积函数无关

6. 若 $f(x)$ 在 $[a, b]$ 连续，则 $\int_a^c f(x)\mathrm{d}x+\int_c^b f(x)\mathrm{d}x=($　　$)$.

A. 0　　B. $\int_a^c f(x)\mathrm{d}x$　　C. $\int_c^b f(x)\mathrm{d}x$　　D. $\int_a^b f(x)\mathrm{d}x$

7. 由曲线 $y=f(x)$ 与直线 $x=a$，$x=b$ 和 x 轴所围成的平面图形绕 x 轴旋转所得的旋转体的体积为(　　).

A. $\int_a^b f(x)\mathrm{d}x$　　B. $\int_a^b [f(x)]^2\mathrm{d}x$

C. $\pi\int_a^b f(x)\mathrm{d}x$　　D. $\pi\int_a^b [f(x)]^2\mathrm{d}x$

8. 设 $f(x)=x^3+x$，则 $\int_{-2}^2 f(x)\mathrm{d}x=($　　$)$.

A. 0　　B. 8　　C. $\int_0^2 f(x)\mathrm{d}x$　　D. $2\int_0^2 f(x)\mathrm{d}x$

二、填空题

1. $\int 3x^2\mathrm{d}x=$________；　$\int \cos x\mathrm{d}x=$________.

2. $\int_0^1 (x^3+1)\mathrm{d}x=$________；　$\int_1^{\mathrm{e}} \frac{1}{x}\mathrm{d}x=$________.

3. 设曲线 $y=f(x)$ 过原点，且满足 $y'=3x^2+2$，则曲线方程 $y=$________.

4. 设 $f(x)$ 的一个原函数为 $x\mathrm{e}^x$，则 $\int f(x)\mathrm{d}x=$________.

5. 设 $f(x)$ 在 $\mathbf{R}$ 内连续，且 $f(-x)=-f(x)$，则 $\int_{-1}^1 (x^2+1)f(x)\mathrm{d}x$ $=$________.

三、计算题

1. 求下列不定积分.

(1) $\int\left(\mathrm{e}^x+\frac{1}{x}-2x\right)\mathrm{d}x$　　(2) $\int\frac{(1+x)^2}{1+x^2}\mathrm{d}x$

(3) $\int\cos^3 x\sin x\mathrm{d}x$　　(4) $\int x\ln x\mathrm{d}x$

2. 求下列定积分.

(1) $\int_0^1 (1+2x+x^3)\mathrm{d}x$　　(2) $\int_0^1 (3x+2)^2\mathrm{d}x$

(3) $\int_0^2 \frac{1}{4+x^2}\mathrm{d}x$　　(4) $\int_0^1 x\mathrm{e}^x\mathrm{d}x$

3. 设 $f(x)=2x-\int_0^1 f(x)\mathrm{d}x$，证明：$\int_0^1 f(x)\mathrm{d}x=\frac{1}{2}$.

4. 求曲线 $y=x^2$ 与直线 $y=2x+3$ 所围成的平面图形的面积.

5. 求曲线 $y=x^2+1$ 与直线 $y=x+7$ 所围成的平面图形的面积.

6. 求由曲线 $y=x^2+1$，直线 $x=1$，$x=2$ 及 x 轴围成的平面图形绕 x 轴旋转而成的旋转体的体积.

7. 设曲线 $y=x^2$，直线 $x=0$，$x=1$ 和 $y=a(0\leqslant a\leqslant 1)$所围成的两部分图形. ①求两部分图形的面积之和 S；②问 a 为何值时，面积 S 的值最小.

8. 定积分应用(求平均值)：设作直线运动的物体任一时刻的速度为 $v=3t^2+2t$，求时段[0，3]内的平均速度.

第二十八讲　微分方程(一)

【课堂模仿练习】

1. 含有未知函数的导数或微分的方程称为**微分方程**；微分方程中出现的各阶导数的最高阶数称为方程的**阶**. 如 $y'=2x$ 是(　　)阶微分方程，$\mathrm{d}s=gt\mathrm{d}t$ 是(　　)阶微分方程，$y''-3y'-2y=0$ 是(　　)阶微分方程，$y'=y'^2-2\sin^3 x$ 是(　　)阶微分方程.

2. 对可分离变量微分方程 $\frac{\mathrm{d}y}{\mathrm{d}x}=f(x)g(y)$ 的求解过程：

求解法：(1)分离变量：$\frac{\mathrm{d}y}{(\quad)}=(\quad)\mathrm{d}x$；

(2)两边积分：$\int(\quad)=\int(\quad)\mathrm{d}x$；

(3)最后解出关于 x，y 的函数关系式：$G(y)=F(x)+C$.

$G(y)=F(x)+C$ 称为微分方程 $\frac{\mathrm{d}y}{\mathrm{d}x}=f(x)g(y)$ 的(　　)解.

【课堂提高练习】

1. 求解下列微分方程.

(1) $y'+\mathrm{e}^x y=0$

(2) $\frac{\mathrm{d}x}{y}+\frac{\mathrm{d}y}{x}=0$，$y(3)=4$

(3) $y'=\mathrm{e}^y\sin x$

(4) $(x^2-1)y'+2xy^2=0$，$y(0)=1$

2. 模拟一个人的学习过程可用微分方程：$\frac{\mathrm{d}y}{\mathrm{d}t}=100-y$，其中 y 是一项知识

被掌握的百分数，时间 t 的单位为周，试求学习的规律.

【课后练习(微分方程一)】

1. 求下列微分方程的通解.

(1)$xy'+y=0$　　(2)$xyy'=1$　　(3)$y'=y\sin x$

(4)$y'\tan x=y$　　(5)$x\mathrm{d}x+y\mathrm{d}y=0$

2. 求微分方程 $y'=y\ln y$ 满足 $y(1)=\mathrm{e}$ 的特解.

3. 求微分方程 $y''=\mathrm{e}^{-x}-\sin x$ 的通解.

4. 设 $\int_0^x f(t)\mathrm{d}t=\frac{1}{2}f(x)-\frac{1}{2}$，求 $f(x)$.

第二十九讲　微分方程(二)

【课堂模仿练习】

1. 形如：$y''+py'+qy=0$(p，q 为常数)的微分方程称为二阶线性常系数(　　)微分方程.

2. 填空.

(1)二阶微分方程的通解中含________个任意常数；

(2)二阶微分方程 $y''+py'+qy=0$ 的特征方程是：____________；

(3)若 y_1，y_2 是微分方程 $y''+py'+qy=0$ 两个特解，且$\frac{y_1}{y_2}\neq C$，

　　则 $y=c_1y_1+c_2y_2$ 是微分方程的________解；

(4)若微分方程 $y''+py'+qy=0$ 的通解为 $y=(C_1+C_2x)e^{rx}$，

　　则 p^2-4q ________ 0.

3. 以 $y=C_1e^{\frac{x}{3}}+Ce_2^{-\frac{x}{3}}$ 为通解的二阶齐次微分方程是________.

4. 求二阶常系数齐次微分方程 $y''+y'+2y=0$ 通解.

解：(1)写出微分方程的特征方程：(　　　　　　)

　　(2)求出两个特征根：(　　　　　　　　)

　　(3)根据特征根的不同情况，写出微分方程的通解：$y=$(　　　　　).

【课堂提高练习】

1. 求解下列微分方程.

(1)$y''-2y'=0$

(2)$y''-4y'+4y=0$

(3)$y''+y=0$

(4)$y''-9y=0$，$y(0)=1$，$y'(0)=6$

2. 如果 $y=\mathrm{e}^{2t}$ 是方程 $y''-5y'+ky=0$ 的解，求常数 k 的值及方程的通解.

【课后练习(微分方程二)】

1. 求微分方程 $y'''=\mathrm{e}^{2x}-\cos x$ 的通解.

2. 求下列微分方程的通解.

(1) $y''-7y'+10y=0$　　(2) $y''-6y'+9y=0$

(3) $y''+2y'+2y=0$　　(4) $y''-16y=0$

3. 求微分方程 $y''-3y'-4y=0$ 满足初始条件 $y\Big|_{x=0}=0$，$y'\Big|_{x=0}=-5$ 的特解.

4. 设 $f(x)$ 是二阶可导函数，且满足 $f'(x)-\int_0^x 6f'(t)\,\mathrm{d}t=1$，$f(0)=2$，求 $f(x)$.

5. 设 $y=\mathrm{e}^{2x}(c_1\cos x+c_2\sin x)$ 为某二阶齐次微分方程的通解，求此微分方程.

第三十讲　总　复　习

第一部分　基本公式和法则

一、基本导数公式[熟练]

$(x^\alpha)'=\alpha x^{\alpha-1}$；常见的有：$(x)'=1$，$(x^2)'=2x$，$(\sqrt{x})'=\frac{1}{2\sqrt{x}}$，$\left(\frac{1}{x}\right)'=-\frac{1}{x^2}$.

$(\mathrm{e}^x)'=\mathrm{e}^x$；一般：$(a^x)'=a^x\ln a$. $(\ln x)'=\frac{1}{x}$；一般：$(\log a^x)'=\frac{1}{x\ln a}$.

$(\sin x)'=\cos x$；$(\cos x)'=-\sin x$；$(\tan x)'=\sec^2 x$.

$(\arcsin x)'=\frac{1}{\sqrt{1-x^2}}$；$(\arctan x)'=\frac{1}{1+x^2}$；$(C)'=0$.

二、导数四则运算法则

设 $u(x)$，$v(x)$为可导函数，则

$(u\pm v)'=u'\pm v'$；$(u\cdot v)'=u'v+uv'$；$\left(\frac{u}{v}\right)'=\frac{u'v-uv'}{v^2}(v\neq 0)$.

三、复合函数的求导法则

设 $y=f(u)$，$u=g(x)$构成复合函数 $y=f[g(x)]$，则

$y'=f'(u)\cdot g'(x)$或$\frac{\mathrm{d}y}{\mathrm{d}x}=\frac{\mathrm{d}y}{\mathrm{d}u}\cdot\frac{\mathrm{d}u}{\mathrm{d}x}$.

四、微分的定义

设函数 $y=f(x)$可导，则微分 $\mathrm{d}y=f'(x)\mathrm{d}x$.

五、基本积分公式[熟练]

$\int x^\alpha \mathrm{d}x=\frac{1}{\alpha+1}x^{\alpha+1}+c$；常见：$\int \mathrm{d}x=x+c$；$\int x\mathrm{d}x=\frac{1}{2}x^2+c$；$\int\frac{1}{x^2}\mathrm{d}x=-\frac{1}{x}+c$.

$\int \mathrm{e}^x\mathrm{d}x=\mathrm{e}^x+c$；$\int\frac{1}{x}\mathrm{d}x=\ln|x|+c$；$\int\ln x\mathrm{d}x=x\ln x-x+c$.

$\int\cos x\mathrm{d}x=\sin x+c$；$\int\sin x\mathrm{d}x=-\cos x+c$；$\int\sec^2 x\mathrm{d}x=\tan x+c$.

$\int\frac{1}{\sqrt{1-x^2}}\mathrm{d}x=\arcsin x+c$；$\int\frac{1}{1+x^2}\mathrm{d}x=\arctan x+c$.

六、积分运算法则

$\int kf(x)\mathrm{d}x=k\int f(x)\mathrm{d}x$；$\int[f(x)\pm g(x)]\mathrm{d}x=\int f(x)\mathrm{d}x\pm\int g(x)\mathrm{d}x$.

七、定积分的计算公式

$\int_a^b f(x)\mathrm{d}x=F(x)\Big|_a^b=F(b)-F(a)$（其中 $F'(x)=f(x)$）.

八、对称区间上的定积分

若奇函数 $f(x)$在$[-a,a]$上连续，则 $\int_{-a}^{a}f(x)\mathrm{d}x=0$.

九、旋转体体积公式

曲边梯形 $x=a$，$x=b$，$y=0$，$y=f(x)$绕 x 轴旋转得到的旋转体体积：

$$V_x=\pi\int_a^b f^2(x)\mathrm{d}x.$$

十、两个重要极限

$\lim\limits_{x\to 0}\frac{\sin x}{x}=1$；$\lim\limits_{x\to\infty}\left(1+\frac{1}{x}\right)^x=\mathrm{e}\left(\text{或}\lim\limits_{x\to 0}(1+x)^{\frac{1}{x}}=\mathrm{e}\right)$.

第二部分 基础练习

一、判断题

1. 复合函数 $y=\sqrt{\sin x}$可分解成基本初等函数：$y=\sqrt{u}$，$u=\sin x$.（　）
2. 函数 $y=\frac{\ln x}{x-1}$的连续区间(或定义域)为$(0,+\infty)$.（　）
3. $\lim\limits_{x\to 0}\frac{\sin x}{x}=1$（　），$\lim\limits_{x\to\pi}\frac{\sin x}{x}=0$（　），$\lim\limits_{x\to\infty}\frac{\sin x}{x}=1$.（　）
4. 曲线 $y=x^3+1$ 在点$(1,2)$处的切线斜率为 $k=3x^2$.（　）
5. 设函数 $y=\frac{x}{x+1}$，则微分 $\mathrm{d}y\Big|_{x=1}=\frac{1}{4}$.（　）
6. 函数 $y=x^3-3x$ 的递减区间为$(-1,1)$，凸区间为$(0,+\infty)$.（　）
7. 微分方程 $xyy'=1$ 是可分离变量微分方程.（　）
8. $(2^x)'=2^x$（　）　$(x^{\mathrm{e}})'=\mathrm{e}x^{\mathrm{e}-1}$（　）
9. $\mathrm{d}(x^2)=2x\mathrm{d}x$（　）　$\mathrm{d}(\cos x)=-\sin x$（　）
10. $\int\sin x\mathrm{d}x=\cos x+c$（　）　$\int\frac{1}{1+x^2}\mathrm{d}x=\ln(1+x^2)+c$（　）

$\mathrm{d}\left[\int f(x)\mathrm{d}x\right]=f(x)\mathrm{d}x$（　）　$\left[\int_a^b f(x)\mathrm{d}x\right]'=f(x)$（　）

二、选择题

1. 极限$\lim\limits_{x\to 1}\dfrac{3x^2+2x+1}{2x^2+x-1}=$(　　).

A. $\dfrac{3}{2}$　　B. 2　　C. 3　　D. 6

2. 作直线运动物体的运动方程为 $s=2t^3+t-1$，则 $t=1$ 时的速度、加速度为(　　).

A. 7，12　　B. 2，12　　C. 7，10　　D. 2，7

3. 设函数 $y=\ln\cos x$，则 $y'\left(\dfrac{\pi}{4}\right)=$(　　).

A. $\sqrt{2}$　　B. $\dfrac{\sqrt{2}}{2}$　　C. -1　　D. 1

4. 设函数 $y=xe^{-x}$，则微分 $dy=$(　　).

A. $(1+x)e^{-x}$　　B. $(1-x)e^{-x}$

C. $(1+x)e^{-x}dx$　　D. $(1-x)e^{-x}dx$

5. 函数 $y=x-\ln(1+x^2)$在$(-\infty, +\infty)$内是(　　).

A. 增函数　　B. 减函数　　C. 偶函数　　D. 奇函数

6. 设 $f(x)=e^{-x}$，则 $\displaystyle\int\frac{f'(\ln x)}{x}dx=$(　　).

A. $-x+c$　　B. $\dfrac{1}{x}+c$　　C. $-\ln x+c$　　D. $\ln x+c$

7. 定积分 $\displaystyle\int_{-\pi}^{\pi}x^2\sin x dx=$(　　).

A. π　　B. $\dfrac{\pi}{2}$　　C. $\dfrac{\pi}{4}$　　D. 0

8. 微分方程 $y'=2x+1$ 的通解为(　　).

A. $y=x^2+c$　　B. $y=x^2+x+c$　　C. $y=2x+1+c$　　D. $y=x^2+x$

三、填空题

1. $\lim\limits_{x\to 1}\dfrac{x^2-1}{x^2-x}=$________；$\lim\limits_{n\to\infty}\dfrac{2n-5}{n+1}=$________；$\lim\limits_{x\to 0}\dfrac{\sin 2x}{x}=$________.

$(2\sqrt{x}-5)'=$________；$d(\ln x)=$________；$xdx=$________$d(x^2)$.

2. 曲线 $y=x\sin x$ 在 $x=\pi$ 处的切线方程为__________.

3. 函数 $y=x^2-2x+3$ 的极小值为__________.

4. 函数 $y=2x^3-3x^2$ 在区间$[-1, 1]$上的最大值为__________.

5. 曲线 $y=\dfrac{1}{3}x^3-x$ 的驻点为________；拐点为________.

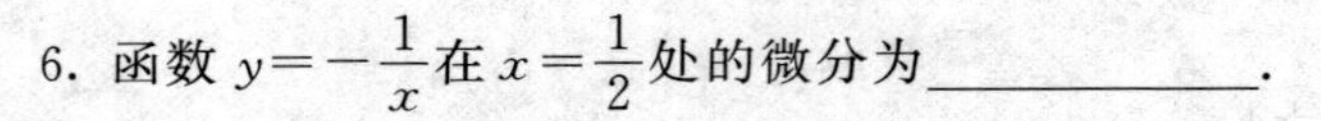

6. 函数 $y=-\dfrac{1}{x}$ 在 $x=\dfrac{1}{2}$ 处的微分为__________.

7. $\int(x^2+1)\mathrm{d}x=$________；$\int\dfrac{2}{x}\mathrm{d}x=$________；

$\left[\int x^2\ln x\mathrm{d}x\right]'=$________；$\dfrac{\mathrm{d}}{\mathrm{d}x}\left[\int_0^{\pi}x\cos x\mathrm{d}x\right]=$________.

8. 设 $\int f(x)\mathrm{d}x=x\ln x-x+c$，则 $f(x)=$________.

9. 设曲线 $y=f(x)$ 过原点，且满足 $y'=1-2x$，则曲线方程 $y=$________.

10. 微分方程 $(y')^2+3xy=x^3$ 的阶数________.

11. 曲线 $y=\dfrac{1}{x}$，$x=1$，$x=2$，$y=0$ 所围成的平面图形的面积________.

12. 曲线 $y=x^2$，$x=1$，$y=0$ 所围成图形绕 x 轴旋转而成的旋转体的体积为________.

四、计算题

1. 求下列极限.

(1) $\lim\limits_{x\to1}\dfrac{x-1}{x^2-1}$　　(2) $\lim\limits_{x\to0}\dfrac{2x-\sin x}{2x}$　　(3) $\lim\limits_{x\to\infty}\dfrac{x^2-2x+5}{2x^2+x+3}$

(4) $\lim\limits_{x\to0}\dfrac{\tan4x}{\sin2x}$　　(5) $\lim\limits_{x\to\infty}\left(1-\dfrac{2}{x}\right)^x$　　(6) $\lim\limits_{x\to0}(1+2x)^{\frac{1}{x}}$

2. 求下列导数.

(1) $y=x^2+\ln x-\dfrac{1}{x}$　　(2) $y=x\ln(1-2x)$

(3) $y=\dfrac{\sin x}{1+\cos x}$　　(4) $y=\mathrm{e}^{x-\cos x}$

3. 求下列微分.

(1) $y=(2x+1)^5$　　(2) 求 $y=\ln(x^2+1)$ 在 $x=1$ 处的微分值

4. 设函数 $f(x)=x\cdot e^{2x}$，求二阶导数值 $f''(0)$.

5. 设函数 $y=y(x)$ 由方程 $e^y+y=x^2$ 所确定，求微分 dy.

6. 求函数 $y=x^3-3x^2+3$ 的单调区间和极值.

7. 求曲线 $y=x^3-6x^2$ 的凹凸区间和拐点.

8. 求下列不定积分.

(1) $\int\left(3x^2-\frac{1}{x}+2\right)dx$　　(2) $\int(2x-1)^3dx$

(3) $\int\frac{2x}{x+2}dx$　　(4) $\int\frac{e^{2x}}{1+e^x}dx$

(5) $\int(\sin x+\cos x)^2dx$　　(6) $\int\sin^2x\cos xdx$

(7) $\int 2\cos^2xdx$　　(8) $\int\ln(1+x^2)dx$

9. 求下列定积分.

(1) $\int_{-1}^{3}(2x+3-x^2)dx$　　(2) $\int_{1}^{2}(x+\frac{1}{x})^2dx$

(3) $\int_1^e \frac{1+\ln x}{x}dx$　　　　(4) $\int_0^1 xe^x dx$

10. 求微分方程 $xdx+ydy=0$ 满足初值 $y(3)=4$ 的特解.

11. 求曲线 $y=x^2$，直线 $y=2-x$ 所围成的平面图形的面积.

12. 求曲线 $y=\sin x$，$y=\cos x$ 及 x 轴在区间 $\left[0, \frac{\pi}{2}\right]$ 上所围成的平面面积.

13. 求曲线 $y=x^2$，$y=2x+3$ 所围成图形的面积，并求此平面绕 x 轴旋转而成的立体体积.

14. 求曲线 $y=\ln x$，$x=e$，$y=0$ 所围成图形的面积，并求此图形绕 x 轴旋转而成的立体体积.

第三部分　提高练习

1. 设 $a_n=\frac{2^n n!}{n^n}$，则极限 $\lim\limits_{n\to\infty}\frac{a_n}{a_{n+1}}=$________.

2. 设函数 $f(x)=\begin{cases}\frac{1}{x}-\frac{1}{e^x-1}, & x\neq 0\\ a-1, & x=0\end{cases}$ 在 $x=0$ 处连续，则 $a=$________.

3. 设函数 $f(x)=\sqrt{x+\sqrt{x}}$，则 $f'(1)=$________.

4. 求曲线 $x+\frac{5}{2}x^2y^2-3y=\frac{1}{2}$ 在点(1，1)处的切线方程.

5. 设 $f(x)=\arctan\frac{1-x^2}{1+x^2}$，$g(x)=\arctan(x^2)$，证明：$f(x)+g(x)=C$.

6. 设 $f(x)$具有任意阶导数，且 $f'(x)=f^2(x)$，求 $f^{(n)}(x)$.

7. 求函数 $f(x)=\int_{\frac{1}{2}}^{x}\ln t\mathrm{d}t$ 的极值.

8. $\int\frac{1}{1+\mathrm{e}^x}\mathrm{d}x=$________；$\int\frac{1}{\sqrt{x}(1+x)}\mathrm{d}x=$________.

9. $\int_{-1}^{1}(x+\sqrt{1-x^2})^2\mathrm{d}x=$________；$\int_{1}^{\mathrm{e}}\ln x\mathrm{d}x=$________；$\int_{0}^{1}\mathrm{e}^{\sqrt{x}}\mathrm{d}x=$________.

10. 设 $f(x)=\mathrm{e}^x$，求不定积分 $\int f'(\sin x)\cos x\mathrm{d}x$.

11. 设 $f(x)$的一个原函数为 $x\mathrm{e}^x$，求不定积分 $\int xf'(x)\mathrm{d}x$.

12. 设 $f(x)=\ln x-\int_{1}^{\mathrm{e}}f(x)\mathrm{d}x$，求函数 $f(x)$.

13. 求由曲线 $y=1-x^2$ 及其在点(1，0)处的切线及 y 轴所围成平面图形的面积.

14. 求由曲线 $y=x^2-x$，$y=x^3-x$ 所围成平面图形的面积.

15. 曲线 $y=x^2$，直线 $y=a$，$x=0$，$x=1$ 及 y 轴围成两部分图形，其中 $0\leqslant a\leqslant 1$.

①求两部分图形的面积和 s；②问 a 为何值时，面积 s 的值最小.

第三十一讲、第三十二讲　机　动

第二学期数学课及选修课介绍

（1）第一学期：高等数学(64学时)，一元微积分为主要内容．主要教学目的是实施高等数学的知识性、应用数学基础和素质教育．

第二学期：应用数学(32学时)，分专业类别：机电、电气、计算机、材料、经管、旅游等，应用数学与各专业结合，为专业打好应用数学基础．

（2）第二学期选修课：①“高等数学二”，这是继第一学期高等数学(一元微积分)之后的进一步学习．主要有空间解析几何、多元微分学、多元积分学、级数等内容．这部分的内容对于希望专升本的同学很有帮助．②“数学建模”，涉及应用数学的知识、方法、技巧及其计算机数学计算，欢迎数学基础好、喜欢挑战的同学选修，此选修课更是为每年9月参加全国大学生数学建模竞赛的同学打基础．在此课程基础上选拔成绩良好的同学进一步进行有针对性的培训，再组队(三人一队)参赛．③另外，还有“运筹学”“数学故事”“数学发展史”等选修课．